最优控制理论讲义

黄　琳　编著

科　学　出　版　社

北　京

内 容 简 介

本书讲述系统与控制中的最优控制理论。第一章介绍最优控制问题的提出过程、最优控制的数学提法、研究最优控制的方法和几个例子。第二章介绍最大值原理，包括一般控制问题的最大值原理、最速控制的最大值原理、最大值原理与古典变分之间的关系等问题。第三章介绍动态规划方法与最优控制，包括最优性原理与动态规划方法基础、最优控制器分析设计问题、最大值原理与最优性原理的关系。第四章介绍线性极值控制系统与最速控制系统，包括 Bang-Bang 控制与 Lasalle 引理，等时区与线性最速系统综合和控制同时受幅值与积分约束的最速控制等。第五章讨论最优控制的其他几个问题。此外，一些基础的数学准备和最大值原理的数学证明放在附录中。

本书可作为从事系统工程与系统理论、控制理论与控制工程、力学、应用数学专业的研究生教材，也可供相关教学与科研人员参考。

图书在版编目(CIP)数据

最优控制理论讲义/黄琳编著. —北京：科学出版社，2021. 3

ISBN 978-7-03-068291-8

Ⅰ. ①最…　Ⅱ. ①黄…　Ⅲ. ①最佳控制-数学理论　Ⅳ. ①O232

中国版本图书馆 CIP 数据核字(2021)第 041313 号

责任编辑：魏英杰 / 责任校对：郭瑞芝

责任印制：吴兆东 / 封面设计：陈　敬

科 学 出 版 社 出版

北京东黄城根北街 16 号

邮政编码：100717

http://www.sciencep.com

北京中石油彩色印刷有限责任公司 印刷

科学出版社发行　各地新华书店经销

*

2021 年 3 月第　一　版　开本：720×1000　1/16

2023 年 4 月第二次印刷　印张：16 1/4

字数：324 000

定价：128. 00 元

(如有印装质量问题，我社负责调换)

前　　言

五十多年前，我曾经给北京大学数学力学系 1958 级的六年级一般力学专门化的学生开设过一门最优控制的课，当时在北京，乃至国内外这样的课都是很稀有的。这门课涉及的内容应是当时最前沿的，其中有一些是中国人处于国际前沿的工作，课后学生的反映良好。于是力学专业就将此确定为一般力学专门化的课程，我将上课的讲稿进行补充形成了这本最优控制理论的讲义。这本讲义印出来以后，我先是去农村，等我奉调回京以后又去国防单位从事惯性导航的研究。我隐约记得这本讲义当时并未正式发给学生，也没有用来上过课，而且讲义很有可能还是散篇的。为了方便保存，我请人装订成了合订本。后来随着我的命运的变化，先后经历多次迁徙，但我还是顶住各种压力，使讲义得以保存。这本已泛黄的油印讲义将作为"老科学家学术成长资料采集工程"（以下简称"采集工程"）的资料保存在即将建成的中国科学家博物馆中。

对于最优控制，国际上公认的里程碑是 Pontryagin 最大值原理的发表。该原理于 1956 年在苏联科学院院刊上发表。随后，Pontryagin 和他的学生 Boltyanskii、Gamkrelidze、Mishchenko，以及其他学者等纷纷针对各种最优控制问题的最大值原理进行了研讨和证明，在得到很多结果和在一系列学术会议上报告后，Pontryagin 等于 1961 年出版了专著。这本专著在 1962 年翻译成英文。与此同时，Bellman 在美国基于对资源动态分配过程的研究提出动态规划的理论与方法。后来人们发现这种方法可能更适合对控制系统进行综合。

控制科学在 20 世纪 60 年代的大发展得益于各种数学理论的支持，其中最优控制堪称典范。由于问题很难，这一针对最优控制的数学理论的建立一方面不得不用到很多比较高深的数学工具，另一方面又不会因为数学高深而变得与应用脱节。在理论上，它的证明离不开实变函数、泛函分析乃至一些拓扑学的知识。这是由问题的特征决定的，而不仅是基于数学家的兴趣。这一点有些像人们从对连续函数的认识到平方可积函数的理解。这是一种认识的飞跃，因为如果只限于讨论连续函数，那么很多数学物理问题的解决就无法自圆其说。控制问题也是如此。例如，控制受立方体限制时，时变线性系统的可达集均可以用只取值在立方体顶点的 Bang-Bang 控制就能实现。这一重要结论的证明过程至今还是得用 Lebesque 可测函数等实变函数论的知识。就理论来说，一个重要的任务就是在科学意义下能达到自圆其说的目的，如果科学理论本身矛盾重重无法自圆其说就不能称其为科学。

最大值原理的建立正是需求推动的产物，例如钱学森先生在《工程控制论》一书中谈到的 Bushaw 关于摆的最速制动问题，并提出关于二阶系统最优开关线的设计。类似的情况也出现在对一个系统在加速度受限的情况下，由一个位置到另一给定位置的最佳轨迹设计问题中。在苏联从事电力系统及随动系统研究的 Fel′dbaum 和 Lerner 等均从实际工程系统的角度讨论了控制量受限的快速控制问题，而 Pontryagin 及其学生正是参加了 Fel′dbaum 的有关研讨会并受到启示而开始研究最优控制的。后来，美国数学家 Neustadt 在洛杉矶一家航空航天公司工作时，考虑飞行器推进技术的需求和特点，解决了控制既受立方体限制，又受其下凸正函数在整个控制时间的积分值限制下最优控制的理论问题。Pontryagin 的最大值原理提出以后立即推动了大量应用问题的研究，包括飞行器轨道的最佳设计、拖动系统的最优跟踪、港口吊车吊装路径的最佳设计等。可以讲，最大值原理是控制科学众多理论中来自实际而又指导实际的一个范例。能够取得这个结果的另一个重要原因是计算机能力在后来的飞速发展和基于最优控制理论的具有较好实用性的近似理论与算法成果的出现，而这些发展在编写这本讲义时是不可能预见的。

最优控制理论和其他控制理论一样，其核心思想首先在由常微分方程描述的系统中形成并发展，然后才向其他模式的系统扩展。20 世纪 60 年代初正是其主要内容在常微分方程系统中基本完善，刚刚开始向别的模式扩展的时期，因此在本讲义对不是由有限维确定型常微分方程或离散迭代方程描述的系统与问题自然不可能有所反映。就当时，也是后来的有限维确定性系统最优控制的主要内容来看，讲义主要有以下理论与方法。

最主要的是将变分法的思想由自变量函数选取的范围从开集向闭集拓展。人们一开始研究优化问题是针对函数的，发现一个可微函数的最大值或最小值发生的地方常常应该是局部平的地方，即微商为零的地方，而函数在一点的微商常常使自变量可以在不同方向上变化。于是这种判断只对自变量在开集中的变化适用，但在开集上定义的函数可能永远都取不到最大值，或取最大值的点在开集中并不存在。例如，一次函数 $y=\alpha x+\beta,\alpha\neq 0,0<x<1$ 就不存在极大与极小。另外，对连续函数而言，可以证明在任何闭集上均存在最大或最小，但却未必可以通过微商为零求得。这表明，最大或最小未必可以通过求微商的方法求得，而可以通过求微商的办法寻求极值时，极值可能永远找不到。这样的矛盾状况对于函数求极值这种相对简单的问题还比较容易克服，但当问题变为自变量是函数时，要解决泛函求极值的问题，可以想见一定更为复杂，同时也更具吸引力。最大值原理很完美地解决了这一问题。它对于自变量函数在开集中变化时可以导致与经典变分法同样的结果，而对于经典变分法不便处理的、在闭集上变化的问题时则提供了一个判别准则。虽然这只是一个必要性的准则，即最优控制与对应的最优过程，但总使由系统

与指标共同决定的 Hamilton 函数达到最大。从上面的分析自然可以看出，最大值原理确是一个十分重要的科学成就。

在充分认识最大值原理的重要意义的同时，我们也必须对它有个正确的定位，即它只是判定控制是否为最优的必要条件。自然，最大值原理不能代表最优控制的全部理论，何况这一判定至少在逻辑上是建立在最优控制与最优过程已经知道的前提下。总体上来说，最优的从局部意义来说也必定最优，反过来却未必成立，于是从必要条件的获得，有时仅需要在最优控制的周围，有时在很特殊的变化范围进行比较就能得到。这就促使人们使用各种特殊的变分手段推导出最大值原理，事实也是这样。Pontryagin 提出最大值原理不久就产生了以 Rozonoer 的研究为代表的一系列工作。这些工作可能用到的数学工具也相对容易一些，由于 Pontryagin 是研究拓扑连续变换群出身的，后来才研究最优控制，因此他一开始证明最大值原理就必然要用到一些相对高深的数学而使从事应用研究的人有些望而生畏。这也是 Rozonoer 等在控制界当时深受欢迎的原因。国内有些人以为用特殊形式变分的办法导出最大值原理是 20 世纪八九十年代才出现的，实际是对这段发展历史不清楚。

从常识看，虽然在对一个群体的总体并不了解的情况下也可以对什么是优秀和最好提出标准与判定的条件，但人们更希望在对总体有一定了解的基础上去理解什么是最优。要从总体上对系统的过程有所了解，首先涉及系统的模式。模式越一般，则了解一定越空泛。这方面的几个重要结论使最优控制的研究获得了新的推动力。一个结论是当把指标泛函也当作系统的状态，而将最优提为终值最优时，系统的维数扩大一维。人们发现并证明了在扩展的系统下，最优的过程将总发生在对应的扩展空间可达集的边界上。这个事实在 Pontryagin 最早的研究中已经基本清楚。另一个结论是针对线性系统，当控制受立方体限制时，Lasalle 证明全部可允控制能实现的可达集与只取立方体顶点值的 Bang-Bang 控制的可达集实际上是一样大的。这两点都有力地推动了最优控制理论的研究，人们对可达集的研究兴趣还基于另一个考虑，即实现最优本身可能的困难与问题常让人希望去退一步研究次优乃至可行解，即实现可接受而非最好的要求。做到这一点对系统可能的可达集的了解是十分有益的。

一个没有控制的系统，其过程完全由初始条件唯一决定，于是在空间每个点，运动轨迹只有唯一的一个切线方向，但当系统控制进入系统以后情况就会发生变化。控制的存在使下一步的运动存在诸多可能，此时过每一点的切线方向就呈现出切线簇的特点，而控制所受约束的特征决定了这个簇实际上是一个锥，于是各种形式的锥及其特性就成了研究最优控制理论，乃至证明最大值原理的一个有力工具。这种具有明显几何特点的工具往往是在严格意义下更具几何思考空间的有效手段。

控制是这样一门科学，即在实现自动控制以后，人们就不再试图了解其在系统中发生的过程，也就是人们希望在系统接上控制器以后，一切均按事先的提法顺利地进行下去。以这种观点看待最优控制器的设计，就要求这种控制器足以保证不论系统发生了什么变化(当然是在一定范围内)，系统中的过程都应该是最优的。这样的问题称为最优综合问题。自然，能解决综合问题的系统不能太一般，至今有效的实际上还只是线性系统的某些最优问题。在这方面，Bellman 创立的动态规划方法起到了独特的作用。由资源动态分配的优化发展而来的动态规划方法是基于一个无需证明的最优性原理展开的。对于最优控制问题，可以推导出一种特殊的偏微分方程——Bellman 方程。这类方程在最简单的常系数线性系统二次最优控制这一特定情况下，其解可以归结为代数 Riccati 方程的求解，而且可以有多种有效的解法，因此这类方程在控制系统的控制器设计中起到很好的作用。但对于比较一般的情形，这种 Bellman 方程的求解相当困难，甚至连解的概念也必须重新定义，如黏性解等。这已经是 20 世纪 80 年代以后的事了，在本讲义中也不会涉及。

上面说的基本上就是我当年编写这本讲义时的主要考虑。这次将讲义正式出版，原则上我没有做大的实质性改动，而是作为一个历史资料留存下来。我所作的一些改动归结如下。

增加了一小节 Lasalle 引理，以前只给出结果未给证明，考虑其重要性这次补充了证明。

20 世纪 60 年代是现代控制理论刚刚兴起的时候，有些科学名词还处在百花齐放没有统一的情况，从字面上可能与现在通用的概念不一致而容易引起误解，对此我做了调整并加了必要的注解。

改动了一些明显的失误，当初原稿交出后是由系里请人刻印的，刻印后因故没有时间认真校正，一放就是半个世纪，这次再看自然生疏费力，个别地方甚至自己都不能准确地把握当初的思路，更不必说涉及证明的一些细节。事情过去了半个多世纪，我的思维能力、工作精力和知识的存储都已今非昔比。我出版这本讲义的基本要求是将其作为历史的见证留存下来，力求正确地保留原来的叙述是明智的选择。对于全书，我力求认真校正，书中部分体例规范乃至说法与现行标准都不一致，虽想调整，但总有些力不从心，敬请读者谅解。

回想当年写此讲义我尚未到而立之年，而今已是耄耋老人，举步蹒跚，但愿这本讲义除做一个历史见证外还能起到一点学术上的作用。对于半世纪以前的讲义仍抱有在学术上能起作用的期望，主要原因在于在国际上最优控制理论基本完善之后，中国就经历了十多年的学术断层，而国内再出现这方面的著作又是此后的十多年。这使一些学者无法很好地了解这个学科从诞生到完善这一时期丰富的思想、理论与方法，而他们写书时多是从一些现成的、未必权威的书本取材，甚至一些著作的作者既不叙述，也不引用 Pontryagin 的经典工作，更不必说当时的另一些重要的成果，甚至把著名的最大值原理随意改称为最小值原理。希望本讲义的出版能弥补这方面的缺失。

讲义完成之后即被束之高阁。改革开放以后，当时我被中国控制落后急需改变的状况深深触动，又由于我对力学上的需求而研究起数值代数来，于是集中精力去写《系统与控制理论中的线性代数》而将最优控制放下。后来由于研究的兴趣转向鲁棒性等，这样一转眼就是几十年，直到"采集工程"的推动才将这本尘封半个世纪的讲义发掘出来。

讲义得以编写成功应该感谢北京大学数学力学系领导对我的支持。在那个时候，中国力学界并不视控制为力学应该关注的领域，我在力学专业搞控制相对势单力薄。数学力学系的领导程民德、张芷芬等教授给了我很大的支持，他们派出数学专业的老师和我一起搞了最优控制讨论班，并指导本科生从事这方面的研究工作，为当时的研究营造了良好的氛围。我也很感谢同事王肇明，她在第一时间请她的先生刘易成从苏联买到 Pontryagin 的原著送给我，使我成为国内能及时读到这一重要著作的极少数人之一。这些都为我能完成讲义创造了条件。

由于当年编写这本讲义时难以安心治学，加之年轻，学术上远未成熟，见解难免狭窄偏颇，虽主观上想尽力做好，但难免失当与错误之处，敬请批评指正！

这本讲义得以正式出版首先要感谢的是以王金枝教授领衔的"采集工程"关于黄琳的采集组。这个组的成员还有段志生、杨莹、李忠奎和李倩。他们在了解了讲义的内容和特点后一致支持正式出版。杨莹阅读了整个讲义并承担了电子版的部分校对工作；李忠奎承担了与科学出版社之间的联系，以及安排将讲义重新录入成电子版；李倩帮助重画了原讲义的一些图。感谢北京理工大学孙常胜教授，他认真阅读了讲义，并精心地帮我保存讲义十多年，给了我很多鼓励。

最后对科学出版社决定出版本讲义和魏英杰编审的付出表示感谢。感谢在将此尘封半个多世纪的讲义出版过程中所有提供鼓励、帮助和支持的家人、同行和朋友。

衷心希望这本讲义的出版能对我国的控制事业略尽绵薄之力。

黄　琳

目 录

第一章 绪　　论

§1.1 引　　言

1.1-1 问题的提出

无论是在工程技术领域，还是在自然界，实际的动力学系统一般可以分为两类，一类是自由系统，另一类是受控制系统。对于前者，其本身不具有可控制的部分，因而当系统的状态在某一时刻给定后，系统之后的状态将唯一地被确定下来。对于这种系统来说，它的运动规律一般是不随人们的意志为转移的。对于后者，其本身具有可控制部分，因而虽在某一时刻给定了系统的状态，但系统之后的状态将不但依赖这一状态的给出，而且在更大程度上依赖控制部分的给出。在此种情况下，系统的运动具有更大的能动性，即有可能按照人们的需要实现某种预期的运动。一般，自由系统可以用图 1.1-1(a)表示，受控制系统可以用图 1.1-1(b)表示。

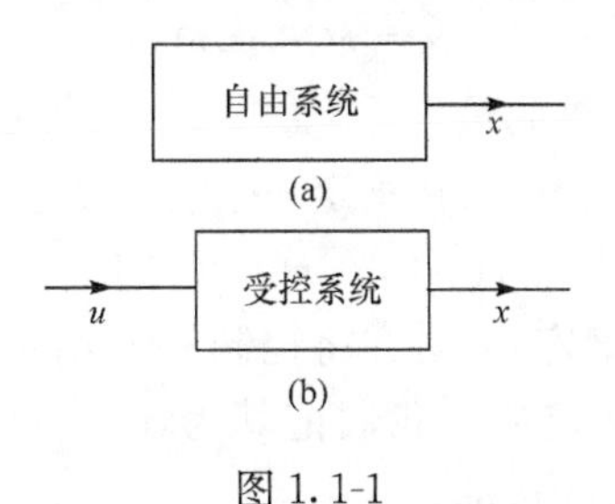

图 1.1-1

对自由系统、受控系统或一般动力学系统的研究都要求讨论其中的动力学过程及其特性。所谓系统中的动力学过程，主要是指描述实际动力学系统状态的物理量随时间变化的规律，而非具体的物理特征，即我们感兴趣的是研究存在于各种实际系统中的一般性共同规律。

自由系统不具有控制部分，因而研究它的任务，更多在于对系统进行分析。受控系统则完全不一样，我们可以根据对系统所提的动力学要求，建立各种最优的系统，以使系统达到最理想的状态。

从数学上看，任何动力学过程都是时间的函数或函数向量，而描述动力学过程优劣的指标都是由时间函数确定的泛函。因此，寻求各种最优控制的问题，从数学上就归结为变分计算的问题。

对于古典的变分法，一般可取函数总在函数空间的开集内选取，而近代自动控制及其他现代技术中提出的变分问题往往具有新的特征。此时的可取函数往往受到闭集的限制。对此类问题的解决，我们必须建立新的变分方法。

苏联数学家 Pontryagin 为了解决闭集变分的问题，提出著名的最大值原理。他发展了古典变分法，在开集的情形下，利用最大值原理导出古典变分的结果。

美国数学家 Bellman 在研究了大量实际问题以后，建立了动态规划的方法，明确提出最优性原理，这一理论已经成为研究最优控制的有效手段。

经典力学的发展推动了古典变分法的建立与发展，反过来，古典变分法又大大推动了经典力学的发展。近代自动控制及其他技术的发展促进了最大值原理和最优性原理的建立与发展，反过来，它们的发展也必然会大大提高人类的认识，并促进这些技术的进一步发展与完善。

1.1-2 最优控制问题的数学提法

设一受控系统的动力学方程为

$$\dot{x}_s = f_s(x_1, \cdots, x_n, u_1, \cdots, u_r, t), \quad s = 1, 2, \cdots, n \tag{1.1-1}$$

其中，$x_1, \cdots, x_n$ 是描述系统的广义坐标；$u_1, \cdots, u_r$ 是作用在该系统上的控制作用；f_s 是 $x_1, \cdots, x_n, u_1, \cdots, u_r, t$ 的连续可微函数。

对于系统(1.1-1)，一般可以用如下向量方程来描述，即

$$\dot{x} = f(x, u, t) \tag{1.1-2}$$

其中，x 是 n 维向量；u 是 r 维向量。

对于系统(1.1-2)，可以看到，在给定一个初始状态，即

$$t_0 > 0, \quad x(t_0) = x^0 \tag{1.1-3}$$

此后系统的运动并不完全确定，只是在将控制 $u(t)$ 给定以后，系统(1.1-2)对应于初值(1.1-3)的运动才是确定的。我们记其为 $x(t, u)$ 或 $x(t)$，并称它是由状态(1.1-3)出发对应控制 $u(t)$ 的运动。

由于各种实际问题的要求，我们总要求控制 $u(t)$ 受到各种限制。这从数学上可以归结为

$$u(t) \in \boldsymbol{U} \tag{1.1-4}$$

其中，$\boldsymbol{U}$ 是 r 维函数空间中的一个集合，通常它是闭的有界集。

对控制所施加的这种限制是从各种实际因素考虑的。例如，要求飞行器的舵偏角不超过某一给定的角度，电机的电枢回路电流不超过某一确定电流，通常可以表示为

$$|u_i| \leqslant u_i^0, \quad i = 1, 2, \cdots, r \tag{1.1-5}$$

又如，在使用喷气舵控制时，要求总的喷气量小于某一特定量，则此时的限制将变为

$$\int_0^T \sum_{i=1}^r |u_i(t)| \mathrm{d}t \leqslant M \tag{1.1-6}$$

其中，T 是工作时间。

如此等等，一般总称对满足限制(1.1-4)的控制为可允控制。

系统(1.1-2)的运动一般依赖可允控制的选取。如果在空间给定一个点，即

$$x' = (x_1', \cdots, x_n') \tag{1.1-7}$$

有对应的控制 $u \in \boldsymbol{U}$，使系统(1.1-2)由初值(1.1-3)出发的运动，在某个时刻 $t=t_1$ 达到点 x'，即

$$x(t_1) = x', \quad t_1 \geqslant t_0 \tag{1.1-8}$$

则称控制 $u(t)$ 将运动由点 x^0 引至 x'。

为了描述系统工作品质的好坏，我们通常利用某个泛函描述系统的指标，即

$$J = \int_{t_0}^{t_1} f_0(x_1, \cdots, x_n, u_1, \cdots, u_r, t) \mathrm{d}t, \quad t_1 > t_0 \tag{1.1-9}$$

通常最优的条件可以归结为以下实现条件，即

$$J = \min \tag{1.1-10}$$

显然，J 本身不但依赖出发点(1.1-3)，而且在更大程度上依赖选取的可允控制。

最优控制是指这样的控制。

1° 控制本身是可允的。

2° 它将系统的运动由初始状态(1.1-3)引至一固定点 x'。

3° 它使对应的过程 $x(t)$ 实现条件(1.1-10)，即

$$J = \min_{u \in \boldsymbol{U}} J(u) \tag{1.1-11}$$

以后称对应于最优控制的过程为最优过程。

一般泛函指标(1.1-9)的选择依赖实际问题研究的需要。例如，当 $f_0 \equiv 1$ 时，我们可以得到下式，即

$$J = t_1 - t_0 \tag{1.1-12}$$

它表示运动由 x^0 达到 x' 经过的时间，而条件(1.1-10)表示过渡过程的时间最短。这种控制及其对应的过程，通常称为最速控制与最速过程。

1.1-3　研究最优控制问题的方法

最优控制问题从数学上可归结为在闭集上的变分问题。

Pontryagin 对闭集变分问题提出了作为必要条件的最大值原理。

利用最大值原理，我们可以分析与了解最优控制和最优过程所应具有的属性。在运用最大值原理讨论最优控制问题时，我们将广泛应用常微分方程理论，但有时也不得不涉及部分实变函数论、泛函分析与拓扑的知识。

Bellman 的动态规划方法通常可以用来直接回答最优控制的综合问题，即直接将控制作用 u 解成系统状态 x 与时间的函数，从而直接回答控制器的设计任务。应用动态规划中的最优性原理通常会产生一种特殊类型的偏微分方程——Bellman方程，而应用 Bellman 的动态规划往往要求去解这种 Bellman 偏微分方程。

利用古典变分现有的工具，也能在一定条件下解决最优控制的问题。特别是采用非线性变换的方法，已有不少学者在古典变分与最优控制之间的关系上做了有益的工作。

对于线性系统的最速控制问题，目前已有比较完善的解决方法。特别是，对常系数线性系统，在研究线性系统最速控制问题时，既可以采用最大值原理，也可以采用各种几何方法，在得到结果的过程中，我们通常会用到部分实变函数及矩阵论的知识。

利用最大值原理研究最优控制是从理论上进行的，十分严格。在实际实现最优控制时，人们往往采用各种近似方法，以使系统尽可能地接近最优系统。在使用各种近似方法时，人们通常需用利用计算工具。为了有效地实现最优系统，人们还必须在系统的内部采用各种数字或模拟的专用计算机。

本讲义并不打算采用一套严谨的数学理论。对于很多基本理论的证明，考虑读者对数学的不同兴趣，我们将证明最严谨的，也就是力学工作者及实际工作者不易掌握的部分（写在附录上）。同时，附录也为读者准备了必要的数学知识作为补充。

本讲义的每一章均配有习题与问题，这是为了加强对最优控制的了解而设置的。

§1.2　几个实际最优控制问题的例子

在这一节，我们主要讲几个实际问题，从中提出最优控制研究的任务，同时为之后的数学方法提供实例。

1.2-1　单摆的最优制动

这里以单摆为例，说明二阶受控系统的一种最速控制问题。

考虑如图 1.2-1 所示的一个单摆，我们研究它的小振动问题。设 A 与 B 两管可以不断吹气，通过吹气的办法给单摆作用力 u，吹气所施的力会受到限制，即

$$|u|\leqslant u_0 \tag{1.2-1}$$

显然，在小偏差范围内，单摆的运动方程为

$$J\ddot{\theta}+r\dot{\theta}+mgl\theta=u(t) \tag{1.2-2}$$

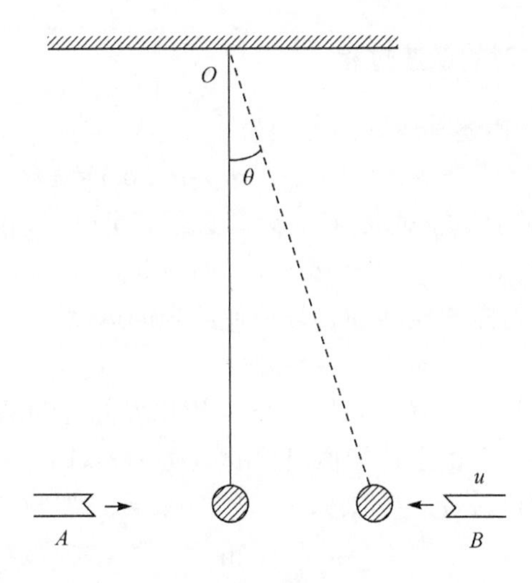

图 1.2-1

其中,J 是摆对支撑点 O 的转动惯量;r 是阻尼系数;m 是小球质量;g 是重力加速度;l 是摆长。

如果引入无量纲变量 $\tau=\sqrt{\frac{u_0}{J}}t$,则我们有

$$\frac{\mathrm{d}^2\theta}{\mathrm{d}\tau^2}+\frac{r}{\sqrt{u_0 J}}\frac{\mathrm{d}\theta}{\mathrm{d}\tau}+\frac{mgl}{u_0}\theta=v(t) \tag{1.2-3}$$

对应的条件(1.2-1)将变为

$$|v|\leqslant 1 \tag{1.2-4}$$

若再引入系数 $b=\frac{r}{\sqrt{Jlmg}}$,$\omega=\frac{\sqrt{mgl}}{u_0}$,以及变量 $x_1=\theta$,$x_2=\dot{\theta}$,则可以将单摆或其他二阶受控对象的最优制动问题转化为如下数学问题。给定一个二次方程组,即

$$\begin{aligned}\dot{x}_1&=x_2\\ \dot{x}_2&=-\omega^2 x_1-b\omega x_2+v(t)\end{aligned} \tag{1.2-5}$$

在控制 v 满足条件

$$|v|\leqslant 1 \tag{1.2-6}$$

寻求最速控制,以使系统在发生初始偏差(x_1^0,x_2^0)下,能在最短的时间恢复到坐标原点。

从直观上,对此问题的回答往往具有不可靠性,人们总会认为当摆发生向右的偏移时,应该使 B 管吹足气,当摆向左偏移时,应使 A 管吹足气,但后面的研究将表明,这种直观的看法并不正确。

1.2-2 受控对象受限时的最速过程

考虑一受控对象，描述其运动的方程为

$$b_0x^{(n)}+b_1x^{(n-1)}+\cdots+b_{n-1}\dot{x}+b_nx=v(t) \tag{1.2-7}$$

由于各种实际原因，对于受控对象，我们设其必须满足以下限制，即

$$|a_0x^{(m)}+a_1x^{(m-1)}+\cdots+a_{m-1}\dot{x}+a_mx|\leqslant M,\quad a_0>a_1>0 \tag{1.2-8}$$

现在要问应施以怎样的控制 $v(\tau)$才能使给定的运动

$$x=x^0(t) \tag{1.2-9}$$

有使系统(1.2-11)从某个初值 $x^0,\dot{x}^0,\cdots,x^{(n-1)0}$出发的运动满足以下条件。

1° 对某一 $t_1>t_0$，有由上述初值出发的运动 $x(t)$，即

$$x(t)=x^0(t),\dot{x}(t)=\dot{x}^0(t),\cdots,x^{(n-1)}(t)=x^{(n-1)0}(t),\quad t\geqslant t_1 \tag{1.2-10}$$

2°

$$t_1=\min \tag{1.2-11}$$

一般来说，我们要求给定的运动 $x^0(t)$本身是满足限制(1.2-8)的。

对于此问题，我们若引入下式，即

$$W(t)=a_0x^{(m)}+a_1x^{(m-1)}+\cdots+a_{m-1}\dot{x}+a_mx \tag{1.2-12}$$

则在限制(1.2-8)下，对应 x 的最优过程的求解可以通过系统(1.2-12)，控制$u(t)$使对应运动 $x(t)$受到限制

$$|W(t)|\leqslant M \tag{1.2-13}$$

而得到。

引进坐标

$$x_1=x,x_2=\dot{x},\cdots,x_m=x^{(m-1)} \tag{1.2-14}$$

则系统(1.2-12)可以改写为

$$\begin{cases}\dot{x}_1=x_2\\ \dot{x}_2=x_3\\ \cdots\\ \dot{x}_m=e_1x_1+e_2x_2+\cdots+e_nx_m+u(t)\end{cases} \tag{1.2-15}$$

其中，$e_1=-\dfrac{a_m}{a_0};\cdots;e_m=-\dfrac{a_1}{a_0};u=\dfrac{W}{a_0}$。

由此，条件(1.2-13)变为

$$|u|\leqslant u_0=\frac{M}{a_0} \tag{1.2-16}$$

现在的问题变为，在空间中给定一运动，即

$$x_1=x^0(t),x_2=\dot{x}^0(t),\cdots,x_m=x^{(m-1)0}(t) \tag{1.2-17}$$

要求寻找合乎条件(1.2-16)的控制，使从给定点 $x_1^0,\cdots,x_m^0$ 出发的运动能在最短的时间内击中给定运动(1.2-17)。

由于给定运动(1.2-17)满足限制(1.2-8),因此在击中运动(1.2-17)以后,可以恒取 $u(t)=a_0x^{(m)0}(t)+\cdots+a_mx^0(t)$。对于 $t\geqslant t_1$ 来说,将有

$$x_1(t)=x_1^0(t),\cdots,x_m(t)=x_m^0(t)=x^{(m-1)0}(t) \tag{1.2-18}$$

在求出最优的 $u(t)$ 以后,显然 $v(t)$ 可以通过下式实现,即

$$v(t)=u(t)-a_0x^{(m)}-\cdots-a_mx+b_0x^{(n)}+\cdots+b_nx \tag{1.2-19}$$

此时,我们可以看出 $v(t)$ 可以通过对 x 的测量得到。其示意图如图 1.2-2 所示。其中,计算机的任务是按对系统(1.2-15)所提的要求,根据 $x^0(t)$ 的情况,确定 $u(t)$,而控制器则是根据式(1.2-19)组合控制命令 $v(t)$。显然,在使用控制 $v(t)$ 的情况下,系统对前述问题来说是最优的。

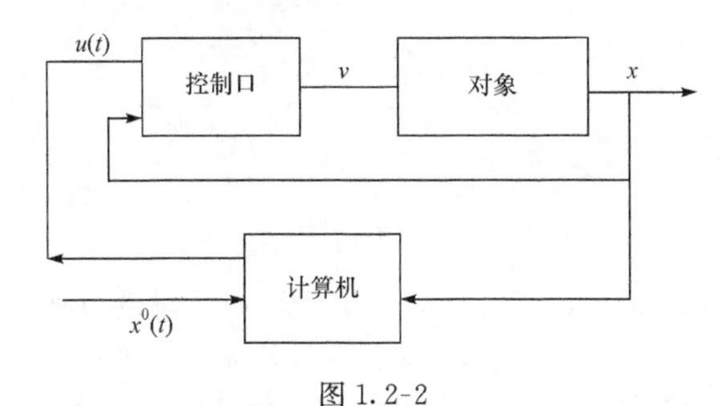

图 1.2-2

特别当 $a_i=b_i,i=1,2,\cdots,n,n=m$ 时,我们有下式,即

$$v(t)=u(t) \tag{1.2-20}$$

一般限制(1.2-8)的实际意义在于系统的某些状态量受到限制。例如,当对象是飞行器时,其加速度一般均受到限制,通常称为过载限制。又如,对象中某部分的电流强度受到限制等。通常,这些中间变量总是受控对象输出及其导数的线性组合。

1.2-3　火箭运动的一种最优导引

考虑火箭 A 对火箭 B 的追击问题(图 1.2-3)。设追击过程是按"比例导引"进行的,两火箭间的相对运动方程为

$$\begin{cases}\rho\dot{\theta}=v_c\sin(\varphi_c-\theta)-v\sin(\varphi-\theta)\\ \dot{\varphi}=u(t)\dot{\theta}\\ \dot{\rho}=v_c\cos(\varphi_c-\theta)-v\cos(\varphi-\theta)\end{cases} \tag{1.2-21}$$

其中,ρ 是 A 和 B 的距离;φ_c 是 B 的轨线角,设它不变,由此不妨设 $\varphi_c>0$;φ 是 A 的轨线角;θ 是观测角;v 和 v_c 是 A 和 B 的速度,它们均为常数,且为问题讨论有意义起见,设 $v>v_c>0$;$u(t)$ 是 A 的控制作用,与 A 的自动领航仪和方向舵的作用有关,并有如下限制,即

$$0 \leqslant u(t) \leqslant 1 \tag{1.2-22}$$

为了能有效地击中目标 B,通常总要求实现一“追踪三角”。

1° $$\dot{\rho} < 0 \tag{1.2-23}$$

2° $$v_c \sin(\varphi_c - \theta) - v\sin(\varphi - \theta) = 0 \tag{1.2-24}$$

显然,1° 是保证击中 B 的必要条件,若又能保持式(1.2-24)成立,则一定构成击中 B 的充分条件,即可在“追踪三角”的顶点处实现击中 B。

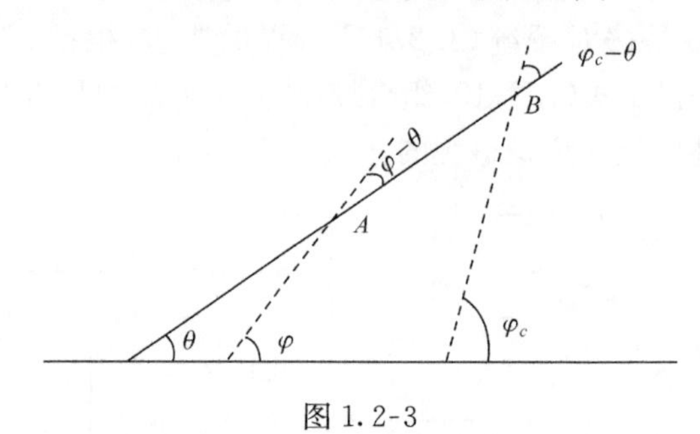

图 1.2-3

在开始追踪时,一般式(1.2-24)不能保证成立,此时设初值为

$$\theta(t_0) = \theta^0, \varphi(t_0) = \varphi^0, \quad t = t_0 \tag{1.2-25}$$

考虑在 $t=T$ 时,实现式(1.2-24),即 $\dot{\theta}=0$,并且保证之后永远实现此条件,因此最优控制问题可提为选择对应的最优控制,使泛函指标有极小值,即

$$I = \left| \int_{t_0}^{T} \dot{\theta} \mathrm{d}t \right| \tag{1.2-26}$$

其中,T 是第一次实现 $\dot{\theta}=0$ 的时刻,并且约定 $t \geqslant T$ 时 $\dot{\theta}=0$ 总能成立。

显然,$\dot{\theta}$ 总是常号的,或 θ 单调。考虑下式,即

$$I = |\theta(T) - \theta(t_0)| \tag{1.2-27}$$

1° 若初始时有 $\dot{\theta}(t_0) < 0$,则指标要求变为

$$\theta(T) = \max \tag{1.2-28}$$

2° 若初始时有 $\dot{\theta}(t_0) > 0$,则指标要求变为

$$\theta(T) = \min \tag{1.2-29}$$

其中,T 不固定。

1.2-4 最优控制器的解析设计问题

通常,最优控制问题可以分为两类(图 1.2-4)。其中之一是根据对受控对象所提的要求,确定最优的控制程序,以便实现最优的运动过程。这种最优控制问题的结构图如图 1.2-4(a)所示。例如,在一定初始条件下,根据标准的气象资料,按一定最优的要求发射火箭就属于此类。在这种问题中,最优控制规律 $v(t)$ 是以时间的已知函数用存储的办法安置在受控对象中或控制器中,一般称为最优程序控

制问题。

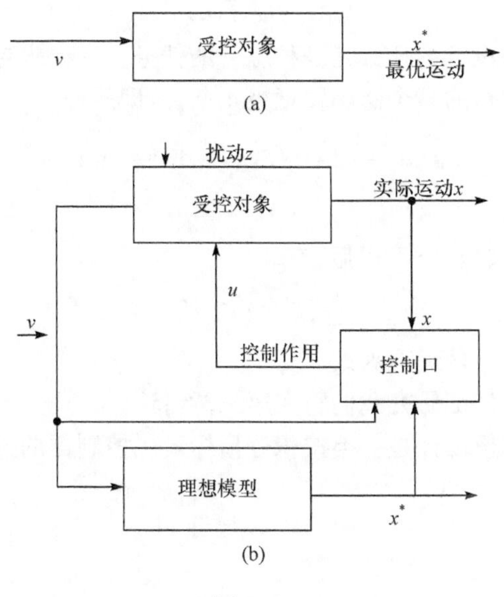

图 1.2-4

在实际受控对象的工作过程中，人们不能设想外界环境总是按照原来的理想情况那样不变，实际存在各种扰动因素。它们的存在总是力图使系统偏离最优的运动状态，因此如果仍然按理想状况给出控制规律，就有可能使对象的运动不但不是最优的，而且可能品质不好，实际问题要求随时测量理想运动与实际运动之间的偏差，并按此偏差来纠正受控对象的运动，使其实现预期的运动。

考虑一受控系统，其方程为

$$\dot{x}=f(x,u,z,t,v) \tag{1.2-30}$$

其中，x 是广义坐标；z 是干扰；v 是为实现最优运动的控制作用；u 是测量实际输出与理想输出差以后，为消除这种偏差的控制作用。

若对应的最优理想运动是 $x^*(t)$，则有

$$\dot{x}^*=f(x^*,0,0,t,v) \tag{1.2-31}$$

显然，实际输出由于扰动的存在，将不是 x^*，而是 x。它满足下式，即

$$\dot{x}=f(x,u,z,t,v)$$

由此偏差运动

$$\xi=x-x^* \tag{1.2-32}$$

将满足以下方程，即

$$\begin{aligned}\dot{\xi}&=f(x^*+\xi,u,z,t,v)-f(x^*,0,0,t,v)\\&=g(\xi,u,z,t,x^*,v)\end{aligned} \tag{1.2-33}$$

如果我们考虑的扰动 z 不是经常作用的，那么一般可以等效地看成 $\xi(t)$ 的一

个初始扰动。由于 x^* 和 v 都是 t 的已知函数，因此式(1.2-33)可以改写为

$$\dot{\xi}=\phi(\xi,t,u) \tag{1.2-34}$$

最优控制器解析设计的任务是一种综合的任务。它要求寻找最优控制 $u\in U$，以使描述过渡过程 $\xi(t)$ 的某个泛函实现极小条件，即

$$J(u)=\int_{t_0}^{T} w(\xi,u,\tau)\mathrm{d}\tau=\min \tag{1.2-35}$$

其中，T 可以是∞。

同时，一般也要求当 $t>T$ 以后，有

$$\sum \xi^2(t)\leqslant r^2 \tag{1.2-36}$$

而当 $T=\infty$ 时，$r=0$，w 是正定函数。

对于这一问题的仔细研究我们将在第三章讨论。

最优控制器的解析设计是一类按积分指标最优控制器的推广。

第二章　最大值原理

§2.1　最优控制的提法

2.1-1　最优控制问题与古典变分法

考虑任意受控制系统，即

$$\dot{x}_s = f_s(x_1,\cdots,x_n,u_1,\cdots,u_r,t),\quad s=1,\cdots,n \tag{2.1-1}$$

其中，$x_1,\cdots,x_n$ 是描述受控对象的坐标；$u_1,\cdots,u_r$ 是控制作用，在这里，我们对它不加任何有界闭集的限制，并设 $u_i(t)$ 是分段连续的。

在空间中，给定两点 $x^0=(x_1^0,\cdots,x_n^0)$，$x'=(x_1',\cdots,x_n')$，要求寻求控制 $u_1(t),\cdots,u_r(t)$，使由 x^0 出发的运动在 $t=t_1$ 时达到 x'，并使泛函指标最小，即

$$J=\int_{t_0}^{t_1} f_0(x_1,\cdots,x_n,u_1,\cdots,u_r,t)\mathrm{d}t=\min \tag{2.1-2}$$

以上是我们最优控制的典型问题，不过在这里对 u 并未加任何如式(1.1-4)那样的限制。

下面将证明，对古典变分问题的研究可以归结为上述最优控制问题。

研究变分的问题，设泛函为

$$J=\int_{t_0}^{t_1} F(t,x,\dot{x},\cdots,x^{(n-1)},x^{(n)})\mathrm{d}t \tag{2.1-3}$$

其边界条件为

$$\begin{aligned} &x(t_0)=x_1^0,\cdots,x^{(n-1)}(t_0)=x_n^0\\ &x(t_1)=x_1^1,\cdots,x^{(n-1)}(t_1)=x_n^1 \end{aligned} \tag{2.1-4}$$

变分问题即要求确定满足式(2.1-4)边界条件之函数 $x(t)$，并使

$$J=\min \tag{2.1-5}$$

得到满足。

显然，我们可引入如下变量

$$x_1=x,x_2=\dot{x},\cdots,x_n=x^{(n-1)} \tag{2.1-6}$$

与如下方程组

$$\dot{x}_1=x_2,\dot{x}_2=x_3,\cdots,\dot{x}_{n-1}=x_n,\dot{x}_n=u \tag{2.1-7}$$

其中 u 是控制作用，前述变分问题变为寻求控制 $u(t)$，使系统(2.1-7)由 $x(t_0)=$

x^0 出发之运动,在 $t=t_1$ 时达到点 $x(t_1)=x^1$,并使泛函

$$J=\int_{t_0}^{t_1}F(t,x_1,\cdots,x_n,u)\mathrm{d}t=\min \tag{2.1-8}$$

得到满足,这里的 $x(t)$,x^0,x^1 均为向量。

由此可见,对于古典变分问题来说,在经过一定的变量替换后,都能化成上述最优控制问题,因此最优控制问题实际上是一种更为广泛的提法。

2.1-2 可允控制与可控性

考虑系统(2.1-1),在研究最优控制问题时,同在古典变分法中对可取曲线叠加的限制一样,我们总限制它在某个函数类中选取。我们常限制控制函数属于以下函数类。

1° 函数向量是有界可测函数,一般记为 $u\in \boldsymbol{L}$,即控制函数是 Lebesgue 可测类函数。

2° 函数向量是分段连续的,一般这样的函数向量只有第一类间断点,因此不妨设这些控制在间断点处是左连续的,可记为 $u\in \boldsymbol{C}$。

3° 函数向量是分段常量的,即在$[t_0,t_1]$上的控制函数向量是按时间分段取常量的控制,一般记为 $u\in\mathscr{K}$。

显然,对上述函数类,我们有

$$\boldsymbol{L}\supseteq\boldsymbol{C}\supseteq\mathscr{K} \tag{2.1-9}$$

以后讨论时,我们更多的是设定控制是 $u\in \boldsymbol{C}$ 的情形,但在一部分线性最速控制问题中,我们不得不利用 $\boldsymbol{L}$ 可测函数的部分性质。有关此类函数的基本知识,我们放在附录Ⅰ中。

除明确控制函数本身所属的函数类,我们需根据对实际问题分析所提的要求对 r 维控制函数向量叠加以下的限制。

1° 一般地,要求 $u(t)$的取值在 r 维空间 $\boldsymbol{E}^r$ 中的一个闭集 $\bar{\boldsymbol{U}}$ 内取值,即要求对一切 $t\in[t_0,t_1]$都有

$$u(t)\in\bar{\boldsymbol{U}} \tag{2.1-10}$$

2° 当 $\boldsymbol{U}$ 取凸闭多角体时,我们记

$$u(t)\in\boldsymbol{M}(u) \tag{2.1-11}$$

其中,$\boldsymbol{M}(u)$表示凸闭多角体,关系式(2.1-11)表示 $u(t)$的端点总应在一个多角体上取值。

3° 如果 $\boldsymbol{M}(u)$取矩形体,并且 $\boldsymbol{E}^r$ 空间的原点为其中心时,我们以条件

$$|u_i|\leqslant v_i,\quad i=1,\cdots,r \tag{2.1-12}$$

代替式(2.1-11)。

4° 特别对 3°,若选取 $v_i=l$,则 $\boldsymbol{M}(u)$为正立方体。

5° 除上述四种，以及对每个瞬时的 $u(t)$ 有限制外，亦可有如下限制，即

$$\int_{t_0}^{t_1} \phi(u(t))\mathrm{d}t \leqslant M \tag{2.1-13}$$

其中，$\phi(u(t))$ 是 u 的一个凸函数，并且设 $\phi \geqslant 0$ 的。

一般常见的对控制的限制都是上述几种，通常对满足上述要求的控制作用均称为可允控制，例如可以是按条件(2.1-10)的可允控制、按条件(2.1-11)的可允控制、按条件(2.1-11)与条件(2.1-13)的可允控制等。

在研究最优控制问题时，我们通常首先要求回答所采用的控制是否能将系统中的运动引导至所需的位置上。为此，我们引入如下可达性的概念。

定义 2.1　系统(2.1-1)在点 x^0 及初始时间 t_0 称为关于集合 $\boldsymbol{\Omega}(t)$ 是可达的，是指对(2.1-1)，存在按一定条件的可允控制 $u(t)$，使系统(2.1-1)对应此控制由 (t_0, x^0) 出发的运动，在某时刻 t_1 有

$$x(t) \in \boldsymbol{\Omega}(t), \quad t = t_1 \tag{2.1-14}$$

一般 $\boldsymbol{\Omega}(t)$ 也可以是一个定点，例如

$$\boldsymbol{\Omega}(t) = x' \tag{2.1-15}$$

这要求我们将系统的一个状态引导到一确定状态。

20 世纪 60 年代，按当时国际文献，特别是俄文文献，可控性概念是指现今的可达性，为便于正确理解，以下一律用可达性表述。

如果要求讨论由点至一域的控制问题，则可以将 $\boldsymbol{\Omega}(t)$ 取为一个闭域。例如

$$\boldsymbol{\Omega}(t) = \overline{\boldsymbol{\Omega}} \tag{2.1-16}$$

如果我们研究的问题是由点至动点的追击问题，则可以取

$$\boldsymbol{\Omega}(t) = \{x \mid x = z^0(t)\} \tag{2.1-17}$$

其中，$z^0(t)$ 是给定时间的连续函数。

定义 2.2　系统(2.1-1)称为关于集合 $\boldsymbol{\Omega}(t)$ 是一致可达的，指对任何 $t_0 > 0$，$x^0 \in E^n$ 总有定义 2.1 成立。

为区别在研究可达性问题时，是否对控制函数施加限制，称可达性是按什么条件为可达，或按什么可允控制为可达，以及按无限制的控制为可达等。

2.1-3　最优控制问题的另一种提法

考虑受控系统(2.1-1)，并在空间中给定两点 x^0 与 x'，讨论最优控制问题的指标是(2.1-2)，为在证明最大值原理时的方便(此证明在附录Ⅲ中)，常改变最优控制问题为以下终端极值问题的提法。

考虑系统(2.1-7)，我们引入新变量 x_0，使其满足方程

$$\dot{x}_0 = f_0(x_1, \cdots, x_n, u_1, \cdots, u_r, t) \tag{2.1-18}$$

显然，我们有泛函指标 J 且有

$$J(t)=x_0(t) \tag{2.1-19}$$

当然对式(2.1-19),我们理解 $x_0(t)$ 是由 $x_0(t_0)=0$ 出发的。

由于式(2.1-19)成立,因此最优的泛函指标相当于 x_0 在 t_1 时坐标取尽可能小的数值。当引进坐标 x_0 后,原来的终点应该是在 $n+1$ 维空间$(x_0,x_1,\cdots,x_n)$中的直线 $\boldsymbol{\pi}(x_1=x_1',\cdots,x_n=x_n')$上。

综上所述,我们能将上述最优控制问题变为如下提法。

对于一受控系统,即

$$\dot{x}_s=f_s(x_1,\cdots,x_n,u_1,\cdots,u_r,t),\quad s=0,1,\cdots,n \tag{2.1-20}$$

在空间 $\boldsymbol{E}^{n+1}$ 中给出一个点$(0,x_1^0,\cdots,x_n^0)$以及一条直线 $\boldsymbol{\pi}$,它经过点$(0,x_1',\cdots,x_n')$平行于 x_0 轴,要求寻找这样的可允控制向量 u,使对应的运动 $z(t)$ 满足以下两点。

1° 对某个 $t_1\geqslant t_0$,有 $z(t_1)\in\boldsymbol{\pi}$。

2° $z(t_1)$之第一个坐标有 $x_0(t_1)=\min$。

其中,$z(t)$是 $n+1$ 维向量$(x_0,x_1,\cdots,x_n)$。

最优控制的这一提法一般称为终值最优问题。其几何意义可如图 2.1-1 所示。

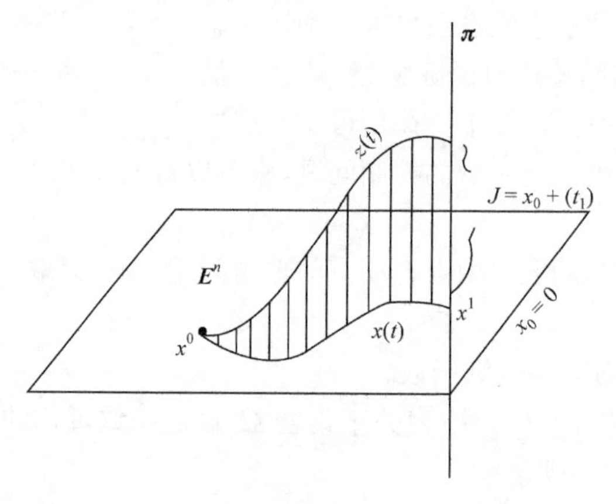

图 2.1-1

在图 2.1-1 中,我们以平面表示 $\boldsymbol{E}^n$,以三维空间表示 $\boldsymbol{E}^{n+1}$,$z(t)$表示系统(2.1-20)在 $\boldsymbol{E}^{n+1}$ 中的运动,$x(t)$表示此运动在 $\boldsymbol{E}^n$ 中的投影,$z(t)$在直线 $\boldsymbol{\pi}$ 上交点的截距$x_0(t_1)$就是对应指标泛函的数值。

对于终值最优问题,Rozonoer 也进行了考虑。他的提法用一定的变换可以转化成前述最优控制问题的提法。

Rozonoer 考虑的受控系统为

$$\dot{x}_s=f_s(x_1,\cdots,x_n,u_1,\cdots,u_r,t),\quad s=1,2,\cdots,n \tag{2.1-21}$$

显然,系统由初值 x_0 和 t_0 出发的运动将依赖 $u(t)$ 的给出。考虑 $u(t)$ 这个可允控制是满足以下条件的,即

$$u(t)\in\overline{\boldsymbol{U}} \tag{2.1-22}$$

它利用对确定的时间 $T>t_0$ 研究泛函，即

$$S=\sum_{i=1}^{n}c_ix_i(T) \tag{2.1-23}$$

作为描述系统(2.1-21)的指标。问题归结为求可允控制 $u(t)$，使有对应系统(2.1-21)的运动在确定时刻 T，有

$$S=\sum_{i=1}^{n}c_ix_i(T)=\min \tag{2.1-24}$$

其中，c_i 是事先给定之常数。

上述 Rozonoer 的提法与前面最优控制的几何提法有如下差别。

1° 在 Rozonoer 提法中，泛函指标比前面的提法更广。

2° 时间 T 是事前确定的。

3° 终点 $x(T)$没有任何限制，并不要求它落在某个流型上(如直线)。

最后我们指出，对于 Rozonoer 的提法，一般不存在可达性的问题。

§2.2　最大值原理

在这一部分，我们介绍 Pontryagin 为解决最优控制问题而提出的最大值原理。最大值原理的证明，我们在附录Ⅲ和附录Ⅳ中给出。

2.2-1　一般最优控制问题的最大值原理

在这一部分，我们首先考虑定常系统的情形①。此时描述系统的运动方程为

$$x_s=f_s(x_1,\cdots,x_n,u_1,\cdots,u_r),\quad s=1,2,\cdots,n \tag{2.2-1}$$

其中，x_s 是描述受控系统状态的物理量；f_s 是定义在空间 $\boldsymbol{E}^n\times\overline{\boldsymbol{U}}$ 上的一个函数。

以下均设 f_s 对 $x_1,\cdots,x_n,u_1,\cdots,u_r$ 连续，且对 $x_1,\cdots,x_n$ 有一阶连续偏导数，即无论是 f_s 还是$\dfrac{\partial f_s}{\partial x_i}$都在 $\overline{\boldsymbol{U}}\times\boldsymbol{E}^n$ 上定义且连续。

给两个点 x^0 和 x'，并为研究系统品质的好坏确定一个泛函，即

$$J=\int_{t_0}^{t_1}f_0(x_1,\cdots,x_n,u_1,\cdots,u_r)\mathrm{d}t \tag{2.2-2}$$

其中，f_0 与 f_s 有同样的假定。

由于对 f_s 所作的假定，因此当以 $u=u(t)\in\boldsymbol{C}^0$ 代入时，在一定的初值下，系统的运动 $x(t)$是唯一确定的，以不同的 $u=u(t)$代入时，系统由同一点出发，产生不

① 以前空常系统又称驻定系统，有时也称时不变系统。

同的运动。

我们的问题是寻求这样的控制 $u(t)\in\boldsymbol{C}$，它满足

$$u\in\bar{\boldsymbol{U}} \tag{2.2-3}$$

其中，$\bar{\boldsymbol{U}}$ 是 $\boldsymbol{E}^r$ 中确定的闭集，并且使

1° 初值在 $x(t_0)=x^0$ 对应系统的运动在某个 $t_1>t_0$ 达到点 x'，即

$$x(t_1)=x' \tag{2.2-4}$$

2° 实现最优控制的要求为

$$J(u^*)=\min_{u\in\bar{\boldsymbol{U}}}J(u)=\min_{u\in\bar{\boldsymbol{U}}}\int_{t_0}^{t_1}f_0(x_1,\cdots,x_n,u_1,\cdots,u_r)\mathrm{d}t \tag{2.2-5}$$

以后我们称满足上述问题的控制 $u(t)$ 与过程 $x(t)$ 是最优控制与最优过程。

显然，由于系统是定常的，即系统方程不显含 t，则若 $u^*(t)$ 与 $x^*(t)$ 是最优控制与最优过程，则对任何 $\tau>0$，对应的 $u^*(t-\tau)$ 及 $x^*(t-\tau)$ 也一定是满足初值 $x(t_0-\tau)=x^0$ 与终值 $x(t_1-\tau)=x'$ 下的最优控制与最优过程。当然，此时的泛函指标变为

$$J(u(t-\tau))=\int_{t_0-\tau}^{t_1-\tau}f_0(x(t-\tau),u(t-\tau))\mathrm{d}t \tag{2.2-6}$$

对于此定常系统的解释，显然可以用图 2.2-1 加以表示。

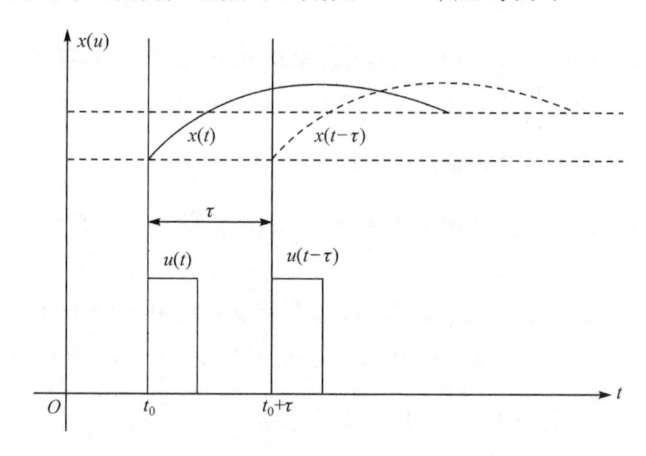

图 2.2-1

对于解最优控制问题，最大值原理的提出实际上同经典力学中的 Hamilton 原理有相似之处。

对于系统(2.2-1)，我们引入如下辅助微分方程，即

$$\frac{\mathrm{d}\psi_i}{\mathrm{d}t}=-\sum_{\alpha=0}^{n}\frac{\partial f_\alpha(x_1,\cdots,x_n,u_1,\cdots,u_r)}{\partial x_i}\psi_\alpha,\quad i=0,1,\cdots,n \tag{2.2-7}$$

显然，将 $x=x(t)$，$u=u(t)$ 代入上述方程，则方程变为 ψ_α 的齐次线性方程

组，即

$$\frac{\mathrm{d}\psi_i}{\mathrm{d}t}=-\sum_{\alpha=0}^{n}\frac{\partial f_\alpha(x(t),u(t))}{\partial x_i}\psi_\alpha,\quad i=0,1,\cdots,n \tag{2.2-8}$$

由于此方程组是齐次线性的，因此在给定初条件时，其解存在且唯一。由于对 f_α 所加的限制，在 $u(t)$ 分段连续（即 $\in \boldsymbol{C}$）时，我们有 $\psi(t)$ 绝对连续且分段可微。式(2.2-8)的任何解均称为对应控制及过程的解。以后我们称 $\psi_i(t)$ 是对应过程的广义冲量。

相仿于经典力学中的讨论，我们引入变量 $x_1,\cdots,x_n,\psi_1,\cdots,\psi_n,u_1,\cdots,u_r$ 的函数 $\mathscr{H}$。它是这样定义的，即

$$\mathscr{H}(x,\psi,u)=(\psi,f)=\sum_{\alpha=0}^{n}f_\alpha(x,u)\psi_\alpha \tag{2.2-9}$$

其中，ψ 和 f 是 $n+1$ 维矢量，由此方程(2.2-1)与方程(2.2-8)可以改写为如下 Hamilton 方程的形式，即

$$\frac{\mathrm{d}x_i}{\mathrm{d}t}=\frac{\partial\mathscr{H}}{\partial\psi_i},\quad \frac{\mathrm{d}\psi_i}{\mathrm{d}t}=-\frac{\partial\mathscr{H}}{\partial x_i},\quad i=0,1,\cdots,n \tag{2.2-10}$$

对于函数 $\mathscr{H}$，显然它是 $2n+2+r$ 个变量的函数，如果将 $\psi_0,\cdots,\psi_n,x_0,\cdots,x_n$ 固定，而将其看成 $u\in\overline{\boldsymbol{U}}$ 的函数，则当 $\overline{\boldsymbol{U}}$ 是有界闭集时，$\mathscr{H}$ 看成 u 的函数将具有最大值。由此可令

$$\mathscr{M}(x,\psi)=\operatorname*{Sup}_{u\in\overline{\boldsymbol{U}}}\mathscr{H}(x,\psi,u) \tag{2.2-11}$$

它表示 $\mathscr{H}$ 在 x 和 ψ 固定时的上确界，在 $\overline{\boldsymbol{U}}$ 是有界闭集。上述上确界可以用最大值代替。

Pontryagin 指出，对最优控制与最优过程，恒有如下作为必要条件的最大值原理成立。

定理 2.1　设 $u(t)$ 是满足条件(2.2-3)的可允控制，$x(t)$ 是对应该控制由初值 $z^0=(0,x^0)$ 出发的运动，且在某个时刻 t_1 达到直线 $\boldsymbol{\pi}$ 上的某点，即 $x(t_1)\in\boldsymbol{\pi}$，若 $u(t)$ 与对应的 $x(t)$ 是最优的，则必须有非零的连续函数向量 $\psi(t)$ 存在，使得

1° 对任何 $t\in[t_0,t_1]$，函数 $\mathscr{H}(x(t),\psi(t),u)$ 作为 $u\in\overline{\boldsymbol{U}}$ 的函数，在 $u=u(t)$ 达到最大值，即

$$\mathscr{H}(x(t),\psi(t),u(t))=\mathscr{M}(x(t),\psi(t)) \tag{2.2-12}$$

2° 在终点 t_1，有

$$\mathscr{M}(x(t_1),\psi(t_1))=0,\quad \psi_0(t_1)\leqslant 0 \tag{2.2-13}$$

3° 若 $x(t)$、$\psi(t)$、$u(t)$ 满足 1° 及 Hamilton 方程(2.2-10)，则 $\psi_0(t)$ 及 $\mathscr{M}(x(t),\psi(t))$ 作为变量 t 的函数时变为常量，因此对式(2.2-13)的判定可在任何 $t\in[t_0,t_1]$ 进行。

定理 2.1 只回答了最优控制与最优过程的必要条件。

定理 2.1 的证明在附录Ⅲ给出。

2.2-2 最速控制的最大值原理

在最速控制问题中，我们有

$$f_0(x,u)\equiv 1 \tag{2.2-14}$$

应用定理 2.1 时，我们有

$$\mathscr{H}=\psi_0+\sum_{\alpha=1}^{n} f_\alpha\psi_\alpha \tag{2.2-15}$$

为此，我们引进 n 维向量 $\psi=(\psi_1,\cdots,\psi_n)$ 和另一 Hamilton 函数，即

$$\mathscr{H}=\sum_{\alpha=1}^{n} f_\alpha\psi_\alpha=H(x,\psi,u) \tag{2.2-16}$$

显然，它是 $2n+r$ 个变量的函数。

因此，Hamilton 方程(2.2-10)可转变为

$$\frac{\mathrm{d}x_0}{\mathrm{d}t}=1,\quad \frac{\mathrm{d}x_i}{\mathrm{d}t}=\frac{\partial H}{\partial\psi_i} \tag{2.2-17}$$

$$\frac{\mathrm{d}\psi_0}{\mathrm{d}t}=0,\quad \frac{\mathrm{d}\psi_i}{\mathrm{d}t}=-\frac{\partial H}{\partial x_i},\quad i=1,2,\cdots,n$$

如果将 H 函数中的 x 和 ψ 固定，同前面一样，我们可以引进

$$M(x,\psi)=\operatorname*{Sup}_{u\in\bar{U}} H(x,\psi,u) \tag{2.2-18}$$

并且不难得知

$$M(x,\psi)=\mathscr{M}(x,\psi)-\psi_0 \tag{2.2-19}$$

应用定理 2.1 不难有如下最速控制满足的必要条件。

定理 2.2 可允控制 $u(t)$ 将系统的运动由 $x(t_0)=x^0$ 引至 $x(t_1)=x^1$，若 $u^0(t)$ 与 $x^0(t)$ 是最速控制与最速过程，则一定存在非零的 n 维连续函数向量 $\psi(t)=(\psi_1(t),\cdots,\psi_n(t))$，使

1° 对一切 $t\in[t_0,t_1]$，变量 $u\in\bar{U}$ 的函数 $H(x(t),\psi(t),u)$ 在 $u=u^0(t)$ 达到最大值，即

$$H(x^0(t),\psi(t),u^0(t))=M(x^0(t),\psi(t)) \tag{2.2-20}$$

2° 在终点 t_1，有

$$M(x^0(t_1),\psi(t_1))\geqslant 0 \tag{2.2-21}$$

3° 如果 $x^0(t)$、$\psi(t)$、$u(t)$ 满足 Hamilton 方程(2.2-17)及 1°，则 $M(x^0(t),\psi(t))$ 作为 t 的函数时变为常量，因此对 2° 的判别只要对任何 $t\in[t_0,t_1]$ 即可。

定理 2.2 由定理 2.1 不难导出。实际上，最速控制也是应用比较广的。

2.2-3　最大值原理与古典变分间关系

在这一部分，我们将指出，对于 Euler 方程，当 $\bar{\boldsymbol{U}}$ 是全空间且 $u(t)$ 连续时，可以从最大值原理导出古典变分法中的方程。

考虑变分问题，即

$$J=\int_{t_0}^{t_1}F(x_1,\cdots,x_n,\dot{x}_1,\cdots,\dot{x}_n)\mathrm{d}t=\min \tag{2.2-22}$$

其边界条件为

$$x_1(t_0)=x_1^0,\cdots,x_n(t_0)=x_n^0,x_1(t_1)=x_1^1,\cdots,x_n(t_1)=x_n^1 \tag{2.2-23}$$

显然，上述变分问题的解一定满足 Euler 方程，即 $x_i(t)$满足

$$\frac{\mathrm{d}}{\mathrm{d}t}\frac{\partial F}{\partial \dot{x}_i}=\frac{\partial F}{\partial x_i},\quad i=1,2,\cdots,n \tag{2.2-24}$$

如果我们引入控制 $u_1,\cdots,u_n$，并使 $x_1,\cdots,x_n$ 满足如下方程组，即

$$\dot{x}_i=u_i,\quad i=1,2,\cdots,n \tag{2.2-25}$$

则上述变分问题变为方程组(2.2-25)在边界条件(2.2-23)下，使

$$J=\int_{t_0}^{t_1}F(x_1,\cdots,x_n,u_1,\cdots,u_n)\mathrm{d}t \tag{2.2-26}$$

取极小的问题。

为此，我们组成函数 $\mathscr{H}$，即

$$\mathscr{H}=\psi_0F(x_1,\cdots,x_n,u_1,\cdots,u_n)+\sum_{i=1}^{n}\psi_iu_i \tag{2.2-27}$$

显然，按最大值原理应该有满足 Hamilton 方程的非零 ψ 存在，使

$$\psi_0F(x_1,\cdots,x_n,u_1,\cdots,u_n)+\sum_{i=1}^{n}\psi_iu_i=\mathscr{M}(\psi,x) \tag{2.2-28}$$

成立。考虑 $u(t)$的连续性，以及 $\bar{\boldsymbol{U}}$ 是全空间，最优过程与最优控制应满足

$$\psi_0\frac{\partial F}{\partial u_i}+\psi_i=0,\quad i=1,2,\cdots,n \tag{2.2-29}$$

考虑上述等式以最优控制 $u(t)$和最优过程代入时，对一切 $t\in[t_0,t_1]$均成立，则我们有

$$\psi_0\frac{\mathrm{d}}{\mathrm{d}t}\frac{\partial F}{\partial u_i}+\frac{\mathrm{d}\psi_i}{\mathrm{d}t}=0,\quad i=1,2,\cdots,n \tag{2.2-30}$$

再考虑 ψ_i 应满足 Hamilton 方程，则我们有

$$\psi_0\left(\frac{\mathrm{d}}{\mathrm{d}t}\frac{\partial F}{\partial u_i}-\frac{\partial F}{\partial x_i}\right)=0,\quad i=1,2,\cdots,n \tag{2.2-31}$$

显然，ψ_0 是常数，只要 $\psi_0\neq0$ 就能寻出 Euler 方程，而 $\psi_0=0$ 是不可能的。因为从式(2.2-29)将可能导出一切 $\psi_i=0$，这与 $\psi_0,\cdots,\psi_n$ 是非零向量矛盾，所以

$$\frac{\mathrm{d}}{\mathrm{d}t}\frac{\partial F}{\partial u_i}=\frac{\mathrm{d}}{\mathrm{d}t}\frac{\partial F}{\partial \dot{x}_i}=\frac{\partial F}{\partial x_i},\quad i=1,2,\cdots,n \tag{2.2-32}$$

成立。因此,当 $\bar{U}$ 是全空间(或开集)时,可以将导出的 Euler 方程作为我们的结论。

从上述分析不难看出,最大值原理确实比古典变分更加广泛。

2.2-4 终端最优问题的最大值原理

这一部分,我们考虑终端最优问题,并给出相应的最大值原理。

考虑受控系统,即

$$\dot{x}_s=f_s(x_1,\cdots,x_n,u_1,\cdots,u_r),\quad i=1,2,\cdots,n \tag{2.2-33}$$

可允控制满足式(2.2-3)。最优指标为

$$J=\sum_{i=1}^{n}c_i x_i(T)=J(u,x^0,t_0) \tag{2.2-34}$$

其中,T 是一固定的时间;c_i 为确定常量。

显然,从同一点 $x^0=x(t_0)$ 出发的运动将依赖 $u\in\bar{U}$ 的选取而取不同的泛函值。终端最优问题是回答如何寻求控制以实现

$$J(u^*)=I(x^0,t_0)=\min_{u\in\bar{U}}J(u,x^0,t_0) \tag{2.2-35}$$

同 Pontryagin 的研究一样,对此问题亦有相应的最大值原理,为此我们引入辅助方程,即

$$\dot{\psi}_i=-\sum_{\alpha=1}^{n}\psi_\alpha\frac{\partial f_\alpha}{x_i},\quad i=1,2,\cdots,n$$

并组成 Hamilton 函数,即

$$H=\sum_{\alpha=1}^{n}\psi_\alpha f_\alpha(x,u) \tag{2.2-36}$$

则对应的方程(2.2-33)与方程(2.2-35)可以写为

$$\frac{\mathrm{d}x_i}{\mathrm{d}t}=\frac{\partial H}{\partial \psi_i},\quad \frac{\mathrm{d}\psi_i}{\mathrm{d}t}=-\frac{\partial H}{\partial x_i},\quad i=1,2,\cdots,n \tag{2.2-37}$$

Rozonoer 指出,若以

$$M(x(t),\psi(t),t)=\operatorname*{Sup}_{u\in\bar{U}}H(x(t),\psi(t),u,t) \tag{2.2-38}$$

则有如下最大值原理。

定理 2.3 若 $u(t)$ 使泛函(2.2-34)取最小最优,对应的 $x(t)$ 是最优过程,则一定存在终端条件,即

$$\psi_i(T)=-c_i \tag{2.2-39}$$

且满足方程(2.2-35)的 ψ_i,使

$$H(x(t),\psi(t),u(t),t)=M(x(t),\psi(t),t) \tag{2.2-40}$$

对一切 $t\in[t_0,T]$成立，其中方程(2.2-35)中的 u 和 x 以最优控制与最优过程替代。

对以下线性受控系统，即

$$\dot{x}_i=\sum_{\alpha=1}^{n}a_{i\alpha}(t)x_\alpha+\psi_i(u_1,\cdots,u_r),\quad i=1,2,\cdots,n \tag{2.2-41}$$

Rozonoer 指出恒有如下作为充要条件的最大值原理。

定理 2.4　对系统(2.2-41)，若 $u_1,\cdots,u_r$ 是最优控制，其充分必要条件是存在满足端点条件，即

$$\psi_i(T)=-c_i,\quad i=1,2,\cdots,n$$

的方程，即

$$\dot{\psi}_i=\sum_{\alpha=1}^{n}a_{\alpha i}(t)\psi_\alpha \tag{2.2-42}$$

的解，使 H 函数对一切 $t\in[t_0,T]$，有

$$H(x(t),\psi(t),u(t),t)=M(x(t)\psi(t),t) \tag{2.2-43}$$

成立。

定理 2.3 及定理 2.4 的证明，我们均在附录Ⅳ给出。

我们指出，对于受控系统，若其对于控制来说是线性的，并且 $\bar{\boldsymbol{U}}$ 是凸多角形，则实现终端最优的控制一定是分段常量的，因此考虑系统为

$$\dot{x}_i=f_i(x_1,\cdots,x_n)+\sum_{\alpha=1}^{r}b_{i\alpha}u_\alpha \tag{2.2-44}$$

则我们有

$$H=\sum_{i=1}^{n}\psi_i f_i+\sum_{\alpha=1}^{r}\left(\sum_{i=1}^{n}b_{i\alpha}\psi_i\right)u_\alpha \tag{2.2-45}$$

由此，最优控制将由下式确定，即

$$\sum_{\alpha=1}^{r}\left(\sum_{i=1}^{n}b_{i\alpha}\psi_i\right)u_\alpha=\max \tag{2.2-46}$$

其中，ψ_i 满足

$$\frac{\mathrm{d}\psi_i}{\mathrm{d}t}=-\sum_{\alpha=1}^{n}\frac{\partial f_\alpha}{\partial x_i}\psi_\alpha \tag{2.2-47}$$

一般来说，在 $\sum\limits_{i=1}^{n}b_{i\alpha}\psi_i$ 不全为零时，由式(2.2-46)确定的 u_0 将在 $\bar{\boldsymbol{U}}$ 的顶点取值。

若考虑 $\bar{\boldsymbol{U}}$ 是中心在原点的正立方体，则我们有

$$u_\alpha=l\,\mathrm{sign}\sum_{i=1}^{n}b_{i\alpha}\psi_i \tag{2.2-48}$$

其中，l 是正立方体的半边长。

对于上述 u 在凸多角形 $\boldsymbol{U}$ 顶点取值的结论，我们不给出证明。由于 ψ_i 是方程(2.2-46)的解，因此它是解析函数，可以确定控制 u_0 的函数 $\sum_{i=1}^{n} b_{i\alpha}\psi_i$ 也是解析函数。如果它不恒为零，则为零的点只有有限个。由此可知，上述 u 在 $\boldsymbol{U}$ 的顶点取值的结论一般是成立的。至于函数 $\sum_{i=1}^{n} b_{i\alpha}\psi_i$ 在何种情况下可能恒为零的问题，我们在第四章再进行讨论。

§2.3　最大值原理之讨论与例题

2.3-1　最大值原理之讨论

在研究最优控制的问题中，最大值原理仅回答了最优控制的必要条件。在通常情况下，解决最优控制的充分条件是很困难的。一般来说，如果用必要条件能确定的控制的范围并不很广，那么利用最大值原理来确定最优控制就有实际意义。

首先我们指出，在一般情况下，满足最大值原理的控制与对应的过程并不一定是唯一的。如果它是唯一的，那么只要对应的问题存在最优控制，满足最大值原理的控制也一定是最优的。

如果满足最大值原理的控制与对应的过程不唯一，但却只是有限个，并且最优控制确实存在，那么我们也能利用最大值原理来确定最优控制。

下面说明，若控制满足最大值原理，则它是孤立的，一般情况下应该是有限的。在以后研究的一些例题中，我们发现它甚至是唯一的。

在定理 2.1 中，微分方程共有 $2(n+1)$ 个，因此确定其解应该给出 $2(n+1)$ 个边界条件，现在的条件是

$$x_i(t_0)=x_i^0,\quad x_0(t_0)=0,\quad x_i(t_1)=x_i^1,\quad i=1,\cdots,n \tag{2.3-1}$$

共 $2n+1$ 个条件，因此依赖此边界条件并不足以确定全部变量 ψ_i 和 x_i。由于满足的方程是齐次线性微分方程，因此考虑在 ψ_i 间保留一个任意常数因子。在这个意义下，x_i 和 ψ_i 也将由条件(2.3-1)唯一确定。

显然，仅从 Hamilton 确定 ψ_i 和 x_i 只有在 $u(t)$ 给定的情况下才有意义。为了确定 $u(t)$，我们考虑最大值原理，即

$$\mathscr{H}(x(t),\psi(t),u(t))=\mathscr{M}(x(t),\psi(t)) \tag{2.3-2}$$

此方程相当于 r 个方程，可以将 $u(t)$ 确定为 $x(t)$ 和 $\psi(t)$ 的函数。关于这一点，我们可以这样理解，如果 $u(t)$ 使 $\mathscr{H}$ 最大是在 $\bar{\boldsymbol{U}}$ 内达到的，那么方程(2.3-2)相当于对 u 求偏导数，并令其为零而得到的极值方程，而当 u 落在 $\bar{\boldsymbol{U}}$ 的边界上使方程(2.3-2)得到满足时，则由边界方程及在边界上限制 u 变动得到的条件极值方程也能确定

u 为 x 和 ψ 的函数。

由此可见，将 Hamilton 方程与条件(2.3-2)联立起来，除了 ψ_i 可以包含一个任意常量外，将能孤立地求出解。在求出满足最大值原理的控制与对应的过程后，我们可以进一步求出最优控制与最优过程。

对于终值最优问题来说，$x_i(t_0)=x_i^0$，$\psi_i(T)=-c_i$ 均完全确定，同上面的讨论一样，可知由最大值原理确定的解也是孤立的。

2.3-2　综合问题

在前面对于最优控制问题的研究中，我们得到结果的控制规律往往是在时域中给出的，即将控制表示成时间的函数。对于不同的初始条件来说，控制$u(t)$是不一样的。

实际上，若最优控制以在时域中的形式给出时，我们实际上将要求在系统中不发生偏差。在这种情况下，系统作用的控制并不是按系统在每一时的实际状况给定的，而是在系统工作以前给定的，因此在此种情况下，控制的作用不具有反馈的特征，只具有程序控制的特点，并且对每个不同的初始状态，我们将考虑给出不同的控制规律。

考虑以向量形式描述的受控系统，即

$$\dot{x}=X(x,u) \tag{2.3-3}$$

若我们考虑要求选取控制 u，使某个初始时刻 t_0 由 x^0 出发的运动在另一时刻 t_1 击中一给定点 x'，并使一个事先给定的泛函，即

$$J=\int_{t_0}^{t_1} f_0(x,u)\mathrm{d}t \tag{2.3-4}$$

有最小值。由于系统是定常的，因此可以完全认为 $t_0=0$。显然，在求得最优控制以后，对同一时刻 t，u 将是 x 的函数。我们若从总体上回答，当 x^0 改变后，考虑全部最优控制 u 作为 x 的函数将具有实际意义。这就是要确定函数，即

$$u=u^*(x) \tag{2.3-5}$$

使闭合的系统，即

$$\dot{x}=X(x,u),\quad u=u^*(x) \tag{2.3-6}$$

在任何初值 x^0 下的运动都使式(2.3-4)取最小值。

以后将最优控制给定为广义坐标的函数时，称解决了综合问题的对应的函数$u(x)$为综合函数。

从解决最优控制系统设计的任务着眼，最重要的是解决最优控制器的综合任务，因为给出综合函数，总能保证系统具有较强的消除偏差的能力，即具有反馈原则。

实际解决最优控制问题时，即使要求在时域中给出 $u(t)$，也需要首先求解对应的辅助函数 $\psi(t)$，然后才能利用最大值原理，但是求解 $\psi(t)$，即使在线性系统情况下，也没有一定的方法。综合问题要求从总体上回答最优控制的问题，因此解决综合问题的任务是十分困难的。

2.3-3 摆的最优制动问题

考虑一摆，设它的运动方程为

$$\dot{x}_1 = x_2$$
$$\dot{x}_2 = -x_1 + u \tag{2.3-7}$$

要求寻找函数 $u(x)$，使对任何初值(x_1^0, x_2^0)，由式(2.3-7)确定的运动击中原点的时间最短，其中 $u(x)$ 必须满足

$$|u| \leqslant 1 \tag{2.3-8}$$

系统(2.3-7)的 Hamilton 函数为

$$H = \psi_1 x_2 - \psi_2 x_1 + u\psi_2 \tag{2.3-9}$$

对应的辅助方程为

$$\dot{\psi}_1 = \psi_2, \quad \dot{\psi}_2 = -\psi_1 \tag{2.3-10}$$

其通解为

$$\psi_1 = A\sin(t+\theta), \quad \psi_2 = A\cos(t+\theta) \tag{2.3-11}$$

其中，A 和 θ 为任意常数，由于在 ψ_1 和 ψ_2 可差一任意常量，因此可设 $A=1$。

按最大值原理，可知最优控制应有

$$u = \mathrm{sign}(\psi_2) = \mathrm{sign}[\cos(t+\theta)] \tag{2.3-12}$$

由此可知 u 将只取 $+1$ 和 -1 两个数值，其符号由 ψ_2 确定。

考虑 $u=1$，此时方程变为

$$\begin{cases} \dot{x}_1 = x_2 \\ \dot{x}_2 = -(x_1 - 1) \end{cases} \tag{2.3-13}$$

不难证明，它的积分曲线是以$(1,0)$为中心的一族同心圆，如图 2.3-1(a)所示。

若考虑 $u=-1$，则方程变为

$$\begin{cases} \dot{x}_1 = x_2 \\ \dot{x}_2 = -(x_1 + 1) \end{cases} \tag{2.3-14}$$

由此积分曲线变为以$(-1,0)$为中心的一族同心圆，如图 2.3-1(b)所示。

由于 $\psi_2(t)$是 t 的以 2π 为周期的函数，因此 $u(t)$是以 2π 为周期的函数。若在 t_0 时，$u(t)$发生由 -1 至 $+1$ 的切换，则对一切 k，在 $2k\pi+t_0$ 时，$u(t)$也一定发生由 -1 至 $+1$ 的切换。相仿地可以证明，对一切 k，$u(t)$在$(2k+1)\pi+t_0$ 时将发生由 $+1$ 至 -1 的切换。

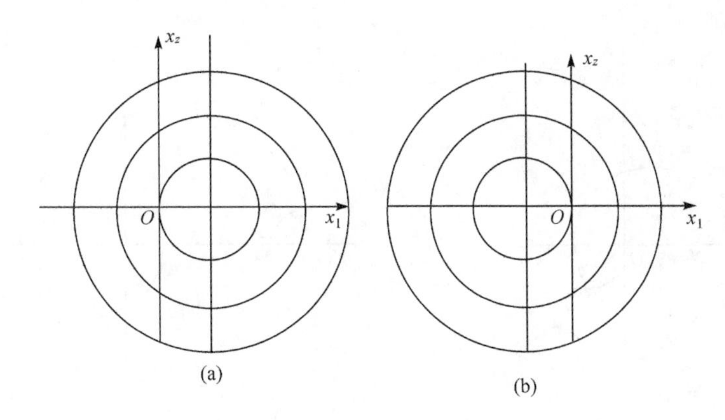

图 2.3-1

考虑到无论是在 $u=+1$ 或 $u=-1$ 所对应的相平面上，x_1 和 x_2 的运动轨线总是圆，并且其旋转时以等角速度 1 旋转，可知最优轨道由分别在 $u=\pm 1$ 平面上的半圆构成，连接时满足连续条件。

为了考虑全部最优轨道，我们考虑这样一类运动。它在击中原点前 $u=+1$，由此可知最后一段是以(1,0)为半径的半圆。此半圆会落在第四象限，设在某个 $t'<t_1$ 时刻，最优轨道发生切换，则在 $t'-\pi<t<t'$ 这一段时间内，u 应取 -1，对应的轨道应是以$(-1,0)$为中心的半圆。

如果考虑 $t'\in[t_1,t_1-\pi]$，则我们得到最后一段取 $u=+1$ 的最优轨道和倒数第二段的最优轨道的全体。它们都是以$(-1,0)$为中心的同心半圆，切换半圆 OM，变成另一切换半圆 N_1N_2，这表明当最优轨道与半圆 N_1N_2 相交时，对应的 u 发生切换，我们可以得到半圆 M_2M_3 等，如图 2.3-2(a)所示。

相应地，可以对最后一段对应 $u=-1$ 的轨道进行分析。同前面一样，我们可以得到切换线 ON_1，M_1M_2 等，如图 2.3-2(b)所示。

把这些切换全部连起来，我们不难得知，最优轨道的全部可以如图 2.3-3 所示。由此可以有

$$u(x)=\begin{cases}+1, & \text{在曲线 } M_3M_2M_1ON_1N_2N_3 \text{ 下侧}\\ -1, & \text{在曲线 } M_3M_2M_1ON_1N_2N_3 \text{ 上侧}\end{cases} \tag{2.3-15}$$

这样我们就解决了综合问题，以上述 $u(x)$代入系统，即

$$\begin{aligned}\dot{x}_1&=x_2\\ \dot{x}_2&=-x_1+u(x_1,x_2)\end{aligned} \tag{2.3-16}$$

则在任何初始条件下，系统均有最快的过渡过程。

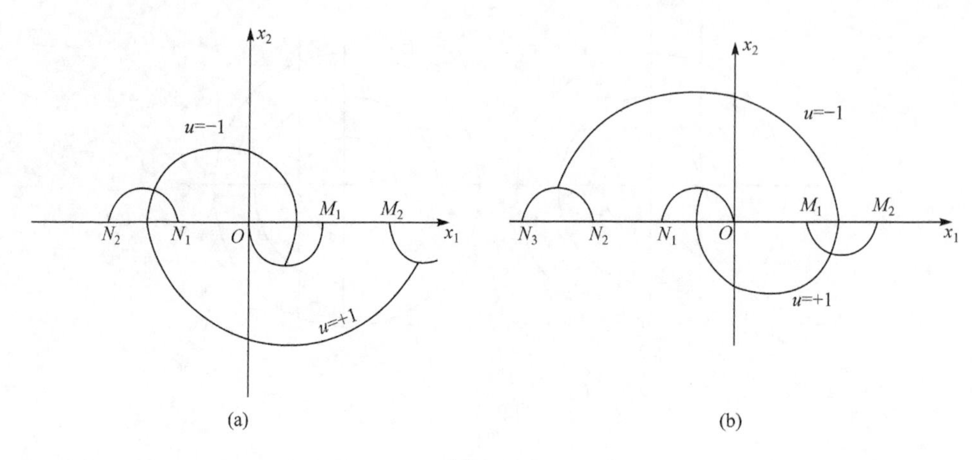

图 2.3-2

通常 $u=+1$ 或 $u=-1$,因此这种快速系统可以用继电器实现,而决定继电器输入信号的是坐标 x_1 和 x_2 的非线性函数,通常称$\cdots M_3M_2M_1ON_1N_2N_3\cdots$为最优系统的开关线,如图 2.3-3 所示。

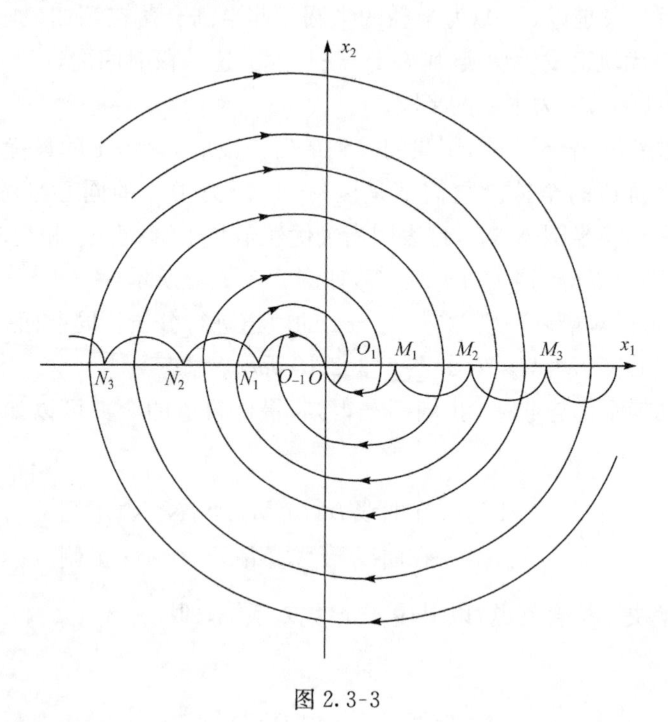

图 2.3-3

对于二阶常系数线性系统，最速控制的研究最早是由 Bushaw 系统进行的，但在应用最大值原理以后就能方便地得到当时他得到的结论。通常对系统进行综合，得出最优开关线总是利用相空间方法，特别是相平面方法进行分析。

只取$|u|\leqslant 1$的顶点值，一般如果$u\in\bar{\boldsymbol{U}}$，而$\bar{\boldsymbol{U}}$是多面体，u只取$\bar{\boldsymbol{U}}$的顶点值，即u取值只在$\bar{\boldsymbol{U}}$的顶点间切换，则对应的控制常称为 Bang-Bang 的。

2.3-4　受控对象受有限制的最速过程

考虑一受控对象，其运动方程为

$$b_0 x^{(n)}+b_1 x^{n-1}+\cdots+b_{n-1}\dot{x}+b_n x=v(t) \tag{2.3-17}$$

若对象由于某种技术受到限制，即

$$|x^{(m)}|\leqslant M \tag{2.3-18}$$

由 1.2-2 节可知，现在的问题实际上是先求最优控制系统，即

$$x^{(m)}=u,\quad |u|\leqslant M \tag{2.3-19}$$

由任一点击中原点的问题。

将式(2.3-19)改写一下，就有

$$\begin{cases}\dot{x}_1=x_2\\ \dot{x}_2=x_3\\ \cdots\\ \dot{x}_{m-1}=x_m\\ \dot{x}_m=u\end{cases} \tag{2.3-20}$$

对应的 Hamilton 函数为

$$H=\psi_1 x_2+\psi_2 x_3+\cdots+\psi_{m-1}x_m+\psi_m u \tag{2.3-21}$$

辅助方程为

$$\begin{cases}\dot{\psi}_1=0\\ \dot{\psi}_2=-\psi_1\\ \cdots\\ \dot{\psi}_m=-\psi_{m-1}\end{cases} \tag{2.3-22}$$

由此可知，$\psi_1=C_0$，$\psi_2=-(C_0 t+C_1)$，$\cdots$，$\psi_m=(-1)^{m-1}\cdot(C_0 t^{m-1}+\cdots+C_m)$，$C_0,C_1,\cdots,C_m$中常有$m$个独立的未定常数。

考虑按最大值原理，我们应有

$$u=\mathrm{sign}\psi_m \tag{2.3-23}$$

由此可知，u 的控制形式应该是 Bang-Bang 的，并且 ψ_m 不恒为零时，只可能有不多于 $m-1$ 个零点，因此可知 u 的开关次数将不多于 $m-1$ 次。

为了确定最优控制，我们采取逆推法，设最后一段控制取为

$$u=+1$$

考虑由坐标原点出发，并令 $\tau=-t$，则有

$$x_m=-\tau, x_{m-1}=+\frac{1}{2}\tau^2, \cdots, x_1=(-1)^{m+1}\tau^{m+1} \tag{2.3-24}$$

它是最优控制落到原点最后一段对应 $u=+1$ 的一支，而对于 $u=-1$，也有一支。

考虑以 τ_0 为参数沿曲线(2.3-24)变动，以其为初值，由 $u=+1$ 变成 $u=-1$，由此我们得到对每一 τ_0 决定一曲线，而当 τ_0 沿曲线进行时，我们可以得到一曲面。

一般可以用类似上述的办法推至 $m-1$ 维曲面 S_{m-1}。它是一个开关面，把整个空间分为两部分，一部分对应 $u=+1$，另一部分对应 $u=-1$。在此曲面上的点，又被 $m-2$ 维曲面 S_{m-2} 分为两部分。依此类推，曲线 S_1 被原点分为两支，一支对应 $u=+1$，即曲线(2.3-24)，另一支对应 $u=-1$。

实际上，我们只要能构成 S_{m-1} 就可以了，因为存在的扰动总力图破坏相点在 S_{m-1} 上，所以在 S_{m-1} 上作分划实际意义就不大了。

显然，求出 u 以后，控制对象上的控制作用可以选为

$$v(t)=u(t)-x^n+b_0x^{(n)}+\cdots+b_nx$$

可以通过系统中测量导数的办法近似实现。

§2.4 具有活动边界条件的最优控制问题与一些应用

在实际的最扰控制问题中，并不总是寻求由一个点引至另一个点的最优控制，有时对其始点与终点可以放宽一些限制。例如，寻求由一个流形引至另一个流形的控制等。事实上，例如导弹的发射问题，我们要求它能命中实际空间中的某一点，但对其终点所具有的速度并没有什么限制。这样在位移与速度构成的相空间中，我们就不再是由点引至一个点的问题，而是由点引至某个低维流形的问题。

同一般的经典变分法一样，我们研究在活动边界条件下的最优控制问题，也同古典变分一样，我们同样可以得到斜截条件，并在最后利用本节的结果将最优控制问题推广到变系数系统与有固定时间要求的系统上去。

2.4-1 斜截条件

在 n 维空间 X^n 中，若给出一个方程式

$$g(x_1,\cdots,x_n)=0 \tag{2.4-1}$$

一般这个方程式确定一个 $n-1$ 维的流形,其法向量为

$$\mathrm{grad}[g(x)]=\left[\frac{\partial g}{\partial x_1},\cdots,\frac{\partial g}{\partial x_n}\right] \tag{2.4-2}$$

通常我们设在曲面 $\boldsymbol{S}[g(x)=0]$ 上没有奇点,即 $\mathrm{grad}g(x)\neq 0$ 存在。当然,如果 $\boldsymbol{S}$ 是逐段光滑的,则在其某些测度集(如几个点、几条曲线)$g(x)$ 的梯度向量 $\mathrm{grad}g(x)$ 不存在,一般称不存在梯度向量的点和 $\mathrm{grad}g(x)=0$ 的点为流形之奇点。

若 $g(x_1,\cdots,x_n)=\sum_{i=1}^{n}a_i(x_i-x_i^0)$,则称对应的流形 $\boldsymbol{S}$ 为过 x^0 有法向 a 的超平面,其中 $a=(a_1,\cdots,a_n)$

一般也常称 $n-1$ 维流形为超曲面。

考虑在 n 维空间中,一超曲面的方程为

$$g(x_1,\cdots,x_n)=0$$

其上有一点 x^0,则对应地有过该点之法向量。其方向为

$$n=\left[\frac{\partial g}{\partial x_1},\cdots,\frac{\partial g}{\partial x_n}\right]_{x^0} \tag{2.4-3}$$

由此就有过该点之切平面 $\boldsymbol{T}$,即

$$\left[\frac{\partial g}{\partial x_1}\right]_0(x_1-x_1^0)+\cdots+\left[\frac{\partial g}{\partial x_n}\right]_0(x_n-x_n^0)=0 \tag{2.4-4}$$

一般一个 $n-r$ 维流形由 r 个 $n-1$ 维曲面的交集构成。设这 r 个 $n-1$ 维曲面为

$$\boldsymbol{S}_1,\boldsymbol{S}_2,\cdots,\boldsymbol{S}_r$$

对应的方程为

$$g_1(x)=0,g_2(x)=0,\cdots,g_r(x)=0 \tag{2.4-5}$$

则 $n-r$ 维流形为

$$\boldsymbol{M}=\boldsymbol{S}_1\cap\boldsymbol{S}_2\cap\boldsymbol{S}_3\cap\cdots\cap\boldsymbol{S}_r \tag{2.4-6}$$

我们约定,对任何点 $x\in\boldsymbol{M}$,总有向量,即

$$\mathrm{grad}g_1(x),\mathrm{grad}g_2(x),\cdots,\mathrm{grad}g_r(x)$$

不共线,即

$$\begin{bmatrix}\frac{\partial g_1}{\partial x_1} & \frac{\partial g_1}{\partial x_2} & \cdots & \frac{\partial g_1}{\partial x_n}\\ \frac{\partial g_2}{\partial x_1} & \frac{\partial g_2}{\partial x_2} & \cdots & \frac{\partial g_2}{\partial x_n}\\ \vdots & \vdots & & \vdots\\ \frac{\partial g_r}{\partial x_1} & \frac{\partial g_r}{\partial x_2} & \cdots & \frac{\partial g_r}{\partial x_n}\end{bmatrix} \tag{2.4-7}$$

之秩是 r。

设 L_i 是 $\boldsymbol{S}_i$ 过 x^0 的切平面,定义交集,即

$$\boldsymbol{T}=\boldsymbol{L}_1 \cap \boldsymbol{L}_2 \cap \cdots \cap \boldsymbol{L}_r \tag{2.4-8}$$

是 M 过 x^0 的切平面,显然它也是 $n-r$ 维的。

一般零维流形只是一个点,而一维流形则是一条 n 维空间中的曲线,通常它可以用 $n-1$ 个方程来描述,也可以通过其参数形式表达,即

$$x_i=\varphi_i(s), \quad i=1,2,\cdots,n \tag{2.4-9}$$

而它的切平面也是一维,即切线。其方向为

$$[\dot{\varphi}_1(s)\cdots\dot{\varphi}_n(s)]=\dot{\varphi}(s) \tag{2.4-10}$$

现在我们来考虑具有运动端条件的最优控制问题。设空间中给出两个流形 $\boldsymbol{S}^0$ 与 $\boldsymbol{S}^1$,它们分别是 r^0 与 r^1 维的。具有活动端点条件的最优控制问题是确定这样的控制 $u(t)$,它把 $x^0\in\boldsymbol{S}^0$ 引向 $x^1\in\boldsymbol{S}^1$,且使对应之泛函取极值。显然当 $\boldsymbol{S}^0$ 与 $\boldsymbol{S}^1$ 都是零维流形问题时,我们回到了 § 2.2 的情况。

以后记 $\boldsymbol{T}^0$ 与 $\boldsymbol{T}^1$ 是 $\boldsymbol{S}^0$ 与 $\boldsymbol{S}^1$ 之切平面。

称函数 $\psi(t)$满足斜截条件,系指对时刻 t_0 与 t_1 有

$$\psi(t_0)\perp\boldsymbol{T}^0, \quad \psi(t_1)\perp\boldsymbol{T}^1 \tag{2.4-11}$$

即任何向量 $\theta^0\in\boldsymbol{T}^0$ 与 $\theta^1\in\boldsymbol{T}^1$ 总有

$$[\psi(t_0),\theta^0]=0, \quad [\psi(t_1),\theta^1]=0 \tag{2.4-12}$$

其中,[,]指内积。

显然,$\boldsymbol{T}^0$ 与 $\boldsymbol{T}^1$ 分别是 r^0 维与 r^1 维的,因此式(2.4-12)给出 r^0+r^1 个条件。

对最优控制问题来说,若 $x^0\in\boldsymbol{S}^0$ 与 $x^1\in\boldsymbol{S}^1$ 是已知的,则问题的结论是显见的。对 x^0 与 x^1 来说,我们只有 $2n-r^0-r$ 个方程式,为了确定它,应用斜截条件给出的 r^0+r^1 个刚好合适。为此,我们引入如下具有活动端条件的最大值原理。

定理 2.5 设 $u(t)$,$t_0\leqslant t\leqslant t_1$ 是把 $x^0\in\boldsymbol{S}^0$ 引向 $x^1\in\boldsymbol{S}^1$ 之可允控制,$x(t)$是对应于它的轨道,则 $u(t)$与 $x(t)$最优的必要条件是存在逐段可微的函数 $\psi(t)$,使

1° 定理 2.1 成立。

2° 在 $x(t)$轨道的端点 $x(t_0)$、$x(t_1)$、$\psi(t)$满足斜截条件。

定理 2.5 之证明在附录Ⅲ给出。

2.4-2 例子

仍考虑 2.3-3 中之例,但终点不在原点而在圆上,即

$$(x_1)^2+(x_2)^2=R^2 \tag{2.4-13}$$

此时，我们考虑其末端约束在圆(2.4-13)上的问题。设 $x^1=(R\cos\alpha, R\sin\alpha)$ 是圆上任意一点，终点即此点，显然该点之法向量是 $\cos\alpha$、$\sin\alpha$ 与 $(-\cos\alpha, -\sin\alpha)$，但由于我们的问题是将圆外的点引向圆或圆内，因此在 x^1 这点应有向量 f 指向圆内或切于圆，同时考虑最速控制中最大值原理，要求

$$H(\psi(t_1), x(t_1), u(t_1))=(\psi(t_1), f(x(t_1), u(t_1)))\geqslant 0$$

只要考查一下，不难看出 $\psi(t_1)$ 应选为向量 $(-\cos\alpha, -\sin\alpha)$。

事实上，我们从图 2.4-1 很容易看到这一点。

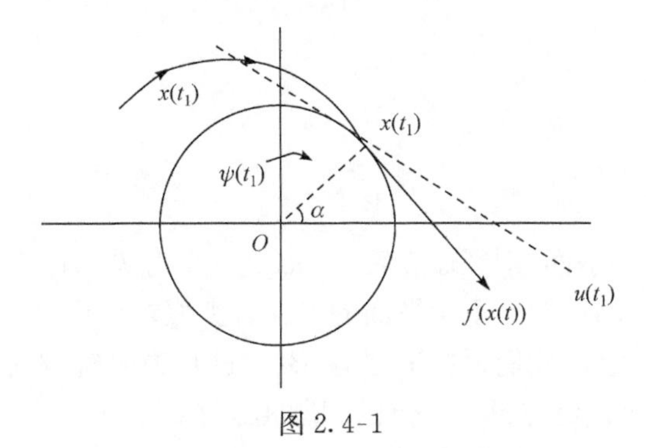

图 2.4-1

由于 $\psi(t)$ 之终点条件已定，我们考虑它满足方程，即

$$\dot{\psi}_1=\psi_2,\quad \dot{\psi}_2=-\psi_1 \tag{2.4-14}$$

因此，$\psi(t)$ 应为

$$\psi_1(t)=-\cos(t-\alpha-t_1),\quad \psi_2(t)=\sin(t-\alpha-t_1),\quad t_0\leqslant t\leqslant t_1$$

相应地，按最大值原理，最优控制应有

$$u=\operatorname{sign}\psi_2=\operatorname{sign}[\sin(t-\alpha-t_1)] \tag{2.4-15}$$

显然，u 是 Bang-Bang 的，并且交替刚好是按 π 区间进行。

不难断言，当 $0<\alpha<\pi$ 时，$\sin\alpha>0$。由此可知，式(2.4-13)对应上半平面的点应取 -1。相仿地，式(2.4-13)对应下半平面的点应取 $u=+1$。

考虑 u 在切换时，应有 $\psi_2=0$，因此不难证明，在终点前切换的时刻应为 $t-\alpha-t_1=-\pi$，即 $t=t_1+\alpha-\pi$。考虑此时运动之旋转频率为 1，因此不难得知，切换点应为由圆之上半部分的点(对应 $\alpha>0$)逆时针旋转 $\pi-\alpha$ 构成。旋转之圆心应在 $(-1,0)$，同样圆之下半部的点(对应 $\alpha<0$)亦经过逆时针旋转 $\pi-\alpha$ 角构成切换线，其对应的旋转圆心应为 $(+1,0)$。

现在证明圆(2.4-13)的上半部经上述办法旋转后组成一个半圆，其圆心在 $(-1,0)$ 这一点左边 R 处之 Q 点，半径为 1。为了证明这一点，考虑过 Q 点作一半径为 1 之半圆，考虑以 O_{-1} 为圆心，$O_{-1}A$ 为半径之圆与前述圆之交点为 B，不难证明，$\Delta BQO_{-1}\cong\Delta O_{-1}OA$。由此可知，$\angle AO_{-1}B=\pi-\alpha$。这样就证明了任一点 A 若

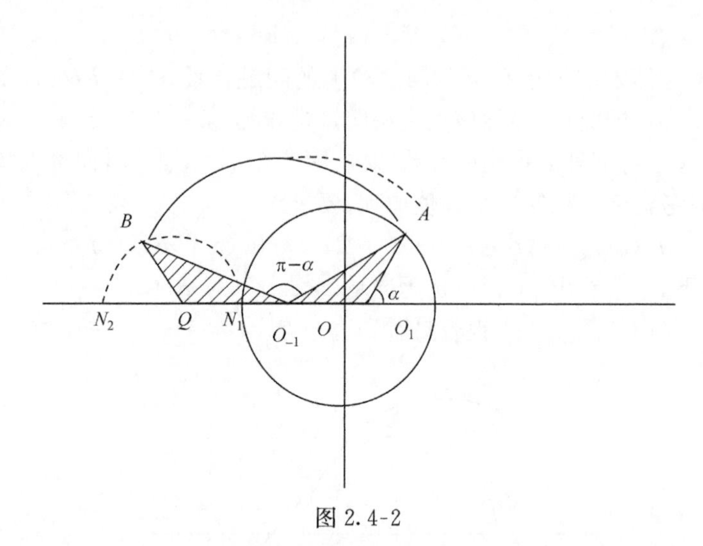

图 2.4-2

在式(2.4-13)之上半平面,则经过旋转 $\pi-\alpha$(α 与 A 有关)后总在半圆 N_2BN_1 上。

相仿地,对式(2.4-13)之下半平面的点亦有类似之结论。

为求得全部开关线,我们再把半圆 N_1BN_2 进行逆时针方向旋转,其旋转角应为 π。这事实上已经同终点是一个点的问题相似了。

这样继续下去,我们可以得到开关线的全部,如图 2.4-3 与图 2.4-4 所示。

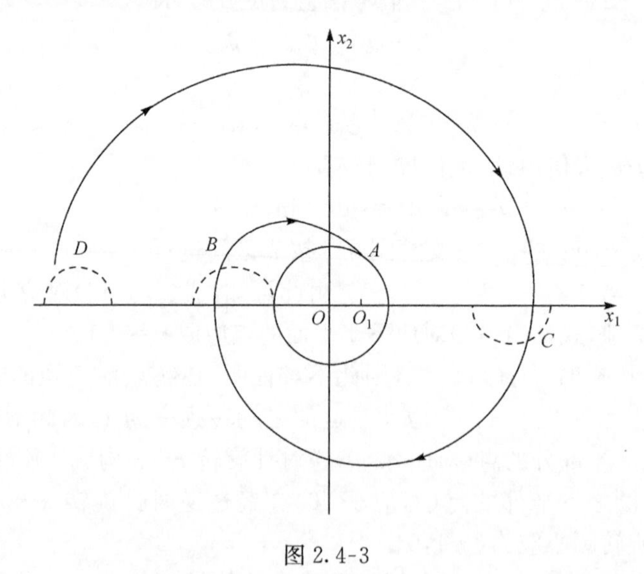

图 2.4-3

在终点是一个圆的情况下,开关线仍然是由一个个半圆联下来的。与终点是点的情况不同,这里的半圆不是从坐标原点开始向两端延拓的,而是由式(2.4-13)上两个左右极端点向两边延拓的。

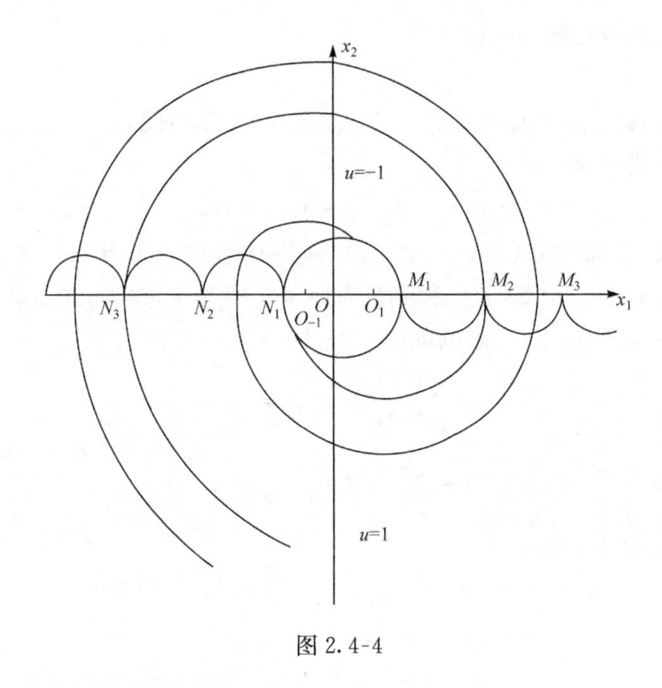

图 2.4-4

2.4-3　不定常系统的最大值原理

在这一部分，我们应用活动端点条件下的最大值原理，将最大值原理推广到不定常系统，一共考虑五种情形。

1. 固定端点的不定常系统问题

设受控系统的微分方程组为

$$\dot{x}_i=f_i(x,u,t),\quad i=1,2,\cdots,n \tag{2.4-16}$$

对应给定两个确定的点 x^0 与 x^1，泛函指标为

$$J=\int_{t_0}^{t_1} f_0(x,u,t)\mathrm{d}t \tag{2.4-17}$$

其中，t_0 是给定的；t_1 是击中 x^1 的时刻，它是未知的。

同以前一样(参考 § 2.1)，我们引进新坐标 $\dot{x}_0=f_0(x,u,t)$，由此得到 $n+1$ 维空间 $\boldsymbol{Z}$，最优控制问题的提法是在 $n+1$ 维空间 $\boldsymbol{Z}$ 中，给定点$(0,x^0)$与平行 x_0 轴的直线 $\boldsymbol{\pi}$，它经过点$(0,x^1)$，要求在全部可允控制中寻找这样的控制，使之具有以下性质。

1° 系统在初值 $x(t_0)=x^0$ 下，能在某个时间 t，使 $n+1$ 维系统的解落在 $\boldsymbol{\pi}$ 上。

2° 在 t_1 时刻，轨道与 $\boldsymbol{\pi}$ 相交，且在 x_0 方向有最小值。

为了解决上述问题，再引入

$$\dot{x}_{n+1}=1,\quad x_{n+1}(t_0)=t_0 \tag{2.4-18}$$

显然，我们有 $x_{n+1}=t$，以下通过 $\boldsymbol{X}^*$ 表示 $n+1$ 维空间 $(x_1,\cdots,x_n,x_{n+1})$，由此方程(2.4-16)就变为

$$\dot{x}_i=f_i(x,u,x_{n+1}),\quad i=0,1,\cdots,n,\quad \dot{x}_{n+1}=1 \tag{2.4-19}$$

起始点变为 $\boldsymbol{X}^*$ 空间中的 $(x_1^0,\cdots,x_n^0,t_0)$，而终点落在通过点 $(x_1^1,\cdots,x_n^1,0)$ 平行 x_{n+1} 轴的直线 $\boldsymbol{S}_1$ 上。由此，我们得到具有固定起始条件与活动终点条件的最优控制问题。现在，我们有 $n+2$ 维的辅助方程，即

$$\begin{cases}\dot{\psi}_i=-\sum\limits_{\alpha=1}^{n}\dfrac{\partial f_\alpha}{\partial x_i}\psi_\alpha, & i=0,1,\cdots,n\\ \dot{\psi}_{n+i}=-\sum\limits_{\alpha=1}^{n}\dfrac{\partial f_\alpha}{\partial t}\psi_\alpha, & t=x_{n+1}\end{cases} \tag{2.4-20}$$

引入 Hamilton 函数，即

$$\begin{aligned}\mathscr{H}^*=&\psi_0 f_0(x,u,x_{n+1})+\psi_1 f_1(x,u,x_{n+1})+\cdots\\&+\psi_n f_n(x,u,x_{n+1})+\psi_{n+1}\end{aligned} \tag{2.4-21}$$

并保留

$$\mathscr{H}=\psi_0 f_0(x,u,t)+\psi_1 f_1(x,u,t)+\cdots+\psi_n f_n(x,u,t) \tag{2.4-22}$$

由此，我们有对 $\mathscr{H}$ 之 Hamilton 方程，即

$$\frac{\mathrm{d}x_i}{\mathrm{d}t}=\frac{\partial\mathscr{H}}{\partial\psi_i},\quad \frac{\mathrm{d}\psi_i}{\mathrm{d}t}=-\frac{\partial\mathscr{H}}{\partial x_i},\quad i=0,1,\cdots,n \tag{2.4-23}$$

记

$$\mathscr{M}^*(\psi,x,x_{n+1})=\operatorname*{Sup}_{u\in\bar{U}}\mathscr{H}^*(x,\psi,u,x_{n+1})$$

$$\mathscr{M}(\psi,x,t)=\operatorname*{Sup}_{u\in\bar{U}}\mathscr{H}(x,\psi,u,t)$$

于是有

$$\mathscr{H}^*=\mathscr{H}+\psi_{n+1},\quad \mathscr{M}^*=\mathscr{M}+\psi_{n+1}$$

按最大值原理应，沿最优轨道有 $\mathscr{H}^*=\mathscr{M}^*=0$，因此沿最优轨道应有

$$\mathscr{H}(\psi(t),x(t),t,u(t))=\mathscr{M}(\psi(t),x(t),t)=-\psi_{n+1}(t) \tag{2.4-24}$$

考虑对式(2.4-20)最后一个方程在区间 $[t,t_1]$ 上积分，对应的斜截条件应该是 $\psi_{n+1}(t_1)=0$，由此我们有

$$\mathscr{M}(\psi(t),x(t),t)=\int_{t_1}^{t}\sum_{\alpha=1}^{n}\frac{\partial f_\alpha(x(\tau),u(\tau),t)}{\partial\tau}\psi_\alpha(\tau)\mathrm{d}\tau \tag{2.4-25}$$

概括上述结果，我们有如下最大值原理。

定理 2.6 设 $u(t),t_0\leqslant t\leqslant t_1$ 是可允控制，系统在 t_0 时位于 x^0 运动，在 t_1 时引至一确定点 x^1，若 $x(t)$ 是对应于该控制的过程，则 $u(t)$ 与 $x(t)$ 最优的必要条件

是，存在对应于 $x(t)$ 与 $u(t)$ 的逐段可微函数向量 $\psi(t)=(\psi_0(t),\cdots,\psi_n(t))$，使

1° 对于一切 $t\in[t_0,t_1]$，函数 $\mathscr{H}(\psi(t),x(t),u)$ 在 $u=u(t)$ 达到最大值，即

$$\mathscr{H}(\psi(t),x(t),t,u(t))=\mathscr{M}(\psi(t),x(t),t) \tag{2.4-26}$$

2° 满足关系式，即

$$\psi_0(t)=\text{const}\leqslant 0 \tag{2.4-27}$$

$$\mathscr{M}(\psi(t),x(t),t)=\int_{t_1}^{t}\sum_{\alpha=1}^{n}\frac{\partial f_\alpha(x(\tau),u(\tau),\tau)}{\partial\tau}\psi(\tau)\mathrm{d}\tau$$

其次，若 $\psi(t)$ 与 $x(t)$ 满足 Hamilton 方程(2.4-21)与 1°，则 $\psi_0(t)$ 变为常量，而式(2.4-27)只要对某个 $t\in[t_0,t_1]$ 判别即可，由此代替式(2.4-27)的将是

$$\psi_0(t_1)\leqslant 0,\quad \mathscr{M}(\psi(t_1),x(t_1),t_1)=0 \tag{2.4-28}$$

2. 终点是在运动的点的情形

考虑终点不是一般的流形，而是在运动的点，此时有 $x^1=x^1(t)$。显然，其切线方向是 $\dot{x}^1=(q_i,\cdots,q_n)$。现在再引入 $x_{n+1}=t$，则终点流形将是 $n+1$ 维空间中之曲线 $(x_1^1(\theta),x_2^1(\theta),\cdots,x_n^1(\theta),\theta)$，其切线方向为 $(q_1,\cdots,q_n,1)$。由此，斜截条件应为

$$\sum_{\alpha=1}^{n}\psi_\alpha(t_1)q_\alpha+\psi_{n+1}(t_1)=0 \tag{2.4-29}$$

而式(2.4-24)变为

$$\mathscr{M}(\psi(t_1),x(t_1),t_1)=-\psi_{n+1}(t_1)=\sum_{\alpha=1}^{n}q_\alpha\psi_\alpha(t_1)$$

应用式(2.4-23)与式(2.4-24)，并考虑沿最优轨道相仿于式(2.4-27)，则有

$$\mathscr{M}(\psi(t),x(t),t)=\sum_{\alpha=1}^{n}q_\alpha\psi_\alpha(t_1)+\int_{t_1}^{t}\sum_{\alpha=1}^{n}\frac{\partial f_\alpha}{\partial\tau}\psi_\alpha(\tau)\mathrm{d}\tau \tag{2.4-30}$$

相应于定理 2.6，我们有

$$\psi_0(t_1)\leqslant 0,\quad \mathscr{M}(\psi(t_1),x(t_1),t_1)=\sum_{\alpha=1}^{n}\psi_\alpha(t_1)q_\alpha \tag{2.4-31}$$

引入上述结果不难得到相应的最大值原理。

3. 具动端点的不定常问题

不失一般性，我们只考虑右端点是可以变动的情形。

设 $\boldsymbol{s}^1(t)$ 表示变动的右端点，它是 n 维空间中随时间变动的 r 维流形。我们设它是可微的，且无奇点。

在 $n+1$ 维空间 $(x_1,\cdots,x_n,t)$ 中，$\boldsymbol{S}^1$ 变为 $r+1$ 维流形 $\boldsymbol{s}^{1*}$。它的方程为

$$g_i(x_1,\cdots,x_n,t)=0,\quad i=1,2,\cdots,n-r \tag{2.4-32}$$

当 t 固定时,方程(2.4-32)表示 n 维空间 X 中的 r 维流形,t 变动时可以得到 n 维空间中流形族。

设 $u(t)$ 与 $x(t)$ 给出最优化问题的解,记 $\boldsymbol{\pi}_1$ 是 $\boldsymbol{s}^1(t_1)$ 在点 $x(t_1)$ 之切平面。考虑 $n+1$ 维空间中,$\boldsymbol{s}^{1*}$ 在点 $(x(t_1),t_1)$ 具有形如 $(q_1,\cdots,q_n,0)$ 之切向量的全体是 r 维的,而 $\boldsymbol{s}^{1*}\geqslant r+1$ 维,因此存在 $q_1,\cdots,q_n$ 使 $(q_1,\cdots,q_n,1)$ 与 $\boldsymbol{s}^{1*}$ 相切。这些 q_i,$i=1,2,\cdots,n$,给出了描述式(2.4-29)与式(2.4-30)之可能性。以后亦称 $\psi(t)$ 有斜截条件指 $\psi(t_1)$ 与 $\boldsymbol{\pi}_1$ 正交。

应用定理 2.5,在引进新变量 $x_{n+1}=t$ 以后就有以下定理。

定理 2.7 设 $x(t)u(t)$ 给出非定常系统具有活动右端点问题之解,则存在分段光滑函数 $\psi(t)$,它满足定理 2.6,不过式(2.4-26)与式(2.4-27)以式(2.4-30)与式(2.4-31)代替,具有 $\psi(t)$ 在点 $x(t_1)$ 处的斜截条件。

4. 不定常系统的最速控制问题

考虑受控系统(2.4-16),研究在 t_0 时刻的 x^0,出发引到 x^1 点的最速控制问题。显然,我们有 $f_0(x,u,t)=1$,对应的 Hamilton 函数为

$$\mathscr{H}(\psi,x,t,u)=\psi_0+\sum_{i=1}^{n}\psi_i f_i(x,u,t) \tag{2.4-33}$$

若引入 n 维向量 $\psi=(\psi_1,\cdots,\psi_n)$ 与 Hamilton 函数,即

$$H(x,\psi,t,u)=\sum_{i=1}^{n}\psi_i f_i(x,u,t) \tag{2.4-34}$$

则对应的 Hamilton 方程,除 $i=0$ 以外,可以写为

$$\dot{x}_i=\frac{\partial H}{\partial \psi_i},\quad \dot{\psi}_i=-\frac{\partial H}{\partial x_i},\quad i=1,2,\cdots,n \tag{2.4-35}$$

同以前一样,我们引入

$$M(\psi,x,t)=\operatorname*{Sup}_{u\in\overline{U}}H(\psi,x,u,t) \tag{2.4-36}$$

$$\mathscr{M}(\psi,x,t)=\operatorname*{Sup}_{u\in\overline{U}}\mathscr{H}(\psi,x,t,u)=M(\psi,x,t)+\psi_1$$

则按式(2.4-26)与式(2.4-27),沿最优轨道应具有

$$\begin{aligned}H(\psi(t),x(t),t,u(t))&=M(\psi(t),x(t),t)=\mathscr{M}(\psi(t),x(t),t)\\&=\int_{t_1}^{t}\sum_{i=1}^{n}\frac{\partial f_i(x(\tau),u(\tau),\tau)}{\partial\tau}\psi_i(\tau)\mathrm{d}\tau-\psi_0\\&\geqslant\int_{t_1}^{t}\sum_{i=1}^{n}\frac{\partial f_i(x(\tau),u(\tau),\tau)}{\partial\tau}\psi_i(\tau)\mathrm{d}\tau\end{aligned} \tag{2.4-37}$$

由此有如下最大值原理。

定理 2.8 设 $u(t)$,$t_0\leqslant f\leqslant t_1$ 是引导像点由 $x^0\sim x^1$ 之可允控制,$x(t)$是对应的轨道,有 $x(t_0)=x^0$,$x(t_1)=x^1$。若 $u(t)$与 $x(t)$是最速的,则必须存在对应 $u(t)$

与 $x(t)$ 的 n 维向量 $\psi(t)=(\psi_1(t),\cdots,\psi_n(t))$ 有

1° 对一切 $t\in[t_0,t_1]$，总有

$$H(\psi(t),x(t),t,u(t))=M(x(t),\psi(t),t) \tag{2.4-38}$$

2° 满足关系式(2.4-37)，又若 $\psi(t),x(t),u(t)$ 满足 Hamilton 方程(2.4-35)与 1°，则式(2.4-37)左右两端之差应为常量。由此，式(2.4-37)只需对任何 $t\in[t_0,t_1]$ 判定即可，式(2.4-37)可写为

$$M(\psi(t_1),x(t_1),t_1)\geqslant 0 \tag{2.4-39}$$

5. 动端点 $x^1(t)$ 之最速控制问题

考虑起始点 x^0 不动，终点是一动点。其运动轨迹是 $x^1=x^1(t)$，设在 t_1 时击中 $x^1(t)$，且有

$$\dot{x}|_{t=t_1}=(q_1,\cdots,q_n) \tag{2.4-40}$$

则式(2.4-37)与式(2.4-39)在参数到式(2.4-30)与式(2.4-31)后应为

$$M(\psi(t),x(t),t)=\sum_{i=1}^{n}\psi_i(t_1)q_i+\int_{t_1}^{t}\sum_{i=1}^{n}\frac{\partial f_i(x(\tau),u(\tau),\tau)}{\partial\tau}\psi_i(\tau)\mathrm{d}\tau$$

$$M(\psi(t),x(t),t)\geqslant\sum_{\gamma=1}^{n}\psi_\gamma(t_1)q_r \tag{2.4-41}$$

对应的定理 2.8 保持效力。

相应地，也可以讨论在动右端点下的不定常最速控制问题等。

2.4-4　具固定时间要求的问题

以前讨论最优控制问题时，我们总假定终定时间事前没有严格规定。下面应用动边界条件下最优控制问题的最大值原理来讨论时间固定的最优控制问题。

1. 固定端点与固定时间的问题

考虑不定常受控系统，即

$$\dot{x}_i=f_i(x,u,t),\quad i=1,2,\cdots,n \tag{2.4-42}$$

给定之端点条件为

$$x(t_0)=x^0,\quad x(t_1)=x^1 \tag{2.4-43}$$

t_1 和 t_0 是事前完全确定的，对应最优控制问题的泛函指标为

$$J(x^0,u)=\int_{t_0}^{t_1}F(x,u,t)\mathrm{d}t$$

同以前一样，我们引进方程，即

$$\dot{x}_{n+1}=1,\quad x_{n+1}(t_0)=t_0$$

则有 $x_{n+1}=t$。由此，在 $n+1$ 维空间中，有受控系统方程，即

$$\begin{cases}\dot{x}_i = f_i(x_1, \cdots, x_n, x_{n+1}, u), \quad i=1,2,\cdots,n \\ \dot{x}_{n+1} = 1\end{cases} \tag{2.4-44}$$

对应指标可写为

$$J(x^0, u) = \int_{t_0}^{t_1} F(x, u, x_{n+1})\mathrm{d}t \tag{2.4-45}$$

现在在 $n+1$ 维空间中，我们变成了寻找连接点 $(x_1^0, \cdots, x_m^0, t_0)$ 与点 $(x_1^1, \cdots, x_n^1, t_1)$ 的最优控制问题，为此引入 Hamilton 函数，即

$$\mathscr{H}^* = \mathscr{H} + \psi_{n+1} = \sum_{\alpha=0}^{n} \psi_\alpha f_\alpha(x_1, u, x_{n+1}) + \psi_{n+1} \tag{2.4-46}$$

其中，$f_0 = F$。

相应地，有辅助方程，即

$$\begin{cases}\dot{\psi}_i = -\dfrac{\partial \mathscr{H}}{\partial x_i}, \quad i=0,1,\cdots,n \\ \dot{\psi}_{n+1} = -\dfrac{\partial \mathscr{H}^*}{\partial x_{n+1}} = -\dfrac{\partial \mathscr{H}}{\partial t}\end{cases} \tag{2.4-47}$$

按以前最大值原理的结论，则沿最优轨道应有

$$\begin{gathered}\mathscr{H}(\psi(t), x(t), t, u(t)) + \psi_{n+1}(t) = \mathscr{M}(\psi(t), x(t), t) + \psi_{n+1}(t), \\ \psi_0(t_0) \leqslant 0, \quad \mathscr{M}(\psi(t), x(t), t, +\psi_{n+1}(t)) \equiv 0\end{gathered} \tag{2.4-48}$$

不难证明，在此情形下，$\psi_0, \cdots, \psi_n$ 不可能同时为零，否则 ψ_{n+1} 亦为零，而这是不可能的。

定理 2.9 设 $u(t), t_0 \leqslant t \leqslant t_1$ 是连接边界条件(2.4-13)的可允控制，且 t_1 和 t_0 事前确定，$x(t)$ 是对应 $u(t)$ 之过程。若 $x(t)$ 和 $u(t)$ 是最优的，则存在逐段可微函数向量 $\psi(t) = (\psi_0, \cdots, \psi_n)$，使

1° $\mathscr{H}(\psi(t), x(t), t, u(t)) = \mathscr{M}(\psi(t), x(t), t)$。

2° $\psi_0(t) \leqslant 0$ 对任何点 $t \in [t_0, t_1]$ 判别即可。

2. 固定时间但活动边界条件问题

设 $\boldsymbol{S}_0$ 与 $\boldsymbol{S}_1$ 表示端点 x^0 与 x^1 所在之流形，则引进 $x_{n+1} = t$ 以后，在 $n+1$ 维空间中，我们有端点所在之流形 $\bar{\boldsymbol{S}}_0[x^0, t_0]$ 和 $\bar{\boldsymbol{S}}_1[x^1, t_1]$。由此，考虑斜截条件应对 $\bar{\boldsymbol{S}}_i$ 作出，则我们完全可以应用以前之结果，即定理 2.5 依旧成立。

特别地，若考虑终点完全自由，而起点固定，显然在时间确定的情况下，我们可得到与 Rozonoer 研究终值问题相仿的情形。由于 $\boldsymbol{S}_1$ 是 X 之全空间，在 $n+1$ 维空间中，$\bar{\boldsymbol{S}}_1$ 就是 $x_{n+1} = t_1$。由此可知，斜截条件应为

$$\psi_1(t_1) = \psi_2(t_1) = \cdots = \psi_n(t_1) = 0$$

由 $\psi_0(t_1) \neq 0$ 不难得知，设 $\psi_0 = -1$，则 $\psi(t_1) = (-1, 0, \cdots, 0)$。

由此有如下最大值原理。

定理 2.10　设 $u(t)$ 是将 $x(t)$ 由 x^0 引出的可允控制，设 t_1 和 t_0 固定，则 $u(t)$ 是对应指标 $\int_{t_0}^{t_1} f_0(x,u,t)\mathrm{d}t$ 最优的必要条件是存在非零对应 $x(t)$ 和 $u(t)$ 的向量函数 $\psi(t)=[\psi_0(t),\cdots,\psi_n(t)]$，使

1° 对一切 $t\in[t_0,t_1]$，有

$$\mathscr{H}(\psi(t),x(t),t,u(t))=\mathscr{M}(x(t),\psi(t),t)$$

2° $\psi(t_1)=(-1,0,\cdots,0)$。

§2.5　右端受限制的终值最优问题

在 2.2-4 节，我们讨论了一种终值最优问题，并且对于轨线的右端没有选加任何限制。在这里，我们将考虑其构线右端受到限制的最优控制问题。定理的证明在附录Ⅳ给出。

2.5-1　问题的提法与最大值原理

考虑受控系统的方程为

$$\dot{x}_s=f_s(x_1,\cdots,x_n,u_1,\cdots,u_r),\quad s=1,2,\cdots,n \tag{2.5-1}$$

其初始状态为

$$x_s(t_0)=x_s^0 \tag{2.5-2}$$

在 n 维空间中，给定一个凸闭集合 $\boldsymbol{G}$，并设其是 n 维的，即具有内点。

考虑品质指标为

$$J=\sum_{i=1}^{n}c_i x_i(T) \tag{2.5-3}$$

其中，c_i 是常数；T 事前已确定。

最优控制的任务是寻求满足条件之可允控制，即

$$u\in\boldsymbol{U} \tag{2.5-4}$$

对应该控制的过程满足

1°
$$x(T)\in\boldsymbol{G} \tag{2.5-5}$$

2°
$$\sum c_i x_i(T)=\min \tag{2.5-6}$$

为研究最优控制问题，同以前一样，引入 Hamilton 函数，即

$$H(x,\psi,u,t)=\sum_{i=1}^{n}\psi_s f_s(x,u,t) \tag{2.5-7}$$

则我们有

$$\dot{x}_s=\frac{\partial H}{\partial \psi_s},\quad \dot{\psi}_s=-\frac{\partial H}{\partial x_s} \tag{2.5-8}$$

其中，ψ_s 是辅助函数向量，它满足的方程亦可写为

$$\dot{\psi}_s = -\sum_1^n \psi_\alpha \frac{\partial f_\alpha}{\partial x_s}, \quad s = 1, 2, \cdots, n \tag{2.5-9}$$

考虑应用最大值原理，我们引入

$$M(x, \psi, t) = \sup_{u \in U} H(x, \psi, u, t) \tag{2.5-10}$$

需要强调，方程(2.5-9)决定的解 $\psi_s(t)$ 在这里并不完全肯定，因为不同于 2.2-4 节，这里并不给出 $\psi(t)$ 应满足的边界条件。

为使以后研究的问题确定，我们考虑 $\boldsymbol{G}$ 上函数 $\phi(x) = \sum_{i=1}^n c_i x_i$ 之最小值。令最小值为 ϕ^*，则显然有

$$\phi(x) \geqslant \phi^*, \quad x \in \boldsymbol{G} \tag{2.5-11}$$

设所有满足 $\phi(x) = \phi^*$ 之点 x 构成 $\boldsymbol{G}^* \subseteq \boldsymbol{G}$，以后约定不存在可允控制在 $T - t_0$ 时间内可将点由 x^0 引至 $\boldsymbol{G}^*$，称能在 $T - t_0$ 时间内将点由 x^0 引至 $\boldsymbol{G}^*$ 的为蜕化情形。

定理 2.11 在非蜕化情形下，$u(t)$ 是按 $s = \sum c_i x_i(T)$ 最优的必要条件是存在逐段可微的函数向量 $\psi(t)$，满足 Hamilton 方程，使有对应之最优过程，即

$$H(x(t), \psi(t), u(t), t) = M(x(t), \psi(t), t) \tag{2.5-12}$$

即满足最大值原理。

在这里，我们只是叙述了 $\psi(t)$ 的存在，并未直接回答 $\psi(t)$ 的确定，下面研究它所满足的边界条件。

2.5-2 边界条件的确定

设最优轨道的终点是 $x^1 = (x_1^1, \cdots, x_n^1)$，考虑以平面 $\boldsymbol{L}$，即

$$\sum_{i=1}^n c_i x_i = \sum_{i=1}^n c_i x_i^1 = K \tag{2.5-13}$$

将区域 $\boldsymbol{G}$ 分为两部分，即

$$\begin{aligned} &\sum_{i=1}^n c_i x_i \geqslant K, \quad \boldsymbol{G}^+ \\ &\sum c_i x_i \leqslant K, \quad \boldsymbol{G}^- \end{aligned} \tag{2.5-14}$$

显然，$\boldsymbol{G}^+$ 和 $\boldsymbol{G}^-$ 是闭凸集，并且 $\boldsymbol{L} = \boldsymbol{G}^+ \cap \boldsymbol{G}^-$。

显然，由于 $u(t)$ 是最优控制，因此不可能存在控制能在时间 $T - t_0$ 内将轨道引入区域 $\boldsymbol{G}^-$ 之内部。从直观上看，由于 $\psi(t)$ 应具有斜截条件，因此过 x^1 一定有一个作为 $\boldsymbol{G}^-$ 的支撑面 $\boldsymbol{A}$ 存在，使 $\boldsymbol{G}^-$ 与 $\psi(t)$ 在此面之同侧，否则从直观上讲，就有可能发生在时间 $T - t_0$ 内引入 $\boldsymbol{G}^-$。设支撑面 $\boldsymbol{A}$ 之方程为

$$\sum a_i x_i = \sum a_i x_i^1 = K' \tag{2.5-15}$$

显然有 $G^- \subseteq \left\{ x \mid \sum a_i x_i \leqslant K' \right\}$，由此不难得知

$$\psi_i(T) = -a_i \tag{2.5-16}$$

而此式可视为自由端点问题终值条件之推广。

事实上，我们可以分两种情形来考虑。

① 设最优轨道的终点 x' 是 $\boldsymbol{G}$ 之内点，则显然 $\boldsymbol{L}$ 与 $\boldsymbol{A}$ 重合。事实上，我们考虑的问题同自由端点的问题没有原则性的区别，如图 2.5-1(a)所示。

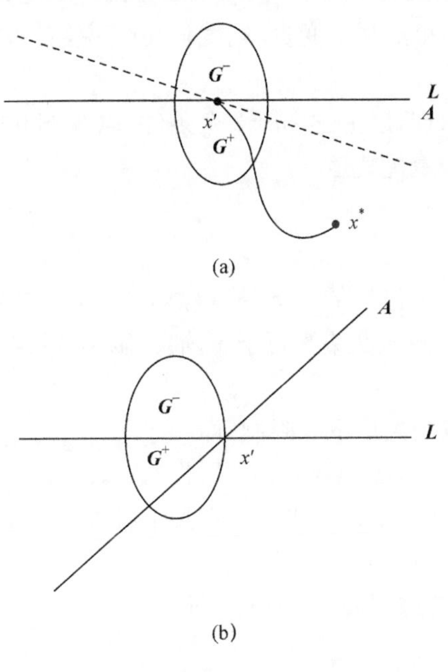

图 2.5-1

② 当 x' 落在 $\boldsymbol{G}$ 之边界上(图 2.5-1(b))，则由于 $\boldsymbol{G}$ 是凸的，存在支撑面 $\boldsymbol{B}$，使 $\boldsymbol{G}$ 在其一侧，由于平面 $\boldsymbol{L}$ 与 $\boldsymbol{B}$ 间夹角中必有一不含 G^-，而含有 G^+，则在此之夹角中存在平面 $\boldsymbol{A}$ 保证 G^- 在其一侧，考虑 $\boldsymbol{G}$ 在 $\boldsymbol{B}$ 之一侧，则我们不难选择 b_i，使

$$G^- \subseteq \left\{ x \mid \sum b_i x_i \leqslant \sum b_i x_i^1 = k'' \right\} \tag{2.5-17}$$

由此 a_i 可以这样选择，使

$$a_i = \lambda c_i + \mu b_i, \quad i = 1, 2, \cdots, n; \lambda \geqslant 0; \mu \geqslant 0 \tag{2.5-18}$$

显然，以 a 为法向量之平面，将保证 G^- 与$(a_1, \cdots, a_n)$在共同一侧。

当 $\boldsymbol{G}$ 是以下方程，即

$$F(x_1, \cdots, x_n) \leqslant 0 \tag{2.5-19}$$

则不难有

$$b_i(x_1,\cdots,x_n)=\frac{\partial F(x_1,\cdots,x_n)}{\partial x_i} \tag{2.5-20}$$

因此,我们有如下之终值条件。

1° $F(x_1(T),\cdots,x_n(T))=0$。

2° $\psi_i(T)=-a_i=-[\lambda c_i+\mu b_i]$。

3°不失一般性可令 $\lambda+\mu=1$。

由此若再考虑初始条件 $x_i(t_0)=x_i^0$,则我们有 x_i 与 ψ_i 在 t_0 及 T 时满足的 $2n+2$ 个条件。考虑 λ 和 μ 两个变量,则我们可以说,对应问题的解是孤立的,并且可以从理论上求解。

由此应用最大值原理,以上述 $2n+2$ 个条件,以及 Hamilton 方程,我们就能从理论上解出最优控制与最优轨道。

2.5-3 几个特例与推广

如果式(2.5-19)中不包含某个 x_s,则显然 $b_s=0$,也就是这一凸集合将是无界集,x_s 轴是其渐近方向,或该凸集平行于 x_s 轴。显然,过这凸集的支撑面也将平行于 x_s 轴。

如果我们考虑终点受到如下之限制,即

$$x_s(T)=x_s^1,\quad s=1,2,\cdots,q<n \tag{2.5-21}$$

显然,这种限制从数学上来说是求终点落在某个线性流形上。实际上,它表明系统的部分坐标受到限制,而其余的坐标则无限制。

为解决上述问题,考虑用如下 ε 柱体,即

$$\sum_{1}^{q}(x_s-x_s^1)^2\leqslant\varepsilon^2 \tag{2.5-22}$$

代替式(2.5-21),而这一不等式系一柱体,它是凸闭有内点的集合。现在我们有

$$b_{q+1}=\cdots=b_n=0$$

由此不难有边界条件,即

$$x_i(t_0)=x_i^0,\quad i=1,2,\cdots,n$$

$$x_s(T)=x_s^1,\quad s=1,2,\cdots,q$$

$$\psi_i(T)=-c_i,\quad i=q+1,q+2,\cdots,n \tag{2.5-23}$$

当然,要在此组边值问题下求解原有的最优控制问题并不是简单的任务。

应用 Pozanoer 对上述终值问题的提法与最大值原理也可以导出我们在§2.2讲的按积分指标的最大值原理之结论。

仍然考虑系统(2.5-1),但问题是研究在条件,即

$$x_i(t_0)=x_i^0,\quad x_i(T)=x_i^1$$

下使泛函 $\int_{t_0}^{T} F(x,u)\mathrm{d}t$ 取极小的最优控制问题。

考虑引入 $x_0 = \int_{t_0}^{t} F(x,u)\mathrm{d}t$，应用前面对式(2.5-21)研究的办法，则有

$$b_0=0,\quad \psi_0(T)=-c_{n+1},\quad c_1=\cdots=c_n=0$$

另外，我们有

$$\begin{aligned} H &\equiv \sum_{s=1}^{n} \psi_s f_s(x,u,t) + \psi_0 F(x,u) \\ &= \sum_{s=1}^{n} \psi_s f_s(x,u,t) - F(x,u) \end{aligned}$$

显然，我们有最大值原理成立与 $\dot{\psi}_0=0$，以及 $\psi_0(T)=-1<0$，从而最大值原理成立。

进一步，我们转而讨论时间 T 不给定的问题。

考虑由 x^0 出发至区域 $\boldsymbol{G}$ 而时间不给定的问题，即选择控制使泛函达到由一切控制在任何时间内可能达到的最小值。

首先，如果讨论的问题是退化的，即存在这样的 T，使对应一个控制能将点引至 $\boldsymbol{G}$ 中使泛函达到最小的点。显然，此时问题的讨论同确定时间的蜕化问题相仿。这里不作考虑。

其次，显然对时间不确定所能得到的结论应对在时间确定的情况下仍然有效，因为若对应最优化问题的时间是 $\overline{T}$，则考虑固定时间 $\overline{T}$ 的问题就回到原来固定时间的情形，但问题在于这样的 $\overline{T}$ 如何确定。我们将确定 $\overline{T}$ 的条件归结为

$$\sum_{i=1}^{n} \psi_i(T) f_i(x(T),u(T),T) = 0 \qquad (2.5\text{-}24)$$

这一方程同以前固定时间问题所得的结果联立起来，将有可能给出问题的解。

对于条件(2.5-24)，我们指出 H 函数实际上是 $\psi(t)$ 与 $\dot{x}$ 的内积，而关系式(2.5-24)表示这两个向量应该正交，也就是应该与 $\boldsymbol{G}^-$ 的支撑面 $\boldsymbol{A}$ 正交。当终点是 $\boldsymbol{G}$ 之内点时，这特别清楚，否则将有可能进入 $\boldsymbol{G}^-$。若式(2.5-24)改为正值，表明有可能在 $\overline{T}$ 时刻之前相点已经进入 $\boldsymbol{G}^-$，而改为负值又相当于在 $\overline{T}$ 以后进入 $\boldsymbol{G}^-$，因此从几何角度上来说，式(2.5-24)是明显的。与此相应的几何解释如图 2.5-2 所示。

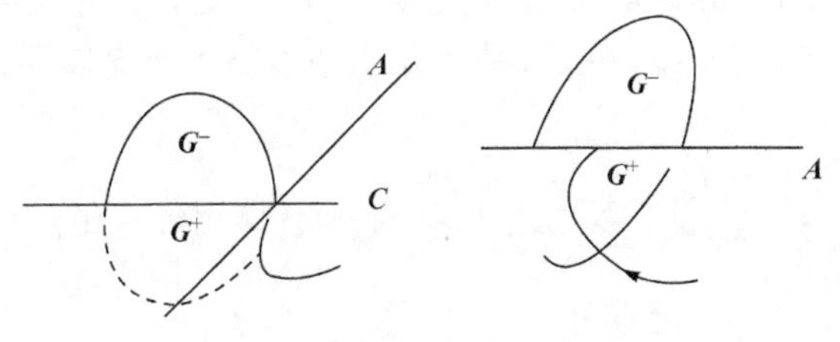

图 2.5-2

作为第三个应用，我们考虑最速控制问题。

考虑由点 x^0 至集合 $\boldsymbol{G}$ 的快速控制问题，显然我们对原有方程组再叠加一个方程 $\dot{x}_{n+1}=1$，则问题归结为求泛函 $x_{n+1}(T)=\min$ 的不定时间的问题。在这种情况下，将有边界条件，即

$$\begin{cases} c_1=\cdots=c_n=0, \quad \psi_{n+1}(T)=-1 \\ H\equiv\sum_1^n \psi_i(T)f_i(x(T),u(T),T)-1=0 \end{cases} \tag{2.5-25}$$

显然 $\dot{\psi}_{n+1}=0$，由此就有 $\psi_{n+1}(t)=-1$，若引入

$$\overline{H}=\sum_{i=1}^n \psi_i f_i(x_i,u,t)=H+1$$

则我们有 Hamilton 方程，即

$$\dot{x}_i=\frac{\partial\overline{H}}{\partial\psi_i}, \quad \dot{\psi}_i=-\frac{\partial\overline{H}}{\partial x_i} \tag{2.5-26}$$

以及相应之边界条件，即

$$x_i(t_0)=x_i^0, \quad \psi_i(T)=-\mu b_i, \quad i=1,2,\cdots,n \tag{2.5-27}$$

$$F(x_1(T),\cdots,x_n(T))=0$$

$$\sum_1^n \psi_s(T)f_s(x(T),u(T),T)>0$$

进一步考虑特殊情形，设 G 退化为一个点 x^1，则方程(2.5-26)的边界条件(2.5-27)将变为

$$\begin{cases} x_i(t_0)=x_i^0, \quad x_i(T)=x_i^1, \quad i=1,2,\cdots,n \\ \sum \psi_i(T)f_i(x(T),u(T),T)>0 \end{cases} \tag{2.5-28}$$

2.5-4　线性系统

在前面，我们研究的最大值原理仅仅是最优化问题的必要条件，但在线性系统情况下这却是充分的。设线性受控系统为

$$\dot{x}_i=\sum_{k=1}^n a_{i\alpha}(t)x_\alpha+\psi_i(u_1,\cdots,u_r), \quad i=1,2,\cdots,n \tag{2.5-29}$$

考虑由点 x^0 至集合 $\boldsymbol{G}$ 的问题，显然当终点 x^1 是 $\boldsymbol{G}$ 之内点时，问题已经解决。现设 x^1 是 $\boldsymbol{G}$ 之边界点，记 $b_i(x_1^1\cdots x_n^1)$ 是集合 $\boldsymbol{G}$ 在点 x^1 处支撑面之系数，我们选择 b_i，使

$$\boldsymbol{G}\subseteq\left\{x \mid \sum_{i=1}^n b_i(x_1^1,\cdots,x_n^1)(x_i-x_i^1)\leqslant 0\right\}$$

一般来说，$b_i(x_1\cdots x_n)$ 不一定唯一。

若设 $x(t)$ 是对应控制 $u(t)$ 的轨道，且 $x(T)=x'$，则有以下定理。

定理 2.12 设对系统(2.5-29),若控制 $u(t)$ 满足对 $\psi(t)$ 的最大值原理,而 $\psi(t)$ 是满足对应 Hamilton 方程在边界条件,即

$$\psi_i(T) = -\lambda c_i - \mu b_i(x_1^1, \cdots, x_n^1) \tag{2.5-30}$$

下之解,其中 $\mu \geqslant 0, \lambda > 0$,则控制是按指标 $S = \sum c_i x_i(T)$ 的最小最优。

此定理与定理 2.11 的不同之处在于系统是线性的,且 $\lambda > 0$ 在这一情况下的必要条件转化为充分条件。

定理 2.12 的证明在附录Ⅳ中。证明基于自由端问题(这一证明亦在附录Ⅳ中)。

2.5-5 几点讨论

我们把最大值原理与分析力学中的 Hamilton 函数在保守系中的某些性质进行对比,设 $u(t)$ 是给定在 $t_0 \leqslant t \leqslant t_1$ 上的可允控制,$x(t)$ 是对应它的过程。

定理 2.13 设控制 $u(t)$ 满足最大值原理,则函数 $M(t) \equiv H(x(t), \psi(t), u(t), t)$ 连续,分段可微,且在 $u(t)$ 的连续点有

$$\frac{\mathrm{d}M}{\mathrm{d}t} = \frac{\partial H(x(t), \psi(t), u(t), t)}{\partial t} \tag{2.5-31}$$

现在来证明它。

首先,引进差量,即

$$\Delta M \equiv H(y(t+\Delta t), u(t+\Delta t), t+\Delta t) - H(y(t), u(t), t)$$

其中,$y = (y_1, \cdots, y_{2n}) = (x_1, \cdots, x_n, \psi_1, \cdots, \psi_n)$。

由最大值原理有

$$H(y(t+\Delta t), u(t+\Delta t), t+\Delta t) \geqslant H(y(t+\Delta t), u(t), t+\Delta t)$$

$$H(y(t), u(t), t) \geqslant H(y(t), u(t+\Delta t), t)$$

由此就有

$$H(y(t+\Delta t), u(t), t+\Delta t - H(y(t), u(t), t)) \leqslant \Delta M$$
$$\leqslant H(y(t+\Delta t), u(t+\Delta t), t+\Delta t) - H(y(t), u(t+\Delta t), t) \tag{2.5-32}$$

由于 y_s 是微分方程之解,因此它连续。又 H 是其变量之连续函数,于是我们有 $\lim\limits_{\Delta t \to 0} \Delta M = 0$,则 $M(t)$ 是连续的。

若考虑 t 是 $u(t)$ 之连续点,则对这样的点 y_s,其导数存在。由此考虑 $\lim\limits_{\Delta t \to 0} u(t+\Delta t) = u(t)$,则以 $\frac{1}{\Delta t}$ 乘式(2.5-32)并令 $\Delta t \to 0$,则有

$$\sum_{j=1}^{2n} \frac{\partial H}{\partial y_s} \dot{y}_s + \frac{\partial H}{\partial t} = \lim_{\Delta t \to 0} \frac{\Delta M}{\Delta t} \tag{2.5-33}$$

由 $\frac{\partial H}{\partial y_i} = \dot{y}_{n+i}$,$\frac{\partial H}{\partial y_{n+i}} = -\dot{y}_i$,$i = 1, 2, \cdots, n$,可知式(2.5-33)之左端和数应为零,因

此有

$$\frac{\partial H}{\partial t}=\frac{\mathrm{d}M}{\mathrm{d}t}$$

定理得证。

定理在 f_i 不显含 t 时，我们将有沿最优轨道 $M(t)=\mathrm{const}$，又$M(T)=0$，因此在整个过程中都有 $M=0$。考虑 H 函数是 Hamilton 函数，这相当于分析力学中的总能量，因此在这种情况下，沿最优轨道 H 函数取零值就相当于能量守恒。

我们指出，利用最大值原理一般可以确定最优控制，但在某些特殊情况下也会出现例外。此时，我们遇到一种奇控制的情形。

考虑系统为

$$\dot{x}=u,\quad |u|\leqslant M \tag{2.5-34}$$

问题是由点 x^0 出发至点 $x(T)=x'$，并使泛函 $\int_0^T \frac{1}{2}x^2\mathrm{d}t=\min$。设 $x_0>x_1>0$，显然我们有

$$H=\psi u+\alpha\frac{1}{2}x^2,\quad \dot{\psi}=-\alpha x \tag{2.5-35}$$

由最大值原理推出，若 $\psi\neq 0$，则应有 $u=M\mathrm{sign}\psi$，因此 u 仅取 $\pm M$ 两值之一，但 $\psi=0$ 时，u 是无法确定的。这里 α 即 ψ_0，是常数 -1。

考虑条件 $T>\frac{x^1+x^0}{M}$，则从图 2.5-3 容易看出，最优控制坐标与冲量均应改变，因此在区间$[t_1,t_2]$，函数 $\psi(t)=0$，而控制 $u(t)$ 在此区间上不定。这种控制常被称为奇控制。在一般情形下，若奇控制存在，我们可以通过别的途径讨论。为了确定它，首先求 x_1,ψ 的数值使 H 不依赖 u。然后，研究对这样一些值 x,ψ 是否能保持下去，若是则构成奇控制，否则仅有孤立点上控制不定，而这不能构成奇控制。

如上所述，当 $\psi=0$ 时，控制不定，若保持，则要求 $\dot{\psi}=0$，即 $x=0$，因此就有奇控制应为 $u=0$。在此情况下，整个控制可以从非奇的那一段的解应用连续条件在奇的那一段上进行延拓得到。这可由定理 2.13 保证，在例中非奇之一段，即

$$H=M|\psi|-\frac{1}{2}x^2$$

又由 $H=\mathrm{const}=0$，因此有

$$|\psi(0)|=\frac{1}{2M}(x^0)^2$$

$$|\psi(T)|=\frac{1}{2M}(x^1)^2$$

不难确定 $\psi(t)$、$x(t)$ 与 $u(t)$。

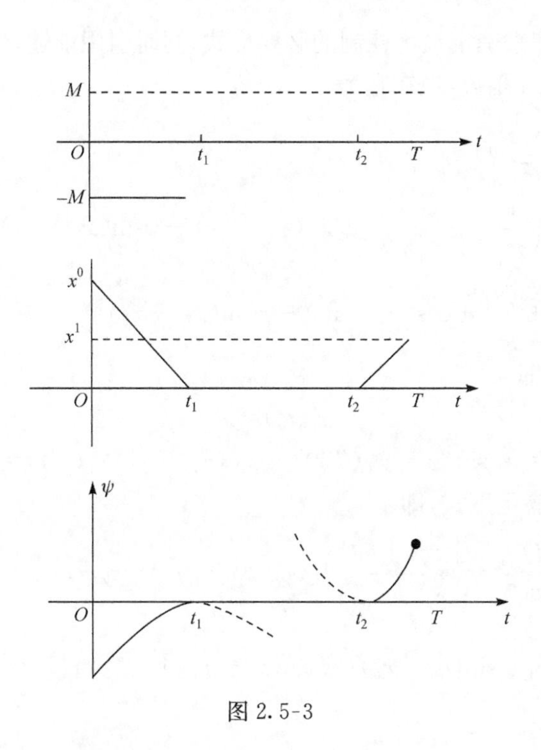

图 2.5-3

2.5-6　火箭运动的一种最优导引

考虑 1.2-4 节研究的例子,引入如下记号,即

$$\rho(t_0)=\rho^0=\text{const},\quad \theta=x_1,\quad \varphi=x_2,\quad \rho/\rho^0=x_3$$

则方程组(1.2-27)可以改写为

$$\begin{aligned}\dot{x}_1&=\frac{1}{x_3\rho^0}[v_c\sin(\varphi_c-x_1)-v\sin(x_2-x_1)]\\ \dot{x}_2&=\frac{u(t)}{x_3\rho^0}[v_c\sin(\varphi_c-x_1)-v\sin(x_2-x_1)]\\ \dot{x}_3&=\frac{1}{\rho^0}[v_c\cos(\varphi_c-x_1)-v\cos(x_2-x_1)]\end{aligned}\tag{2.5-36}$$

前述最优控制问题变为选择 $0\leqslant u(t)\leqslant 1$,使

$$\begin{aligned}&x_1(T)=\max,\quad \dot{x}_1<0\\ &x_1(T)=\min,\quad \dot{x}_1>0\end{aligned}\tag{2.5-37}$$

又 $x_1(T)$和 $x_2(T)$应受限制,即

$$v_c\sin(\varphi_c-x_1(T))-v\sin(x_2(T)-x_1(T))=0\tag{2.5-38}$$

同时 x_3 应有 $\dot{x}_3(T)<0$。

一般来说,现在考虑的运动的端点并不一定约束在凸集上。以下我们研究仍然利用最大值原理来确定最优控制的必要形式，同时引用前述之理论。

考虑 Hamilton 函数，现在它为

$$
\begin{aligned}
H &= \sum_{i=1}^{s} \psi_i f_i \\
&= \left(\frac{\psi_1}{x_3\rho_0} + \frac{\psi_2 u}{x_3\rho_0}\right)[v_c \sin(\varphi_c - x_1) - v\sin(x_2 - x_1)] \\
&\quad + \frac{\psi_3}{\rho_0}[v_0 \cos(\varphi_c - x_1) - v\sin(x_2 - x_1)]
\end{aligned} \tag{2.5-39}
$$

且具有边界条件，即

$$
x_i(t_0) = x_i^0 \tag{2.5-40}
$$

$$
F = v_c \sin(\varphi_c - x_1(T)) - v\sin(x_2(T) - x_1(T)) = 0
$$

辅助函数 ψ_i 满足下式，即

$$
\begin{cases}
\dot{\psi}_1 = -\dfrac{\partial H}{\partial x_1} = -\left\{\left(\dfrac{\psi_1 + u\psi_2}{x_3\rho_0}\right)[v\cos(x_2 - x_1) - v_c(\cos\varphi_c - x_1)]\right. \\
\qquad \left. + \dfrac{\psi_3}{\rho_0}[v_c \sin(\varphi_c - x_1) - v\sin(x_2 - x_1)]\right\} \\
\dot{\psi}_2 = -\dfrac{\partial H}{\partial x_2} = -\left\{\left(\dfrac{\psi_1 + u\psi_2}{x_3\rho_0}\right)[-v\cos(x_2 - x_1)] + \dfrac{\psi_3}{\rho_0} v_c \sin(x_2 - x_1)\right\} \\
\dot{\psi}_3 = -\dfrac{\partial H}{\partial x_3} = -\left\{-\dfrac{\psi_1 + u\psi_2}{x_3^2\rho_0}[-v_c \sin(\varphi_c - x_1)] - v\sin(x_2 - x_1)\right\}
\end{cases} \tag{2.5-41}
$$

按前述结论，其边界条件应为

$$
\psi_i(T) = -c_i - \mu \frac{\partial F}{\partial x_i} \tag{2.5-42}
$$

其中，$c_1 = 1; c_2 = c_3 = 0$。

由此就有

$$
\begin{aligned}
&\psi_1(T) = -1 - \mu[v\cos(x_2(T) - x_1(T)) - v_c \cos(\varphi_c - x_i(T))] \\
&\psi_2(T) = \mu[v\cos(x_2(T) - x_1(T))] \\
&\psi_3(T) = 0
\end{aligned}
$$

下面讨论 $\dot{x}_1 < 0$ 使 $x_1(T)$ 有极大之情形。

由于系统(2.5-20)是定常的，我们应有

$$
H \equiv \text{常数} \tag{2.5-43}
$$

显然，当 $t = T$ 时，应有 $\dot{x}_1(T) = \dot{x}_2(T) = 0, \dot{x}_3(T) = 0$，由此就有

$$
H \equiv 0
$$

进一步有

$$\psi_1+u\psi_2=\frac{-x_3\psi_3[v_c\cos(\varphi_c-x_1)-v\cos(x_2-x_1)]}{v_c\sin(\varphi_c-x_1)-v\sin(x_2-x_1)} \tag{2.5-44}$$

代入方程组(2.5-41)之第三式,并考虑式(2.5-30),则有

$$\dot{\psi}_3 x_3=-\dot{x}_3\psi_3$$

由此可知有一个第一积分,即

$$\psi_3 x_3=c_4$$

但 $\psi_3(T)=0$,由此 $c_4=0$,又由于 $x_3=\rho/\rho_0\neq 0$,我们有

$$\dot{\psi}_3\equiv 0 \tag{2.5-45}$$

由于 $v_c\sin(\varphi_c-x_1)-v\sin(x_2-x_1)$在 $t<T$ 时不为零,因此可由式(2.5-44)导出 $\psi_1+u\psi_2=0$。显然将此代入式(2.5-41),有

$$\psi_1=\text{常数},\quad \psi_2=\text{常数}$$

若考虑 $\dot{x}_1<0, x_1(T)=\max$,则相应地要求 $H=\min$。由此可知

$$\begin{cases} u=1, & \dfrac{\psi_2}{x_3}>0 \\ u=0, & \dfrac{\psi_2}{x_3}<0 \end{cases}$$

考虑以下两种情形讨论。

1° $u=0, \dfrac{\psi_2}{x_3}<0$(或 $\psi_2<0$)。

此时 $u=0$,于是有 $\dot{x}_2=0, \dfrac{\mathrm{d}F}{\mathrm{d}t}=-F\dfrac{\dot{x}_3}{x_3}$。显然,一开始 $F<0$。由 $F<0$ 至 $F=0$ 的过程中,可以设想$\dfrac{\mathrm{d}F}{\mathrm{d}t}>0$。由此就有 $\dot{x}_3$ 与 x_3 应同号。

若 $x_3>0$,可知一定不满足 $\dot{x}_3(T)<0$ 的条件。由此可知,在初始 $x_3(t_0)>0$ 的情况下,$u=0$ 不是最优控制,而 $x_3<0$ 是不可能的,因此对应 $u=0$ 不是最优控制。

2° $u=1, \psi_2>0$。

在 $u=1$ 时,我们有 $\dot{x}_1=\dot{x}_2$,于是有

$$\frac{\mathrm{d}F}{\mathrm{d}t}=-\left[\frac{Fv_c\cos(\varphi_c-x_1)}{x_3\rho_0}\right]$$

由于 $F<0$,因此若要求$\dfrac{\mathrm{d}F}{\mathrm{d}t}>0$,则要求 $\cos(\varphi_c-x_1)>0$。这是可以实现的,因为在追击时应该做到 $\varphi_c-x_1<\dfrac{\pi}{2}$。

最后，我们指出 $u=1, \psi_2>0, \dot{x}_3(T)<0$ 确能同时成立。当 $u=1$ 时，我们有

$$\psi_1<0$$

$$-1+\mu v_c\cos(\varphi_c-x_1(T))=0$$

由此可知

$$\mu=\frac{1}{v_c\cos(\varphi_c-x_1(T))}>0$$

由 $\mu>0$ 可知，$\psi_2(T)=\psi_2(t)>0$。

由条件 $\cos(\psi_c-x_1)>0$，F 递增，则有

$$v_c\sin(\varphi_c-x_1(T))=v\sin(x_2(T)-x_1(T))$$

因此就有

$$\cos(x_2(T)-x_1(T))=\sqrt{1-\left(\frac{v_c}{v}\right)^2\sin^2(\varphi_c-x_1(T))}$$

此条件也只要求 $(\varphi_c-x_1)<\frac{\pi}{2}$ 即可，代入 $\dot{x}_3$ 则有

$$\dot{x}_3=\frac{1}{\rho^0}\left\{v_c\left[\cos(\varphi_c-x_1(T))-\sqrt{\cos^2(\varphi_c-x_1(T))+\left(\frac{v^2}{v_c^2}-1\right)}\right]\right\}$$

由此可知，$\dot{x}_3(T)<0$。

显然，控制应选择为

$$u=1,\quad \psi_2>0$$

由上述例子可以看出，最大值原理虽是重要的理论结论，也可以用来指导实际问题的解决，但真正求出具体形式的最优控制依然需要结合具体控制工程问题的实际特点进行分析。一般情况下，寻求最优控制解法的表达形式是很困难的。

§ 2.6　问题与习题

1°利用定理 2.1 推导终值最优(2.2-4 节 Rozonoer 的提法)的结论。

2°求解如下最速控制问题(终点是原点)。

① $\ddot{x}=u, |u|\leqslant 1$。

② $\ddot{x}+3\dot{x}+2x=u, |u|\leqslant 1$。

③ $\begin{cases}\dot{x}_1=x_2+u_1\\ \dot{x}_2=-x_1+u_2\end{cases}, |u_i|\leqslant 1$。

3°求受控系统，即

$$\dot{x}_1=x_1+2x_2+u_1$$

$$\dot{x}_2=-2x_1+2x_2+2u_1$$

由坐标原点出发，使 $T=10$ 时 $x_1+x_2=\min$ 的最优控制。

4°求系统，即

$$\dot{x}_1=-2x_1+x_2+u_1$$
$$\dot{x}_2=-3x_2-2x_2+2u_2$$

由点$(a,0)$出发击中圆面 $x_1^2+x_2^2\leqslant b^2, a>b>0$ 的最速控制。

5°如题 4，求击中半平面 $x_1+x_2\leqslant\frac{1}{2}a$ 的最速控制。

6°独立推导系统，即

$$\dot{x}_i=f_i(x,u,t),\quad i=1,2,\cdots,n$$

在 $t=t_0$ 时，点约束在轨迹 $x=x^0(t)$ 上，而终点落在 $x=x^1(t)$ 的最优控制的必要条件。

第三章　动态规划方法与最优控制

最优控制理论发展的一个方面是将其作为时域中函数变分问题的推广。这方面实在的贡献就是在第二章讲到的 Pontryagin 最大值原理。但是,这一理论并不能直接回答最优控制应作为系统状态函数的形式,即无法直接回答综合问题。在此理论发展的同时,以 Bellman 为代表的学者在对大量实际问题进行研究的基础上,建立了动态规划的方法。其中最主要的是以一个显然成立的命题为依据的最优性原理和由此出发得到的一系列结果。研究表明,利用动态规划方法可以直接回答综合问题,但是该问题的解决涉及一类奇特的偏微分方程的求解。因此,对于非离散系统来说,这一方法的有效应用还有很大的发展空间。

§3.1　最优性原理与动态规划方法基础

3.1-1　分配的多步过程

动态规划的理论最早来自经济领域的资源分配问题。设某种资源的总量为 x,供两个方面 A、B 应用。供应 A 方面获得的利益以供应量 s 的函数 $g(s)$ 计算。供应 B 方面获得的利益以供应量 t 的函数 $h(t)$ 计算。由此将资源 x 一次分配,供应之总收获应为

$$R_1(x,y)=g(y)+h(x-y),\quad 0\leqslant y\leqslant x \tag{3.1-1}$$

由于 x 实际上不依赖 y,当 g 与 h 给定后要求收益最大实际上变为一个一元函数的极值问题。

实际上,在使用资源 g 时,往往具有剩余,令 A 之剩余为 ay,$a\leqslant 1$。同样,B 方面亦有剩余,令为 $b(x-y)$,$b\leqslant 1$。由此在一次使用完毕后,将具有剩余量,即

$$x_1=ay+b(x-y) \tag{3.1-2}$$

对于资源量 x_1,当然我们可以再次进行分配,由此又有二次分配总收获,即

$$R_2(x,y,y_1)=g(y)+h(x-y)+g(y_1)+h(x_1-y_1)$$

其中

$$x_1=ay+b(x-y),\quad 0\leqslant y\leqslant x,\quad 0\leqslant y_1\leqslant x_1 \tag{3.1-3}$$

如果要求分配合理以使 $R_2=\max$,则我们需要解两个变量的二元函数极值问题。

显然,当我们考虑 n 次分配问题时,其 n 次分配问题的总收获为

$$R_n(x,y,y_1,\cdots,y_{n-1})=g(y)+h(x-y)+g(y_1)+h(x_1-y_1)+\cdots+g(y_{n-1})+h(x_{n-1}-y_{n-1})$$

其中

$$x_1=ay+b(x-y),\cdots,x_k=ay_{k-1}+b(x_{k-1}-y_{k-1})$$

$$\cdots$$

$$x_{n-1}=ay_{n-2}+b(x_{n-2}-y_{n-2})$$

$$0\leqslant y\leqslant x,0\leqslant y_1\leqslant x_1,\cdots,0\leqslant y_{n-1}\leqslant x_{n-1} \tag{3.1-4}$$

为了在 n 步过程后收获最大,则我们要求 n 个变量的 n 元函数的极值问题。

应该指出,在求上述极值问题时,我们并不能把 $y,y_1,\cdots,y_{n-1}$ 看成彼此独立的,而是由另外一些附加条件约束。由此可知,上述极值问题的求解将十分困难。即使我们使用数值计算,也是很困难的。如果我们设想每次分配只考虑 10 种可能,要求进行 10 次分配,则将应用数值计算 10^{10} 次。这当然是个巨大的数目,设想以每秒 10000 次的电子计算机进行运算,也需要好几年[①]。当然进行 10 次分配,每次考虑 10 种可能也不能算作过分,因此实际问题迫使我们不得不去考虑一些合适的办法来研究此类问题。由于此类问题的推动,一门动态规划的学科逐步成长起来。这一学科的建立对于控制系统中的问题,特别是最优控制的发展起着十分重要的作用。

3.1-2 最优性原理与 Bellman 方程

设资源共有 x,考虑各种可能的一次分配之总收入,显然其上确界只依赖 x。我们设 g 和 h 连续,则上确界可以用极大值代替,由此我们可以引入

$$f_1(x)=\max_{0\leqslant y\leqslant x}(g(y)+h(x-y)) \tag{3.1-5}$$

相应地,我们不难定义 $f_2(x),f_3(x),\cdots,f_n(x),\cdots$。

考虑进行 $n+1$ 次分配,我们设第一次的分配量是 y,则第一次终结时应剩余 $ay+b(x-y)$。设 $n+1$ 次分配是收益最大的(以后称最优的),则对剩余量 $x_1=ay+b(x-y)$进行的分配总应是最优的,由此就有

$$f_{n+1}(x)=\max_{0\leqslant y\leqslant x}[g(y)+h(x-y)]+f_n[ay+b(x-y)] \tag{3.1-6}$$

显然,这就变成一个变量 y 的极值问题了。当然,f_n 和 f_{n+1}的确定仍然存在困难。如果考虑无穷次分配,则我们有

① 1964 年前后,中国计算机仍处于电子管与晶体管计算机时代。每秒万次的计算机在当时绝不落后。

$$f(x)=\max_{0\leqslant y\leqslant x}\{g(y)+h(x-y)+f[ay+b(x-y)]\} \tag{3.1-7}$$

在 g、h 已知的情况下，问题就变成确定函数 $f(x)$。它是一个函数方程，一般可称其为 Bellman 方程。

一般求解上述方程还有不少困难，下面我们通过例子来说明。

通过上述例子，我们看到一个显然成立的事实，即一个多步过程的最优方案应具有这样的特征，也就是不论初始方案如何，对于由其造成的状态，以后的方案应该仍然是最优的(最优性原理)。

这一原理是无需证明的，因为若以后的方案不是最优的，则全部方案也不可能是最优的。

应用最优性原理时，我们应指出它是必要条件，不能说由 A 至 B 是最优的，由 B 至 C 是最优的，则 A 至 C 最优的一定是上述两段最优的相加。这方面的反例多如牛毛。读者可以不费力地举出若干反例，对于最优性原理更不能作如此的了解，即一开始就选一段使此段为最优，而后再选另一段亦使其为最优，连续选下去就以为也是最优。应该指出，这样的结果往往会导致一些荒谬的结论。

我们以一数字矩阵为例，规则是由左下角向右上角移动，每次移动必须向右或向上走一次，问如何选择路线以便走至右上角经过的数字总和最小。应用最优性原理，我们很容易确定它。例如，下面的四阶方阵，则最优轨线应如箭头所示，其中左边是给定的数字矩阵，右边是各点至右上角经最优路径所得数字和。

$$\begin{bmatrix} 1 & 3 & 9 & 6 \\ 2 & 8 & 4 & 7 \\ 3 & 1 & 2 & 5 \\ 3 & 2 & 1 & 2 \end{bmatrix} \qquad \begin{bmatrix} 19 & \rightarrow & 18 & \rightarrow & 15 & \rightarrow & 6 \\ \uparrow & & & & & & \uparrow \\ 21 & & 25 & \rightarrow & 17 & \rightarrow & 13 \\ & & & & \uparrow & & \uparrow \\ 23 & \rightarrow & 20 & \rightarrow & 19 & & 18 \\ & & \uparrow & & \uparrow & & \uparrow \\ 25 & \rightarrow & 22 & \rightarrow & 20 & & 20 \end{bmatrix}$$

容易看出，对于一个 $m\times n$ 的矩阵来说，从第 m 行第 1 列的元素到第 1 行第 n 列的元素之间的路径数可以表示为 n 的 $m-1$ 次多项式。显然，如果 $m=n=6$，逐次进行实验是十分困难的。但是，如果应用最优性原理，问题的解决就比较简单了，得到的不但是由左下角至右上角的一个最优道路与其对应数字的和数，而且可以一次把所有各点至右上角的最优轨线及其可能碰到的最小和数标出来。

下面是一个 6 阶矩阵，右边的矩阵表示各点至右上角所可能碰到的最小和数及其路径。

$$
\begin{bmatrix}
2 & 3 & 5 & 4 & 1 & 6 \\
7 & 4 & 5 & 4 & 3 & 8 \\
3 & 5 & 6 & 8 & 4 & 7 \\
2 & 6 & 8 & 4 & 4 & 2 \\
4 & 3 & 9 & 2 & 3 & 8 \\
5 & 6 & 3 & 3 & 5 & 7
\end{bmatrix}
\qquad
\left[\begin{array}{ccccccccccc}
21 & \to & 19 & \to & 16 & \to & 11 & \to & 7 & \to & 6 \\
\uparrow & & \uparrow & & & & & & \uparrow & & \uparrow \\
28 & & 23 & & 20 & \to & 15 & \to & 10 & & 14 \\
\uparrow & & \uparrow & & \uparrow & & \uparrow & & \uparrow & & \uparrow \\
31 & & 28 & & 26 & & 22 & \to & 14 & & 21 \\
\uparrow & & \uparrow & & & & & & \uparrow & & \uparrow \\
33 & & 34 & & 30 & \to & 22 & \to & 18 & & 23 \\
\uparrow & & & & & & & & \uparrow & & \uparrow \\
37 & & 35 & \to & 32 & \to & 23 & \to & 21 & & 31 \\
 & & & & & & \uparrow & & \uparrow & & \uparrow \\
40 & \to & 35 & \to & 29 & \to & 26 & & 26 & & 38
\end{array}\right]
$$

若以 $A=(\alpha_{ij})$ 表示给的 $n\times n$ 矩阵，由 (i,j) 元至 (n,n) 元按上述规则形成的最小和数矩阵记为 $B=(\beta_{ij})$，则由 $\beta_{i+1,j+1}$ 形成 β_{ij} 的过程是 $\beta_{ij}=\min\{(\beta_{i+1,j+1}+\alpha_{i+1,j}),(\beta_{i+1,j+1}+\alpha_{i,j+1})\}$，并可由此确定路径。由 $\beta_{i+1,j+1}$ 形成 $\beta_{i+1,j}$ 或 $\beta_{i,j+1}$ 是显然的。

3.1-3　连续过程的最优性原理与变分新途径

在自动控制系统中，凡是离散时间的系统一般都可以利用差分迭代方程来加以描述。对于连续时间的系统来说，则通常应用常微分方程来描述。最优性原理应用到离散系统上可以导出 Bellman 函数方程，而对连续过程来说，上述结论仍然适用。在这种情况下，我们可得到一类奇特的偏微分方程。

考虑一受控系统，其方程为

$$\dot{x}_s=f_s(x_1,\cdots,x_n,u_1,\cdots,u_r),\quad s=1,2,\cdots,n \tag{3.1-8}$$

其中，x_i 是广义坐标；u_i 是控制量。

描述系统品质好坏的泛函指标为

$$J(x^0,u)=\int_{t_0}^{T}F(x,u)\mathrm{d}t \tag{3.1-9}$$

现在考虑由初值 x^0 出发的运动，在时刻 T 时达到点 x^1 的最优控制问题，即实现此类最优问题的控制应如何寻求。

对于指标(3.1-9)，显然它是初值 x^0 的函数，同时又是控制 $u(t)$ 的泛函，记 $\boldsymbol{U}$ 为控制 $u(t)$ 的全体，如果最优控制是存在的，显然对于确定的初值 x^0，在最优控制下 $J(x^0,u)$ 将是确定的，令

$$I(t,x^0)=\min_{u\in\boldsymbol{U}}J(x^0,u) \tag{3.1-10}$$

是最优指标值。我们设它是 x^0 的连续且有一阶连续偏导数的函数。

设沿最优轨道 $x^*(t)$ 取一个充分接近 x^0 的点 $x(s)$，显然我们有

$$\int_{t_0}^{T} F(x^*(t),u^*(t))\mathrm{d}t = \int_{t_0}^{s+t_0} F(x^*(t),u^*(t))\mathrm{d}t + \int_{s+t_0}^{T} F(x^*(t),u^*(t))\mathrm{d}t \tag{3.1-11}$$

根据最优性原理,沿最优轨道有

$$\int_{s+t_0}^{T} F(x^*(t),u^*(t))\mathrm{d}t = I(x^*(s),s+t_0) \tag{3.1-12}$$

由此我们就有

$$I(x^*(s),t_0+s) - I(x^0,t_0) = -\int_{t_0}^{s+t_0} F(x^*(t),u^*(t))\mathrm{d}t \tag{3.1-13}$$

于是沿最优轨道 $I(x)$ 应满足

$$\sum_{i=1}^{n} \frac{\partial I}{\partial x_i} f_i(x_1,\cdots,x_n,u_1,\cdots,u_r) + \frac{\partial I}{\partial t_0} + F(x(t),u(t)) = 0 \tag{3.1-14}$$

显然,式(3.1-14)对任何给定之 u 及对应之指标 $J(x,u)$,在 u 对应之轨道上均应满足。下面考虑最优轨道泛函值最小,我们用此与其他轨道进行对比,导出沿最优轨道应有的条件。

对式(3.1-11),由于系沿最优轨道,因此考虑对最优轨道发生一偏离。令 $\Delta t=s$ 时间内偏离 Δx,则应有

$$\begin{aligned} I(x+\Delta x,t_0+s) + \int_{t_0}^{s+t_0} F(x,u)\mathrm{d}t &\geqslant I(x,t_0) \\ &= \min_{u\in \boldsymbol{U}}\left[I(x+\Delta x,t_0+s) + \int_{t_0}^{s+t_0} F(x,u)\mathrm{d}t \right] \end{aligned} \tag{3.1-15}$$

于是沿最优轨道应有

$$\min_{u\in \boldsymbol{U}}[I(x+\Delta x,t_0+s) - I(x,t_0) + sF(x,u)] = 0 \tag{3.1-16}$$

由此,沿最优轨道 $I(x)$ 应满足如下奇特的偏微分方程,即

$$\min_{u\in \boldsymbol{U}}\left[\sum_{i=1}^{n} \frac{\partial I}{\partial t_0} + F(x,u) \right] = 0 \tag{3.1-17}$$

相应的推导对变系数系统亦合适,考虑变系数系统,即

$$\dot{x} = f(x,u,t) \tag{3.1-18}$$

以及泛函指标,即

$$J(x^0,t_0,u) = \int_{t_0}^{t_0+T} F(x,u,t)\mathrm{d}t \tag{3.1-19}$$

应用同样的办法,在引入

$$I(x^0,t_0) = \min_{u\in \boldsymbol{U}} J(x^0,t_0,u) \tag{3.1-20}$$

以后,我们有 $I(x,t)$ 满足

$$\frac{\partial I}{\partial t} + \min_{\boldsymbol{U}}\left[\sum_{i=1}^{n} \frac{\partial I}{\partial x_i} f_i(x,u,t) + F(x,u,t) \right] = 0 \tag{3.1-21}$$

方程(3.1-21)在形式上非常像分析力学中的 Jacobi 方程,可以认为这是 Jacobi 方程的一个推广。事实上,最优性原理最后得到的方程(3.1-21)是最优指标函数 $I(x,t)$满足的方程。而最优指标又是坐标 x 与时间 t 的函数,因此有以下两点。

1°应用最优性原理通常总与解决综合问题相联系。如果我们能从方程中解出 I,再利用方程(3.1-21)将可以把控制 u 解成 x 和 t 的函数,从而解决综合的任务。

2°如果把最优指标函数设想为空间中以 x^1 为汇点的某种"波面",则容易发现 Bellman 方程(3.1-21)实质上与分析力学中的 Jacobi 方程相似,只是这里的方程包含着控制。

3.1-4 Bellman 方程的解法

在这一部分,我们考虑一种近似解 Bellman 方程的办法。其实质是通过构造一个序列逐步达到 Bellman 方程的解。

首先,研究离散系统的问题。由于有限步分配过程的最优化问题原则上归结为求极值问题,因此我们考虑无穷次多步分配过程的最优化问题。这一问题的解决具有重要的现实意义。

对于无穷步多步过程,最优指标函数应满足方程(3.1-7),即

$$f(x)=\max_{0\leqslant y\leqslant x}[g(y)+h(x-y)+f(ax+b(x-y))]$$

下面,讨论方程(3.1-7)解的存在唯一性问题。

定理 3.1 设方程(3.1-7)满足如下条件。

1° $g(x),h(x)$连续,且 $g(o)=h(o)=0$。

2° $0\leqslant a<1,0\leqslant b<1$。

3°令 $m(x)=\max\limits_{0\leqslant y\leqslant x}\max[|g(y)|,|h(y)|]$,$c=\max(a,b)$,对一切 $x\geqslant 0$ 有 $\sum\limits_{n=1}^{\infty}m(c^n x)<\infty$ 收敛。

则方程(3.1-7)有唯一的连续解 $f(x)$,且 $f(0)=0$。

证明 在证明的过程中,我们给出逼近求解的思想。

首先,引进符号,即

$$T(f,y)=g(y)+h(x-y)+f(ay+b(x-y)) \tag{3.1-22}$$

由此按递推公式,我们有

$$f_{N+1}(x)=\max_{0\leqslant y\leqslant x}T(f_N,y) \tag{3.1-23}$$

对确定之 x,考虑 $y_N(x)$实现式(3.1-23)。我们应有

$$\begin{aligned}f_{N+1}(x)&=T(f_N,y_N)\\f_{N+2}(x)&=T(f_{N+1},y_{N+1})\end{aligned} \tag{3.1-24}$$

考虑 y_N 应使式(3.1-23)达到最大，由此就有

$$\begin{aligned} f_{N+1}(x)&=T(f_N,y_N)\geqslant T(f_N,y_{N+1}) \\ f_{N+2}(x)&=T(f_{N+1},y_{N+1})\geqslant T(f_{N+1},y_N) \end{aligned} \tag{3.1-25}$$

不难证明

$$\begin{aligned} &T(f_N,y_{N+1})-T(f_{N+1},y_{N+1})\leqslant f_{N+1}(x)-f_{N+2}(x) \\ &\leqslant T(f_N,y_N)-T(f_{N+1},y_N) \end{aligned} \tag{3.1-26}$$

由此就有

$$\begin{aligned} &|f_{N+1}(x)-f_{N+2}(x)| \\ &\leqslant \max(|T(f_N,y_{N+1})-T(f_{N+1},y_{N+1})|,|T(f_N,y_N)-T(f_{N+1},y_N)|) \end{aligned} \tag{3.1-27}$$

又

$$\begin{aligned} &|T(f_N,y_N)-T(f_{N+1},y_N)| \\ &=|f_N(ay_N+b(x-y_N))|-f_{N+1}(ay_N+b(x-y_N))| \end{aligned} \tag{3.1-28}$$

令

$$\varphi_N(x)=\max_{0\leqslant z\leqslant x}|f_N(z)-f_{N+1}(z)|$$

由 $ay+b(x-y)\leqslant cx$，有

$$\varphi_{N+1}(x)\leqslant\varphi_N(cx)$$

代入式(3.1-28)则有

$$\begin{aligned} |f_1(x)-f_2(x)|&\leqslant\max(|f_1(ay_1+b(x-y_1))|,|f_1(ay_2+b(x-y_2))|) \\ &\leqslant m(cx) \end{aligned} \tag{3.1-29}$$

应用相仿办法可以证明

$$\varphi_N(x)\leqslant m(c^N x) \tag{3.1-30}$$

由于 $\sum_{N=1}^{+\infty} m(c^N x)$ 一致收敛，因此可知 $\lim_{N\to\infty} f_N(x)=f(x)$ 且连续，$f(x)$ 是式(3.1-7)的解。

最后再证此解是唯一的。

设有两解 $f(x)$、$y(x)$ 与 $F(x)$、$W(x)$，则我们应有

$$\begin{aligned} f(x)&=T(f,y)\geqslant T(f,W^{\mathrm{T}}) \\ F(x)&=T(F,W)\geqslant T(F,y) \end{aligned}$$

由此就有

$$\begin{aligned} &T(f,y)-T(F,y)\geqslant f(x)-F(x)\geqslant T(f,W)-T(F,W) \\ &|f(x)-F(x)|\leqslant\max(|T(f,y)-T(F,y)|,|T(F,W)-T(f,W)|) \\ &\qquad\leqslant\max(|f(ay+b(x-y))-F(ay+b(x-y))|, \\ &\qquad\qquad |f(aW+b(x-W))-F(aW+b(x-W))|) \end{aligned} \tag{3.1-31}$$

若设

$$\varphi(x)=\sup_{0\leqslant z\leqslant x}|f(z)-F(z)|$$

$$T(f,y)-T(F,y)=f(ay+b(x-y))-F(ay+b(x-y))$$

由于 $f(x)$ 和 $F(x)$ 是连续的，因此 $\varphi(x)$ 在 $x=0$ 一定连续。由式(3.1-31)不难推得下式，即

$$\varphi(x)\leqslant m(cx),\varphi(cx)\leqslant m(c^2x),\cdots,\varphi(c^nx)\leqslant m(c^{n+1}x)$$

但是，我们有 $\lim\limits_{N\to\infty}\varphi(c^Nx)\to 0$，由此可知

$$f(x)\equiv F(x)$$

这样我们就证明了方程(3.1-7)的解存在唯一性。

上面的定理一方面证明了方程(3.1-7)的解存在唯一性，另一方面给出了求解的方法。例如，我们考虑任何函数 $f_n(x)$，它连续并且 $f_n(0)=0$，若以递推关系式确定 $f_{n+1}(x)=\max\limits_{0\leqslant y\leqslant x}T(f_n(x),y)$，可以证明在前述条件下，此序列仍然一致收敛至 $f(x)$。这可以作为一个建立逼近解的办法。我们在下面还要讨论。

在一般情形下，我们可以证明上述逼近过程通常是单调的，有时称为策略空间的逼近。

§3.2　离散最优控制的分析设计问题[①]

策略空间逼近的思想可以用来解决一类最优控制问题。在这一节与下一节，我们分别讨论由差分方程描述的离散系统在二次型无穷和指标下最优控制的问题与由常微分方程描述的受控系统在二次型泛函指标下最优控制的问题。

为方便讨论，设控制 u 是个标量，并且它的取值域是整个实数轴。

3.2-1　离散系统最优控制的分析设计问题的提法

考虑一受控系统，描述其物理状况的量是向量 x，受到的控制是标量 u。由于系统是按采样原则工作的，因此其动力学特性可以通过如下差分迭代方程描述，即

$$x^{(k+1)}=f(x^{(k)},u^{(k)},k)\tag{3.2-1}$$

这是一个递推关系式。它表明，在时刻 k，状态 $x^{(k)}$ 与控制 $u^{(k)}$ 下，下一时刻的状态应为 $x^{(k+1)}$（由系统(3.2-1)唯一确定）。

显然，在控制序列 $u^{(k)}$ 给定的情况下，若给出某个状态 $x(k_0)=x^0$，则系统

---

① 这里的分析设计问题是当时作者的命名，即现在的二次最优调节器问题。本节讨论的是离散系统的情形。

(3.2-1)以后的状态将唯一确定。由此可知,系统的状态是初始状态 x^0 的函数,同时也是控制序列 $u^{(k)}$ 的泛函。

为了描述系统之品质,我们常应用如下二次型无穷和来描述,即

$$J(x,u)=\sum_{i=k_0}^{\infty}\{[x^{(i)}]'Qx^{(i)}+cu^{(k)^2}\} \tag{3.2-2}$$

其中;Q 系正定矩阵;[ ]′表示向量之转置;$c\geqslant 0$。

定义 3.1 系统(3.2-1)称为按式(3.2-2)可镇定的①,若存在控制 $u(x)$ 使对应的系统是渐近稳定的,即

$$x^{(k+1)}=f(x^{(k)},u(x^{(k)},k),k) \tag{3.2-3}$$

同时式(3.2-2)取有限值。

最优控制器的任务是确定控制,即

$$u_0^{(k)}=u_0(x^{(k)},k) \tag{3.2-4}$$

1° 使系统按式(3.2-2)是可镇定的。

2° 实现

$$J(x,u_0^{(k)})=\min_u J(x,u) \tag{3.2-5}$$

在这里,我们遇到的最优控制任务与前述资源分配的最优化问题有一些区别,下面建立对应该问题的 Bellman 方程。

显然,$J(x,u_0^{(k)})$应该是 x 与 k 之函数,令其为 $I(x,k)$。

考虑以 $u(x,k)$使系统由 $x^{(k)}$ 进入 $x^{(k+1)}$,我们按最优性原理有

$$I(x^{(k)},k)=[x^{(k)}]'Qx^{(k)}+I(x^{(k+1)},k+1)+cu^{(k)^2_0} \tag{3.2-6}$$

由此,$u^{(k)}$ 应该使式(3.2-6)之右端达到极小,则有

$$I(x^{(k)},k)=[x^{(k)}]Qx^{(k)}+\min_u(I(x^{(k+1)},k+1)+cu^{(k)^2})$$

其中,$x^{(k+1)}=f(x^{(k)},u^{(k)},k)$。

由此在状态 x,k 时,控制 u 应按下式确定,即

$$I(f(x,u,k),k+1)+cu^2=\min \tag{3.2-7}$$

以后我们将应用 Liapunov 第二方法来求解上述最优控制问题。

3.2-2 可镇定性与稳定性

为了最优控制问题的研究有意义,受控系统首先必须是按指标可镇定的,即存在这样的控制使它一方面是闭合系统且渐近稳定,另一方面按式(3.2-2)定义的品质指标应取有限值。在最优控制问题研究中,可镇定性问题的研究具有基本意义。

① 20世纪60年代,在中国,将定义3.1所述之性质称为可控的。为了不与 Kalman 可控性混淆,以后均用按式(3.2-2)可镇定,若只要求系统闭合渐近稳定,则只称可镇定。

考虑常系数线性系统，即

$$x^{(k+1)}=Ax^{(k)}+bu^{(k)} \tag{3.2-8}$$

其中，A 是常系数方阵；x 与 b 是 n 维列向量；u 是标量；k 是反映时间的迭代次数。

对于系统(3.2-8)的可镇定性问题有如下基本定理。

定理 3.2　系统(3.2-8)可镇定的充要条件是由向量 $b,Ab,\cdots,A^{r-1}b$ 组成的 r 维子空间包含全部 A 的具有模大于或等于 1 的特征值所对应的根子空间，其中 r 使 $b,Ab,\cdots,A^{r-1}b$ 线性无关，$b,Ab,\cdots,A^{r-1}b,A^rb$ 线性相关。

证明　证明分三步进行。

1°化成标准形。

令 $e_1=b,e_2=Ab,\cdots,e_r=A^{r-1}b$，在其基础上派生成一组基$(e_1,e_2,\cdots,e_n)$，研究线性变换，即

$$x=Cy,\quad C=(e_1,e_2,\cdots,e_n) \tag{3.2-9}$$

则在变量 y 下，系统(3.2-8)具有以下形式，即

$$y^{(k+1)}=C^{-1}ACy^{(k)}+C^{-1}bu^{(k)} \tag{3.2-10}$$

不难看出，由于 $b,Ab,\cdots,A^rb$ 线性相关，一定存在 $\mu_1,\cdots,\mu_r$，使

$$A^rb=\mu_1b+\mu_2Ab+\cdots+\mu_rA^{r-1}b=\mu_1e_1+\cdots+\mu_re_r$$

由此，我们可以有

$$C^{-1}AC=C^{-1}(e_2,e_3,\cdots,e_r,\mu_1e_1+\cdots+\mu_re_r,\cdots)=B=\begin{pmatrix}B_{11} & B_{12}\\ B_{21} & B_{22}\end{pmatrix}$$

其中，$B_{21}=0$；$B_{11}=\begin{bmatrix}0&0&0&\cdots&\mu_1\\1&0&0&\cdots&\mu_2\\0&1&0&\cdots&\mu_3\\\vdots&\vdots&\vdots&&\vdots\\0&0&0&\cdots&\mu_r\end{bmatrix}$；$B_{12}$ 与 B_{22} 由 μ、e_{r+1}、e_n 确定。

考虑 $d=C^{-1}b=\begin{bmatrix}1\\0\\\vdots\\0\end{bmatrix}$，由此系统之标准形为

$$\begin{bmatrix}y_1\\\vdots\\1\\y_n\end{bmatrix}^{(k+1)}=\left[\begin{array}{cccc|c}0&0&\cdots&\mu_1&\\1&0&\cdots&\mu_2&\\0&1&\cdots&\mu_3&B_{12}\\\vdots&\vdots&&\vdots&\\0&0&\cdots&\mu_r&\\\hline\vdots&\vdots&&\vdots&\\0&0&\cdots&0&B_{22}\end{array}\right]\begin{bmatrix}y_1\\y_2\\\vdots\\y_n\end{bmatrix}^{(k)}+\begin{bmatrix}u\\0\\\vdots\\0\end{bmatrix}^{(k)} \tag{3.2-11}$$

由式(3.2-11)不难看出，B_{22}是孤立的块矩阵，系统(3.2-11)实际上被分割成两个系统，即

$$\begin{cases} y^{*(k+1)}=B_{11}y^{*(k)}+B_{12}y^{**(k)}+du \\ y^{**(k+1)}=B_{22}y^{**(k)} \end{cases} \tag{3.2-12}$$

其中，y^* 是 r 维子空间之向量$(y_1,\cdots,y_r)$；y^{**} 是其余空间中 $n-r$ 维之向量$(y_{r+1},\cdots,y_n)$。

2°必要性。若不满足上述假定，则 B_{22} 具有模大于或等于 1 之特征值。系统(3.2-12)对任何控制 u 将不渐近稳定，从而不可镇定。

3°充分性。设已满足上述要求，则 B_{22} 全部特征值具有模小于 1 的要求。y^{**} 对任何控制来说以指数趋于零。

下面我们证明可以选择这样的控制。

$u=\sum\limits_{i=1}^{r}\beta_i y_1$ 使系统(3.2-12)的第一个系统具有按指数渐近稳定的性质。显然，这等价于证明系统，即

$$y^{(k+1)}=B_{11}y^{(k)}+d\sum_{i=1}^{r}p_i y_i^{(k)} \tag{3.2-13}$$

具有模小于 1 的特征值。

考虑系统(3.2-13)之特征方程，即

$$f(\lambda)=\begin{bmatrix} \lambda-p_1 & -p_2 & \cdots & -\mu_1-p_r \\ -1 & \lambda & \cdots & -\mu_2 \\ 0 & -1 & \cdots & -\mu_3 \\ \vdots & \vdots & & \vdots \\ 0 & 0 & \cdots & \lambda-\mu_r \end{bmatrix} \tag{3.2-14}$$

显然，经过行列式初等变换，再经过整理，它可以写为

$$\begin{aligned} &\lambda^r+\lambda^{r-1}(-p_1-\mu_r)+\lambda^{r-2}(-p_2+p_1\mu_r-\mu_{r-1})+\cdots \\ &+(-p_r+p_{r-1}\mu_r+\cdots+p_1\mu_2-\mu_1)=\lambda^r+a_1\lambda^{r-1}+\cdots+a_{r-1}\lambda+a_r \end{aligned}$$

则我们有

$$\begin{cases} p_1+\mu_r=-a_1 \\ p_2-p_1\mu_r+\mu_{r-1}p_1=-a_2 \\ \cdots \\ p_r+\mu_r-p_{r-1}\mu_r+\cdots+p_1\mu_2=-a_r \end{cases} \tag{3.2-15}$$

由于特征方程 $f(\lambda)=0$ 的根全部由 a_i 确定，因此若按事前要求根的性质选择

好a_i,然后考虑式(3.2-15)是非奇异线性代数方程组,则 p_i 可以唯一地由 a_i 确定①。由此充分性得证。

至此定理 3.2 得到证明。

由上述定理,我们不难看出,在系统(3.2-8)是可镇定的情况下,它也是线性可镇定的,即可以找到线性控制使系统(3.2-8)是可镇定的。

由于在系统中所作的假定,矩阵 B_{22}之特征值将与控制 u 的给出无关,因此在不改变系统参数的条件下不可能通过给定控制来改善这一部分的特性。对于 y^* 对应的那一部分系统来说,由于前面证明的结论,总可以选择适当的控制使其具有预先提出的对特征值的要求。

由于常系数线性系统的渐近稳定性均具有按指数渐近稳定的性质,因此在这种情况下,渐近稳定总能保证指标(3.2-2)有意义。

对上述结论作不大的修改,可完全适合如下系统。

1° 变参数线性受控系统,即

$$x^{(k+1)}=A(k)x^{(k)}+b(k)u^{(k)} \tag{3.2-16}$$

其中,$A(k)\to A$,$b(k)\to b$,且 A 与 b 满足以上定理之条件。

2° 非线性系统,即

$$x^{(k+1)}=Ax^{(k)}+Z^{(2)}x^{(k)}+bu^{(k)}+Z^{(1)}x^{(k)}u^{(k)} \tag{3.2-17}$$

其中,$Z^{(i)}$ 是不低于 i 次的函数。

当然,对于系统(3.2-17)来说,可镇定性是指在 $x=0$ 附近的某个领域内成立。

3.2-3　Liapunov 第二方法基础

研究运动稳定性理论的 Liapunov 第二方法,首先被用来讨论常微分方程的另解稳定性。但这一方法的威力不仅于此,它完全可以推广用来研究差分迭代方程的稳定性,并且与 Bellman 动态规划理论结合起来,就可以成功地作为解 Bellman 方程之工具。

从本节开始,我们在谈及正定函数 $V(x)$时,均约定 $V(x)$连续且 $V(0)=0$。

下面引入对我们以后讨论来说十分必要的基本结果。

为简单起见,我们只考虑定常系统的问题,相应的结果可以推广到非定常系统的情形。

研究系统,即

$$x^{(k+1)}=Ax^{(k)}+Z^{(2)}x^{(k)} \tag{3.2-18}$$

则我们不难有对应常微分方程描述的动力学系统的基本结果。

---

① 用确定反馈系数来确定特征方程根的结果,后来在控制界被称为极点配置定理。

定理 3.3 对于系统(3.2-18)，另解是它的平衡位置，若能找到一正定函数 $V(x)$，它对系统所作的全差分是负定的，即

$$\begin{cases}\Delta V(x)=V(y)-V(x)=W(x)\\ y=Ax+Z^{(2)}(x)\end{cases}\tag{3.2-19}$$

则系统(3.2-18)的零解是渐近稳定的。又若 $W(x)$ 是负常号的，则可以得到另解是稳定的结论。

证明 考虑 $W(x)$ 是负常号的情形，我们有对任给 $\varepsilon>0$，$V(x)$ 正定连续，则可以有 $V_\varepsilon>0$ 在原点附近满足

$$x\in\{x\mid V(x)\leqslant V_\varepsilon\}\Rightarrow x\in\{x\mid \|x\|<\varepsilon\}\tag{3.2-20}$$

又按 V_ε 不难知，存在 $\eta>0$，使

$$x\in\{x\mid \|x\|<\eta\}\Rightarrow x\in\{x\mid V(x)<V_\varepsilon\}\tag{3.2-21}$$

现考虑此 η，我们恒有

$$V(x^{(k)})=V(x^{(0)})+W(x^{(1)})+\cdots+W(x^{k-1})\tag{3.2-22}$$

由于 W 负常，因此 $V(x^{(k)})$ 不增，永远有 $V(x^{(k)})<V_\varepsilon$，进而有稳定之结论。

进一步，若 $W(x)$ 负定，则系统渐近稳定。

考虑任给 $\eta>0$，若总存在 K，使当 $k>K$ 总有 $\|x^{(k)}\|<\eta$，即证明了结论。现设 η 已给定，则由于 V 正定，一定有 $V_\eta>0$ 存在，使

$$\{x\mid V(x)\leqslant V_\eta\}\subseteq\{x\mid \|x\|\leqslant\eta\}\tag{3.2-23}$$

当然，式(3.2-23)是在 $x=0$ 的邻域内成立的。由于运动首先是稳定的，因此它总不超出此邻域。

由此，问题便归结为证明有充分大的 K 存在，使

$$V(x^{(k)})\leqslant V_\eta,\quad k\geqslant K\tag{3.2-24}$$

成立就可以。

考虑极值问题，即

$$-W(x)=\min,\quad x\in\{x\mid V_\eta\leqslant V(x)\leqslant V(x^0)\}\tag{3.2-25}$$

令其解为 α，显然 $\alpha>0$。由此可知，$W(x)$ 在集合 $\{x\mid V_\eta\leqslant V(x)\leqslant V(x^0)\}$ 上总有 $W(x)\leqslant-\alpha$。由此可令

$$K=\left[\frac{V(x^0)-V_\eta}{\alpha}\right]+1\tag{3.2-26}$$

其中，[ ]为取整数部分；K 为所求，即式(3.2-24)成立。

由此定理全部得证。

定理 3.4 对系统(3.2-18)，若 A 之特征值之模均小于 1。

1°若 $Z^{(2)}=0$，则对任给之负定二次型 $W(x)$，总存在正定二次型 $V(x)$，使其对系统之全差分为 $W(x)$。

2°系统(3.2-18)对任何不低于二次的 $Z^{(2)}$ 是按指数渐近稳定的。

3°对任给之负定二次型 $W(x)$，一定存在正定函数 $V(x)$。它对系统之全差分就是 $W(x)$，并且若式(3.2-18)之吸引区为 G，则 $V(x)$ 在整个吸引区内有 $\Delta V(x)=W(x)$。

现在证明这一定理。

1°考虑 $Z^{(2)}=0$ 之情形，设

$$W(x)=-x'Qx \tag{3.2-27}$$

其中，Q 是正定矩阵。

此时系统，即

$$x^{(k+1)}=Ax^{(k)} \tag{3.2-28}$$

之全部特征值之模均小于 1。考虑矩阵级数，即

$$P=Q+A'QA+(A')^2QA^2+\cdots \tag{3.2-29}$$

不难证明，这一级数是收敛的，考虑

$$V(x)=x'Px \tag{3.2-30}$$

计算它的全差分，有

$$\Delta V(x)=x'A'PAx-x'Px=-x'Qx \tag{3.2-31}$$

又由于系统(3.2-28)是渐近稳定的，式(3.2-30)成立，因此 $V(x)$ 必正定；否则将导致矛盾。

2°已知系统(3.2-28)按指数渐近稳定。由 1° 取 $Q=I$，则按式(3.2-29)确定了 P。

进一步考虑非线性系统。由于 $Z^{(2)}$ 是不低于二次的，因此可知存在 $V_\varepsilon>0$，使

$$x'A'PZ^{(2)}(x)+(Z^{(2)}(x))'PAx\leqslant\frac{1}{2}x'x,\quad x\in\{x|V(x)\leqslant V_\varepsilon\} \tag{3.2-32}$$

成立。由此，我们以 $x'Px$ 计算非线性系统(3.2-18)之全差分，则我们有

$$\Delta V(x)\leqslant-\frac{1}{2}x'x,\quad x\in\{x|V(x)\leqslant V_\varepsilon\} \tag{3.2-33}$$

由此应用定理 3.3，可以证明 2° 的正确性。由此可知，非线性系统按指数渐近稳定。

3°记系统(3.2-18)的吸引区为 $\boldsymbol{G}$，则 $\boldsymbol{G}$ 是开集。这是由于差分迭代方程具有解对初值之连续性。

记任一点 $x\in\boldsymbol{G}$。由此点出发之解应为点序列 $x^{(1)},\cdots,x^{(k)},\cdots$，它们的递推关系就是式(3.2-18)。对于给定之 $W(x)=-x'Qx$，我们考虑沿解的和数，即

$$V(x)=\sum_{k=0}^{\infty}(x^{(k)})'Qx^{(k)},\quad x^{(0)}=x\in\boldsymbol{G} \tag{3.2-34}$$

由于 $x^{(k)}$ 按指数收敛,因此不难知级数收敛,并且对 $x\in\boldsymbol{\Omega}\in\dot{\boldsymbol{G}}$ 一致收敛。$\boldsymbol{\Omega}$ 是一闭集。

不难证明,由式(3.2-34)定义之 $V(x)$ 合乎要求。

由此定理全部得证。

3.2-4　序列逼近法与存在唯一性定理

首先证明满足 Bellman 方程的解是唯一的。

定理 3.5　若对应系统(3.2-17)的 Bellman 方程,即

$$x'Qx+\min_{u}(\Delta I(x)|_{u}+cu^{2})=0 \tag{3.2-35}$$

有两个解 $I_1(x)$,$u_1(x)$ 与 $I_2(x)$,$u_2(x)$,并且对应 $u_1(x)$ 与 $u_2(x)$ 的系统都是渐近稳定的,则 $I_1(x)=I_2(x)$,$u_1(x)=u_2(x)$。

若不然,我们显然有

$$\begin{aligned}\Delta I_1(x)|_{u_1}+cu_1^2=-x'Qx\leqslant\Delta I_1(x)|_{u_2}+cu_2^2\\ \Delta I_2(x)|_{u_2}+cu_2^2=-x'Qx\leqslant\Delta I_2(x)|_{u_1}+cu_1^2\end{aligned} \tag{3.2-36}$$

由此,我们就有

$$\Delta(I_1-I_2)|_{u_1}\leqslant0,\quad \Delta(I_2-I_1)|_{u_2}\leqslant0 \tag{3.2-37}$$

由于对应 u_1 的系统渐近稳定,可知 I_1-I_2 非负。同理可证,I_2-I_1 非负,所以有

$$I_1(x)=I_2(x)$$

考虑系统(3.2-17),显然在 $I(x)$ 可微的前提下,u 必须满足

$$2cu+\frac{\partial}{\partial u}(\Delta I(x)|_{u})=0$$

即

$$2cu+\frac{\partial}{\partial u}(I(Ax+bu+uZ^{(1)}+Z^{(2)}))=0$$

$$2cu+(\mathrm{grad}I(x),b+Z^{(1)})=0 \tag{3.2-38}$$

由此可知

$$u=-\frac{1}{2c}(\mathrm{grad}I(x),b+Z^{(1)}) \tag{3.2-39}$$

显然,当 $I_1=I_2$ 时,总有 $u_1=u_2$。

进一步研究存在性,由于只有当 $I(x)$ 可微的前提下 $u(x)$ 才是可求的,因此存在性的结论并不能简单地由非线性系统得到。我们主要考虑常系数线性系统的问题。

研究常系数线性受控系统,即

$$x^{(k+1)}=Ax^{(k)}+bu^{(k)} \tag{3.2-40}$$

与指标,即

$$J(x,u)=\sum_{k=1}^{\infty}(x^{(k)\prime}Qx^{(k)}+cu^{(k)2}) \tag{3.2-41}$$

其中，Q 正定；$c>0$。

我们有如下定理。

定理 3.6　若系统(3.2-40)满足可镇定性条件[①]，则一定存在一个唯一的最优控制 $u=u(x)$，它是 x 的线性函数，且对应的最优指标 $I(x)$ 是 x 的正定二次型。

证明　考虑 Bellman 方程，即

$$x'Qx+\min_{u}(\Delta I(x)|_{u}+cu^{2})=0 \tag{3.2-42}$$

我们采取如下步骤(序列逼近法)证明。

由于系统(3.2-40)可镇定，显然存在线性控制 $u=u_1(x)$，使对应系统是渐近稳定的，即

$$x^{(k+1)}=Ax^{(k)}+bu_1(x^{(k)})$$

按前述定理对给定之负定二次型，即

$$-x'Qx-cu_1^2(x) \tag{3.2-43}$$

恒有正定二次型 $I_1(x)$存在，使

$$\Delta I_1(x)|_{u_1}=-x'Qx-cu_1^2(x) \tag{3.2-44}$$

成立。进一步，我们按 I_1 确定 u_2，此时考虑

$$I_1(Ax+bu)-I_1(x)+cu^2=\min \tag{3.2-45}$$

显然，由于 I_1 是正定二次型，而 $c>0$，因此取极小值的 u 存在。它是 x 的线性函数，令其为 $u_2(x)$。显然，我们有

$$\begin{aligned}I_1(Ax+bu_2)-I_1(x)+cu_2^2&\leqslant I_1(Ax+bu_1)-I_1(x)+cu_1^2\\&=-x'Qx\end{aligned} \tag{3.2-46}$$

由此可知

$$x^{(k+1)}=Ax^{(k)}+bu_2^{(k)} \tag{3.2-47}$$

是渐近稳定的，并且按前述构造 I_1 的方法，有正定二次型 $I_2(x)$存在，使

$$\Delta I_2(x)|_{u_2}=-x'Qx-cu_2^2 \tag{3.2-48}$$

另外，有

$$\Delta I_1(x)|_{u_2}\leqslant -x'Qx-cu_2^2 \tag{3.2-49}$$

由此我们就有

$$I_2(x)\leqslant I_1(x) \tag{3.2-50}$$

这样我们立即可以看出，若将上述确定 I_1,u_1 与 I_2,u_2 的步骤改为一般迭代顺序，

---

① 由于是线性系统，可镇定条件保证存在线性反馈，使对应闭合系统渐近稳定。这就保证了 $u_1(x)$存在，进而 $I_1(x)$存在，于是序列逼近法有了初始选取从而保证其顺利进行。

则有两个序列，一个是指标序列$\{I_n(x)\}$，它是正定二次型；另一个是控制序列$\{u_n(x)\}$，它是线性函数且u_n之系数由I_n之系数连续地确定，序列具有

$$I_1(x)\geqslant I_2(x)\geqslant\cdots\geqslant I_n(x)\geqslant\cdots \tag{3.2-51}$$

之性质。考虑单调有下界(量)之序列极限存在，所以$I_0(x)$存在，并且也是非负二次型，因此对应$u_n(x)$收敛至线性函数$u_0(x)$。

考虑系统，即

$$x^{(k)}=Ax^{(k-1)}+bu_0x^{(k-1)} \tag{3.2-52}$$

由于我们恒有

$$\Delta I_0(x)|_{u_0}=-x'Qx-cu_0^2(x) \tag{3.2-53}$$

是负定二次型，且$I_0(x)$一定非负，则不难得知$I_0(x)$正定，否则将导致矛盾。

由此定理全部得证。

进一步考虑非线性系统，即

$$x^{(k+1)}=Ax^{(k)}+Z^{(2)}(x^{(k)})+bu^{(k)}+Z^{(1)}(x^{(k)})u^{(k)}$$

设矩阵A与向量b可镇定，不难证明，恒存在$u=u_1(x)$使对应之系统按指数渐近稳定。事实上，这是显然的，因为若以线性控制$u_1(x)$代入式(3.2-17)，则整个系统之线性部分将是渐近稳定的，从而非线性系统按指数渐近稳定。对于给定之负定函数，即

$$-x'Qx-cu_1^2(x) \tag{3.2-54}$$

它与负定二次型比较只差可能在u_1中出现的高次项，考虑$I(x)$的构造方法，则不影响我们要得到的结论，即按给定之式(3.2-54)，恒有$I_1(x)$存在，使

$$\Delta I_1(x)|_{u_1}=-x'Qx-cu_1^2 \tag{3.2-55}$$

其中，全差分是对对应u_1的非线性系统作的，并且有

$$I_1(x)=\sum_{k=1}^{\infty}[(x^{(k)})'Q(x^{(k)})-cu_1^2(x^{(k)})] \tag{3.2-56}$$

其中，$x^{(k)}$是初始在x对应u_1系统的解。

考虑级数(3.2-56)的项是按指数收敛的，所以级数是一致绝对收敛级数，$I_1(x)$连续，并且在$u_1(x)$具有任何阶导数的前提下可以证明，$I_1(x)$亦具有任何阶导数。

用同样的办法，可以利用$I_1(x)$确定$u_2(x)$，即

$$\frac{\partial}{\partial u}(\Delta I_1(x)|_u)+2cu=0 \tag{3.2-57}$$

用前面完全相仿的方法，可以建立$I_2(x)$。

由此我们得到两个序列。

1°指标序列$I_1(x),I_2(x),\cdots,I_n(x),\cdots$。

2°控制序列$u_1(x),\cdots,u_n(x),\cdots$。

应用同样的方法，我们可以证明指标序列是单调下降序列，由此应有极限。令其为 $I_0(x)$，显然此函数是否仍解析，甚至连续，我们是无法断言的。我们不能简单地从 $I_n(x)$ 的收敛直接断言 $u_n(x)$ 的收敛。

对于非线性系统，我们指出利用上述序列逼近法可以一直做下去，从而逐步改善系统之品质，至于是否存在最优控制的问题则是一个尚待解决的问题。

最后我们指出三点。

1°在定义系统的泛函指标时，我们曾设 $c>0$。这在整个证明中并不必要，即无论是按指标镇定唯一性，还是序列逼近法的运用与证明过程，均可设 $c\geqslant 0$。但是，通常为了对控制有一定程度的约束，我们仍设 $c>0$。

2°我们整体研究单控制问题的结果。这里指出对于系统，即

$$x^{(k+1)}=Ax^{(k)}+bu^{(k)}$$

当 b 是 $n\times r$ 矩阵，u 是 r 维向量时，一般可镇定性的假定可以减弱，并不要求相对每一控制分量均有可镇定性假定。同时，若 $(bu)'bu$ 只要是 u 的正定函数且指标中以 $u'Cu$ 代替 Cu^2，而 C 正定时，上述序列逼近法之结论就有效①。

3°一般最优控制总要求 u 受闭集限制，如 $|u|\leqslant 1$。但要解决闭集问题，首先必须依赖开集问题的解决，然后在开集问题解的基础上寻求闭集问题的解。

§3.3　连续系统的最优控制器分析设计问题②

应用动态规划理论结合 Liapunov 第二方法解决一类最优控制问题不但在离散系统中得到应用，而且对于连续系统来说亦很合适。其中特别是解决控制器分析设计问题。

最优控制器分析设计的研究，最早源自钱学森先生。早在 1954 年，他就讨论过关于按积分最优的问题。近年来，比较完整的工作是由 Letov 和 Krasovskii 做的，但他们的工作显得过分复杂且理论上亦不够严谨。

在这里，我们应用 Liapunov 第二方法，与动态规划方法相结合，建立一个行之有效的序列逼近法。这一方法不但具有理论意义，而且可以解决实际问题。我们把常系数线性系统最优控制器的分析设计问题归结为求解线性代数方程组的计算。

3.3-1　Bellman 方程与一般性结论

设受控系统方程为

---

① 利用 Wonham 所著 *Linear Multivariable Control, A Geomefric Approach*，1974 年 1 版中的引理 2.2，则这里多输入情形的结论是不难证明的。

② 这里最优控制器分析设计即现今书上的二次最优调节器问题。这里讨论的是连续系统的情形。

$$\dot{x}=Ax+Z^{(2)}(x)+bu+Z^{(1)}(x)u \tag{3.3-1}$$

其中，x 是受控系统之状态向量；u 是控制设其为标量；$Z^{(i)}$ 是不低于 i 次的函数，对应之自由系统为

$$\dot{x}=Ax+Z^{(2)}(x) \tag{3.3-2}$$

它有一标准工作状态是平衡位置，即

$$x=0 \tag{3.3-3}$$

为了描述系统中过渡过程之优劣，特引入如下泛函指标，即

$$J=\int_0^{\infty} x'Qx+cu^2\mathrm{d}t \tag{3.3-4}$$

其中，设 $Q=Q'$ 是正定对称矩阵；$c>0$。

显然，对于系统(3.3-1)，在控制 u 给定以后，一般解将由初值唯一确定。由此可知，系统的状态既是初值的函数，同时又是控制作用的泛函，因此作为系统状态变化的积分(3.3-4)，应既是控制的泛函，又是初始状态的函数。

记控制的全体为 $\boldsymbol{U}$，则可引入指标之下确界，即

$$I(x)=\min_{u\in \boldsymbol{U}}J(x,u) \tag{3.3-5}$$

以后我们设其为逐段光滑的。

应用最优性原理不难证明 $I(x)$ 与对应的最优控制 $u_0(x)$(若存在)应满足如下奇特的偏微分方程，即

$$\begin{aligned}&(\mathrm{grad}I(x),Ax+bu_0(x)+Z^{(2)}(x)+Z^{(1)}(x)u_0(x))+x'Qx+cu_0^2(x)\\&=\min_{u\in \boldsymbol{U}}[(\mathrm{grad}I(x),Ax+bu+Z^{(2)}(x)+Z^{(1)}(x)u)+x'Qx+cu^2]=0\end{aligned} \tag{3.3-6}$$

系统(3.3-1)称为相对指标(3.3-4)可镇定①的，系指存在这样的控制 $u(x)$，使闭合系统是渐近稳定的，并且指标(3.3-4)有意义。

定理 3.7 常系数线性受控制系统，即

$$\dot{x}=Ax+bu \tag{3.3-7}$$

是可镇定的充要条件是由 $b,Ab,\cdots,A^{r-1}b$(满足 $A^rb=\mu_1b+\mu_2Ab+\cdots+\mu_rA^{r-1}b$)这 r 个线性无关向量张成之子空间 $\boldsymbol{R}_r$ 包含 A 的所有具有非负实部特征值之根子空间。

此定理之证明同离散系统时情形相仿，故略去。

从定理证明过程可知，系统(3.3-7)可镇定的充要条件是按线性可镇定，即可以找到线性函数 $u=(p,x)$，使系统(3.3-7)渐近稳定，从而指标有意义。

不难证明，系统(3.3-1)可镇定的充分条件是系统(3.3-7)可镇定。

① 这里按指标可镇定的定义在原讲义中也是以可控性定义的，改变定义名称是为了与后来的发展相一致。

定理 3.8 设分段光滑函数 $I_0(x)$，$u_0(x)$满足 Bellman 方程，且对应之系统是渐近稳定的，即

$$\dot{x}=Ax+Z^{(2)}(x)+bu_0(x)+Z^{(1)}(x)u_0(x) \tag{3.3-8}$$

则 $I(x)$与 $u_0(x)$一定是最优指标与最优控制。

证明 设有 $u_1(x)$存在，使对应之系统，即

$$\dot{x}=Ax+Z^{(2)}(x)+bu_i(x)+Z^{(1)}(x)u_1(x) \tag{3.3-9}$$

是渐近稳定的，且使

$$I_1(x)=\int_0^{\infty} x'Qx+cu_1^2\mathrm{d}t<I_0(x) \tag{3.3-10}$$

其中，x 和 u 由式(3.3-9)之解代入得到。

由于 I_0 和 u_0 满足 Bellman 方程，因此就有

$$\begin{aligned} o&=(\mathrm{grad}I_0(x),Ax+bu_0+Z^{(2)}(x)+Z^{(1)}(x)u_0)+x'Qx+cu_0^2\\ &\leqslant(\mathrm{grad}I_0(x),Ax+bu_1+Z^{(2)}(x)+X^{(1)}(x)u_1)+x'Qx+cu_1^2 \end{aligned} \tag{3.3-11}$$

由此就有

$$(\mathrm{grad}I_0(x),Ax+bu_1+Z^{(2)}(x)+Z^{(1)}(x)u_1)\geqslant-(x'Qx+cu_1^2)$$

两边以系统(3.3-9)之解代入，对 t 在$[0,\infty]$积分，则有

$$I_0(x)-I_0(x(\infty))\leqslant\int_0^{\infty} x'Qx+cu_1^2\mathrm{d}t=I_1(x)$$

考虑系统(3.3-9)渐近稳定⇒$I_0(x(\infty))=0$。由此可知

$$I_0(x)\leqslant I_1(x) \tag{3.3-12}$$

可得矛盾，因此 $I_0(x)$和 $u_0(x)$是最优的，即若 Bellman 方程有解，则此解一定是最优控制。

定理 3.9 Bellman 方程的解一定是唯一的。

证明 设有两组解 $I_1(x)$，$u_1(x)$与 $I_2(x)$，$u_2(x)$，同时满足 Bellman 方程，则我们按 Bellman 方程应有

$$\begin{aligned} 0&=\left.\frac{\mathrm{d}I_1}{\mathrm{d}t}\right|_{u_1}+x'Qx+cu_1^2\leqslant\left.\frac{\mathrm{d}I_1}{\mathrm{d}t}\right|_{u_2}+x'Qx+cu_2^2\\ 0&=\left.\frac{\mathrm{d}I_2}{\mathrm{d}t}\right|_{u_2}+x'Qx+cu_2^2\leqslant\left.\frac{\mathrm{d}I_2}{\mathrm{d}t}\right|_{u_1}+x'Qx+cu_1^2 \end{aligned} \tag{3.3-13}$$

由此不难得知

$$\left.\frac{\mathrm{d}(I_1-I_2)}{\mathrm{d}t}\right|_{u_1}\leqslant 0,\quad \left.\frac{\mathrm{d}(I_1-I_2)}{\mathrm{d}t}\right|_{u_2}\leqslant 0 \tag{3.3-14}$$

其中，$\left.\frac{\mathrm{d}}{\mathrm{d}t}\right|_{u_1}=(\mathrm{grad},Ax+bu_1+Z^{(2)}+Z^{(1)}u_1)$。

考虑对应控制 u_1 与 u_2 之系统都是渐近稳定的。由式(3.3-14)成立，可知

I_1-I_2 与 I_2-I_1 均应非负。由此可知应有

$$I_1=I_2 \tag{3.3-15}$$

再考虑

$$(\mathrm{grad}I_1, Ax+bu+Z^{(2)}+Z^{(1)}u)+x'Qx+cu^2=\min$$

之解是唯一的,即

$$u=\frac{-1}{2c}(\mathrm{grad}I_1, b+Z^{(1)}) \tag{3.3-16}$$

由此可知

$$u_1(x)=u_2(x)$$

综上所述,我们回答了按指标可镇定性问题,同时亦回答了 Bellman 方程的解作为最优控制的充分性,以及 Bellman 方程解本身的唯一性问题。由此遗留的问题是在何种条件下,对于系统来说 Bellman 方程确有解存在。下面我们基于 Liapunov 第二方法,结合动态规划,应用序列逼近法来回答这一问题。

3.3-2 Liapunov 第二方法基础

为将 Liapunov 第二方法作为解决最优控制器分析设计问题时所用序列逼近法的基础,我们引入一个 Liapunov 第二方法最基本的结果。

基本定理 设拟线性系统为

$$\dot{x}=Ax+Z^{(2)}(x) \tag{3.3-17}$$

其中,A 之特征值具有负实部;$Z^{(2)}$ 是 x 不低于 2 次的分段光滑函数。

对任给之负定二次型,即

$$W=-(x'Qx) \tag{3.3-18}$$

1°当 $Z^{(2)}=0$ 时,存在正定二次型 $V=x'Px$,使

$$(\mathrm{grad}V, Ax)=-x'Qx \tag{3.3-19}$$

2°系统(3.3-17)是按指数渐近稳定的。设系统(3.3-17)吸引区是 $\mathring{\boldsymbol{G}}$,则对任何闭集 $\boldsymbol{\Omega}\subseteq\mathring{\boldsymbol{G}}$,总存在 $\alpha>0$ 与依赖 $\boldsymbol{\Omega}$ 的正常数 $A(\boldsymbol{\Omega})$。一切初值在 $\boldsymbol{\Omega}$ 内之运动一致地满足

$$\| x \| = \left(\sum x_i^2\right)^{\frac{1}{2}} \leqslant A(\boldsymbol{\Omega})\mathrm{e}^{-\alpha t} \tag{3.3-20}$$

3°在整个 $\mathring{\boldsymbol{G}}$ 上确定一正定函数 $U(x)$,且有

$$(\mathrm{grad}u(x), Ax+Z^{(2)}(x))=-x'Qx \tag{3.3-21}$$

在 $\mathring{\boldsymbol{G}}$ 处成立。$U(x)$ 在 $\mathring{\boldsymbol{G}}$ 上有无穷大下界,因此 $U(x)$ 可用来判别整个吸引区 $\mathring{\boldsymbol{G}}$ 内运动之 Liapunov 函数。

证明 现在来分段证明这一基本定理。

1°考虑 $Z^{(2)}=0$，由 A 是渐近稳定的，这样就有矩阵 e^{At} 以指数收敛至零，从而有

$$P=\int_0^\infty e^{A't}Qe^{At}\,dt \tag{3.3-22}$$

存在。考虑

$$\begin{aligned}A'P+PA&=\int_0^\infty A'e^{A't}Qe^{At}\,dt+\int_0^\infty e^{A't}Qe^{At}A\,dt\\&=e^{A't}Qe^{A't}\Big|_0^\infty\\&=-IQI=-Q\end{aligned} \tag{3.3-23}$$

由此 1° 得证。

2° 事实上，证明(3.3-20)之成立等价于证明对任何正定二次型 $V(x)$ 有 $V(x(t))\leqslant M(\boldsymbol{\Omega})e^{-\alpha' t}$ 成立，其中 $M(\boldsymbol{\Omega})$ 与 α' 均正常数。因此，以下我们只证明后者。

考虑按 1° 所作之 $V=x'Px$。它正定，显然存在 $V_\varepsilon>0$，有

$$(\mathrm{grad}V,Ax+Z^{(2)}(x))<-\frac{1}{2}x'Qx,\quad x\in\{x\mid V(x)\leqslant V_\varepsilon\} \tag{3.3-24}$$

记函数，即

$$\varphi(x)=\frac{x'Px}{x'Qx}$$

之最大值为 μ，则有 $x'Qx>\mu x'Px$ 在全空间处处成立。由此令 $\alpha'=\frac{\mu}{2}$，则有

$$\left.\frac{dV}{dt}\right|_{3.3\text{-}17}\leqslant-\alpha'V,\quad x\in\{x\mid V\leqslant V_\varepsilon\} \tag{3.3-25}$$

显然，任何初值取在区域$\{x\mid V(x)\leqslant V_\varepsilon\}$内之解总有

$$V(x)\leqslant V_\varepsilon e^{-\alpha' t} \tag{3.3-26}$$

成立。

考虑任何有界闭域 $\boldsymbol{\Omega}\subseteq\mathring{\boldsymbol{G}}$，由于 $\mathring{\boldsymbol{G}}$ 是吸引区，因此初值取在 $\boldsymbol{\Omega}$ 内系统之运动应以原点为极限点。当其只要进入区域$\{x\mid V\leqslant V_\varepsilon\}$后就不再走出这一区域。考虑初值取在 $x_0\in\boldsymbol{\Omega}$ 的方程的解 $x(t)$，由于它是指数渐近稳定的，即存在$A(x_0)$和 $\beta(x_0)$ 均为正数使 $V(x(t))\leqslant A(x_0)V(x_0)e^{-\beta(x_0)t}$，而且可取 $A(\cdot)$与$\beta(\cdot)$为 x_0 的连续函数，因此可令 $M(\boldsymbol{\Omega})=\max\limits_{x_0\in\boldsymbol{\Omega}}\{A(x_0)V(x_0)\}$，$\alpha'=\min\limits_{x_0\in\boldsymbol{\Omega}}\{\beta(x_0)\}$。由于 $\boldsymbol{\Omega}$ 是有界闭集，因此 $M(\boldsymbol{\Omega})$与 α' 均可取到正数，这样就有

$$V(x(t))\leqslant M(\boldsymbol{\Omega})e^{-\alpha' t} \tag{3.3-27}$$

由此 2° 得证。

3°考虑任一点 $x\in\mathring{\boldsymbol{G}}$，它是内点。由此恒有一邻域 $\boldsymbol{\varepsilon}(x)$存在，使

$$x\in\mathring{\boldsymbol{\varepsilon}}(x)\subseteq\mathring{\boldsymbol{G}}$$

不难证明积分一致收敛，即

$$U(x)=\int_0^{\infty}(y(x,t))'Qy(x,t)\mathrm{d}t \tag{3.3-28}$$

其中，$y(x,t)$是系统初值在 x 的解，应用 Gronwall-Bellman 不等式，我们不难证明 $\frac{\partial y}{\partial x}$按指数收敛至零，且对 $x\in\boldsymbol{\varepsilon}$ 一致，由此可以有

$$\frac{\partial U}{\partial x}=\int_0^{\infty}\left(\left(\frac{\partial y}{\partial x}\right)'Qy+y'Q\frac{\partial y}{\partial x}\right)\mathrm{d}t \tag{3.3-29}$$

即由式(3.3-31)确定的$U(x)$连续可微。由此考虑解在临近初值时之性质，考虑$U(x)$对系统之全导数，应有

$$\begin{aligned}\frac{\mathrm{d}U(x(t))}{\mathrm{d}t}&=\frac{1}{\mathrm{d}t}\left[\int_{\mathrm{d}t}^{\infty}(y(x,t))'Qy(x,t)\mathrm{d}t\right.\\&\quad\left.-\int_0^{\infty}(y(x,t))'Qy(x,t)\mathrm{d}t\right]\\&=-xQx\end{aligned} \tag{3.3-30}$$

由此我们证明了式(3.3-21)在整个吸引区内成立。

最后，由于 $\mathring{\boldsymbol{G}}$ 恒为开集，$U(x)$显然在 $x\to\Gamma=\boldsymbol{G}\backslash\mathring{\boldsymbol{G}}$ 时有无穷大下界。

至此定理全部得证。

不难看出，当 $x'Qx$ 以 $x'Qx+Z^{(3)}(x)$代替时，只要它仍旧在 $\mathring{\boldsymbol{G}}$ 是正定的，且$Z^{(3)}(x)$不低于 3 次，则上述 2° 与 3° 仍然正确。

3.3-3 序列逼近法与品质空间逼近

首先讨论常系数线性受控系统，即

$$\dot{x}=Ax+bu \tag{3.3-7}$$

对应的泛函指标为

$$J(x,u)=\int_0^{\infty}x'Qx+cu^2\mathrm{d}t,\quad c>0,Q\text{ 正定} \tag{3.3-31}$$

若对应系统(3.3-7)在指标(3.3-31)下之最优指标与对应的最优控制是 $I(x)$与$u(x)$，则它们应满足方程，即

$$\min_u[(\mathrm{grad}I(x),Ax+bu)+x'Qx+cu^2]=0 \tag{3.3-32}$$

或者将其分开来写就是

$$\begin{gathered}(\mathrm{grad}I(x),Ax+bu)+x'Qx+cu^2=0\\u=-\frac{1}{2c}(\mathrm{grad}I(x),b)\end{gathered} \tag{3.3-33}$$

应用序列逼近法，不难证明有如下定理。

定理 3.10　系统(3.3-7)若满足可镇定性条件,则对指标(3.3-31)来说,最优指标与最优控制存在且唯一,分别是 x 的正定二次型与线性函数。

证明　由于系统满足可镇定性条件,因此恒存在控制 $u_1(x)$。它是 x 的线性函数,使对应系统是渐近稳定的,即

$$\dot{x}=Ax+bu_1(x) \tag{3.3-34}$$

由此对于已给之正定二次型,即

$$x'Qx+cu_1^2(x) \tag{3.3-35}$$

必有唯一之正定二次型 $I_1(x)$存在,使

$$(\mathrm{grad}I_1(x),bu_1(x)+Ax)=-x'Qx-cu_1^2(x) \tag{3.3-36}$$

显然,根据 $I_1(x)$,我们可以确定控制 $u_2(x)$为

$$u_2(x)=-\frac{1}{2c}(\mathrm{grad}I_1(x),b) \tag{3.3-37}$$

且有

$$\begin{aligned}0&=(\mathrm{grad}I_1(x),Ax+bu_1)+x'Qx+cu_1^2\\&\geqslant(\mathrm{grad}I_1(x),Ax+bu_2)+x'Qx+cu_2^2\end{aligned} \tag{3.3-38}$$

由此可知,$I_1(x)$也是对应 u_2 系统。

$$\dot{x}=Ax+bu_2 \tag{3.3-39}$$

的 Liapunov 函数,其全导数也是负定的。由此系统(3.3-39)渐近稳定。

考虑

$$I_2(x)=\int_0^{\infty}x'Qx+cu_2^2\mathrm{d}t \tag{3.3-40}$$

则有

$$\left.\frac{\mathrm{d}I_2}{\mathrm{d}t}\right|_{3.3\text{-}42}=-x'Qx-cu_2^2 \tag{3.3-41}$$

由式(3.3-38),我们不难有

$$\left.\frac{\mathrm{d}I_2}{\mathrm{d}t}\right|_{3.3\text{-}39}\geqslant\left.\frac{\mathrm{d}I_1}{\mathrm{d}t}\right|_{3.3\text{-}39} \tag{3.3-42}$$

考虑

$$I_i(x)=\int_0^{\infty}x'Qx+cu_i^2(x)\mathrm{d}t \tag{3.3-43}$$

则有

$$I_2(x)\leqslant I_1(x) \tag{3.3-44}$$

由此可知,应用上述办法,我们可以得到两个序列。其一是单调下降的正定二次型指标序列 $I_n(x)$与线性控制序列 $u_n(x)$。由于 $I_n(x)$单调下降且非负,因此其极限存在,也是二次型,令为 $I_0(x)$,对应 $u_n(x)$亦收敛至 $u_0(x)$。不难证明,$I_0(x)$与$u_0(x)$满足方程组(3.3-33),从而它们是最优指标与最优控制,又由于系统

$$\dot{x}=Ax+bu_0(x)$$

是线性系统，$I_0(x)$之全导数是负定二次型。又 $I_0(x)$非负，因此 $I_0(x)$必为正定。

定理之唯一性是必然成立的。

由此定理得证。

进一步，考虑非线性系统，即

$$\dot{x}=Ax+Z^{(2)}(x)+bu+Z^{(1)}(x)u \tag{3.3-45}$$

其中，$Z^{(i)}$是不低于 i 次的函数；A 和 b 满足可镇定性假定。

显然，对系统(3.3-45)，将存在控制，即

$$u=u_i(x) \tag{3.3-46}$$

使对应之系统是按指数渐近稳定的。由此，对于给定的负定函数，即

$$-x'Qx-cu_1^2(x) \tag{3.3-47}$$

它与负定二次型的差别是高阶量，则显然存在 $I_1(x)$，使

$$(\mathrm{grad}I_1, Ax+Z^{(2)}+bu_1+Z^{(1)}u_1)=-x'Qx-cu_1^2(x)$$

并且 $I_1(x)$与由对应线性化系统按序列逼近法求得之正定二次型指标只差高阶量。由此考虑

$$u_2(x)=-\frac{1}{2c}(\mathrm{grad}I_1(x), b+Z^{(1)}(x))$$

则对应 $u_2(x)$之系统亦为按指数渐近稳定。进一步，可以求出 $I_2(x)$。应用相仿于线性系统的情形，可知

$$I_2(x)\leqslant I_1(x)$$

又由对应 u_2 之系统，$I_1(x)$仍为其 Liapunov 函数，因此吸引区仍为 $\mathring{\boldsymbol{G}}$。由此，我们可得

$$u_1(x),\cdots,u_n(x),\cdots$$
$$I_1(x),\cdots,I_n(x),\cdots$$

这两个序列。我们只能指出 $I_n(x)$是单调非负下降序列，因此极限存在，令为 $I_0(x)$。由此可知，对于非线性系统来说，序列逼近法将是单调逼近的。但我们不能通过它简单地断言最优控制的存在性结论。

3.3-4 例子

研究例子之前，我们先给出一些较简单的迭代公式。考虑系统方程是常系数线性系统，即

$$\dot{x}_i=\sum_{j=1}^{n}a_{ij}x_j+b_iu \tag{3.3-48}$$

$$J(x,u)=\int_0^\infty \sum_{i=1}^{n}q_ix_i^2+cu^2\mathrm{d}t,\quad q_i>0 \tag{3.3-49}$$

设有最优指标与最优控制的逼近序列，记为

$$I_n(x) = \sum_{ij=1}^{n} v_{ij}^{(n)} x_i x_j, \quad u_n(x) = \sum_{i=1}^{n} p_i^{(n)} x_i$$

则我们有以下的循环公式，即

$$\begin{aligned}\left.\frac{\mathrm{d}I_n}{\mathrm{d}t}\right|_{u_n} &= 2\sum_{ij=1}^{n} v_{ij}^{(n)} x_i \left(\sum_{k=1}^{n} a_{jk} x_k + b_j \sum_{k=1}^{n} p_k^{(n)} x_k \right) \\ &= 2\sum_{i=1}^{n}\sum_{j=1}^{n}\sum_{k=1}^{n} (v_{ij}^{(n)} a_{jk} + v_{ij}^{(n)} b_j p_k^{(n)}) x_i x_k \\ &= 2\sum_{i=1}^{n}\sum_{k=1}^{n}\left[\sum_{j=1}^{n} (v_{ij}^{(n)} a_{jk} + v_{ij}^{(n)} b_j p_k^{(n)}) \right] x_i x_k \\ &= -\sum_{i=1}^{n}\left[q_i x_i^2 - c\left(\sum_{k=1}^{n} p_k^{(n)} x_k \right)^2 \right] \end{aligned} \tag{3.3-50}$$

这一方程对于未知系数 $v_{ij}^{(n)}$ 来说是一个代数方程组，可以通过 $p^{(n)}$ 求出。

进一步，我们有

$$u_{n+1} = -\frac{1}{2c}(\mathrm{grad}I_n, b) = -\frac{1}{c}\sum_{i=1}^{n}\sum_{j=1}^{n} v_{ij}^{(n)} b_j x_j$$

由此就有

$$p_i^{(n+1)} = -\frac{1}{c}\sum_{k=1}^{n} v_{ki}^{(n)} b_i \tag{3.3-51}$$

显然，利用式(3.3-50)与式(3.3-51)就可以一直计算下去。下面的实例表明，此种计算过程具有较快之速度①。

例 1　考虑一受控系统，其结构图如图 3.3-1 所示。其运动的动力学方程为

$$\dot{x} = k_2 y, \quad T_1 \dot{y} + y = k_1 u \tag{3.3-52}$$

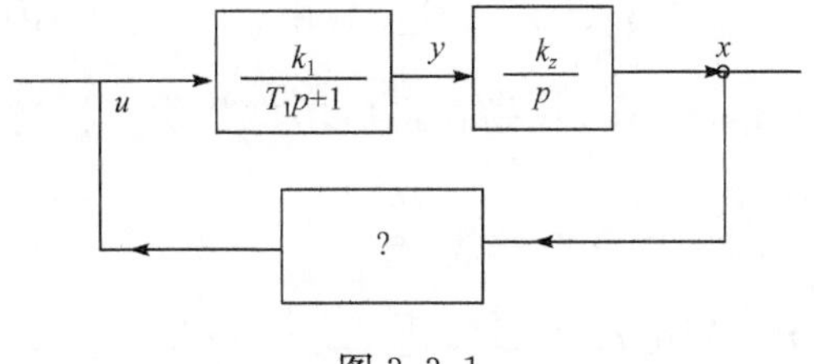

图 3.3-1

① 在经典控制理论中，有一种解析设计方法称为系统的积分评价，它以式(3.3-49)的形式给出。作者与郑应平和张迪在 1964 年《自动化学报》第 4 期完整地解决连续系统二次最优控制的存在、唯一、线性控制等一系列问题正是由这类积分评价型解析设计问题出发得到的，其中序列逼近法后来在国际上常称为 Kleiman 迭代，但 Kleiman 发表结果的时间为 1967 年，即晚 3 年，造成这样的结果是我们的作品仅用中文发表，而当时不为国外所知。

引入新变量，即

$$\tau=\frac{t}{T_1},\quad x_1=x,\quad x_2=T_1k_2y,\quad T_1k_2k_1u=v \tag{3.3-53}$$

则方程(3.3-52)可以写为

$$\dot{x}_1=x_2,\quad \dot{x}_2=-x_2+v \tag{3.3-54}$$

对系统提出的指标为

$$J=\int_0^{\infty}2x_1^2+x_2^2+v^2\mathrm{d}t \tag{3.3-55}$$

问最优控制 $v=v(x_1,x_2)$ 应如何设计。

由于例中 $A=\begin{bmatrix}0 & 1\\ 0 & -1\end{bmatrix}$，$b=\begin{bmatrix}0\\ 1\end{bmatrix}$，$Ab=\begin{bmatrix}1\\ -1\end{bmatrix}$，因此系统显然是按线性可镇定的。

若令 $u=p_1x_1+p_2x_2$，则系统之特征方程为

$$\lambda^2-(p_2-1)\lambda-p_1=0$$

显然可取 $p_1=-1$，$p_2=0$。此时，系统之特征方程为 $\lambda^2+\lambda+1=0$，满足要求，对应之系统为

$$\dot{x}_1=x_2,\quad \dot{x}_2=-x_1-x_2$$

对应式(3.3-58)之被积函数为

$$W_1(x_1,x_2)=3x_1^2+x_2^2$$

为了建立 $I_1(x)$，我们先建立一般公式，考虑系统，即

$$\dot{x}_1=x_2,\quad \dot{x}_2=-a_1x_1-a_2x_2 \tag{3.3-56}$$

给定 $W(x_1,x_2)=A_{11}x_1^2+2A_{12}x_1x_2+A_{22}x_2^2$。问对应的 $I(x)$ 应为什么。

现设 $I_1(x)=B_{11}x_1^2+2B_{12}x_1x_2+B_{22}x_2^2$，由于 $b=\begin{bmatrix}0\\ 1\end{bmatrix}$，因此对我们的研究来说，感兴趣的系数是 B_{12} 与 B_{22}，只是在最后考虑最优指标时才计算 B_{11}。显然，$p_1=-B_{12}p_2=-B_{22}$。

考虑 $I_1(x)$ 对式(3.3-56)之全导数，有

$$\begin{aligned}\dot{I}&=2B_{11}x_1x_2+2B_{12}x_2^2+2B_{12}x_1[-a_1x_1-a_2x_2]\\&\quad+2B_{22}x_2[-a_1x_1-a_2x_2]\\&=-2B_{12}a_1x_1^2+2[B_{11}-B_{12}a_2-B_{22}a_1]x_1x_2+2[B_{12}-B_{22}a_2]x_2^2\end{aligned} \tag{3.3-57}$$

若令 $\dot{I}=-A_{11}x_1^2-2A_{12}x_1x_2-A_{22}x_2^2$，则我们有

$$B_{12}=\frac{A_{11}}{2a_1},\quad B_{22}=\frac{1}{a_2}\left(\frac{1}{2}A_{22}+\frac{A_{11}}{2a_1}\right)=\frac{1}{2a_2}\left(A_{22}+\frac{A_{11}}{a_1}\right) \tag{3.3-58}$$

在现在情形下，若令 $u=p_1x_1+p_2x_2$，则有

$$a_1=-p_1,\quad a_2=-p_2+1$$
$$A_{11}=2+p_1^2,\quad A_{22}=1+p_2^2,\quad A_{12}=p_1p_2 \tag{3.3-59}$$

由此，我们应用上述公式可以得到迭代表 3.3-1[①]。

表 3.3-1

p_1	p_2	a_1	a_2	A_{11}	A_{22}	B_{12}	B_{22}	n
−1.000	0.000	1.000	1.000	3.000	1.000	1.500	2.000	1
−1.500	−2.000	1.500	3.000	4.250	5.000	1.416	1.305	2
−1.416	−1.305	1.416	2.305	4.003	2.701	1.417	1.203	3
−1.417	−1.203	1.417	2.203	4.004	2.423	1.417	1.193	4
−1.417	−1.193	1.417	2.193	4.004	2.421	1.417	1.191	5
−1.417	−1.191	1.417	2.191	4.004	2.421	1.417	1.191	6

由此可见，经过四五次迭代计算，我们已有最优控制，即

$$u=-1.417x_1-1.193x_2$$

考虑对应的最优指标，即

$$B_{11}=B_{12}a_2+B_{22}a_1-2A_{12}=B_{12}a_2+B_{22}a_1-2p_1p_2=3.105$$

由此可知，最优指标为

$$I(x)=3.105x_1^2+2.834x_1x_2+1.191x_2^2 \tag{3.3-60}$$

例 2　研究一二阶离散系统，它的方程为

$$x_1^{(k+1)}=0.5x_1^{(k)}+0.4x_2^{(k)}$$
$$x_2^{(k+1)}=x_2^{(k)}+u^{(k)} \tag{3.3-61}$$

显然，$b=\begin{bmatrix}0\\1\end{bmatrix}$，$A=\begin{bmatrix}0.5 & 0.4\\0 & 1\end{bmatrix}$，$Ab=\begin{bmatrix}0.4\\1\end{bmatrix}$。因此，系统是可镇定的。

考虑最优问题之指标泛函，即

$$J(x,u)=\sum_{k=1}^{\infty}x_1^{2(k)}+2x_2^{2(k)} \tag{3.3-62}$$

为应用 Liapunov 第二方法，我们首先建立几个一般公式，然后进行迭代计算。

① 在 20 世纪 60 年代，世界上既不存在个人计算机，更不存在计算机用的工具箱，如 MATLAB。对于复杂的迭代计算常需要设计适应算法的迭代表格。这类计算均基于手算，北京大学杨莹教授曾在计算机上用 MATLAB 对此二例进行核算。两种计算结果的比较表明，差别是完全可以接受的。

研究二阶常系数线性系统，即

$$\begin{cases} x_1^{(k+1)} = a_{11}x_1^{(k)} + a_{12}x_2^{(k)} \\ x_2^{(k+1)} = a_{21}x_1^{(k)} + a_{22}x_2^{(k)} \end{cases} \tag{3.3-63}$$

其中，$D(\lambda)=\lambda^2-(a_{11}+a_{22})\lambda+(a_{11}a_{22}-a_{12}a_{21})=0$ 之根的模均小于 1。

给定正定二次型 $W(x)=c_1x_1^2+c_2x_2^2$，欲求 $V(x)=B_{11}x_1^2+2B_{12}x_1x_2+B_{22}x_2^2$，使

$$V(x^{(k+1)})-V(x^{(k)})=-W(x) \tag{3.3-64}$$

将式(3.3-66)代入式(3.3-67)，并略去(k)之标码，则有

$$\begin{aligned} &B_{11}(a_{11}x_1+a_{12}x_2)^2+2B_{12}(a_{11}x_1+a_{12}x_2)(a_{21}x_1+a_{22}x_2) \\ &+B_{22}(a_{21}x_1+a_{22}x_2)^2-B_{11}x_1^2-2B_{12}x_1x_2-B_{22}x_2^2=-c_1x_1^2-c_1x_2^2 \end{aligned}$$

由此不难有系数 B_{11}、B_{12}、B_{22} 满足如下方程组，即

$$\begin{aligned} &(a_{11}^2-1)B_{11}+2a_{11}a_{21}B_{12}+a_{21}^2B_{22}=-c_1 \\ &a_{11}a_{12}B_{11}+(a_{11}a_{22}+a_{12}a_{21}-1)B_{12}+a_{21}a_{22}B_{22}=0 \\ &a_{12}^2B_{11}+2a_{12}a_{22}B_{12}+(a_{22}^2-1)B_{22}=-c_2 \end{aligned}$$

在我们考虑的系统中，若令 $u=p_1x_1+p_2x_2$，$a_{11}=0.5$，$a_{12}=0.4$，$a_{21}=p_1$，$a_{22}=1+p_2$，则 B_{ij} 满足之方程应为

$$\begin{aligned} &-0.75B_{11}+p_1B_{12}+p_1^2B_{22}=-1 \\ &0.2B_{11}+(0.4p_1+0.5p_2-0.5)B_{12}+(p_1+p_1p_2)B_{22}=0 \\ &0.16B_{11}+(0.8+0.8p_2)B_{12}+(p_2^2+2p_2)B_{22}=-2 \end{aligned} \tag{3.3-65}$$

显然，当 p_1 和 p_2 给定时，方程(3.3-68)唯一地确定 B_{ij}。另外，我们又可利用 B_{ij} 确定 p_1 与 p_2，这是因为 u 确定时应有

$$\begin{aligned} &B_{ij}(0.5x_1+0.4x_2)^2+2B_{12}(0.5x_1+0.4x_i)(x_2+u)+B_{22}(x_2+u)^2 \\ &-B_{11}x_1^2-2B_{12}x_1x_2-B_{22}x_2^2=\min \end{aligned}$$

我们有等价条件 $B_{22}u^2+2B_{12}(0.5x_1+0.4x_2)u+2B_{22}x_2u=\min$，由此就有

$$u=-\frac{1}{B_{22}}[0.5B_{12}x_1+(0.4B_{12}+B_{22})x_2]$$

显然，这样就有

$$p_1=-0.5-\frac{B_{12}}{B_{22}}, \quad p_2=-0.4-\frac{B_{12}}{B_{22}}-1 \tag{3.3-66}$$

以下的迭代步骤是，首先给出一个初始 p_1 和 p_2，例如可选为 $p_1^0=0$，$p_2^0=-0.5$。这样对应的系统是渐近稳定的。然后，按方程(3.3-66)计算 B_{ij}，代入式(3.3-65)可以得到改进的 p_1 与 p_2。最后，进行第二次迭代运算。

以下对表 3.3-2 进行运算，c_{ij} 系 B_{ij} 满足方程(3.3-68)之需要计算的系数。

表 3.3-2

次数	p_1C_{12}	$0.4p_1$	p_1^2,C_{13}	p_2	$0.5p_2$	$0.8\Gamma_2$	$2p_2$	p_2^2	p_1p_2
1	0	0	0	−0.500	−0.250	−0.400	−1.000	0.250	0
2	−0.057	−0.023	0.003	−1.045	−0.523	−0.836	−2.090	1.090	0.060
3	−0.059	−0.24	0.004	−1.047	−0.524	−0.837	−2.095	1.092	0.061
次数	C_{22}	C_{23}	C_{32}	C_{33}	B_{12}	B_{22}	B_{12}/B_{22}	p_1	p_2
1	−0.750	0	0.400	−0.750	0.356	3.140	0.1134	−0.0567	−1.045
2	−1.046	0.003	−0.035	−1.000	0.257	2.197	0.1171	−0.0586	−1.047
3	−1.048	0.002	−0.037	−1.003	0.256	2.197	0.1170	−0.0583	−1.047

不难看出，迭代三次就收敛了，对应的最优控制为

$$u=-0.0583x_1-1.047x_2 \tag{3.3-67}$$

由于

$$B_{11}=\frac{1}{0.75}(1+p_1B_{12}+p_1^2B_{22})=\frac{1}{0.75}(1-0.059\times0.256+0.004\times2.197)$$

$$\approx\frac{1}{0.75}0.994\approx1.325$$

因此，对应之最优指标为

$$I(x)=1.325x_1^2+0.512x_1x_2+2.197x_2^2 \tag{3.3-68}$$

§3.4　最大值原理与最优性原理的关系

最优控制理论发展至今，最有效的理论与方法首推最大值原理与最优性原理。应用前者我们推广了通常的变分法，把作为时间过程的控制 $u(t)$ 在闭域中进行变分得到结果。对于后者，我们应用最优性原理得到的首先是以状态变量定义的控制与对应的最优指标所应满足的一种奇特的偏微分方程。因此，在这种情形下，问题的解决变成了求解偏微分方程与函数极值问题。有趣的问题是在这两种基本方法之间存在什么联系。

这一节着重按终值最优问题寻求这样一种联系。

3.4-1　终值最优问题应用动态规划方法的基本方程

考虑一受控系统，它的方程为

$$\dot{x}_s=f_s(x_1,\cdots,x_n,u_1,\cdots,u_r,t),\quad s=1,2,\cdots,n \tag{3.4-1}$$

其中，f_s 满足一阶可微与连续的条件；u 在 r 维空间的闭域 $\boldsymbol{U}$ 中取值，即

$$u \in \boldsymbol{U} \tag{3.4-2}$$

研究问题的泛函指标为

$$J = \sum_{i=1}^{n} c_i x_i(T) \tag{3.4-3}$$

其中,T 是固定的,又设对轨道之右端点不叠加任何其他限制,即考虑自由端问题。

设最优指标为

$$S_T(x^0, t_0) = \min_{u \in \boldsymbol{U}} J(x, u) \tag{3.4-4}$$

并设其为 x^0 与 t_0(初始量)的连续且具有一阶连续偏导数的函数。

研究由(x^0, t_0)出发的最优轨道上之任一点(x', t'),显然由这一新点出发原有的轨道仍应是最优的。这一点由最优性原理是十分容易得到的,因此就有

$$S_T(x^0, t_0) = S_T(x', t') \tag{3.4-5}$$

记对应的最优轨道是 $x^*(t)$,则有 $x^*(t_0) = x^0$ 与 $\dot{x}_t^* = f_i(x^*, t, u^*(t))$,其中 $u^*(t)$是最优控制。

首先,我们考虑区间(t_0, t')上的问题,由于 $u^*(t)$是最优控制,因此可以指出,在使点由 x^0, t_0 至 x', t'过渡的过程中,对应的控制也应该是最优的,即

$$S_T(x^0, t_0) = \min_{\substack{u(t) \in \boldsymbol{U} \\ t_0 \leqslant t \leqslant t'}} S_T(x', t') \tag{3.4-6}$$

由此考虑 $t' = t_0 + \tau$,τ 充分小,则沿最优轨道有

$$x_i' = x_i^*(t_0 + \tau) = x_i^0 + \tau f_i(x^0, t_0, u^*(t_0)) + o(\tau)$$

因此,我们就有

$$S_T(x', t') = S_T(x^0, t_0) + \sum_1^n \frac{\partial S_T(x^0, t_0)}{\partial x_i^0}(x'_i - x_i^0) + \frac{\partial S_1(x^0, t_0)}{\partial t_0}\tau + o(\tau) \tag{3.4-7}$$

再应用式(3.4-6),则我们有

$$S_T(x^0, t_0) = \min_{\substack{u(t) \in \boldsymbol{U} \\ t_0 \leqslant t \leqslant t'}} \left(S_T(x^0, t_0) + \tau \sum_1^n \frac{\partial S_T(x^0, t_0)}{\partial x_i^0} f_i(x^0, t_0, u^*(t_0)) + \tau \frac{\partial S_T(x^0, t_0)}{\partial t_0} + o(\tau) \right)$$

由此两边以 $\tau > 0$ 除之,取极限,则有

$$\frac{\partial S_T(x, t)}{\partial t} + \min_{u \in \boldsymbol{U}} \sum_1^n \frac{\partial S_T(x, t)}{\partial x_i} f_i(x, t, u) = 0 \tag{3.4-8}$$

这就是一个基本的 Bellman 方程。对于这一方程给出的边界条件,将可能求解。

对式(3.4-8),如果考虑 $\sum_1^n \frac{\partial S_T(x, t)}{\partial x_i} f_i(x, t, u) = \min$,可以求出 u 作为

$\dfrac{\partial S_T}{\partial x_i}$，$x_i$ 和 t 之函数令为 $u=r\left(\dfrac{\partial S_T}{\partial x_i},x_i,t\right)$，则将其代入方程(3.4-8)，我们就有 $S_T(x,t)$满足的一个偏微分方程。

例如，受控系统若对 u 线性，则有

$$f_i(x,t,u)=f_{i1}(x,t)+uf_{i2}(x,t)$$

又设 u 受到限制 $|u|\leqslant 1$，则

$$\sum_1^n \frac{\partial S_T}{\partial x_i}f_i(x,u,t)=\sum_1^n \frac{\partial S_T}{\partial x_i}(f_{i1}+uf_{i2})=\min$$

决定之 u 应为

$$u=-\operatorname{sign}\sum_{i=1}^n \frac{\partial S_T}{\partial x_i}f_{i2}$$

由此，将 u 代入式(2.4.8)可得两个奇特的方程，即

$$\begin{cases}\dfrac{\partial S_T}{\partial t}+\displaystyle\sum_1^n \frac{\partial S_T}{\partial x_i}(f_{i1}-f_{i2})=0, & \displaystyle\sum \frac{\partial S_T}{\partial x_i}f_{i2}>0\\ \dfrac{\partial S_T}{\partial t}+\displaystyle\sum_1^n \frac{\partial S_T}{\partial x_i}(f_{i1}+f_{i2})=0, & \displaystyle\sum \frac{\partial S_T}{\partial x_i}f_{i2}<0\end{cases} \tag{3.4-9}$$

方程(3.4-8)若取

$$\frac{\partial S_T}{\partial t}+\min_{u\in \boldsymbol{U}}\left[\frac{\partial S_T}{\partial x_1}(ux_1+x_2)+\frac{\partial S_T}{\partial x_2}u^2\right]=0$$

而对应的 $\boldsymbol{U}$ 是整个实数，则有

$$u=-\frac{1}{2}x_1\frac{\dfrac{\partial S_T}{\partial x_1}}{\dfrac{\partial S_T}{\partial x_2}}$$

由此方程(3.4-8)就变为

$$\frac{\partial S_T}{\partial t}+x_2\frac{\partial S_T}{\partial x_1}-\frac{1}{4}x_1^2\frac{\left(\dfrac{\partial S_T}{\partial x_1}\right)^2}{\dfrac{\partial S_T}{\partial x_2}}=0 \tag{3.4-10}$$

无论是偏微分方程(3.4-8)，还是方程(3.4-9)或(3.4-10)，我们都没有一般求解的办法。只是在很少的情况下，我们才可能去讨论求解它的可能性。

3.4-2　最优性原理与最大值原理间联系

按最大值原理，前述最优控制总应使函数，即

$$H(x,\psi,u,t)=\sum_{i=1}^n \psi_i f_i(x,u,t) \tag{3.4-11}$$

达到最大，其中 ψ 是在终点条件，即

$$\psi_i(T)=-c_i,\quad i=1,2,\cdots,n \tag{3.4-12}$$

下满足方程，即

$$\dot{\psi}_i(T)=-\frac{\partial H}{\partial x_i},\quad i=1,2,\cdots,n \tag{3.4-13}$$

之解。

以下我们指出在这两原理之间存在的基本关系。

定理 3.11 设在泛函 $S=\sum\limits_{i=1} c_i x_i(T)$ 之最小最优问题中，$S_T(x,t)$ 在所定义空间 $\boldsymbol{L}$ 中连续且有一阶连续偏导数。

1°对所有 $t\in(t_0,T)$，控制 $u^*(t)$ 满足关于向量 $\psi(t)$ 的最大条件，其中

$$\psi_i(t)\equiv-\frac{\partial S_T(x^*(t),t)}{\partial x_i} \tag{3.4-14}$$

并且

$$\begin{aligned}\frac{\partial S_T(x^*(t),t)}{\partial t}&=H(x^*(t),\psi(t),u^*(t),t)\\&=\sum_1^n \psi_i(t)f_i(x^*(t),u^*(t),t)\end{aligned} \tag{3.4-15}$$

2°函数 $S_T(x,t)$ 满足偏微分方程，即

$$\frac{\partial S_T}{\partial t}+\min_{u\in \boldsymbol{U}}\sum_1^n \frac{\partial S_T}{\partial x_i}f_i(x,u,t)=0 \tag{3.4-16}$$

并且 $S_T(x,T)\equiv\sum\limits_1^n c_i x_i$。

从式(3.4-14)可以看出，在每个时刻 ψ_i 之方向实际上应由 $S_T(x,t)$ 之梯度向量确定。这一定理表明，可以利用最优性原理来推证最大值原理之成立。

下面我们就来证明它。

证明 设 x^0 和 t_0 是 $\boldsymbol{L}$ 中之一点，对应 $u^*(t)$ 与 $x^*(t)$ 的是由该点出发的对应固定时间 T，按泛函 $\sum c_i x_i(T)$ 取极小的最优控制与最优轨道。

设在时刻 $t=t'\in[t_0,T]$，系统之状态变为 x'，考虑仍在 (t',T) 上应用控制 $u^*(t)$。由于 $u^*(t)$ 已给定，则对应泛函值 $\sum\limits_1^n c_i x_i(T)=\phi_T(x',t')$ 将依赖状态与时间 x' 和 t'。显然，考虑 $x(t)=x(x',t',t)$ 是对应控制 $u^*(t)$ 在状态 (x',t') 下的轨道，则应有

$$\phi_T(x',t')\equiv\sum c_i x_i(x',t',T) \tag{3.4-17}$$

由于泛函之极小值仅根据轨道之终值确定，则应有

$$\phi_T(x(t),t)=\phi_T(x',t'),\quad t'\leqslant t\leqslant T \tag{3.4-18}$$

由 $u(t)$ 是逐段连续的，又对 f_i 之假定，按微分方程之结论可知，$x(x',t',t)$ 有二阶连续偏导数，即

$$\frac{\partial^2 x_i}{\partial x_s'\partial x_q'},\frac{\partial^2 x_i}{\partial x_s'\partial t'},\quad s,q=1,2,\cdots,n$$

由此可知，泛函 $\phi_T(x',t')\equiv\sum_{1=1}^{n}c_ix_i(x',t',T)$ 存在对 x' 之偏导数，考虑式(3.4-18)，则有

$$\frac{\partial\phi_T(x(x',t',t),t)}{\partial t}=-\sum_{1}^{n}\frac{\partial\phi_T(x(x',t',t),t)}{\partial x_s}f_s(x(x',t',t),u^*(t),t)$$

由此，设 $t=t'$，并略去 $'$，则有

$$\frac{\partial\phi_T(x,t)}{\partial t}=-\sum_{1}^{n}\frac{\partial\phi_T(x,t)}{\partial x_S}f_s(x,u^*(t),t) \tag{3.4-19}$$

研究函数，即

$$\psi_i(t)=-\frac{\partial\phi_T(x^*(t),t)}{\partial x_i},\quad i=1,2,\cdots,n \tag{3.4-20}$$

考虑熟知的解对初值导数之关系式，即

$$\frac{\partial x_s(x^1,T,T)}{\partial x_j^1}=\delta_{ij}=\begin{cases}1, & i=j\\0, & i\neq j\end{cases}$$

则我们有

$$\frac{\partial\phi_T(x^1,T)}{\partial x_i^1}\equiv\sum_{1}^{n}c_s\frac{\partial x_s(x^1,T,T)}{\partial x_i^1}=c_i$$

于是就有

$$\psi_i(T)=-c_i \tag{3.4-21}$$

进一步，考虑 $\psi_i(t)$ 对 t 之导数，则有

$$\dot{\psi}_i(t)=-\frac{\partial^2\phi_T(x^*(t),t)}{\partial x_i\partial t}-\sum_{1}^{n}\frac{\partial^2\phi_T(x^*(t),t)}{\partial x_i\partial x_s}\dot{x}_s^x(t) \tag{3.4-22}$$

由此考虑

$$\begin{aligned}\frac{\partial\phi_T(x(t),t)}{\partial x_i\partial t}=&-\sum_{1}^{n}\frac{\partial\phi_T(x,t)}{\partial x_i\partial x_s}f_s(x,u^*,t)\\&-\sum_{1}^{n}\frac{\partial\phi_T(x,t)}{\partial x_s}\frac{\partial f_s(x,u^*,t)}{\partial x_i}\end{aligned}$$

代入前述方程(3.4-22)，其中 $\dot{x}_s^*$ 以 $f_s(x^*,u^*,t)$ 代之，则有 $\psi_i(t)$ 满足

$$\dot{\psi}_i(t)=-\sum_{1}^{n}\psi_s(t)\frac{\partial f_s(x^*(t),u^*(t),t)}{\partial x_i} \tag{3.4-23}$$

由此，我们再来证明有最优控制应满足的最大值原理，即 $\psi_i(t)$ 由式(3.4-20)确定，终值 $\psi_i(T)=-c_i$ 且有方程(3.4-23)。

将 $x=x^*(t)$ 代入式(3.4-19)，则其右端有

$$H(x^*(t),\psi(t),u^*(t),t)\equiv\sum\psi_s(t)f_s(x^*(t),u^*(t),t)$$

由此我们按最优性原理可导出

$$\frac{\partial\phi_T(x^*(t),t)}{\partial t}=\max_{u\in\boldsymbol{U}}\sum_1^n\left(-\frac{\partial\phi_T(x^*(t),t)}{\partial x_s}\right)f_s(x^*(t),u,t)$$

特别当 $x=x^0,t=t_0$ 时，有

$$\frac{\partial\phi_T(x^0,t_0)}{\partial t_0}=\max_{u\in\boldsymbol{U}}\sum_1^n\left(-\frac{\partial\phi_T(x^0,t_0)}{\partial x_s^0}\right)f_s(x^0,u,t_0)\tag{3.4-24}$$

按定义，对空间任何点 x 和 t，总应有

$$\phi_T(x,t)\geqslant S_T(x,t)\tag{3.4-25}$$

而在最优轨道上的点有

$$\phi_T(x,t)=S_T(x,t),\quad x=x^*(t)\tag{3.4-26}$$

由此可知，在 $n+2$ 维空间 (z,x,t) 中，曲面 $z=\phi_T(x,t)$ 与 $z=S_T(x,t)$ 不互相交错，但又有公共线 r。它在 $L(x,t)$ 空间的投影是 $x^*(t)$，也就是这两曲面在 r 曲线上相切，由于已设 S_T 连续可导，因此在最优轨道上有

$$\frac{\partial\phi_T}{\partial t}=\frac{\partial S_T}{\partial t},\quad\frac{\partial\phi_T}{\partial x_i}=\frac{\partial S_T}{\partial x_i}\tag{3.4-27}$$

由此可知，沿最优轨道有

$$\psi_i(t)=-\frac{\partial S_T(x^*(t),t)}{\partial x_i}$$

并且有

$$\frac{\partial S_T(x^*(t),t)}{\partial t}=H(x^*(t),\psi(t),u^*(t),t)\tag{3.4-28}$$

由此可知，定理之第一部分已全部证完。

由于式(3.4-27)成立，因此在舍去式(3.4-24)中 0 的符号后，不难得到

$$\frac{\partial S_T(x,t)}{\partial t}=\max_{u\in\boldsymbol{U}}\left[\sum_1^n\left(-\frac{\partial S_T(x,t)}{\partial x_s}\right)f_s(x,u,t)\right]\tag{3.4-29}$$

成立，而条件 $S_T(x,t)=\sum_{s=1}^n c_s x_s$ 则是明显的。

由此定理全部得证。

3.4-3 几个讨论的问题

在上一节，我们只是从最优性原理推导了最大值原理。其间，我们用到必须对

最优指标 S_T 作出连续可微的假定，最优性原理本身完全可以不必要求最优指标是可微函数。要求它的可微性只是在推导 Bellman 方程时才用到。因此，首先应该明确连续过程的最优性原理本身与 Bellman 方程并不完全等价。由此可知，在应用 Bellman 方程的过程中，我们实际上是要求指标函数可微，但这一点在大量实际问题中是没有什么问题的。

如果我们把问题反过来，能否由最大值原理推导 Bellman 方程。这一问题的回答是困难的。最大值原理本身只是用到了控制作为时域中函数应有的性质。显然，在一定的情况下可以把控制由时域中的函数转变为坐标的函数，但这只是在指标函数本身是可微的前提下，我们才能得到 Bellman 方程的结论。要证明指标函数，即使是逐段可微的也有不少困难。

在线性常系数系统的最速控制问题上，可以证明，当系统之特征值是实数时，最优特征面(等时区)将是逐片光滑的。显然，在这些不光滑点上，$\dfrac{\partial S_T}{\partial x_i}$可能失去意义。我们也就不能依靠动态规划建立最大值原理，但在这样的点可以有最优控制存在，因此最大值原理成立。

在经典的分析力学中，例如对保守完整约束系统，我们有系统的 Hamilton 函数总取常值，并且有相应的 Hamilton 原理。这一点刚好与受控系统中的最大值原理和对应的 Hamilton 方程有天然的联系。在经典力学中，Jacobi 方程的建立无疑给分析力学带来更大的促进，并使其与光学的波动学说建立了某种关系，从而提高了人们的认识。在最优控制中，我们可以看到动态规划方法建立的 Bellman 方程无论从方程的形式或者实质上，都是 Jacobi 方程在受控系统中的反映，因此论述分析力学中的原理并将其应用到最优控制的问题上并不是没有意义的。

应该认为，从整体上即从最优指标去把握最优控制理论从实际到理论都是十分有意义的。这如同分析动力学研究中从整体上来讨论力学的基本原理一样有着重要的意义。不仅如此，从整体上把握最优控制在技术上的应用将更为重要，这十分有利于对综合问题的研究。

3.4-4　在 u 受到闭集限制问题之解法

在应用动态规划方法的过程中，事实上并不要求 u 在整个实数轴上取值。实际问题常常提出如果在控制作用 u 受有闭集限制时，对应最优控制问题应如何解决。在这种情况下，我们只能提出，虽然对应的 Bellman 方程作为最优化问题的必要条件仍属正确，但要去求解这种方程依然十分困难。

下面以 § 3.3 讨论的模型为基础，再加以控制所受的限制，即

$$|u|\leqslant 1 \tag{3.4-30}$$

来研究。

考虑系统的方程是

$$\dot{x}=Ax+bu \tag{3.4-31}$$

并设 A、b 满足可镇定性要求。考虑此时的 Bellman 方程，即

$$\min_{|u|\leqslant 1}[(\mathrm{grad}I(x),Ax+bu)+xQx+cu^2]=0 \tag{3.4-32}$$

显然，此方程可以变为两方程，一是 u 刚好在开区间$(-1,+1)$内取值，即

$$\min_{|u|<1}[(\mathrm{grad}I(x),Ax+bu)+x'Qx+cu^2]=0 \tag{3.4-33}$$

另一个则是在区间$(-1,+1)$端点取值，即

$$(\mathrm{grad}I(x),Ax+\varepsilon b)+x'Qx+c=0 \tag{3.4-34}$$

其中，$\varepsilon=\pm 1$，它的确定在下面考虑。

为求解闭集问题，我们先考虑在原点附近的问题。显然，式(3.4-33)的解可以利用 5.3-3 节的办法求出。设它们是 $I_0(x)$与 $u_0(x)$，$u_0(x)$是 x 的线性函数，考虑线性系统，即

$$\dot{x}=Ax+bu_0(x) \tag{3.4-35}$$

与两个超平面，即

$$u_0(x)=\pm 1 \tag{3.4-36}$$

在平面(3.4-36)决定的条形区域$|u_0(x)|\leqslant 1$中，考虑这样的点 p 的全体，即通过 p 的系统(3.4-35)的轨线的正半轨$(t>0)$全部会在条形区域$|u_0(x)|\leqslant 1$中，记这样的点 p 的全体为 $\boldsymbol{G}$。

一般来说，若初值刚好落在 $\boldsymbol{G}$ 上，则对应的控制 $u_0(x)$就是最优的，通过 $\boldsymbol{G}$ 的边界 $\boldsymbol{\Gamma}$ 可分为两部分。

1° $\boldsymbol{\Gamma}_1$，指在区域$|u_0(x)|<1$内之 $\boldsymbol{\Gamma}$，即

$$\boldsymbol{\Gamma}_1=\boldsymbol{\Gamma}\cap\{x\,|\,|u_0(x)|<1\} \tag{3.4-37}$$

2° $\boldsymbol{\Gamma}_2$，指刚好落在$|u_0(x)|=1$上的那两块边界，即

$$\boldsymbol{\Gamma}_2=\boldsymbol{\Gamma}\cap\{x\,|\,|u_0(x)|=1\} \tag{3.4-38}$$

为区别，我们分别以 $\boldsymbol{\Gamma}_2^+$ 与 $\boldsymbol{\Gamma}_2^-$ 表示 $\boldsymbol{\Gamma}$ 和 $u_0=+1$ 与 $u_0=-1$ 之交集。

以上事实的几何图像如图 3.4-1 所示。

由最优指标的连续性前提，我们考虑解偏微分方程，即

$$(\mathrm{grad}I(x),Ax+b)+x'Qx+c=0 \tag{3.4-39}$$

的 Cauchy 问题，即

$$I(x)=I_0(x),\quad x\in\boldsymbol{\Gamma}_2^+ \tag{3.4-40}$$

与偏微分方程，即

$$(\mathrm{grad}I(x),Ax-b)+x'Qx+c=0 \tag{3.4-41}$$

的 Cauchy 问题，即

$$I(x)=I_0(x),\quad x\in\boldsymbol{\Gamma}_2^- \tag{3.4-42}$$

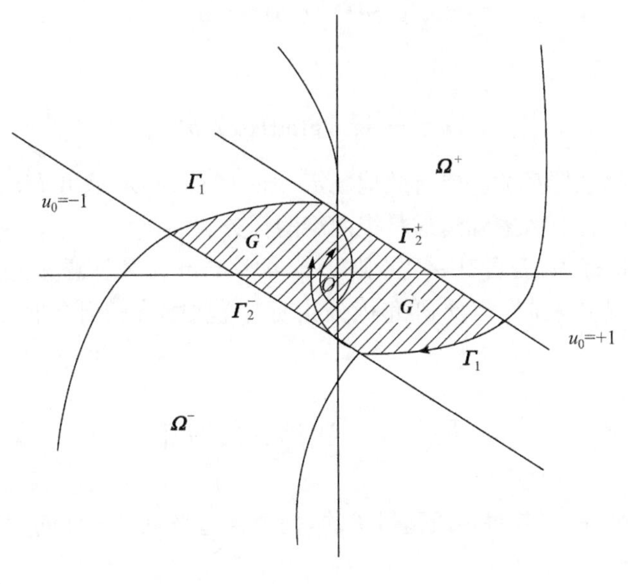

图 3.4-1

考虑系统 $\dot{x}=Ax+b$ 初值在 $\boldsymbol{\Gamma}_2^+$ 上之解的负半轨($t<0$)之集合之全部，记为 $\boldsymbol{\Omega}^+$，记对应系统 $\dot{x}=Ax-b$ 初值在 $\boldsymbol{\Gamma}_2^-$ 上之解的负半轨($t<0$)之集合为 $\boldsymbol{\Omega}^-$，则在区域 $\boldsymbol{\Omega}^+\cup\boldsymbol{G}\cup\boldsymbol{\Omega}^-$ 上，我们可以确定控制，即

$$\begin{cases}u=+1, & u_0(x)>1\\ u=u_0(x), & |u_0(x)|\leqslant 1\\ u=-1, & u_0(x)<-1\end{cases}\tag{3.4-43}$$

显然，这样的控制是一种具有线性段的继电器。它的输入是 x 经整合后的信号 $u_0(x)$，并且这一继电器在相空间的适用范围是 $\boldsymbol{\Omega}^+\cup\boldsymbol{G}\cup\boldsymbol{\Omega}^-$。

最后，我们仅需指出以下几点。

1°闭集问题的解决必须以开集问题的解决作为基本前提，即由此确定出 $u_0(x)$。

2°闭集问题的解的适用范围并不一定是全空间，它只是在区域 $\boldsymbol{\Omega}^+\cup\boldsymbol{G}\cup\boldsymbol{\Omega}^-$ 上。对于不在这个区域内的点的最优控制问题是十分困难的。

3°为求得最优指标，在目前情况下，除在区域 $\boldsymbol{G}$ 内它是二次型 $I_0(x)$，在 $\boldsymbol{\Omega}^+$ 与 $\boldsymbol{\Omega}^-$ 中，$I(x)$的寻求都依赖求解线性偏微分方程的 Canchy 问题。

4°如果指标函数中不包含 u^2 的项，则最优控制将是继电器型的，因为方程

$$(\mathrm{grad}I(x), Ax+bu)+x'Qx=\min=0$$

将等价于

$$u(\mathrm{grad}I(x),b)=\min$$

所以可以确定

$$u=-\mathrm{sign}(\mathrm{grad}I(x),b)$$

则最优控制是继电器型的。要有效地确定 $\mathrm{grad}I(x)$，必须求出 $I(x)$，而这又不得不求解偏微分方程。大家知道这是很困难的任务。

3°在最优指标中，若含有 u^2 项，则 $J(x,u)=\min$ 在某种意义上就已经保证了 u 受到一定的积分限制，因此研究积分指标中包含 u^2 的开集问题具有基本的意义。

§3.5 问题与习题

1°对一个过程，若其每一段是最优的，是否合起来也是最优的。如何理解最优性原理。

2°如图 3.5-1 所示，在空间一铅垂平面内，给定两点 P、Q，求连接这两点的曲线，使一质点沿此曲线在重力场作用下，在最短之时间内由 P 落至 Q。设质点沿曲线不存在摩擦。

3°如图 3.5-2 所示，给定平面两点 P、Q，要求确定一定常为 l 之曲线，连接 PQ 两点，并使其下之面积为最大。

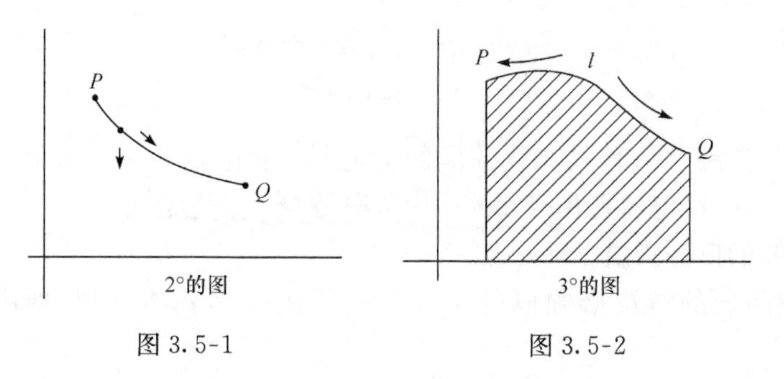

图 3.5-1　　图 3.5-2

4°证明系统 $\dot{x}=Ax+bu$ 对于 A 之正实数 P 特征值 λ_i，若有两个 Jordan 块，则系统一定不可镇定，其中 u 是标量。

5°计算系统，即

$$\begin{cases}\dot{x}_1=-3x_1+2x_2\\ \dot{x}_2=x_2+u\end{cases}$$

指标是 $J=\int_0^\infty x_1^2+x_2^2+\dfrac{1}{2}u^2\,\mathrm{d}t$，求其最优控制与最优指标。

6°证明变系数线性系统，即

$$\dot{x}=Ax+B(t)x+bu$$

其中，A、b 满足可镇定性假定；$B(t)\to 0$。

对应指标，即

$$J(x,u)=\int_{t_0}^{\infty}\sum x_i^2(t,t_0)+u^2(t)\mathrm{d}t$$

之最优控制 u 是 x 的变系数线性函数，对应的指标 $I(x,t)$ 是 x 的变系数正定二次型。

7°计算系统，即

$$\begin{cases}\dot{x}=y\\ \dot{y}=z\\ \dot{z}=-2x-y-z+u\end{cases}$$

在指标 $J(x,y,z,u)=\int_0^{\infty}(x^2+2y^2+3z^2)+u^2\mathrm{d}t$ 下之最优控制与最优指标。

8°计算系统，即

$$x_1^{(k+1)}=0.3x_1^{(k)}+x_2^{(k)}$$
$$x_2^{(k+1)}=x_1^{(k)}+u^{(k)}$$

在指标 $J(x,u)=\sum_{i=1}^{\infty}x_1^2+x_2^2$ 下之最优控制与最优指标。

9°利用最大值原理证明系统 $\dot{x}=Ax+bu$ 在指标 $\int_0^{\infty}x'Qx+cu^2\mathrm{d}t(c>0,Q$ 正定矩阵）下之最优控制应为 x 之线性函数，但最优指标系 x 的正定二次型。

10°利用最大值原理证明系统 $\dot{x}=Ax+bu,|u|\leqslant 1$，

在指标 $\int_0^{\infty}x'Qx\,\mathrm{d}t$ (Q 正定矩阵)下之最优控制应该取继电器形式。

第四章　线性极值控制系统与最速控制系统

§4.1　引　　论

4.1-1　引言与发展简况

线性最速控制系统的问题(又称线性时间最优系统)是最优控制理论中发展得最早与最完善的一部分,早在20世纪50年代初期,就已经对部分常系数线性系统的最速控制问题进行了讨论。在苏联,Fel′dbaum等均从实际的电拖动系统出发,比较粗略地,也是个别地讨论了一些最速拖动的问题。在美国,Bushaw从1952年就开始对二阶常系数线性系统作了详尽的讨论。但这些工作距离系统的解决仍然相当远。

在苏联,由于数学家Pontryagin的最大值原理的提出与推动,Pontryagin的学生Gamkrelidze等对线性最速系统开展了系统的研究,并以Bushaw等得到的结论作为自己理论部分的子集合。

美国的工作则几乎平行于苏联。Lasalle在他的著名著作中作了详尽的叙述。可以认为,Lasalle的这一工作应成为线性最速系统的权威性论著。后来,由于实际问题的推动,在加州理工学院喷气推进实验室工作的Neustadt又将其向前推进了一步,解决了更广范围的问题。

在我国,宋健、韩京清等则在上述工作的基础上,利用讨论等时区性质的方法,研究了由点至域的最优控制问题,将应用于解决综合问题。

下面介绍上述工作的基本成果。

4.1-2　基本关系式与基本问题

设受控系统由一变系数线性微分方程描述,即

$$\dot{x}_s = \sum_{\sigma=1}^{n} a_{s\sigma}(t)x_\sigma + \sum_{i=1}^{r} b_{si}(t)u_i, \quad s = 1,2,\cdots,n \tag{4.1-1}$$

设$a_{s\sigma}$与b_{si}具有n阶连续导数,矩阵形式为

$$\dot{x}=A(t)x+B(t)u \tag{4.1-2}$$

其中,x是n维向量;u是r维向量;$A(t)$与$B(t)$分别是$n\times n$与$n\times r$的矩阵。

我们记u的取值域是$\boldsymbol{U}$,它是r维空间中的一个凸多角体,即$\boldsymbol{U}$的边界面都是

$r-1$ 维平面，并且过其边界面上任何一点总存在支撑面使整个 $\boldsymbol{U}$ 均在此支撑面之一边，以后称这种控制为可允控制，并记为

$$u \in \boldsymbol{U} \tag{4.1-3}$$

在特别情形下，我们可记 $\boldsymbol{U}$ 是正长方体，即 u 的各分量满足

$$|u_i| \leqslant \alpha_i, \quad i=1,2,\cdots,r \tag{4.1-4}$$

或者是正立方体，即

$$|u_i| \leqslant 1, \quad i=1,2,\cdots,r \tag{4.1-5}$$

系统(4.1-1)在控制 $u(t)$ 已经给定的情况下，若给定初值(也称起始点)，即

$$x(t_0)=x^0 \tag{4.1-6}$$

则系统的过程将唯一确定。如果以 $X(t,\tau)$ 表示系统，即

$$\dot{x}=A(t)x \tag{4.1-7}$$

之基本解矩阵，则有

$$X(t,t)=I, \quad X^{-1}(t,\tau)=X(\tau,t) \tag{4.1-8}$$

$$X(t,s)=X(t,\tau)X(\tau,s)$$

则系统(4.1-2)具有初值(4.1-6)的解，即

$$x(t)=X(t,t_0)\left(x^0+\int_{t_0}^{t} X^{-1}(\tau,t_0)B(\tau)u(\tau)\mathrm{d}\tau\right) \tag{4.1-9}$$

以下分三种情况加以考虑。

1°设在空间中，给定一个点 x'(又称终点或目标点)，要求寻找这样的控制，使 $t=t_1>t_0$ 时，有

$$x(t_1)=x' \tag{4.1-10}$$

这就要求 $u(t)$ 满足积分方程，即

$$X^{-1}(t_1,t_0)x'=x^0+\int_{t_0}^{t_1} X^{-1}(\tau,t_0)B(\tau)u(\tau)\mathrm{d}\tau \tag{4.1-11}$$

其中，t_1 也是未知的。

以后称此类问题为领航问题。

最速控制问题的任务是在满足积分方程的全部控制 $u(t)$ 及对应的时间 t_1 中，寻求这样的控制 $u^*(t)$，即它也是可允的并使对应的时间有

$$t_1^*=\min \tag{4.1-12}$$

2°设在空间中给定一个运动质点，它的运动方程为

$$z=z(t) \tag{4.1-13}$$

要求寻求这样的可允控制 $u(t)$，使系统(4.1-2)由初值(4.1-6)出发的解在 $t=t_1>t_0$ 时击中式(4.1-13)，即

$$x(t_1)=z(t_1) \tag{4.1-14}$$

或者要求寻求这样的可允控制 $u(t)$ 与一个正实数 t_1，使

$$X^{-1}(t_1,t_0)z(t_1) = x^0 + \int_{t_0}^{t_1} X^{-1}(\tau,t_0)B(\tau)u(\tau)\mathrm{d}\tau \tag{4.1-15}$$

成立。以后称此类问题为追击问题。

最速追击问题的任务是在满足积分方程(4.1-15)的全部控制 $u(t)$ 及对应的时间 t_1 中，寻求这样的可允控制 $u^*(t)$，使对应的时间有

$$t_1^* = \min \tag{4.1-16}$$

3°设在空间中给定一闭凸域，记为 $\boldsymbol{\Omega}$，要求寻求这样的控制 $u(t)$，即它是可允的，并对某个 $t_1 > t_0$，在 t_0 时由 x^0 出发的解有

$$x(t_1) \in \boldsymbol{\Omega} \tag{4.1-17}$$

称此类问题为由点至域的问题。当考虑最速控制问题时，则要求在实现式(4.1-17)的全部控制中寻求这样的控制，以使 $t_1^* = \min$ 实现。以后称此类问题为由点至域的最速控制。

以后约定在谈到领航问题、追击问题与区域的问题时，蕴含分别给定目标终点 x'、目标运动 $z(t)$ 与目标域 $\boldsymbol{\Omega}$。

综上所述，我们的问题实际上可以从理论上分为两类。

1°可达性问题，即是否存在可允控制对应前述三种问题，使对应的式(4.1-11)、式(4.1-15)、式(4.1-17)成为现实。为明确起见，以后称这样的可达为按可允控制可达。

2°最速控制问题，即若可达性问题已经解决，问在全部解决可达性问题的可允控制中是否有最速控制存在。

以后，我们均设可允控制是在一种很广的函数类 L-可测函数类中选取。

§ 4.2 可达性问题

在这一部分，我们首先解决可达性问题。

4.2-1 基本概念与基本引理

以下在一切概念中所指对问题 1°(2° 或 3°)的某性质均对 4.1-2 节中的问题 1°(2° 或 3°)而言。这一点以后将不再声明。

定义 4.1 系统(4.1-2)由点 x^0 称为按问题 1°(领航问题)是起始可达的，指存在可允控制，使由 x^0 出发的领航问题有解。

相应地可以建立追击问题，由点至域的控制问题由点 x^0 起始可达的定义。

定义 4.2 区域 $\boldsymbol{G}(t_0)$ 称为系统按问题 1° 的起始可达区，指 $\boldsymbol{G}(t_0)$ 中的每一点 x^0 在 t_0 时刻由该点出发的领航问题有解。

相应地有追击问题由点至域的控制问题的起始可达区的定义。

一般来说，对于变系数系统，起始可达区往往是随时刻 t_0 的变化而飘动的。

定义 4.3　区域 $\boldsymbol{G}$ 称为系统按问题 1° 的一致起始可达区，即区域 $\boldsymbol{G}$ 与初始时刻 t_0 无关。

显然，对于常系数线性受控系统来说，在起始可达区问题上，不存在一致与非一致的区别，而对变系数系统情形则完全可以不一样。可能存在这样的反例，它对每一个 $t_0>0$ 都存在非退化的 n 维起始可达区，但不存在一致的起始可达区。

定义 4.4　如果 $\boldsymbol{G}(t_0)$ 本身就是 n 维欧氏空间，则称系统是全局起始可达的。

为研究起始可达性问题，我们引入如下引理。

引理 4.1　设 $\boldsymbol{M}$ 是 n 维欧氏空间 $\boldsymbol{X}_n$ 中的一个凸集合，包含坐标原点为内点，并且对任给之正数 k 与任何非零向量 $\eta\in\boldsymbol{X}_n$，总存在向量 $y\in\boldsymbol{M}$，使 $[\eta,y]>k$，则 $\boldsymbol{M}$ 就是 $\boldsymbol{X}_n$ 本身。

证明　设 $\boldsymbol{M}$ 不是 $\boldsymbol{X}_n$ 但非空，则存在一有限之 μ，使 $\mu\overline{\in}\boldsymbol{M}$。$\boldsymbol{M}$ 是包含原点的，又由于 $\boldsymbol{M}$ 是凸集，一定存在正数 a，使 $a\mu$ 是 $\boldsymbol{M}$ 之边界点，因此过点 $a\mu$ 必有一支撑面 $\boldsymbol{P}$，使 $\boldsymbol{M}$ 在 $\boldsymbol{P}$ 之一侧。若选 $\boldsymbol{P}$ 之单位法向量 η，其正向指向不含 $\boldsymbol{M}$ 之一侧，则可知对任何 $y\in\boldsymbol{M}$，总有

$$[y,\eta]\leqslant[a\mu,\eta]$$

而 $[a\mu,\eta]$ 是有界的，因此与引理之假设矛盾。由此 $\boldsymbol{M}=\boldsymbol{X}_n$。

该引理证明可直观如图 4.2-1 所示。

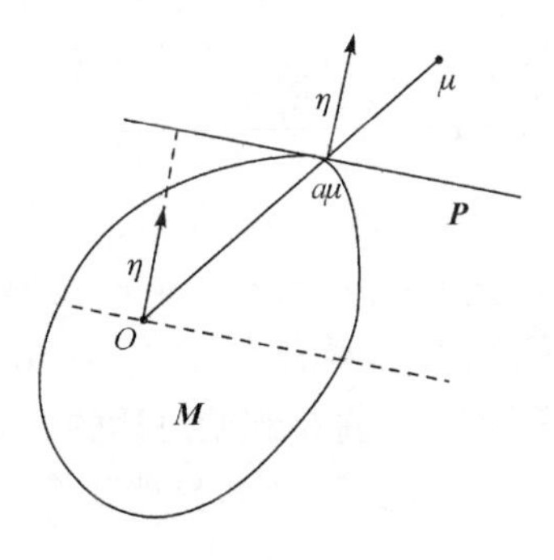

图 4.2-1

4.2-2　正常系统与正规系统

目前，我们只考虑对问题 1° 与 2° 的情形。

首先考虑问题 2°(显然问题 1° 为其特例)。由式(4.1-15)可知，能实现追击问题的起始可达区域应由如下点 x^0 组成的，即

$$x^0=X^{-1}(t,t_0)z(t)-\int_{t_0}^{t}X^{-1}(\tau,t_0)B(\tau)u(\tau)\mathrm{d}\tau \tag{4.2-1}$$

其中,t 可以取任何$[t_0,+\infty)$之值;$u(t)$可选任何可允控制。

以下引入 $n\times r$ 之矩阵,即

$$Y(t,t_0)=X^{-1}(t,t_0)B(t) \tag{4.2-2}$$

记其元素是 $y_{i\alpha}(t,t_0)$,$i=1,2,\cdots,n$,$\alpha=1,2,\cdots,r$;记系统(4.2-1)之后一积分为

$$w(t)=\int_{t_0}^{t}X^{-1}(\tau,t_0)B(\tau)u(\tau)\mathrm{d}\tau=\int_{t_0}^{t}Y(\tau,t_0)u(\tau)\mathrm{d}\tau \tag{4.2-3}$$

对于 $Y(t,t_0)$之第 α 列,我们以 $y_\alpha(t,t_0)$向量表示,它是 n 维的。

定义 4.5 系统(4.2-2)称为对时刻 t_0 正规的,系指对每一 $\alpha(\alpha=1,2,\cdots,r)$,函数 $y_{i\alpha}(t,t_0)$在任何正长度区间上是线性独立的。

这也表明,若系统对 t_0 是正规的等价于对任何 n 维非零向量 $\eta\neq 0$,总不可能使 $\eta^{\mathrm{T}}Y(t,t_0)$的任何分量恒在一正长度区间上为零。

以后将指出,系统是正规的,与最优控制的唯一性有关。

定义 4.6 系统(4.2-2)称为对时刻 t_0 是正常的,系指 $Y(\tau,t_0)$被视为 r 个函数向量$(y_1(t,t_0),\cdots,y_r(t,t_0))$时,它们是线性无关的。

显然,任何正规系统都是正常系统。

定理 4.1 对系统(4.2-2),若控制作用 $u(t)$是不加任何限制的函数向量,又系统(4.2-2)是正常系统,则对问题 1°、2° 或 3° 来说,系统是全局起始可达的,并且控制时间 t_1-t_0 可以充分小。

证明 设控制时间 t_1 给定(它可以使 t_1-t_0 充分小地给定)。

显然,对任何给定之 t_0 来说,变换 $X^{-1}(t_1,t_0)$是线性齐次非奇异变换,因此无论是区域 $\boldsymbol{\Omega}$,还是点 $z(t_1)$或 x'经过 $X^{-1}(t_1,t_0)$变换后,仍然是有界的。

如果我们能够证明,对向量 $w(t_1)$,当 $u(t)$取遍整个 L-可测函数时,$w(t_1)$能够走遍全部 n 维欧氏空间,则它必然要碰到 $X^{-1}(t_1,t_0)x^1$、$X^{-1}(t_1,t_0)z(t_1)$或 $X^{-1}(t_1,t_0)\boldsymbol{\Omega}$,由此系统对任何点 x^0 将是起始可达的。

考虑 $w(t_1)$之全体构成的集合是 $\boldsymbol{M}(t_1)$,显然我们需证 $\boldsymbol{M}(t_1)$就是全空间 $\boldsymbol{X}_n$。

引入向量,即

$$y=\int_{t_0}^{t_1}Y(\tau,t_0)\mathrm{sign}V(\tau,t_0)\mathrm{d}\tau \tag{4.2-4}$$

其中,$V(\tau_1t_0)=\eta^{\mathrm{T}}Y(\tau_1t_0)$是 r 维行向量,η 是任取的一个非零 n 维常数向量;$\mathrm{sign}V(\tau,t_0)$是将 $V(\tau_1t_0)$之每一分量取符号函数后构成之列向量。

显然 $y\in\boldsymbol{M}(t_1)$。

现设空间中任给一向量 η,则我们有

$$[\eta,y]=\sum_{j=1}^{r}\int_{t_0}^{t_1}|V_j(\tau_1t_0)|\mathrm{d}\tau=\delta>0 \tag{4.2-5}$$

其中，$[\eta,y]$是向量 η 与 y 的内积；V_j 是 V 之分量。

显然，对于任给之正数 k 来说，我们可选控制，即

$$u(\tau_1 t_0)=\frac{2k}{\delta}V(\tau_1 t_0) \tag{4.2-6}$$

则对应 $u(\tau_1 t_0)$之 y' 总有

$$[\eta,y']\geqslant 2k>k \tag{4.2-7}$$

再考虑 $\boldsymbol{M}(t_1)$是凸集合，这是由于 y_1 与 $y_2\in\boldsymbol{M}(t_1)$，则有 u_1 与 u_2 存在，使

$$y_1=\int_{t_0}^{t_1}Y(\tau,t_0)u_1(\tau)\mathrm{d}\tau \tag{4.2-8}$$

$$y_2=\int_{t_0}^{t_1}Y(\tau,t_0)u_2(\tau)\mathrm{d}\tau \tag{4.2-9}$$

成立。显然，对任何 $\alpha y_1+(1-\alpha)y_2$ 来说，对应的控制将存在，即 $\alpha u_1+(1-\alpha)u_2$。由此可知，$\boldsymbol{M}(t_1)$是凸的。

应用引理 1 可知，$\boldsymbol{M}(t_1)$是全空间。

因此，系统对任何问题 1°、2°、3° 起始可达，并且这种可达一方面是全局的，另一方面由于 t_1-t_0 可任意小，因此也就是一致的，或整个欧氏空间 X_n 都是对问题 1°、2°、3° 起始可达。从直观上来说，这一定理说明，对正常系统在控制作用上不加任何限制时，对于任何充分小的时间间隔 t_1-t_0，对于问题 1°、2°、3°，要把系统从任何点引向目的(固定点、固定区域、确定的运动)的控制都是存在的。

4.2-3　渐近正常系统与控制受限制时的可达性

以下限制控制作用在一包含原点为内点之闭多角形中取值。在这一部分，我们主要讨论可达性问题。考虑包含原点为内点之闭多角形内总有以原点为中心之正立方体为其子集合。从多角形中成果最丰富，同样具很好应用背景考虑，对可达性的研究，不妨假设 u 受到限制，即

$$|u_i|\leqslant 1,\quad i=1,2,\cdots,r \tag{4.2-10}$$

对于追击问题，我们设运动点 $z(t)$在系统中可以用不控制的方式实现，即若有 t_1 存在，使

$$x(t_1)=z(t_1) \tag{4.2-11}$$

成立，则在以后的时刻中，不用控制 $u(t)$，总能使在一切 $t\geqslant t_1$ 时，有

$$x(t)=z(t),\quad t\geqslant t_1 \tag{4.2-12}$$

成立。事实上，这就等于要求 $z(t)$为

$$\dot{x}=A(t)x \tag{4.2-13}$$

的一个特解。

由于 $z(t)$是系统(4.2-13)之特解，因此追击问题将与对应受控系统领航到原

点的问题等价。若令 $y=x-z$,则 y 满足方程,即

$$\dot{y}=A(x)y+B(t)u \tag{4.2-14}$$

由此可知,若 y 对应 y^0 是可以领航至原点的,则 x 对应的 $x^0=y^0+z(t_0)$ 将是可以追上 $z(t)$ 的。

以下只讨论领航至原点的可达性问题。显然,若将原点以任何包含原点的区域代替,结论均不受影响。

引理 4.2 设有 n 个函数 $y_1(\tau),y_2(\tau),\cdots,y_n(\tau)$,由这 n 个函数作为分量组成向量$y(\tau)$,设该函数组$\{y_1(\tau),y_2(\tau),\cdots,y_n(\tau)\}$在区间$[t_0,t_1]$上线性无关,$u(t)$是满足$|u(t)|\leqslant 1$ 的 L-可测函数,则

$$x=\int_{t_0}^{t_1}y(\tau)u(\tau)\mathrm{d}\tau,\quad t_1>t_0 \tag{4.2-15}$$

当 u 取遍全部合乎要求的函数时,x 构成的集合是 n 维的,以坐标原点为内点的凸集合,并且关于坐标原点对称。

证明 记当 u 取遍满足$|u|\leqslant 1$ 的 L-可测函数时,x 对应的集合为$\boldsymbol{M}$。现证$\boldsymbol{M}$是包含原点为内点的 n 维凸集合。

首先考虑 $u=0$,则 $x=0\in\boldsymbol{M}$。

其次考虑 $x_1=\int_{t_0}^{t_1}y(\tau)u(\tau)\mathrm{d}\tau$与$x_2=\int_{t_0}^{t_1}y(\tau)(-u(\tau))\mathrm{d}\tau=-x_1$ 均是$\boldsymbol{M}$的点,则$\boldsymbol{M}$关于原点对称。

又若 $x_1\in\boldsymbol{M},x_2\in\boldsymbol{M}$,则有对应的 u_1 与 u_2 存在。不难证明,$\alpha u_1+(1-\alpha)u_2$ 发生的点$\int_{t_0}^{t_1}y(\tau)[xu_1(\tau)+(1-\alpha)u_2(\tau)]\mathrm{d}\tau=\alpha x_1+(1-\alpha)x_2$。而大家知道,$u_0=\alpha u_1+(1-\alpha)u_2$。当 $0\leqslant\alpha\leqslant 1$ 时,仍然是满足 $|u|\leqslant 1$ 的 L- 可测函数,所以 $x_0=\alpha x_1+(1-\alpha)x_2\in\boldsymbol{M}$。因此,$\boldsymbol{M}$ 系凸集。

又 $\boldsymbol{M}$ 系凸集,因此它的全部将包含在 $\boldsymbol{X}_n$ 的一个通过原点的线性流形中。现设此线性流形不是 n 维空间本身,令$\boldsymbol{M}$存在过原点的一个 $n-1$ 维线性流形 $\boldsymbol{N}$ 中,我们来证明与假设矛盾。矛盾本身说明,$\boldsymbol{M}$ 不能包含在任何低维线性流形中,而它本身确定是一个线性流形的一部分,因此线性流形必为 n 维,从而 $\boldsymbol{M}$ 是 n 维的。

考虑过原点的一个法向量,记为 η,由于 $\boldsymbol{N}$ 不是 n 维的,因此 η 非零。考虑

$$u(\tau)=\mathrm{sign}(y(\tau),\eta) \tag{4.2-16}$$

由此可知

$$\begin{aligned}[\eta,x]&=\left[\eta,\int_{t_0}^{t_1}y(\tau)\mathrm{sign}(y(\tau),\eta)\mathrm{d}\tau\right]\\&=\int_{t_0}^{t_1}|[y(\tau),\eta]|\,\mathrm{d}\tau\geqslant\delta>0\end{aligned} \tag{4.2-17}$$

由此可知,$x\overline{\in}\boldsymbol{N}$,因此 $\boldsymbol{M}\overline{\in}\boldsymbol{N}$,$\boldsymbol{M}$ 是 n 维的。

至此，完全证明由关系式(4.2-15)，当 u 取遍 $|u|\leqslant 1$ 的 L-可测函数时，x 构成的集合 $\boldsymbol{M}$ 是包含原点的以原点对称的 n 维凸集合。

定理 4.2　对任何正常系数来说，对任何 t_0，领航至原点的起始可达区是非空的且以原点为内点。

证明　我们用引理来证明它。

终点 $x'=0$，由此可知积分方程(4.1-11)将变为

$$x^0=-\int_{t_0}^{t_1}X^{-1}(\tau,t_0)B(\tau)u(\tau)\mathrm{d}\tau=-\int_{t_0}^{t_1}Y(\tau,t_0)u(\tau)\mathrm{d}\tau \tag{4.2-18}$$

由此利用引理 4.2，则定理得证。

定理 4.3　对任何变系数线性受控系统，即

$$\dot{x}=A(t)x+b(t)u \tag{4.2-19}$$

若有条件，即

$$b_1(t)=b(t),\cdots,b_j(t)=-A(t)b_{j-1}(t)+\dot{b}_{j-1}(t),\cdots,b_n(t)=-A(t)b_{n-1}(t)+\dot{b}_{n-1}(t) \tag{4.2-20}$$

在$[t_0,t_1]$上线性无关，则系统在 t_0 时领航至原点的起始可达区是非空的以原点为内点的 n 维凸集合。

证明　事实上，我们只要能证明式(4.2-20)线性无关时，系统是正常的就可以了。

考虑辅助系统，即

$$\dot{\psi}=-A^*(t)\psi \tag{4.2-21}$$

显然，它的基本解矩阵 $\Psi(\tau,t_0)=[X^{-1}(\tau,t_0)]^*$。由此问题变为证明

$$\Psi^*(\tau,t_0)b(\tau) \tag{4.2-22}$$

之各分量是线性无关的即可。记 $\Psi^*(\tau,t_0)$之各行为 $\psi_1(\tau),\cdots,\psi_n(\tau)$。显然，它们转置成列向量时均为式(4.2-20)之解。由于 $\Psi^*(\tau,t_0)$是基本解矩阵，因此 $|\Psi^*(\tau,t_0)|\neq 0$。

设系统不是正常的，则存在 $c_1,\cdots,c_n$ 不全为零，有

$$c_1[\psi_1,b_1]+c_2[\psi_2,b_1]+\cdots+c_n[\psi_n,b_1]\equiv 0 \tag{4.2-23}$$

对其求导数，则有

$$c_1[\dot{\psi}_1,b_1]+c_1[\psi_1,\dot{b}_1]+\cdots+c_n[\dot{\psi}_n,b_1]+c_n[\psi_n,\dot{b}_1]\equiv 0$$

由此考虑

$$[\dot{\psi}_i,b_1]=[\psi_i-Ab_1]$$

则有

$$c_1[\psi_1,b_2]+\cdots+c_n[\psi_n,b_2]\equiv 0$$

不难证明

$$c_1[\psi_1,b_i]+\cdots+c_n[\psi_n,b_i]\equiv 0,\quad i=1,2,\cdots,n \tag{4.2-24}$$

或者写为

$$[(c_1\psi_1+\cdots+c_n\psi_n),b_i(t)]\equiv 0 \quad i=1,2,\cdots,n \tag{4.2-25}$$

又由于 $\psi_1,\cdots,\psi_n$ 是线性无关的,因此对非零之 c_i,则 $c_1\psi_1+\cdots+c_1\psi_n$ 是非零的,而 $b_i(t)$ 与一非零向量正交,因此 $b_i(t)$ 线性相关,定理之条件被破坏。于是可知定理之结论是正确的。

推论 4.1 对任何变系数线性系统,即

$$\dot{x}=A(t)x+B(t)u \tag{4.2-26}$$

其中,$u\in\boldsymbol{U}$,$\boldsymbol{U}$ 是包含原点为内点的凸多角体。

若能找到一个 r 维向量 w,使

$$b_1=B(t)w,\cdots,b_j=-Ab_{j-1}+\dot{b}_{j-1},\cdots,b_n \tag{4.2-27}$$

在区间 $[t_0,t]$ 上是线性无关的,则系统在 t_0 是正常的。

推论的证明是显然的。

推论 4.2 对任何常系数线性系统,即

$$\dot{x}=Ax+Bu \tag{4.2-28}$$

其中,$u\in\boldsymbol{U}$,$\boldsymbol{U}$ 是包含原点为内点的凸多角形。

若有一个 r 维向量 w,使

$$Bw,ABw,\cdots,A^{n-1}Bw \tag{4.2-29}$$

线性无关,则系统(4.2-28)对领航至原点是一致起始可达的。

定义 4.7 系统(4.1-1)称为渐近正常的,系指对任何非零向量 η,总有 $\|\eta^{\mathrm{T}}Y(\tau,t_0)\|=\sum\limits_{\alpha=1}^{r}\sum\limits_{i=1}^{n}|\eta_i Y_{i\alpha}(\tau,t_0)|$,具有性质,即

$$\int_{t_0}^{\infty}\|\eta^{\mathrm{T}}Y(\tau,t_0)\|\,\mathrm{d}\tau=\infty \tag{4.2-30}$$

定理 4.4 渐近正常系统是全局一致起始可达的。

证明 考虑

$$x^0=-\int_{t_0}^{t}Y(\tau,t_0)u(\tau)\mathrm{d}\tau,\quad t\geqslant t_0 \tag{4.2-31}$$

研究对一切 $t\geqslant t_0$,所有满足 $|u|\leqslant 1$ 的控制 $u(t)$ 构成的 x^0 的集合。显然,它是凸集合。又由于对任给之 η,我们确定控制,即

$$u(\tau)=\mathrm{sign}\,\eta^{\mathrm{T}}Y(\tau,t_0) \tag{4.2-32}$$

是 r 维向量。由于系统是渐近正常的,因此对于上述 η 总有

$$-(\eta,x^0)=\int_{t_0}^{t}\|\eta^{\mathrm{T}}Y(\tau,t_0)\|\,\mathrm{d}\tau\to\infty \tag{4.2-33}$$

再考虑集合本身是对称凸集,因此 x^0 之全体是 n 维空间,即系统是全局一致起始可达的。

定理 4.5 对于线性常系数系统(4.2-28),若它满足以下条件。

1° A 算子是稳定的，即 A 之特征值中没有一个具有正实部。

2°系统是正常的。

则系统是全局一致起始可达的。

证明　考虑任何 $\eta\neq 0$，则对于 r 维行向量，即

$$v(t)=\eta^{\mathrm{T}}Y(t)=\eta^{\mathrm{T}}\mathrm{e}^{-At}B \tag{4.2-34}$$

总有一个分量不恒为零。令此分量是 $v_j(t)\neq 0$，显然它可以写为

$$v_j(t)=\sum_{i=1}^{m}P_i(t)\mathrm{e}^{\alpha_i t}\cos(\beta_i t+\delta_i) \tag{4.2-35}$$

其中，$\alpha_i\geqslant 0$；$P_i(t)$是 t 之多项式，次数不超过对应实部为 α_i 的特征根的初等因子的次数。

由此对充分大的 τ，总有当 $t\geqslant\tau$，使

$$|v_j(t)|\geqslant|\eta(t)+q(t)|$$

其中，$\eta(t)$是拟周期的且不恒为零；$|q(t)|<\dfrac{k}{t\alpha}$。

由此我们考虑

$$\lim_{T\to\infty}\frac{1}{T}\int_{\tau}^{T}|\eta(t)+q(t)|^2\mathrm{d}t=\lim_{T\to\infty}\frac{1}{T}\int_{\tau}^{T}\eta^2(t)\mathrm{d}t=2c>0$$

显然可知

$$\int_0^T|v_i(t)|\mathrm{d}t\geqslant\int_{\tau}^{T}|\eta(t)+q(t)|\mathrm{d}t\geqslant T^{-\frac{1}{2}}\int_{\tau}^{T}|\eta(t)+q(t)|^2\mathrm{d}t\geqslant cT^{\frac{1}{2}}$$

再从 $T\to\infty$，则我们有

$$\int_0^{\infty}|v_j(t)|\mathrm{d}t=\infty \tag{4.2-36}$$

因此，系统是渐近正常的，从而是全局一致起始可达的。

4.2-4　应用隐函数存在定理方法讨论可达性

在上一部分，我们讨论可达性问题，实际上是十分原则的办法，没有指出例如一个满足可达结论的控制所应有的形式。在这里，我们应用隐函数存在定理建立这种控制。应用隐函数存在定理的方法，不但可以证明线性系统在一定条件下领航至原点的起始可达区存在的问题，而且这种方法也可以推广至非线性系统的起始可达区的研究。

定理 4.6　对于常系数线性系统，即

$$\dot{x}=Ax+Bu \tag{4.2-37}$$

u 的可取集合是$|u|\leqslant 1$，而 $b,Ab,\cdots,A^{n-1}b$ 线性无关。在原点附近一定存在领航至原点的起始可达区，并且对起始可达区中的每一点均可用逐段常量控制将像点领航至原点。

证明 首先由线性代数知识可知,对于充分小的$\varepsilon>0$,算子A与算子$e^{-\varepsilon A}$具有相同的不变子空间。由此可知,若$b,Ab,\cdots,A^{n-1}b$是线性无关的,则对于充分小的ε来说,$e^{-\varepsilon A}b,\cdots,e^{-n\varepsilon A}b$应该线性无关,或者矩阵$[e^{-\varepsilon A}b \quad \cdots \quad e^{-n\varepsilon A}b]$之秩为$n$。

下面构造逐段常量控制,令

$$\sigma(t,\tau,\xi)=\begin{cases}\text{sign}\xi, & t\in[\tau,\tau+\xi]\\ 0, & t\overline{\in}[\tau,\tau+\xi]\end{cases} \tag{4.2-38}$$

然后确定逐段常量控制,即

$$u(t,\tau,\xi_1,\cdots,\xi_n)=\sum_{k=1}^{n}\sigma(t,k\varepsilon,\xi_k) \tag{4.2-39}$$

由充分小的ε与$\xi_1,\cdots,\xi_n$确定,并且定义在$t\in[0,t_1]$上。在此组控制下,我们有

$$x^1=x(x^0,\xi_1,\cdots,\xi_n)=e^{t_1A}\left(x^0+\int_0^{t_1}e^{-tA}b\sum_{k=1}^{n}\sigma(t,k\varepsilon,\xi_k)dt\right) \tag{4.2-40}$$

显然,若令$\xi_1=\cdots=\xi_n=0$,则有

$$x^1(x^0,\xi_1,\cdots,\xi_n)|_{x^0=0,\xi_1=\cdots=\xi_n=0}=0 \tag{4.2-41}$$

另外,式(4.2-40)方括号中之被加函数σ在不同区间有定义。由此可知,式(4.2-40)之右端和号有如下形式,即

$$e^{t_1A}\int_{k\varepsilon}^{k\varepsilon+\xi_k}e^{-tA}b\,dt$$

由此可知

$$\left.\frac{\partial x^1}{\partial\xi_k}\right|_{\xi_k=0}=e^{tA}(e^{-k\varepsilon A}b)$$

又由于e^{t_1A}是非奇导的,可知

$$\left.\frac{\partial(x_1^1,\cdots,x_n^1)}{\partial(\xi_1,\cdots,\xi_n)}\right|_{\xi_1=\cdots=\xi_n=0}$$

是非奇异的。考虑式(4.2-41)之成立,由式(4.2-41)可以解出x^0作为$\xi_1,\cdots,\xi_n$之隐函数。它在坐标原点附近确定,或者反过来也可以将$\xi_1,\cdots,\xi_n$确定为x^0的函数,其中x^0在坐标原点附近取点。由此在坐标原点附近存在系统领航至原点的起始可达区。

显然,我们证明了在时间$[0,t_1]$中能领航至原点的起始可达区,并且完成领航任务的控制是逐段常量的。

应用此定理亦可证明如下定理,但我们从矩论引理出发来证明。

定理 4.7 设非线性受控系统方程为

$$\dot{x}=f(x)+bu \tag{4.2-42}$$

对应的自由系统为

$$\dot{x}=f(x) \tag{4.2-43}$$

满足以下条件。

1° $f(0)\equiv 0$，$f(x)$有一阶连续之偏导数。

2°矩阵 $A(x)=\dfrac{\partial f_i}{\partial x_j}$与向量 b 对 $x=0$ 附近之每一点均有向量组，即

$$b,Ab,A^2b,\cdots,A^{n-1}b \tag{4.2-44}$$

线性无关，即构成一组基。

对应系统(4.2-42)在时间$[0,t_1]$中所能领航至原点的起始可达区存在，是 n 维区域且以原点为内点。

证明　为证明这一定理首先引入一个引理。这个引理的证明留作习题。

引理 4.3(矩引理)　设 $F(t)$是系统，即

$$\dot{x}=Ax \tag{4.2-45}$$

之基本解矩阵，b 为任何使 $b,Ab,\cdots,A^{n-1}b$ 线性无关之向量。对向量 c 使积分方程，即

$$c=\int_0^T F^{-1}(t)bu(t)\mathrm{d}t \tag{4.2-46}$$

当$|u|\leqslant\mu$ 时，可解之条件是 c 满足不等式，即

$$\min_{[l,c]=1}\int_0^T |[l,F^{-1}(t)b]|\,\mathrm{d}\tau\geqslant\frac{1}{\mu} \tag{4.2-47}$$

注：矩引理一般是针对 Banach 空间线性泛函给出的，但这里比较具体，证明过程可以相对简单，一般情形参见文献[22]。

下面应用此引理来证明定理。

若设不然，则有一个点列 $x^{0k}\to 0$。以其作为初始状态，不存在可允控制，在有限时间内将相轨领航到原点。

记对应无控系统(4.2-43)在初始状态是 x^{0k}下之解，即

$$x^k(t)=x(x^{0k},t),\quad k=1,2,\cdots,n \tag{4.2-48}$$

我们沿此轨线作变分方程组与完全方程组，则有

完全组

$$\frac{\mathrm{d}\Delta x}{\mathrm{d}t}=p^{(k)}(t)\Delta x+b\delta u+\beta(\Delta x,t) \tag{4.2-49}$$

变分组

$$\frac{\mathrm{d}\delta x}{\mathrm{d}t}=p^{(k)}(t)\delta x+b\delta u \tag{4.2-50}$$

其中，$p^{(k)}(t)=\left(\dfrac{\partial f_i}{\partial x_j}\right)_{x=x(x^{0k},t)}$；$\beta(\Delta x,t)=o(\Delta x)$。

引进矩阵组，即

$$\theta_1=\frac{\partial f_i}{\partial x_j},\cdots,\theta_r=-\theta_1\theta_{r-1}+\sum\frac{\partial\theta_{r-1}}{\partial x_i}f_i(x)+\cdots \tag{4.2-51}$$

不难证明，矩阵组 θ_r 满足以下条件，即

$$p^{(k)}(t)=\theta_1(x(x^{0k},t))$$
$$A=\theta_1(0),\cdots,\lim_{x\to 0}\theta_r=A^r(-1)^{r-1},\quad r\geqslant 2$$

一组向量若线性无关，则经微小变动后仍然线性无关。由此可知，只要 x 充分小，总有向量组 $b,\theta_1 b,\cdots,\theta_{n-1}b$ 线性无关。设满足此条件之充分条件为 $\|x\|<\varepsilon$，给定 ε，当 $t\in[0,T]$ 时，不难知道有 $\delta>0$ 存在，使系统(4.2-43)初值在 $\|x\|<\delta$ 内总有 $\|x\|<\varepsilon$。

令 $\eta(t,k)=F_k^{-1}(t)b$，其中 $F_k(t)$ 是式(4.2-50)之基本解矩阵。

引入函数向量组，即

$$\eta^0(t,k)=\eta(t,k),\cdots,\eta^{(m)}(t,k)=F_k^{-1}\theta_m b\,|_{x=x(x^{0k},t)}$$

显然，这一组向量是线性无关的。另外，$\eta^{(m)}(t,k)$ 是 η 的 m 次导数，则由系统的条件可知，对任何非零向量 l，使 $(l,\eta)=0$ 之点只能在区间 $[0,T]$ 上的有限个值成立。

由此再应用引理，则可使

$$c=\int_0^T F_k^{-1}(\tau)b\delta u\,\mathrm{d}\tau \tag{4.2-52}$$

当 $|\delta u|\leqslant\mu$ 时，有解之条件是 c 满足

$$\min_{(l,c)=1}\int_0^t|[l,F_k^{-1}(\tau)b]|\,\mathrm{d}\tau\geqslant\frac{1}{\mu} \tag{4.2-53}$$

显然，我们选择 c 充分小，则上述式子恒能保证。由此可知，当 c 满足

$$\|c\|\leqslant\mu \tag{4.2-54}$$

时，保证式(4.2-53)成立，即 c 可解。

记式(4.2-54)之 n 维球是 $\boldsymbol{S}$，则当 $c\in\boldsymbol{S}$ 时，有对应的 $\delta u=\delta(t)$ 使式(4.2-52)成立，而 c 取遍 $\boldsymbol{S}$ 时，δu 之集合为 $\delta\boldsymbol{U}$。

考虑初值 $\delta x^k(0)=0$ 时，变分组(4.2-50)之解是 $\delta x^k(t)$，它显然可写为

$$\delta x^k(t)=F_k(t)\int_0^t F_k^{-1}(\tau)b\delta u\,\mathrm{d}\tau$$

由此我们选择 δu 为上述 $\delta(t,c,\mu)$，则有

$$\delta x^k(T)=F_k(T)\int_0^T F_k^{-1}(\tau)b\delta(\tau,c,\mu)\,\mathrm{d}\tau,\quad \delta u\in\delta\boldsymbol{U}$$

显然，$\delta x^k(T)$ 将是由 $\boldsymbol{S}$ 经非奇异线性变换变成的椭球，因此是 n 维的。

考虑同一控制 δu，则完全组(4.2-49)与变分组(4.2-50)在同一初值下之解将有如下估计式，即

$$|\Delta x(t)-\delta x(t)|\leqslant 0(\mu^2),\quad |\delta u|\leqslant\mu$$

由此选 μ 充分小，当 $x(x^{0k},T)+\delta x^k(T)$ 构成之点集 $\boldsymbol{\Sigma}_k$ 包含原点时，$x(x^{0k},T)+\Delta x^k(t)$ 构成之点集 $\boldsymbol{M}_k$ 也含原点。

由此可知，将此 x^{0k} 作为初态，则存在可允控制在时间 T 内将其领航至原点。由此导出矛盾，系统在原点附近存在一个起始可达区。

应用此定理不难指出，若系统(4.2-43)是全局渐近稳定的，则它是全空间起始可达原点的。

4.2-5　Lasalle 引理及应用

这一节研究变系数线性系统，即

$$\dot{x}=A(t)x+B(t)u \tag{4.2-55}$$

其中，$A(t)$ 和 $B(t)$ 分别为 $n\times n$ 和 $n\times r$ 阶时变矩阵；控制 u 所受之约束为

$$u(t)\in \boldsymbol{U}=\{u\,|\,u=(u_1,\cdots,u_r)';\,|u_i|\leqslant 1\} \tag{4.2-56}$$

设 $X(t)$ 为

$$\dot{x}=A(t)x \tag{4.2-57}$$

的基本解矩阵①，即有 $X(O)=I$，且满足上述齐次方程(4.2-57)。进一步，研究控制集合 $\boldsymbol{U}$ 的顶点元组成的集合，即

$$\widetilde{\boldsymbol{U}}=\{u\,|\,|u_i(\tau)|=1,0\underset{i=1,\cdots,r}{\leqslant\tau\leqslant} t\}\subset \boldsymbol{U} \tag{4.2-58}$$

自然上述 $u(t)$ 均设为 L-可测函数

对系统(4.2-55)，当初值为 $X(O)=x_0$ 时，对应控制为 $u(t)$ 的解为

$$X(t,u)=X(t)x_0+X(t)\int_0^t Y(\tau)u(\tau)\mathrm{d}\tau \tag{4.2-59}$$

其中，$Y(\tau)=X^{-1}(t)B$。

显然，这可以写为

$$X(t,u)=X(t)\left(x_0+\int_0^t Y(\tau)u(\tau)\mathrm{d}\tau\right) \tag{4.2-60}$$

其中，x_0 与控制无关；另一方面 $X(t)$ 也是与控制无关的可逆线性变换；$u(t)\in\boldsymbol{U}$。

令

$$\boldsymbol{M}=\left\{\int_0^t Y(\tau)u(\tau)\mathrm{d}\tau\ \middle|\ u\in\boldsymbol{U}\right\} \tag{4.2-61}$$

$$\widetilde{\boldsymbol{M}}=\left\{\int_0^t Y(\tau)u(\tau)\mathrm{d}\tau\ \middle|\ u\in\widetilde{\boldsymbol{U}}\right\}\subset\boldsymbol{M} \tag{4.2-62}$$

Lasalle 引理　对任何 $n\times r$ 矩阵 $Y(\tau)$，总有

$$\boldsymbol{M}=\widetilde{\boldsymbol{M}} \tag{4.2-63}$$

证明　对 r 用归纳法。

首先证明 $r=1$ 的情形。此时，$Y(\tau)=y(\tau)$ 只是一个向量，$\boldsymbol{U}$ 中函数满足

---

①　这里的基本解矩阵 $X(t)$ 只写成 t 的函数是因为初始时刻已取为 $t_0=0$。这样在表述上可以简单一些，但不影响初始时间 $t_0\neq 0$ 时结论仍成立。

$|u(t)|\leqslant 1$，而 $\widetilde{U}$ 中的函数 $u(t)$ 仅取 ± 1 两值。

考虑区间 $[0,1]$ 上任一可测集 $\boldsymbol{E}$，记 $w_E(t)$ 为 $\boldsymbol{E}$ 的特征函数[①]，取 $u(t)=2w_E(t)-1$，于是 $u(t)\in\widetilde{\boldsymbol{U}}$，定义

$$\mu(\boldsymbol{E},y)=\int_{\boldsymbol{E}} y(t)\mathrm{d}t \tag{4.2-64}$$

给定 $y(t)$ 后，它由可测集 $\boldsymbol{E}$ 决定。于是给定 y 后可定义

$$\boldsymbol{Q}_m(y)=\left\{\int_{\boldsymbol{E}} y(t)\mathrm{d}t \,\middle|\, \boldsymbol{E}\subset[0,1]\text{ 为可测集}\right\}$$

它是 $y(t)$ 给定后的向量测度范围。由实变函数中 Lyapunov 引理可知，$\boldsymbol{Q}_m(y)$ 的这一集合是凸闭集（见附录Ⅰ）。

考虑积分，即

$$\bar{y}=\int_0^1 y(t)\mathrm{d}t \tag{4.2-65}$$

则我们有

$$\widetilde{\boldsymbol{M}}=2\boldsymbol{Q}_m(y)-\bar{y}$$

于是 $\widetilde{\boldsymbol{M}}$ 亦为凸闭集。

现设 $z\in\boldsymbol{M}$，则存在 $u(t)\in\boldsymbol{U}$ 有

$$z=\int_0^1 y(t)u(t)\mathrm{d}t \tag{4.2-66}$$

我们将设法证明，在 $\widetilde{M}$ 中存在一序列，其极限就是 z，而 $\widetilde{\boldsymbol{M}}$ 是闭的。这就证明了 $\widetilde{\boldsymbol{M}}=\boldsymbol{M}$。

令 $v(t)=\dfrac{1}{2}(u(t)+1)$，显然 $v\in\boldsymbol{U}$，取 $\bar{z}=\dfrac{1}{2}(z+\bar{y})$，因此有 $0\leqslant v(t)\leqslant 1$，并且

$$\bar{z}=\int_0^1 y(t)v(t)\mathrm{d}t \tag{4.2-67}$$

定义向量序列，即

$$\bar{z}_m=\sum_{j=1}^{m}\frac{1}{m}\int_{\boldsymbol{E}_j} y(t)\mathrm{d}t \tag{4.2-68}$$

其中，$\boldsymbol{E}_j$ 是可测集，定义为

$$\boldsymbol{E}_j=\left\{t\,\middle|\,\frac{j-1}{m}\leqslant v(t)\leqslant\frac{j}{m}\right\} \tag{4.2-69}$$

由此就有

$$|\bar{z}-z_m|=\sum_{j=1}^{m}\int_{\boldsymbol{E}_j}\left(\frac{j}{m}-v(t)\right)y(t)\mathrm{d}t\leqslant\frac{1}{m}\sum_{j=1}^{m}\int_{\boldsymbol{E}_j}|y(t)|\mathrm{d}t=\frac{1}{m}\int_0^1|y(t)|\mathrm{d}t$$

---

① 集合 $\boldsymbol{E}$ 的特征函数 $w_{\boldsymbol{E}}(t)$ 定义为 $w_{\boldsymbol{E}}(t)=\begin{cases}1, & t\in\boldsymbol{E}\\ 0, & t\overline{\in}\boldsymbol{E}\end{cases}$。

由此就有 $\lim\limits_{m\to\infty}\bar{z}_m=\bar{z}$。令

$$\boldsymbol{F}_j=\bigcup_{i=j}^{m}\boldsymbol{E}_i$$

它也是可测集，因此有

$$\bar{z}_m=\frac{1}{m}\sum_{j=1}^{m}\int_{\boldsymbol{F}_j}y(t)\mathrm{d}t \tag{4.2-70}$$

由于 $\boldsymbol{Q}_m(y)$ 是凸闭集，因此 $\bar{z}_m\in\boldsymbol{Q}_m(y)$。若令

$$z_m=2\bar{z}_m-\bar{y}$$

则可以有 $z_m=2\bar{z}_m-\bar{y}\in\widetilde{\boldsymbol{M}}$，且 $\lim\limits_{m\to\infty}z_m=z$。由此完成 $r=1$ 时的证明。

以下设引理对 $r-1$ 已成立。

记

$$\boldsymbol{U}=\boldsymbol{V}_1\oplus\boldsymbol{V}_2,\quad \widetilde{\boldsymbol{U}}=\widetilde{\boldsymbol{V}}_1\oplus\widetilde{\boldsymbol{V}}_2 \tag{4.2-71}$$

其中，$\boldsymbol{V}_1=\{u_1,\cdots,u_{r-1},0\mid |u_i|\leqslant1,i\leqslant r-1\}$；$\boldsymbol{V}_2=\{0,\cdots,0,u_r\mid |u_r|\leqslant1\}$。

又设 $Y(t)=(Z_1(t),z_2(t))$，则

$$\int_0^1 Y(t)u(t)\mathrm{d}t=\int_0^1(z_1(t),0)v_1(t)\mathrm{d}t+\int_0^1(O,z_2(t))v_2(t)\mathrm{d}t \tag{4.2-72}$$

其中，$v_1(t)=(u_1,\cdots,u_{r-1},0)'$；$v_2(t)=(0,\cdots,0,u_r(t))'$。

由于上述符号与代数中直接和的概念类似，式(4.2-71)显然是成立的。研究式(4.2-72)第一个积分与 $r-1$ 时的情形一样，而第二个积分相当于 $r=1$。前者成立是归纳法假定，而后者成立已经证明。按归纳法，引理成立。

上述 Lasalle 引理表明，当 $\boldsymbol{U}$ 取正立方体时，一切由 $\boldsymbol{U}$ 中控制 $u(t)$ 可能达到的位置均可用 $\widetilde{\boldsymbol{U}}$ 中的元，即 $\boldsymbol{U}$ 的顶点来实现，并且上述引理的积分上下限自然可以由(0,1)拓宽至任何区间 (t_0,t_1)。$\boldsymbol{U}$ 是否能从正立方体拓宽为一般凸多面体显然是很有趣的问题。

§4.3 极值控制与最优控制

在上一节，我们比较系统地讨论了系统的可达性问题。在这一节，我们来研究如果最优控制是存在的，那么这种控制应该具有何种特性。

4.3-1 极值控制与位置一般性假定

考虑线性系统，设动力学方程为

$$\dot{x}=A(t)x+B(t)u \tag{4.3-1}$$

其中，$A(t)$ 是 $n\times n$ 矩阵；$B(t)$ 是 $n\times r$ 矩阵；x 是 n 维矢量；u 是 r 维矢量。

以下称控制 $u(t)$ 是可允的，系指满足条件

$$u \in \boldsymbol{U} \tag{4.3-2}$$

其中,$\boldsymbol{U}$ 是包含原点的凸闭多角形;$u(t)$ 是 L-可测函数。

记 $\boldsymbol{U}$ 之任一棱边上之向量为 w,考虑矩阵组,即

$$B_1 = B_0(t), \cdots, B_i = -A(t)B_{i-1}(t) + \dot{B}_{i-1}(t), \cdots \tag{4.3-3}$$

研究向量,即

$$B_1 w, \cdots, B_n w \tag{4.3-4}$$

若其线性无关,则称系统满足位置一般性假定①。

显然,当系统满足位置一般性假定时,系统是可达的,反过来一般不成立,但当 $r=1$ 时,这两个条件是等价的。

如果系统是常系数线性系统,即

$$\dot{x} = Ax + Bu \tag{4.3-5}$$

而 u 受到限制(4.3-2),则位置一般性假定归于要求对任何 U 之棱边 w。向量组 $Bw, ABw, \cdots, A^{n-1}Bw$ 线性无关。

对于系统(4.3-1),我们可以组织它的 Hamilton 函数,即

$$H = [\psi, A(t)x] + [\psi, B(t)u] \tag{4.3-6}$$

显然,如果对应的控制是最优的,则它应满足下式,即

$$[\psi, B(t)u] = \max = P[\psi(t)] \tag{4.3-7}$$

以后我们称一切满足条件(4.3-7)的控制是极值控制。

定理 4.8　设系统满足位置一般性假定,则其极值控制有如下性质。

1°对连接同样两点 x^0 与 x^1 的极值控制来说,它是唯一的。

2°它只能在 $\boldsymbol{U}$ 的多角形顶点上取值,即实现 Bang-Bang 控制。

证明　首先极值控制必须满足条件(4.3-7)。考虑 $\boldsymbol{U}$ 是凸的,对每一 t 来说,对 $\boldsymbol{U}$ 中一切点均使式(4.3-7)取同样的值,或者 u 一定在 $\boldsymbol{U}$ 之边界面上选取。事实上,若不然,设点 u^0 是 $\boldsymbol{U}$ 之内点,使式(4.3-7)实现,且在边界上某点 u' 使

$$[\psi, B(t)u'] < [\psi, B(t)u^0] \tag{4.3-8}$$

成立,则考虑 r 维空间中的直线,即

$$u = u' + \mu(u^0 - u') \tag{4.3-9}$$

其中,μ 是大于等于 0 之实数,显然 $\mu=1$ 对应 $u=u^0$。

由于 u^0 系内点,因此存在 $\mu_0>1$,使 $u' + \mu_0(u^0 - u') \in \boldsymbol{U}$。由此不难有

$$[\psi, B(t)[u' + \mu_0(u^0 - u^1)]] > [\psi, B(t)u^0] \tag{4.3-10}$$

显然,这与假设矛盾。因此,u 除去在整个 $\boldsymbol{U}$ 上,式(4.3-7)取同样值以外,u 只能在其边界面上取值。

---

① 位置一般性假定原出自 Pontryagin,在 20 世纪 60 年代通用,后来研究发现其实质就是 Kalman 关于系统可控性的判定。

用同样的办法，我们可以证明若 u 不在 $\boldsymbol{U}$ 之顶点上实现条件(4.3-7)，则一定在一条棱上同时实现条件(4.3-7)。这种证明同前面的证明没有原则区别。

由此可知，极值控制定可由 Bang-Bang 控制实现。

进一步，我们证明实现条件(4.3-7)而不取 $\boldsymbol{U}$ 之顶点的极值控制在有限区间 $[0,t_1]$ 上只可能取有限个。由于 $\boldsymbol{U}$ 的边数有限，因此只要证明其在每一棱边上实现条件(4.3-7)的点是有限的就可以了。

现设不然，并记对应之棱边上的向量为 w，则我们有

$$[\psi(t),B_0(t)w]=0 \tag{4.3-11}$$

而 $\psi(t)$ 是对应式(4.3-1)的共轭系统，即

$$\dot{\psi}=-A^*(t)\psi \tag{4.3-12}$$

之非零解。

考虑对式(4.3-11)求导数，w 是常向量，则有

$$[\psi(t),B_1(t)w]=0$$

$$\cdots$$

$$[\psi(t),B_n(t)w]=0$$

而我们又知 $B_0(t)w,B_1(t)w,\cdots,B_n(t)w$ 线性无关。由此可知，$\psi(t)=0$。显然，使式(4.3-11)成立之 t 必使 $\psi(t)=0$，又 $\psi(t)$ 是系统(4.3-12)之解，不难证明若它在有限区间 $[0,t_1]$ 上具有无穷多个零点，考虑到它是解析函数，因此应恒为零。由此与 $\psi(t)$ 是非零解矛盾。

于是可知，系统由条件(4.3-7)确定之控制在整条棱边上实现的时间只能是有限个点。若除去这有限个点以外，则实现条件(4.3-7)之点只能在 $\boldsymbol{U}$ 之顶点上。

现证明唯一性。设有两个顶点同时使条件(4.3-7)实现，则不难证明，一切连接此两点之直线上的全部介于两点之间的点均使条件(4.3-7)实现同样的值。由此可知，这样的点也只能是有限的。

由此可知，若除去有限个点的区别以外，实现条件(4.3-7)的控制是唯一的。

这就得到了极值控制是唯一的结论，并且是 Bang-Bang 的，即极值控制是分段常量控制。在有限区间内，只能有有限个跳跃点。若不论其跳跃点上的情况，则控制是唯一的。

进一步，我们指出对于一类常系数线性系统，在极值控制下，跳跃的次数不超过方程的阶数。

定理 4.9　考虑常系数线性系统，即

$$\dot{x}=Ax+Bu \tag{4.3-13}$$

1°A 算子只有实根。

2°满足位置一般性假定，$\boldsymbol{U}$ 是正六面体，$\alpha_\rho\leqslant u_\rho\leqslant\beta_\rho$，则极值控制 u 在任何有限区间内的切换次数不超过 $n-1$。

证明 首先证明一个引理。

引理 4.4 设$\lambda_1,\cdots,\lambda_m$是$m$个各不相同之实数，$f_1(t),\cdots,f_m(t)$是$m$个实系数多项式，其次数为$k_1,\cdots,k_m$，则函数，即

$$f_1(t)e^{\lambda_1 t}+\cdots+f_m(t)e^{\lambda_m t} \tag{4.3-14}$$

之实根不超过$k_1+\cdots+k_m+m-1$个。

我们对m应用归纳法来证明。

首先，$m=1$时，考虑函数$f_1(t)e^{\lambda_1 t}$之实零点，显然不超过$k_1+0=k_1$个。

进一步，设$m-1$时成立，下面证m时亦成立。

考虑以$e^{-\lambda_m t}$乘式(4.3-14)，即

$$(f_1(t)e^{\lambda_1 t}+\cdots+f_m(t)e^{\lambda_m t})e^{-\lambda_m t}=f_m(t)+e^{(\lambda_{m-1}-\lambda_m)t}f_{m-1}(t)+\cdots+e^{(\lambda_1-\lambda_m)t}f_1(t)=\varphi(t) \tag{4.3-15}$$

显然，$\varphi(t)$对t的k_{m+1}次导数$\varphi^{(k_m+1)}(t)$将具有如下形式，即

$$e^{(\lambda_1-\lambda_m)t}\varphi_1(t)+\cdots+e^{(\lambda_{m-1}-\lambda_m)t}\varphi_{m-1}(t)$$

其中，$\varphi_i(t)$之次数不超过k_i次。

由归纳法对$m-1$定理成立可知，$\varphi^{(k_m+1)}(t)$只有$k_1+\cdots+k_{m-1}+(m-1)-1$个零点。由可微函数及其各阶导数的实零点个数的估计可知，$\varphi(t)$的零点个数不超过$k_1+k_2+\cdots+k_{m-1}+k_m+m-1$个。由此引理得证。

下面证明定理 4.9。

考虑系统(4.3-13)之共轭系统，即

$$\dot{\psi}=-A^*\psi \tag{4.3-16}$$

显然，它的特征值是A之特征值之反号，因此均为实值。考虑条件，即

$$[\psi,Bu]=\max \tag{4.3-17}$$

又ψ是系统(4.3-16)之解，记为$\psi_1(t),\cdots,\psi_n(t)$，则式(4.3-17)之条件可写为

$$u_1(\psi_1 b_{11}+\psi_2 b_{21}+\cdots+\psi_n b_{n1})+u_2(\psi_1 b_{12}+\psi_2 b_{22}+\cdots+\psi_n b_{n1})+\cdots+u_r(\psi_1 b_{1r}+\cdots+\psi_n b_{nr})=\max \tag{4.3-18}$$

这等价于

$$u_i=\begin{cases}\alpha_i, & \psi_1 b_{11}+\cdots+\psi_n b_{n1}<0\\ \beta_i, & \psi_1 b_{11}+\cdots+\psi_n b_{n1}>0\end{cases} \tag{4.3-19}$$

而$\psi_1,\cdots,\psi_n$具有$f_1(t)e^{-\lambda_1 t}+\cdots+f_n(t)e^{-\lambda_n t}$之形式，且$f_i$次数不超过$\lambda_i$对应的最大初等因子次数减 1，当然不超过它对应的重数-1。由此可知，$f_1(t)e^{-\lambda_1 t}+\cdots+f_n(t)e^{-\lambda_n t}$之零点不超过$k=\mu_1+\cdots+\mu_m+m-1$，其中$\mu_i+1$是对应最大初等因子之次数。

由此可知

$$k\leqslant n-m+m-1=n-1$$

由此定理得证。

对于 A 算子，若存在复根，则例子表明，对于相空间中离原点越远的点，对应的最优控制的开关次数将越无界地增大，而当系统之算子 A 只具有实根时，则对相空间中任何点出发得到的最优控制之每一分量切换数均不超过 $n-1$。

应该指出，对于这个 $n-1$ 次切换定理，过去在 Pontryagin 最大值原理尚未提出时，证明它是十分费力的。

4.3-2　最优控制的唯一性与反例

我们曾指出极值控制是唯一的。这事实上是指，在同一个非零的辅助函数向量 $\psi(t)$ 下，实现极值问题(4.3-7)的控制是唯一的。

在这里，我们可指出，对应领航问题的最优控制是唯一的。

定理 4.10　系统(4.3-1)满足位置一般性假定，若给定两点 x^0 与 x^1，设 u_1 与 u_2 是定义在$[0,t_1]$与$[0,t_2]$上连接 x^0 与 x^1 的两个最优控制，则可以得到以下结论。

1° $t_1=t_2$。

2° $u_1\equiv u_2$，当 $t\in[0,t_1]$时。

相应的结论可以从追击问题得到。

定理 4.11　设多角形 U 是 r 维空间中以原点为内点的凸多角形，又设$x^1=0$，若 $u_1(t)$ 与 $u_0(t)$ 是连接 x^0 与 $x^1=0$ 定义在$[0,t_1]$与$[0,t_2]$上的两个极值控制，且系统满足位置一般性假定，则 $t_1=t_2$ 且 $u_1(t)=u_2(t)$。

从上面的讨论可知，正常系统是系统可达性的保证。位置一般性假定是最优控制与极值控制唯一性的保证。下面举例说明，确有最优控制并不唯一，但确为可达。

例如，考虑受控制系统，它的方程为

$$\begin{cases}\dot{x}_1=-x_1+u_1\\ \dot{x}_2=-2x_2+u_1+u_2\end{cases},\quad |u_1|\leqslant 1,|u_2|\leqslant 1 \tag{4.3-20}$$

由此我们有

$$A=\begin{bmatrix}-1 & 0\\ 0 & -2\end{bmatrix},\quad B=\begin{bmatrix}1 & 0\\ 1 & 1\end{bmatrix},\quad AB=\begin{bmatrix}-1 & 0\\ -2 & -2\end{bmatrix}$$

考虑 $w_1'=(0,1)$，$w_2'=(1,0)$，显然有

$$Bw_1=\begin{bmatrix}0\\ 1\end{bmatrix},\quad ABw_1=\begin{bmatrix}0\\ -2\end{bmatrix},\quad Bw_2=\begin{bmatrix}1\\ 1\end{bmatrix},\quad ABw_2=\begin{bmatrix}-1\\ -2\end{bmatrix}$$

由此可知，Bw_1 与 ABw_1 共线。显然，这不满足位置一般性假定，但系统是正常的，这是因为

$$\dot{x}_1=-x_1,\quad \dot{x}_2=-2x_2 \tag{4.3-21}$$

之基本解矩阵为

$$Z(t)=\begin{bmatrix} e^{-t} & 0 \\ 0 & e^{-2t} \end{bmatrix}$$

由此就有

$$Y(t)=Z^{-1}(t)B=\begin{bmatrix} e^{t} & 0 \\ 0 & e^{2t} \end{bmatrix}\begin{bmatrix} 1 & 0 \\ 1 & 1 \end{bmatrix}=\begin{bmatrix} e^{t} & 0 \\ e^{2t} & e^{2t} \end{bmatrix} \tag{4.3-22}$$

显然,其第一列在任何区间是线性无关的,因此系统正常。又考虑 A 之特征值均负,系统对全空间均可领航至原点。全空间是领航至原点的起始可达区。

以后我们将指出,对应系统对相空间中的任何点来说,对应问题的最速控制也是存在的(指领航至原点的问题)。由于不满足位置一般性假定,因此最优控制并不唯一,从而产生包括综合在内的多样性。

对系统组成 H 函数,我们有

$$H=-x_1\psi_1-2x_2\psi_2+u_1(\psi_1+\psi_2)+u_2\psi_2 \tag{4.3-23}$$

而对应的 ψ_i 满足方程,即

$$\dot{\psi}_1=\psi_1,\quad \dot{\psi}_2=2\psi_2 \tag{4.3-24}$$

由此最大值原理确定之控制为

$$u_1=\text{sign}(\psi_1+\psi_2),\quad u_2=\text{sign}\psi_2 \tag{4.3-25}$$

对由式(4.3-25)确定之控制,在 $\psi_2\equiv 0$ 及 $\psi_1+\psi_2\equiv 0$ 时,控制将无法确定。由系统(4.3-24)之通解为

$$\psi_1=c_1 e^{t},\quad \psi_2=c_2 e^{2t} \tag{4.3-26}$$

可知 u_2 是不变号的,而对应的 u_1 变号也最多一次。式(4.3-25)不能确定控制的点相当于 $\psi_2=0$,即 $c_2=0$ 的情形。

为确定最优控制,在方程(4.3-26)中,我们令 $\tau=-t$,由此就有

$$\begin{cases} \dfrac{dx_1}{d\tau}=x_1-u_1 \\ \dfrac{dx_2}{d\tau}=2x_2-u_1-u_2 \end{cases} \tag{4.3-27}$$

考虑终段时的控制为 $(u_1,u_1)=(-1,1),(-1,-1),(+1,+1),(+1,-1)$,求上述终段曲线的形状,然后再延拓出去,求系统的综合函数。

对最后一段的最优控制,若取 $(-1,-1)$,则我们有对应的运动方程,即

$$\dot{x}_1=-(x_1+1),\quad \dot{x}_2=-2(x_2+1)$$

由此能过原点的积分曲线是抛物线 $x_2=(x_1+1)^2-1$。由于 u_2 在整个过程中不变号,因此在到达这一抛物线前,系统的控制应该是 $(1,-1)$。此时,我们有对应的方程,即

$$\dot{x}_1 = x_1 - 1, \quad \dot{x}_2 = 2x_2$$

则积分曲线是抛物线，即

$$x_2 = A(x_1 - 1)^2 \tag{4.3-28}$$

其中，A 是任意常数。

从这一曲线之流向可以看出，我们能取作最优轨道的只是在前述抛物线 $x_2 = (x_1+1)^2 - 1$ 之右半支。

相应的情形，我们可以对最后一段控制取为$(+1,+1)$，如图 4.3-1 所示。它确定了抛物线 $x_2 = -(x_1-1)^2+1$ 右半平面之控制。

以上的情形相当于图 4.3-1 之曲线 γ 与 γ'，以及流向 γ 与 γ' 之情形。

为确定 γ 之右的上半平面的最优控制，我们首先选取终端控制 $u_2 = +1$ 与 $u_1 = -1$，由此我们就有

$$\dot{x}_1 = x_1 + 1, \quad \dot{x}_2 = 2x_2$$

$$x_2 = A(x_1 - 1)^2 \tag{4.3-29}$$

不难看出，只是一个蜕化情形 $x_2 = 0$，可以作为最后一段最速轨道。相仿地，在负半平面 $x_2 = 0$ 亦是一条最速轨道。它相当于控制是$(+1,-1)$的情形，这两条最速轨道在图中分别以 α 与 α' 表示。

不难证明，对于在曲线 γ 之右与 α 之上的一切点，只要一开始控制中之 u_1 选为-1，u_2 任意皆能在同样的时刻达到原点。事实上，若令 $u_2 = \lambda$，$\lambda < 1$，则我们有积分曲线

$$x_2 = \lambda + A(x_1 + 1)^2 \tag{4.3-30}$$

从直观上考查，λ 应是负数，这相当于使 x_2 更快地缩减。由于 $\lambda < 0$，因此抛物线(4.3-30)之顶点在第三象限，从而这些抛物线均可能与实轴相交，并且不难指出，在采用任何控制$(-1,\lambda)$将相关由上述区域(γ 之右，α 之上)引至实轴或抛物线 $x_2 = (x_1+1)^2 - 1$ 以后再切换成$(1,-1)$与$(-1,-1)$之情形时，领航时间完全相同，并且是最优领航时间。

相仿的情形在第三象限中也同样存在。由此可知，对于此例来说，最优控制不是唯一的。其中不唯一区域在图 4.3-1 的阴影区域。

4.3-3　最优控制的存在性

在前面，我们讨论了极值控制与最优控制应具有的特性。我们将回答在何种情况下，最优控制是存在的。

定理 4.12　对于变系数线性系统，即

$$\dot{x} = A(t)x + B(t)u \tag{4.3-31}$$

其中，$u \in \boldsymbol{U}$，$\boldsymbol{U}$ 是有界凸多面体。

空间中给定一连续运动轨迹，即

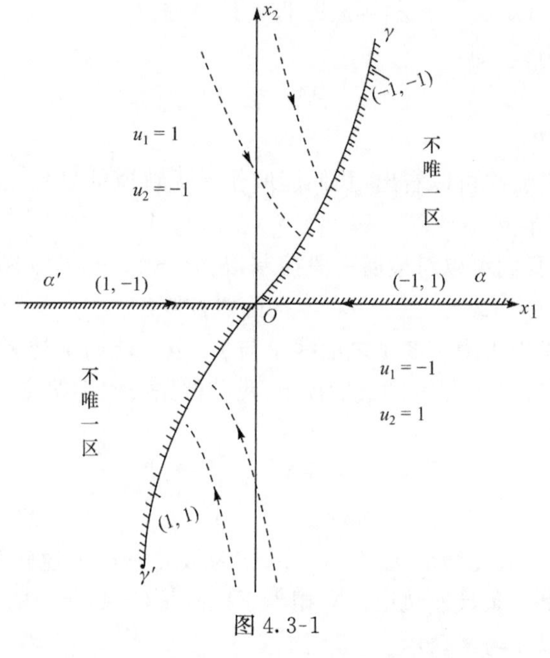

图 4.3-1

$$z=z(t) \tag{4.3-32}$$

若存在可允控制 $u(t)$ 使系统(4.3-31)由 x^0 出发的运动在 $t_1>t_0$ 时，有

$$x(t_1)=z(t_1) \tag{4.3-33}$$

则一定存在最优控制 $u=u^*(t)$，使在 t^* 时，对应的轨道有

$$x(t^*)=z(t^*)$$

并且对一切满足式(4.3-33)的 t_1 总有

$$t_1 \geqslant t^* \tag{4.3-34}$$

证明 不妨设能实现式(4.3-33)的控制有无穷多个，因为若为有限个，则其中必有一个最优控制使对应之 t^* 最小。若将对应的控制排队，显然可以取出一个可列控制序列 $u^1(t),\cdots,u^n(t),\cdots$，对应这些控制的轨道是 $x^1(t),\cdots,x^n(t),\cdots$，它们有

$$x^n(t_1)=z(t_1) \tag{4.3-35}$$

并且满足

$$t_1>t_2>\cdots>t_n>\cdots \tag{4.3-36}$$

显然，由于 $t_i \geqslant t_0$，因此式(4.3-36)的极限存在，令为 t^* 。现在问是否存在可允控制 $u(t)\in \boldsymbol{U}$，使对应的轨道 $x(t)$ 有

$$x(t^*)=z(t^*) \tag{4.3-37}$$

$u^i(t)\in \boldsymbol{U}$ 是 L-可测的，考虑 l^1 空间的弱列紧性，则在无穷集 $u^i(t)$ 中一定存在弱收敛的子序列，不妨设就是 $u^i(t)$。它们定义在区间(t_0,t^*)上，有

$$u^i(t) \xrightarrow{\text{弱}} u^*(t), \quad t \in [t_0, t^*] \tag{4.3-38}$$

考虑 $u^i(t)$是实现追击 $z(t)$的可允控制，由此引入下式，即

$$y_j(t) = X^{-1}(t,t_0)z(t) - x^0 = \int_{t_0}^{t} X^{-1}(\tau,t_0)B(\tau)u^j(\tau)\mathrm{d}\tau \tag{4.3-39}$$

则由 $u^j(t)$在$[t_0,t^*]$上弱收敛至 $u^*(t)$，有

$$\lim_{j\to\infty} y_j(t^*) = \int_{t_0}^{t^*} X^{-1}(\tau,t_0)B(\tau)u^*(\tau)\mathrm{d}\tau$$

由于 $y_j(t)$均为连续函数，因此由$\lim\limits_{i\to\infty} y_j(t_i) = y_i(t^*)$，可知

$$\lim_{i\to\infty} y_i(t_i) = \int_{t_0}^{t^*} X^{-1}(\tau,t_0)B(\tau)u^*(\tau)\mathrm{d}\tau$$

即

$$\int_{t_0}^{t^*} X^{-1}(\tau,t_0)B(\tau)u^*(\tau)\mathrm{d}\tau = X^{-1}(t^*,t_0)z(t^*) - x^0$$

即 $u^*(t)$可以实现追击问题。

我们尚未证明 $u^*(t)$是可允的。设 $\boldsymbol{U}$ 之某一边界面以 $L(u)=b$ 代之，使 $L(u)<b$ 对一切 $u\in\boldsymbol{U}$ 成立，显然 $\boldsymbol{U}$ 之边界的个数总是有限的。如果能够证明 $u^*(t)$中实现$L(u^*)>b$ 之测度为零，就能得到 $u^*(t)$在 $\boldsymbol{U}$ 外取值之测度为零。对 L-可测函数来说，改变其零测度上的函数值将无损其弱收敛之结果。于是可知，最优控制是存在的。

设 $u^*(t)$中实现 $u\overline{\in}\boldsymbol{U}$ 之集合为$\boldsymbol{m}$，又 $\boldsymbol{m}$ 集合之特征函数是 $v(t)$，考虑$u^i(t)$弱收敛至 $u^*(t)$，则我们有

$$\lim_{i\to\infty}\int_{t_0}^{t^*} v(t)(L(u^*(t)) - L(u^i(t)))\mathrm{d}t = 0$$

而 $L(u^*(t))-L(u^i(t))>0$，因此 $\boldsymbol{m}$ 之测度为零。定理全部得证。

最后，我们指出在完成这一定理的证明之后，可以发现在 L-可测函数类中最优控制存在。根据最大值原理，我们可以知道这一控制应为极值控制，从而它只有有限个间断点，因此显然可取控制是从一种十分广泛的 L-可测函数类中选取的，但其结论仍旧为分段连续，乃至分段常量的控制。有意思的是，我们现在还不能直接从分段常量或分段连续的可允控制类出发，直接去证明最优控制的存在性。

§4.4 等时区与由点至域最速控制

最速控制问题发展至今，对于线性系统来说，已经相当丰富，但对于其综合问题的解决则远未完成。在这一部分，我们将利用对系统等时区性质的讨论为综合问题的解决提供条件。关于这方面的研究，我国的宋健和韩京清做出了的贡献。

4.4-1　基本前提与基本定义

考虑变系数线性系统，即

$$\dot{x}=A(t)x+B(t)u \tag{4.4-1}$$

其中，x 是 n 维欧氏空间 X^n 中之向量；$A(t)$ 是 $n\times n$ 的可微 $n-2$ 次的连续可微矩阵；$\boldsymbol{U}$ 是包含原点为内点的凸闭多角形；$B(t)$ 是 $n\times r$ 的可微 $n-1$ 次的连续可微矩阵。

约定 $A(t)$ 与 $B(t)$ 满足位置一般性假定，即对于 $t>t_0$，任何构成 $\boldsymbol{U}$ 之棱边的向量 w 总有

$$B(t)w,B_1(t)w,\cdots,B_n(t)w \tag{4.4-2}$$

对一切 $t\geqslant t_0$ 线性无关，其中

$$\begin{cases}B_1(t)=B(t)\\ B_2(t)=-A(t)B_1(t)+\dot{B}_1(t)\\ \cdots\\ B_n(t)=-A(t)B_{n-1}(t)+\dot{B}_{n-1}(t)\end{cases} \tag{4.4-3}$$

我们讨论的问题是，在空间中给出一个点 x^0 与一个有界闭严格凸域 $\boldsymbol{\Omega}$，寻求最优控制 $u(t)$ 使其在最短的时间内将像点由 x^0 引至 $\boldsymbol{\Omega}$。特别是 $\boldsymbol{\Omega}$ 可以退缩成一点，此时我们得到由点至点的最优控制，而前者称为由点至域的最优控制。

在以后的讨论中，我们常用 $\boldsymbol{S}$ 表示 $\boldsymbol{\Omega}$ 的边界，把确定在区间 $[t_0,t_0+T]$ 上的全部可允控制 $u(t)$ 的集合记为 $\boldsymbol{U}(t_0,t_0+T)$。$\boldsymbol{U}(t_0,t_0+T)$ 是一个 L-可测函数空间中的有界闭集。

定义 4.8　区域 $\boldsymbol{G}_{t_0}^{+}(x^0,T)$ 称为由 x^0 在 t_0 时刻出发在时刻 t_0+T 之等时区，指对任何 $y\in\boldsymbol{G}_{t_0}^{+}(x^0,T)$，总有 $u(t)\in\boldsymbol{U}(t_0,t_0+T)$ 使对应的系统(4.4-1)由 x^0 出发的轨道 $x(t)$ 恒有 $x(t_0+T)=y$。

定义 4.8′　区域 $\boldsymbol{G}_{t_0}^{-}(x^0,T)$ 称为于时刻 t_0+T 终结在 x^0 的 t_0 时刻的等时区，指对任何 $y\in\boldsymbol{G}_{t_0}^{-}(x^0,T)$，总有 $u(t)\in\boldsymbol{U}(t_0,t_0+T)$ 使对应系统(4.4-1)在 $t=t_0$ 时由 y 出发的轨道 $x(t)$ 恒有 $x(t_0+T)=x^0$。

定义 4.9　$\boldsymbol{G}_{t_0}^{-}(\boldsymbol{\Omega},T)=\bigcup\limits_{x_0\in\boldsymbol{\Omega}}\boldsymbol{G}_{t_0}^{-}(x_0,T)$。它表示一切点，当 t_0 时由其出发在 T 时刻后将像点引至 $\boldsymbol{\Omega}$ 的初始点集合，其中对应的控制 $u(t)\in\boldsymbol{U}(t_0,t_0+T)$。

相应地有 $\boldsymbol{G}_{t_0}^{+}(\boldsymbol{\Omega},T)$ 之定义，以后均以 $\mathring{\boldsymbol{G}}$ 和 $\mathring{\boldsymbol{\Omega}}$ 表示 $\boldsymbol{G}$ 和 $\boldsymbol{\Omega}$ 之内点构成之集合。

定义 4.10　等时区 $\boldsymbol{G}(\boldsymbol{\Omega},T)$ 对于 $T\geqslant 0$ 是连续的，指任给 $\varepsilon>0$，总有 $\delta>0$ 存在，当 $|T_1-T|<\delta$ 时，对 $x\in\boldsymbol{G}(\boldsymbol{\Omega},T)$，总有 $x_1\in\boldsymbol{G}(\boldsymbol{\Omega},T_1)$ 存在，使 $\|x-x_1\|<\varepsilon$，并且对任何 $x_1\in\boldsymbol{G}(\boldsymbol{\Omega},T_1)$ 也总有 $x\in\boldsymbol{G}(\boldsymbol{\Omega},T)$，使 $\|x-x_1\|<\varepsilon$。

$\| x-x_1 \|$ 指两点 x 与 x_1 间之欧氏距离。

相应地有 $\boldsymbol{G}_{t_0}^{+}(x^0,T)$ 与 $\boldsymbol{G}_{t_0}^{-}(x^0,T)$ 对 T 连续之定义

定义 4.11　等时区 $\boldsymbol{G}^{+}(\boldsymbol{\Omega},T)$ 称为是对 T 单调扩张的，指对 $T_2>T_1$，有

$$\mathring{\boldsymbol{G}}(\boldsymbol{\Omega},T_2)\supseteq\boldsymbol{G}(\boldsymbol{\Omega},T_1),\quad T_2>T_1$$

相应地有 $\boldsymbol{G}_{t_0}^{+}(x^0,T)$ 单调之定义。

等时区 $\boldsymbol{G}_{t_0}^{+}(x^0,T)$ 从直观上就是用一切可允控制在区间 (t_0,t_0+T) 能由 x^0 出发到达的终点的集合。因此，可以把等时区的边界理解为某个波前，相应地物理或几何理解对于 $\boldsymbol{G}_{t_0}^{-}(x^0,T)$ 和 $\boldsymbol{G}_{t_0}(\boldsymbol{\Omega},T)$ 均可作出。

4.4-2　等时区的基本性质

在这一节，我们将证明等时区的凸性、闭性、连续性，以及边界的性质等。

定理 4.13　$\boldsymbol{G}_{t_0}^{+}(x^0,T)$ 是凸集合。

证明　设有两点 $x'\in\boldsymbol{G}_{t_0}^{+}(x^0,T)$ 与 $x^2\in\boldsymbol{G}_{t_0}^{+}(x^0,T)$，由此有对应的控制 u^1 与 u^2 存在，使

$$x^1=X(t_0+T,t_0)\left(x^0+\int_{t_0}^{t_0+T}X^{-1}(\tau,t_0)B(\tau)u^1(\tau)\mathrm{d}\tau\right)$$

$$x^2=X(t_0+T,t_0)\left(x^0+\int_{t_0}^{t_0+T}X^{-1}(\tau,t_0)B(\tau)u^2(\tau)\mathrm{d}\tau\right)$$

显然，对任何 $\lambda\in[0,1]$，点 $\lambda x^1+(1-\lambda)x^2$ 是控制 $\lambda u^1(\tau)+(1-\lambda)u^2(\tau)$ 由 x^0 在时间区间 $[t_0,t_0+T]$ 领航之结果。显然，$u^*=\lambda u^1+(1-\lambda)u^2\in\boldsymbol{U}$ 也是可允的。由此可知，$\lambda x^1+(1-\lambda)x^2\in\boldsymbol{G}_{t_0}^{+}(x^0,T)$，因此 $\boldsymbol{G}_{t_0}^{+}(x^0,T)$ 是凸集。

推论 4.1　$\boldsymbol{G}_{t_0}^{-}(x^0,T)$ 与 $\boldsymbol{G}_{t_0}^{-}(\boldsymbol{\Omega},T)$ 均是凸集。

定理 4.14　$\boldsymbol{G}_{t_0}^{+}(x^0,T)$ 是闭的。

证明　主要证明集合中的任何 Cauchy 序列(本身收敛)的极限点仍属此集合。

现考虑在 $\boldsymbol{G}_{t_0}^{+}(x^0,T)$ 上给出一 Cauchy 序列 $x^1,\cdots,x^n,\cdots$，它们的极限是 x^*。对应于 x^i，我们有 u^i 存在，使对应有

$$x^i=X(t_0+T,t_0)\left(x^0+\int_{t_0}^{t_0+T}X^{-1}(\tau,t_0)B(\tau)u^i(\tau)\mathrm{d}\tau\right)\tag{4.4-4}$$

成立。考虑 $u^i(\tau)\in\boldsymbol{U}$ 是 L-可测函数空间之有界集，因此在 $u^i(\tau)$ 中存在弱收敛之子序列，并且不难证明其弱极限 $u^*(\tau)$ 总可以选在 $\boldsymbol{U}$ 内。由此可知，存在 $u^*(\tau)\in\boldsymbol{U}$，对应地有

$$x^*=X(t_0+T,t_0)\left(x^0+\int_{t_0}^{t_0+T}X^{-1}(\tau,t_0)B(\tau)u^*(\tau)\mathrm{d}\tau\right)$$

成立，从而 $x^*\in\boldsymbol{G}_{t_0}^{+}(x^0,T)$。因此，$\boldsymbol{G}_{t_0}^{+}(x^0,T)$ 是闭的。

推论 4.2　$\boldsymbol{G}_{t_0}^{-}(x^0,T)$是闭的。

推论 4.3　$\boldsymbol{G}_{t_0}^{+}(\boldsymbol{\Omega},T)$是闭的与$\boldsymbol{G}_{t_0}^{-}(\boldsymbol{\Omega},T)$是闭的。

推论 4.3 的证明，考虑对应等时区上的点 $x^1,\cdots,x^n,\cdots$，相应地我们有闭集 $\boldsymbol{\Omega}$ 上的点 $x^{10},\cdots,x^{n0},\cdots$，又由于 $\boldsymbol{\Omega}$ 有界，则在 $x^{10},\cdots,x^{n0},\cdots$ 中有极限点。令为 x^0，则不难证明

$$x^* = X^0(t_0+T,t_0)\left(x^0+\int_{t_0}^{t_0+T} X^{-1}(\tau,t_0)B(\tau)u^*(\tau)\mathrm{d}\tau\right) \tag{4.4-5}$$

而对应 $u^*(\tau)$的是 $u^i(\tau)$的某个弱极限。

定理 4.15　$\boldsymbol{G}_{t_0}^{+}(\boldsymbol{\Omega},T)$是连续的有界集合。

证明　有界这一点是显然的。

由于 $X^{-1}(\tau,t_0)$ 与 $B(\tau)$ 连续、有界，因此 $\boldsymbol{G}_{t_0}^{+}(x^0,T)$ 对 T 连续，可以证明 $\boldsymbol{G}_{t_0}^{+}(\boldsymbol{\Omega},T)$对 T 连续。

相仿地，也能证明 $\boldsymbol{G}_{t_0}^{-}(x^0,T)$与 $\boldsymbol{G}_{t_0}^{-}(\boldsymbol{\Omega},T)$对 T 连续。

定理 4.16　$\boldsymbol{G}_{t_0}^{+}(x^0,T)$与 $\boldsymbol{G}_{t_0}^{+}(\boldsymbol{\Omega},T)$是 n 维集合。

定理之前半部分应用在可达性中讨论的方法，可以指出 $\boldsymbol{G}_{t_0}^{+}(x^0,T)$确为 n 维区域。对于后半部分，由于任何 $x^0\in\boldsymbol{\Omega}$ 对应的$\boldsymbol{G}_{t_0}^{+}(x^0,T)$总是 n 维的，因此不难得知

$$\boldsymbol{G}_{t_0}^{+}(\boldsymbol{\Omega},T)=\bigcup_{x_0}\boldsymbol{G}_{t_0}^{+}(x^0,T),\quad x^0\in\boldsymbol{\Omega} \tag{4.4-6}$$

是 n 维的。

一般 n 维有界凸闭集，可以利用 l 个不等式描述，即

$$g_i(x)\leqslant 0,\quad i=1,2,\cdots,l$$

其边界可由 $g_i(x)=0$ 来描述，这表示在 l 个函数中至少有一个 g_i 对应等号，以后记 $\boldsymbol{\Omega}$ 之边界为 $\boldsymbol{S}$。

以后我们要求 $g_i(x)$一阶连续可微。称 $x^0\in\boldsymbol{S}$ 之 $\boldsymbol{\Omega}$ 的外法向量 $n(x^0)$是这样的向量，它按如下方式确定。

1°若 $x^0\in\boldsymbol{S}$，刚好只在某个 $g_i(x)=0$ 上，而其他一切 $g_j(x^0)<0,j\neq i$，则定义

$$n(x^0)=\mathrm{grad}g(x)=\mathrm{grad}g_i(x) \tag{4.4-7}$$

2°若 x^0 同时使 $g_{i_1}(x)=0,\cdots,g_{ir}(x)=0$ 得到满足，则定义

$$n(x^0)=\mathrm{grad}g(x)=\sum_{j=1}^{k}c_{i_j}\,\mathrm{grad}g_{i_j}(x^0) \tag{4.4-8}$$

其中，c_{i_j} 是任意正常数。

在式(4.4-7)与式(4.4-8)中，$\mathrm{grad}g(x)$只是一个符号。其意义由上述两式确定。

$\boldsymbol{S}$ 由 $g_i(x)=0$ 构成，因此 $\boldsymbol{S}$ 是分段光滑的。对应 1° 的情形时，相当于光滑

点，因此外法向量唯一存在。对应 2° 的情形时，外法向量不唯一，不论是 $\boldsymbol{S}$ 上的光滑点，还是不光滑点。过每一点总有支撑面 $\boldsymbol{\Pi}(x^0)$，使 $\boldsymbol{\Omega}$ 在其一侧，而当 x^0 是光滑点时支撑面就是切平面，不是光滑点时支撑面可能不唯一。

以下对任何非零向量 $\eta, T\geqslant 0$，我们称由如下办法，即

$$(\eta_1 X(t_0+T,t)B(t)u(t))=\max \tag{4.4-9}$$

确定的控制是由 η 确定的控制。显然，由于系统满足位置一般性假定，因此这种确定是唯一的。

特别是，当 $\boldsymbol{U}$ 是正立方体时，即

$$|u_i|\leqslant 1 \tag{4.4-10}$$

我们有式(4.4-9)之显式为

$$u(t)=\operatorname{sign}[\eta, X(t_0+T,t)B(\tau)] \tag{4.4-11}$$

定理 4.17　若控制 $u(t)\in\boldsymbol{U}(t_0,t_0+T)$ 在某一区间 $[t_1,t_2]\subset[t_0,t_0+T]$，不取 $\boldsymbol{U}$ 之顶点之值(或几乎处处不取 $\boldsymbol{U}$ 之顶点之值)，则此控制将任何一点 x^0 引至等时区 $\boldsymbol{G}_{t_0}^+(x^0,T)$ 之内点，或者将 $\boldsymbol{G}_{t_0}^-(x^0,T)$ 之内点引至 x^0。

证明　显然由 x^0 出发，按控制 $u(t)$ 领航出的点在 t_0+T 时有

$$x = X(t_0+T,t_0)\left(x^0+\int_{t_0}^{t_0+T} X^{-1}(\tau,t_0)B(\tau)u(\tau)\mathrm{d}\tau\right)$$

分析其右端之各项。首先，$X(t_0+T,t_0)$ 是一个非奇异的线性变换，x^0 是空间中的一点，记

$$\boldsymbol{M}(t_0+T)=\int_{t_0}^{t_0+T} X^{-1}(\tau,t_0)B(\tau)u(\tau)\mathrm{d}\tau,\quad u\in\boldsymbol{U}$$

它是一个 n 维的凸闭有界集。若能证明 $u^0(t)$ 在 $[t_1,t_2]\subseteq[t_0,t_0+T]$ 几乎处处不取 $\boldsymbol{U}$ 之顶点之值，对应的点，即

$$y^0=\int_{t_0}^{t_0+T} X^{-1}(\tau,t_0)B(\tau)u^0(\tau)\mathrm{d}\tau$$

只取 $\boldsymbol{M}(t_0+T)$ 之内点即可。

设 $y^0=y_1^0+y_2^0+y_3^0$，其中

$$y_1^0=\int_{t_0}^{t_1} X^{-1}(\tau,t_0)B(\tau)u^0(\tau)\mathrm{d}\tau$$

$$y_2^0=\int_{t_1}^{t_2} X^{-1}(\tau,t_0)B(\tau)u^0(\tau)\mathrm{d}\tau$$

$$y_3^0=\int_{t_2}^{t_0+T} X^{-1}(\tau,t_0)B(\tau)u^0(\tau)\mathrm{d}\tau$$

考虑 y_2，显然按假定，在 $[t_1,t_2]$ 上 $u^0(\tau)$ 几乎处处不取 $\boldsymbol{U}$ 之顶点之值。简言之，在 $[t_1,t_2]$ 上 u^2 不取 U 之顶点之值，首先集合 $\boldsymbol{m}=\{y_2\}$，其中

$$y_2=\int_{t_1}^{t_2} X^{-1}(\tau,t_0)B(\tau)u(\tau)\mathrm{d}\tau,\quad u\in\boldsymbol{U}$$

是凸闭 n 维有界集合。

设对应 $u^0(t)$ 在 $\boldsymbol{m}$ 中之对应点是 y_2^0，若 y_2^0 不是内点，则必为边界点。由此过 y_2^0 将有一 $\boldsymbol{m}$ 之支撑面 $\boldsymbol{\Pi}$，使 $\boldsymbol{m}$ 在 $\boldsymbol{\Pi}$ 之一侧。取 $\boldsymbol{\Pi}$ 之法向量 η，并约定其指向的一边不含 $\boldsymbol{m}$，则对一切 $y_2 \in \boldsymbol{m}$，总应有

$$[y_2, \eta] \leqslant [y_2^0, \eta]$$

另外，对此 η，我们考虑控制 u 由下式确定，即

$$[\eta, X^-(t, t_0)B(t)u(t)] = \max$$

记为 $u^*(t)$。不难证明，对于 $u^*(t)$ 对应之 y_2^* 来说，恒有

$$[y_2^*, \eta] > [y_2^0, \eta]$$

由此可知，y_2^0 不是边界点。因此，y^0 不是 $\boldsymbol{M}(t_0+T)$ 之边界点，进而 x^0 不是 $\boldsymbol{G}_{t_0}^+(x^0, T)$ 之边界点。

相应地，亦能证明将 $\boldsymbol{G}_{t_0}^-(x^0, T)$ 之内点引至 x^0 之结论。由此定理全部得证。

定理 4.18 设 $u(t) \in \boldsymbol{U}[t_0, t_0+T]$ 是把 x^0 引至一点 $x \in \boldsymbol{S}^+(x^0, T)$ 的控制，则它是由向量 η 确定的唯一控制。同样，若此控制是由一点 $x \in \boldsymbol{S}^-(x^0, T)$ 引至 x^0 之控制，则它一定是由 $-X^*(t_0+T, t_0)\eta$ 确定的唯一控制，其中 η 表示相应在 $x \in \boldsymbol{S}^{\pm}(x^0, T)$ 这一点之任意外法向量。

反过来，任意非零向量 η 确定的控制一定是连接 x^0 与一个确定点 $x \in \boldsymbol{S}^{\pm}(x^0, T)$ 的控制。过 x 这一点之 $\boldsymbol{S}^+(x^0, T)$ 之外法向量之一恰好平行于 η，而过 x 这一点之 $\boldsymbol{S}^-(x^0, T)$ 之外法向量之一恰好平行于 $-X^*(t_0+T, t_0)\eta$。

定理表明，由 x^0 与 $\boldsymbol{G}^{\pm}(x^0, T)$ 之边界 $\boldsymbol{S}^{\pm}(x^0, T)$ 上的点连接的控制都可以是由某一向量确定的极值控制。

证明 考虑 $x \in \boldsymbol{S}_{t_0}^+(x^0, T)$，显然过 x 有一支撑面（不一定唯一）$\boldsymbol{\Pi}(x)$，使 $\boldsymbol{S}_{t_0}^+(x^0, T)$ 在 $\boldsymbol{\Pi}$ 之一侧。考虑作 $\boldsymbol{\Pi}$ 之外法向量 η，显然我们对一切向量 $y \in \boldsymbol{S}_{t_0}^+(x^0, T)$，总有

$$[\eta, x] \geqslant [\eta, y], \quad y \in \boldsymbol{S}_{t_0}^+(x^0, T) \tag{4.4-12}$$

由于 $x \in \boldsymbol{S}_{t_0}^+(x^0, T)$，一定在 $\boldsymbol{U}[t_0, t_0+T]$ 中存在一个控制连接 x^0 与 x 点，而 x 在等时区 $\boldsymbol{G}_{t_0}^+(x^0, T)$ 的边界上，因此对应的最优控制存在。此最优控制显然应满足对于方程组，即

$$\dot{\psi} = -A^*(t)\psi \tag{4.4-13}$$

之某个非零解 ψ，由条件，即

$$[\psi, Bu] = \max \tag{4.4-14}$$

决定的 u。

再考虑定理 4.17，由此可知，引导 x^0 至 $x \in \boldsymbol{S}_{t_0}^+(x^0, T)$ 的控制一定总是取 U 之多角形顶点的控制。由此不难证明，$\boldsymbol{G}_{t_0}^+(x^0, T)$ 是一严格凸集。因此，

式(4.4-12)之等号除 $y=x$ 外将不可能。

现考虑方程(4.4-13)在边界条件,即

$$\psi(t_0+T)=\eta \tag{4.4-15}$$

之解。由于系统(4.4-13)之基本解是 $X^{-1}(t,t_0)^*$,因此系统(4.4-13)在边值(4.4-15)下之解应为

$$\psi=X^{-1}(t,t_0+T)^*\eta=X(t_0+T,t)^*\eta \tag{4.4-16}$$

由此条件(4.4-14)变为

$$[X(t_0+T,t)^*\eta,Bu]=\max$$

或者写为

$$[\eta,X(t_0+T,t)B(t)u]=\max \tag{4.4-17}$$

这一条件显然与式(4.4-9)重合,又极值控制是唯一的,可知由 η 确定之控制将把 x^0 引至 $x\in \boldsymbol{S}_{t_0}^+(x^0,T)$。这一控制就是对应由 x^0 至 $x\in \boldsymbol{S}_{t_0}^+(x^0,T)$之最优控制。事实上,对任何其他控制 u_1 总有

$$[\eta,X(t_0+T,t)B(t)u_1(t)]<[\eta,X(t_0+T,t)B(t)u]$$

从而可以得出,由 u_1 控制引出的点 y 总满足

$$[\eta,x]>[\eta,y]$$

由此可知,引至 x 的控制只能是由 η 确定的控制。

按相仿的办法可以证明,由点 $x\in \boldsymbol{S}_{t_0}^-(x^0,T)$引至 x^0 的控制是由 $-X^*(t_0+T,t_0)\eta$ 确定的控制。

显然,当 x 是 $\boldsymbol{S}_{t_0}^\pm(x^0,T)$的光滑点时,上述 η 是唯一的;否则,上述 η 不确定。

进一步证明定理之第二部分。

对任给非零向量 η,由于 $\boldsymbol{G}_{t_0}^+(x^0,T)$是严格凸的有界闭集,考虑一族以 η 为法向之超平面族$[\eta,x]=c$,则显然其中必有一个超平面成为 $\boldsymbol{G}_{t_0}^+(x^0,T)$之支撑面,并使 η 之方向是由此平面所分空间中不含 $\boldsymbol{G}_{t_0}^+(x^0,T)$一侧之法向。由此可知,若此支撑面之支撑点记为 x,则 x 之一个外法向量必为 η。应用本定理前半部分之结论可知,后半部分显然成立。

同样可证 $x\in \boldsymbol{S}_{t_0}^-(x^0,T)$的情形。

于是定理得证。

以下应用上述办法讨论 $\boldsymbol{G}_{t_0}^+(\boldsymbol{\Omega},T)$与 $\boldsymbol{G}_{t_0}^-(\boldsymbol{\Omega},T)$之性质及其边界$\boldsymbol{S}_{t_0}^+(\boldsymbol{\Omega},T)$与 $\boldsymbol{S}_{t_0}^-(\boldsymbol{\Omega},T)$之性质。

我们首先指出,在 $\boldsymbol{\Omega}$ 是严格凸集的情形下,总有 $\boldsymbol{G}_{t_0}^+(\boldsymbol{\Omega},T)$与 $\boldsymbol{G}_t^-(\boldsymbol{\Omega},T)$是严格凸的。

不失一般性,可设 $\boldsymbol{U}$ 是正立体(4.4-10),全部结论对于以原点为内点之凸多面体适用。

定理 4.19　若 $u(t)\in \boldsymbol{U}(t_0,t_0+T)$是把某一点 $x\in \boldsymbol{S}_{t_0}^{-}(\boldsymbol{\Omega},T)$引到 $\boldsymbol{\Omega}$ 上某一点 z 的控制,则有如下结论。

1° z 被 x 唯一确定,且 $z\in \boldsymbol{S}$。

2° $u(t)$是过 z 的 $\boldsymbol{S}$ 的某一内法向量$-\mathrm{grad}g(z)$确定之控制。

3°过 x,$S^{-}(\boldsymbol{\Omega},T)$的任一内法向量 η 一定存在某个过 z 的 $\boldsymbol{S}$ 的外法向量 $\mathrm{grad}g(z)$,使 $X^{*}(t_0+T,t_0)\mathrm{grad}g(z)$与 η 平行。

反之,对任何点 $z\in \boldsymbol{S}$,任何一内法向量$-\mathrm{grad}g(z)$所确定的控制 $u(t)$,则有如下结论。

1°它一定是由 $\boldsymbol{S}^{-}(\boldsymbol{\Omega},T)$上某一点 x 引至 z 的控制。

2°过 x 这一点之 $\boldsymbol{S}^{-}(\boldsymbol{\Omega},T)$之某一外法向量 η,使

$$\eta /\!/ Z^{*}(t_0+T,t_0)\mathrm{grad}g(z)$$

证明　首先,对任何 x^0,若 $\boldsymbol{G}_{t_0}^{+}(x^0,T)$包含一个 $\boldsymbol{\Omega}$ 的内点,则总有 x^0 是$\mathring{\boldsymbol{G}}_{t_0}^{-}(\boldsymbol{\Omega},T)$之内点。由此考虑任何 $x\in \boldsymbol{S}_{t_0}^{-}(\boldsymbol{\Omega},T)$,显然 $x\overline{\in}\boldsymbol{\Omega}$,应用 $\boldsymbol{G}_{t_0}^{+}(x,T)$是严格凸的,又 $\boldsymbol{\Omega}$ 是凸集,且二者无公共的非空 n 维交集,则 $\boldsymbol{G}_{t_0}^{+}(x,T)$与 $\boldsymbol{\Omega}$ 之交集是边界点且唯一,令为 z,它由 x 唯一确定。设 $\boldsymbol{\Pi}(z)$是过 z 的两个凸集之公共支撑面,则 $\boldsymbol{\Omega}$ 与 $\boldsymbol{G}_{t_0}^{+}(x,T)$分别落在此面之两侧。由此过 z 的 $\boldsymbol{\Pi}$ 的指向 $\boldsymbol{\Omega}$ 所在空间的法向量是 $\boldsymbol{\Omega}$ 的内法向量,又是 $\boldsymbol{S}_{t_0}^{+}(x,T)$之外法向量。由此应用定理 4.18 可知,$u(t)$是$-\mathrm{grad}g(z)$在$(t_0,t_0+T)$上确定的控制。

其次,对任何点 $z\in \boldsymbol{S}$,考虑任何一内法向量$-\mathrm{grad}g(z)$所确定的控制 $u(t)$,现来证明它是由 $\boldsymbol{S}^{-}(\boldsymbol{\Omega},T)$上某点 x 引来的。若设不然,则 x 应为 $\boldsymbol{G}^{-}(\boldsymbol{\Omega},T)$之内点。由此以 x 为中心,以 ε 为半径之小球必在 $\boldsymbol{G}^{-}(\boldsymbol{\Omega},T)$内,现考虑 $u(t)$不变,则此小球经变换后一定是一个包含 $z\in \boldsymbol{S}$ 为内点的集合。

由于 $u(t)$是由$-\mathrm{grad}g(z)$确定的控制,因此有

$$x = X^{-1}(t_0+T,t_0)\left\{z+\int_{t_0}^{t_0+T} X^{-1}(\tau,t_0+T)B(\tau)\mathrm{sign}[\mathrm{grad}g(z),\right.$$
$$\left. X^{-1}(\tau,t_0+T)B(\tau)]\right\}\mathrm{d}\tau \tag{4.4-18}$$

而此式在 $u(t)$固定时,显然是一个非奇异线性变换,并对 z 连续。由此选择充分小的 δ,可使

$$x_1 = X^{-1}(t_0+T,t_0)\left\{z+\delta\mathrm{grad}g(z)+\int_{t_0}^{t_0+T} X^{-1}(\tau,t_0+T)B(\tau)\right.$$
$$\left.\times\,\mathrm{sign}[\mathrm{grad}(z),X^{-1}(\tau,t_0+T)B(\tau)]\mathrm{d}\tau \in \boldsymbol{U}(x,\varepsilon)\right\}$$

其中,$\boldsymbol{U}(x,\varepsilon)=\{x' \mid \|x'-x\|<\varepsilon\}$。

由此可知

$$z+\delta \mathrm{grad}g(z)=X(t_0+T,t_0)x_1+\int_{t_0}^{t_0+T}X^{-1}(\tau,t_0+T)B(\tau)$$
$$\times \mathrm{sign}[-\mathrm{grad}g(z),Z^{-1}(\tau,t_0+T)B(\tau)]\mathrm{d}\tau$$

显然,在 $\delta>0$ 有 $z+\delta\mathrm{grad}g(z)\in \boldsymbol{S}^+(x_1,T)$,并且 $-\mathrm{grad}g(z)$ 是过 $z+\delta\mathrm{grad}g(z)$ 之 $\boldsymbol{S}^+(x_1,t)$ 之外法向量。两个集合 $\boldsymbol{G}^+(x_1,T)$ 与 $\boldsymbol{\Omega}$ 之距离是 $\delta\|\mathrm{grad}g(z)\|\neq 0$,又 x_0 是 $\boldsymbol{G}^-(\boldsymbol{\Omega},T)$ 之点,因此 $\boldsymbol{G}^+(x_1,T)$ 与 $\boldsymbol{\Omega}$ 之交集应非空。由此可得矛盾,表明 $x\in \boldsymbol{S}_{t_0}^-(\boldsymbol{\Omega},T)$。

综合以上,我们有 $\boldsymbol{S}_{t_0}^-(\boldsymbol{\Omega},T)$ 之参数表达式,即

$$\begin{cases}x=X^{-1}(t_0+T,t_0)\Big\{z-\displaystyle\int_{t_0}^{t_0+T}X^{-1}(\tau,t_0+T)B(\tau)\mathrm{sign}[\mathrm{grad}g(z),\\ \qquad X(t_0+T,\tau)B(\tau)]\mathrm{d}\tau\Big\}\\ g(z)=0\end{cases} \tag{4.4-19}$$

以上证明之几何直观如图 4.4-1 所示。

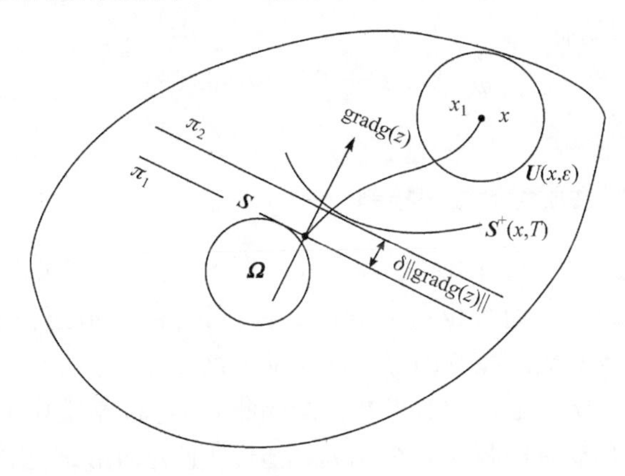

图 4.4-1

进一步证明定理之 3°。

考虑 x' 是 $\boldsymbol{G}^-(\boldsymbol{\Omega},T)$ 之任意一点,则一定有 $z'\in\boldsymbol{\Omega}$ 和控制 $u'(t)\in\boldsymbol{U}(t_0,t_0+T)$,使

$$x'=X^{-1}(t_0+T,t_0)\Big(z'-\int_{t_0}^{t_0+T}X^{-1}(\tau,t_0+T)B(\tau)u'(\tau)\mathrm{d}\tau\Big)$$

若以此与式(4.4-19)之第一式相减,并以向量 $X^*(t_0+T,t_0)\mathrm{grad}g(z)$ 乘之,则有

$$[X^*(t_0+T,t_0)\mathrm{grad}g(z),x'-x]=[\mathrm{grad}g(z),(z'-z)]$$

$$+\sum_{i=1}^{r}\int_{t_0}^{t_0+T}[\mathrm{grad}g(z),X(t_0+T,\tau)b_i(\tau)]u'_i(\tau)\mathrm{d}\tau$$

$$-\sum_{i=1}^{r}\int_{t_0}^{t_0+T}[\mathrm{grad}g(z),X(t_0+T,\tau)b_i(\tau)]u_i^*(\tau)\mathrm{d}\tau \tag{4.4-20}$$

其中，$u_i^*(\tau)$是使式(4.4-20)右方第三式之被积函数取最大。

由此可知

$$[X^*(t_0+T,t_0)\mathrm{grad}g(z),x'-x]\leqslant 0$$

于是，$X^*(t_0+T,t_0)\mathrm{grad}g(z)$是过 x 的$\boldsymbol{S}^-(\boldsymbol{\Omega},T)$之外法向量。

又设 η_0 是过 $x\in\boldsymbol{S}^-(\boldsymbol{\Omega},T)$之外法向量，可知 $x\in\boldsymbol{S}^-(z,T)$，但$\boldsymbol{S}^-(z,T)\subset\boldsymbol{G}^-(\boldsymbol{\Omega},T)$，因此 η_0 也是过 x 的$\boldsymbol{S}^-(x,T)$之外法向量。由此就有把 x 引至 z 的控制 $\bar{u}(t)$，即

$$\bar{u}(t)=\mathrm{sign}[-X^*(t_0,t_0+T)\eta_0,X(t_0+T,t)B(t)]$$

又由于 z 是$\boldsymbol{S}^+(x,T)$上之点，因此可知$-X^*(t_0,t_0+T)\eta_0$ 是过 z 的$\boldsymbol{S}^+(x,T)$之外法向量。由此它也是过 z 的$\boldsymbol{S}$ 的内法向量，显然有 $X^*(t_0,t_0+T)\eta_0$ 是过 z 的$\boldsymbol{S}$ 的外法向量。因此，平行于某$-\mathrm{grad}g(z)$，现在再在此二平行向量上以 $X^*(t_0+T,t_0)$作用之，我们就有

$$\eta//X^*(t_0+T,t_0)\mathrm{grad}g(z)$$

定理全部得证。

4.4-3　应用等时区性质讨论最速控制

对于线性最速系统问题的研究，应用等时区的方法，不但可以从几何与物理直观上具有更大的明确性，而且也可以利用这种讨论，研究最速控制的一些理论问题。例如，由点至域的最速控制的存在性与唯一性。

定理 4.20　设 $\boldsymbol{\Omega}$ 是给定的有界严格凸闭集，$x^0\overline{\in}\boldsymbol{\Omega}$ 是空中的一定点，在以前约定的假定下，设有某一控制 $u(t)\in\boldsymbol{U}[t_0,t_0+T]$把运动由 x^0 引至 $\boldsymbol{\Omega}$，则由 x^0 至 $\boldsymbol{\Omega}$ 之最速控制存在唯一。

证明　由于有控制 $u(t)$存在，将运动由 x^0 引至 $\boldsymbol{\Omega}$，因此可知

$$\boldsymbol{G}^+(x^0,T)\cap\boldsymbol{\Omega}\neq\varnothing$$

$$T^*=\inf\{(T|T\geqslant 0),\boldsymbol{G}^+(x^0,T)\cap\boldsymbol{\Omega}\neq\varnothing\} \tag{4.4-21}$$

考虑区域 $\boldsymbol{G}^+(x^0,T^*)$，现证其与 $\boldsymbol{\Omega}$ 之交集恰好是一个点。

由于$\boldsymbol{G}^+(x^0,T^*)$是凸闭的，$\boldsymbol{\Omega}$ 是闭的，可知若 $\boldsymbol{G}^+(x^0,T^*)\cap\boldsymbol{\Omega}=\varnothing$，即 $\boldsymbol{G}^+(x^0,T^*)$与 $\boldsymbol{\Omega}$ 两闭集之间距离 ρ 满足

$$\rho[\boldsymbol{G}^+(x^0,T^*),\boldsymbol{\Omega}]\geqslant\varepsilon>0 \tag{4.4-22}$$

按 $\boldsymbol{G}^+(x^0,T)$对 T 连续性，则对上述 ε 恒有 T'存在，使

1° $T'>T^*$。

2° $\rho[\boldsymbol{G}^+(x^0,T'),\boldsymbol{\Omega}]\geqslant\frac{\varepsilon}{2}>0$。　(4.4-23)

由此与式(4.4-21)矛盾，$\boldsymbol{G}^+(x^0,T^*)\cap\boldsymbol{\Omega}$ 非空集。

若 x^1 与 x^2 同时为 $\boldsymbol{G}^+(x^0,T^*)\cap\boldsymbol{\Omega}$ 之点，则显然 $\boldsymbol{G}^+(x^0,T^*)$ 是凸的，而 $\boldsymbol{\Omega}$ 是严格凸的，则 $\frac{x^1+x^2}{2}\in\mathring{\boldsymbol{\Omega}}\cap\boldsymbol{G}^+(x^0,T^*)$。

令 $x^3=\frac{x^1+x^2}{2}$，则有可允控制将系统由点 x^0 领航至 x^3，并且需时为 T^*。该对应轨道为 $x(t)$，则

$$x(t_0)=x^0\overline{\in}\boldsymbol{\Omega},\quad x(T^*)=x^3\in\mathring{\boldsymbol{\Omega}}$$

由此存在 T'，$t_0<T'<T^*$，使 $x(T')\in\partial\boldsymbol{\Omega}\subset\boldsymbol{\Omega}$，从而与 T^* 是最优时间矛盾，于是 $x^1=x^2$，以上 $\partial\boldsymbol{\Omega}$ 系 $\boldsymbol{\Omega}$ 之边界，$\mathring{\boldsymbol{\Omega}}$ 是 $\boldsymbol{\Omega}$ 的开核，即由 $\boldsymbol{\Omega}$ 的内点组成。

由此可知，存在唯一性定理。

显然，从前面对等时区边界的讨论可知，由点至域的最优控制存在唯一，并且是由 $\boldsymbol{G}_{t_0}^-(\boldsymbol{\Omega},T^*)$ 过 x^0 之法向量确定的控制。

进一步，我们为研究最速系统的综合问题，引入由点至域最速控制应具有的必要条件，即给出其具体形式。

引理 4.5　设 $u(t)\in\boldsymbol{U}(t_0,t_0+T)$ 是由 $x^0\overline{\in}\boldsymbol{\Omega}$ 至 $\boldsymbol{\Omega}$ 的最速控制，其对应之最速轨道是 $x(t)$，终点是 x^1，则对任何 $\alpha>0$，必有以下两点。

1° $x_\alpha^+(T)=\left(x(t)+\alpha\frac{\mathrm{d}x}{\mathrm{d}t}\right)_{t=t_0+T-0}\overline{\in}\mathring{\boldsymbol{G}}^+(x^0,T)$。

2° $x_\alpha^-(T)=\left(x(t)-\alpha\frac{\mathrm{d}x}{\mathrm{d}t}\right)_{t=t_0+T+0}\overline{\in}\mathring{\boldsymbol{\Omega}}$。　(4.4-24)

这一引理从直观上表明，最速过程的端点应有这样的性质，即在其终点切线方向向前推进任何充分小距离时，总会离开原有的等时区内部，而向后延滞任何充分小距离时，总达不到凸闭集 $\boldsymbol{\Omega}$ 之内部。

我们只证 1° 成立，而 2° 之成立用同样的方法易于办到。不失一般性，由于 $\boldsymbol{\Omega}$ 与 $\boldsymbol{G}(\cdot,\cdot)$ 均为凸集，可设 $\alpha>0$ 且充分小，以保证讨论有意义。

用反证法，设 $\alpha>0$，使

$$x_\alpha^+(T)\in\mathring{\boldsymbol{G}}^+(x^0,T)$$

则有 $\varepsilon>0$ 存在，使

$$\mathring{\boldsymbol{U}}(x_\alpha^+(T),2\varepsilon)\subseteq\mathring{\boldsymbol{G}}^+(x^0,T)$$

其中，$\mathring{\boldsymbol{U}}(x_\alpha^+(T),2\varepsilon)$ 是满足 $\{x\,|\,|x-x_\alpha^+(T)|<2\varepsilon\}$ 的一个小球。

考虑 $x(t)$ 连续，$\dot{x}(t)$ 有左极限，则有 $\delta'>0$，当 $0<|T'-T|<\delta'$ 时，有

$$x_{\alpha}^{+}(T') \in \boldsymbol{U}(x_{\alpha}^{+}(T), \varepsilon)$$

而 $\boldsymbol{G}^{+}(x^0, T)$ 对 T 连续，则有 $\delta''>0$，对任何 $0<|T-T''|<\delta''$，有

$$\boldsymbol{U}(x_{\alpha}^{+}(T), \varepsilon) \subseteq \mathring{\boldsymbol{G}}^{+}(x^0, T'')$$

令 $\delta=\min(\delta', \delta'')$，则对任何 $\widetilde{T}$，当 $0<|T-\widetilde{T}|<\delta$ 时，就有

$$x_{\alpha}^{+}(\widetilde{T}) \in \boldsymbol{U}(x_{\alpha}^{+}(T), \varepsilon) \subset \mathring{\boldsymbol{G}}^{+}(x^0, \widetilde{T})$$

但从 $x(t)$ 是由 x^0 至 $\boldsymbol{\Omega}$ 之最速轨道，则应有

$$x(t_0+\widetilde{T}) \in \boldsymbol{S}^{+}(x^0, \widetilde{T})$$

若固定 $\widetilde{T}$，$0<T-\widetilde{T}<\delta$ 作连接 $x(t_0+\widetilde{T})$ 与 $\boldsymbol{U}(x_{\alpha}^{+}(T), \varepsilon)$ 之每一点的线段，它构成一 n 维小凸锥，记为 $\boldsymbol{K}_{\widetilde{T}}$。此时，$\boldsymbol{K}_{\widetilde{T}}$ 已含轨道 $x(t)$ 在 $x(t_0+\widetilde{T})$ 上之速度向量 $\dot{x}|_{t=t_0+\widetilde{T}-0}$，又由于 $\boldsymbol{G}^{+}(x^0, \widetilde{T})$ 是凸的，因此有

$$\boldsymbol{K}_{\widetilde{T}} \subset \boldsymbol{G}^{+}(x^0, \widetilde{T})$$

由此对任何充分接近 T 的 $\widetilde{T}$，对任何 $T' \in (\widetilde{T}, T)$ 都有

$$x(t_0+T') \in \boldsymbol{G}^{+}(x^0, \widetilde{T})$$

由此可知，自 x^0 至 $x(t_0+T')$ 可用 $\widetilde{T}<T'$ 到达，而这与 $x(t)$ 之最速性矛盾，故引理得证。

类似可证 2°。

定理 4.21　控制 $u(t) \in \boldsymbol{U}(t_0, t_0+T)$ 和对应之轨道 $x(t)$ 由 $x^0 \overline{\in} \boldsymbol{\Omega}$ 至 $\boldsymbol{\Omega}$ 之最速控制之必要条件是，在 $\boldsymbol{\Omega}$ 的边界 $\boldsymbol{S}$ 上有一点 z 及其一内法向量 $-\mathrm{grad}g(z)$ 使 $u(t)$ 是由 $-\mathrm{grad}g(z)$ 确定之控制，若设 $\boldsymbol{U}$ 是正立方体(4.4-10)，则有

$$\begin{cases} u(t)=\mathrm{sign}[-\mathrm{grad}g(z), X(t_0+T, t)B(t)], \quad t_0 \leqslant t \leqslant t_0+T \\ [-\mathrm{grad}g(z), [A(t)x(t)+B(t)u(t)]|t=_{t_0+T-0}] \geqslant 0 \\ g(z)=0 \end{cases} \tag{4.4-25}$$

对任何 $t \in [t_0, t_0+T]$，总有

$$\begin{aligned} &[-X^{*}(t_0+T, t)\mathrm{grad}g(z), A(t)x(t)+B(t)u(t)] \\ =&\int_{t_0+T}^{t}[-X^{*}(t_0+T, \tau)\mathrm{grad}g(z), A'(\tau)x(\tau)+B'(\tau)u(\tau)]\mathrm{d}\tau+c \end{aligned} \tag{4.4-26}$$

其中，$c \geqslant 0$ 为常数。

显然，式(4.4-25)中第 1 式与第 3 式由前面之讨论恒成立，而第 2 式实际上相当于 Pontryagin 之最大值原理中 $M(t_1) \geqslant 0$，并且 $-\mathrm{grad}g(z)$ 实际上就是辅助函数 $\psi(t)$ 向量之终值。但是，在 Pontryagin 所得结论中没有讨论 $g(z)=0$ 不光滑之情形。

证明　对于式(4.4-25)之第 2 式，只要证明过 $\boldsymbol{G}^{+}(x^0, T)$ 和 $\boldsymbol{\Omega}$ 之公共边界点 z(唯一的)可作一支撑面 $\boldsymbol{\Pi}$，使 $\boldsymbol{G}^{+}(x^0, T)$ 与 $\boldsymbol{\Omega}$ 在 $\boldsymbol{\Pi}$ 之两侧，而过 z 之速度向量 $\dot{x}|_{t=t_0+T-0}$ 与 $\boldsymbol{\Omega}$ 在 $\boldsymbol{\Pi}$ 之同一侧。

若有 $\alpha>0$,使点 $z_\alpha^+(T)\in\mathring{\boldsymbol{\Omega}}$,或点 $z_\alpha^-(T)\in\mathring{\boldsymbol{G}}^+(x_0,T)$,则过 z 的 $\boldsymbol{G}^+(x_0,T)$ 和 $\boldsymbol{\Omega}$ 的任意公共支撑面 $\boldsymbol{\Pi}$,都把 $\boldsymbol{\Omega}$ 和过 z 的速度向量置于 $\boldsymbol{\Pi}$ 所确定的同一个闭半空间中,因此(4.4-25)第 2 式成立。

若对任何 $\alpha>0$,$z_\alpha^+(T)$ 与 $z_\alpha^-(T)$ 均不属于 $\boldsymbol{G}^+(x_0,T)$ 和 $\mathring{\boldsymbol{\Omega}}$,考虑连接点 $z_\alpha^-(T)$ 与 $\boldsymbol{G}^+(x_0,T)$ 之每一点之线段之全部,它构成一个 n 维有界凸锥体,记其为 $\boldsymbol{K}_\alpha$,则它不可能包含 $\boldsymbol{\Omega}$ 之内点。

事实上,若对 $\alpha>0$,$\boldsymbol{K}_\alpha$ 含有 $\boldsymbol{\Omega}$ 之内点,由 $\boldsymbol{K}_\alpha$ 与 $\boldsymbol{\Omega}$ 之凸性可知,它们一定有公共内点 z_0,即 $z_0\in\mathring{\boldsymbol{K}}_\alpha\cap\mathring{\boldsymbol{\Omega}}$,又由于 $\boldsymbol{G}^+(x_0,T)$ 与 $\boldsymbol{\Omega}$ 只有唯一的公共边界点 z,因此 $z_0\neq z$。

设 $\boldsymbol{l}$ 是由 $z_\alpha^-(T)$ 引出的通过 z_0 的半射线,由 $z_0\in\mathring{\boldsymbol{K}}_\alpha$ 和 $\boldsymbol{G}^+(x_0,T)$ 之 n 维凸性,在 $\boldsymbol{l}$ 上必存在一点 $z_1\in\mathring{\boldsymbol{G}}^+(x_0,T)$ 由 $\boldsymbol{K}_\alpha$ 之定义,则 z_0 在 $\boldsymbol{l}$ 上应介于 z_0 与 $z_\alpha^-(T)$ 之间。

现取 $\rho>0$ 充分小,使球 $\boldsymbol{U}(z_0,\rho)\subset\boldsymbol{\Omega}$,用 $\boldsymbol{K}_1$ 表示连接 z 和 $\boldsymbol{U}(z_0,\rho)$ 之每一点之线段之全体构成的 n 维有界凸锥,再取 $\rho'>0$ 充分小,使自 z_1 出发通过 $\boldsymbol{U}(z_\alpha^-(T),\rho)$ 之任意点之半射线都通过 $\boldsymbol{U}(z_0\rho)$ 的点;用 $\boldsymbol{K}_2$ 表示连接 z 和 $\boldsymbol{U}(z_\alpha^-(T),\rho')$ 之每一点之线段构成的有界凸锥,此时连接线段 $\overline{zz_1}$ 上任意点与 $\boldsymbol{K}_2$ 之任意点之线段都与 $\boldsymbol{K}_1$ 相交。

又由于 $\dot{x}(t)$ 之左右极限几乎处处存在,因此对任何 $T'<T$,只要 T' 充分接近 T,点 $x(t_0+T')$ 就属于 $\mathring{\boldsymbol{K}}_2$ 且由 $\boldsymbol{G}^+(x_0,T)$ 对 T 之连续性,这时有

$$z_1\in\mathring{\boldsymbol{G}}^+(x_0,T')$$

又由于 z_1 与 $x(t_0+T')$ 都是 $\boldsymbol{G}^+(x_0,T')$ 之点,因此线段,即

$$\overline{z_1x}(t_0+T')\subset\boldsymbol{G}^+(x_0,T')$$

但按 $\boldsymbol{K}_2$ 之定义有

$$x(t_0+T')\in\boldsymbol{K}_2$$

由此就有

$$\overline{z_1x}(t_0+T')\cap\boldsymbol{K}_1\neq\varnothing$$

又由 $\boldsymbol{K}_1$ 之定义有

$$\boldsymbol{K}_1\subset\boldsymbol{\Omega}$$

则 $\boldsymbol{G}^+(x_1,T')\cap\boldsymbol{\Omega}\neq\varnothing$,$T'<T$。这与最速性矛盾,因此有

$$\boldsymbol{K}_\alpha\cap\mathring{\boldsymbol{\Omega}}=\varnothing$$

由此可知,$\boldsymbol{K}_\alpha$ 与 $\boldsymbol{\Omega}$ 仅有公共边界点,于是可作 $\boldsymbol{K}_\alpha$ 与 $\boldsymbol{\Omega}$ 之公共支撑面 $\boldsymbol{\Pi}$,它把 $\boldsymbol{\Omega}$ 和 $\dot{x}|_{t=t_0+T-0}$ 同时置于 $\boldsymbol{\Pi}$ 确定的同一个闭半空间内,而把 $\boldsymbol{G}^+(x_0,T)$ 置于另一闭半空间中,因此式(4.4-25)之第 2 式成立。

要证式(4.4-26),考虑 $u(t)$ 由式(4.4-25)之第 1 式确定,由此式(4.4-26)之

左端绝对连续，求导数则几乎处处有（注意，$u'(t)$几乎处处为零）

$$\frac{\mathrm{d}}{\mathrm{d}t}[-X^*(t_0+T,t)\mathrm{grad}g(z),A(t)x(t)+B(t)u(t)]$$
$$=[-X^*(t_0+T,t)\mathrm{grad}g(z),A'(t)x(t)+B'(t)u(t)]$$

又由式(4.4-25)，当 $t=t_0+T$ 时，式(4.4-26)之左端非负，故积分上式就有(4.4-26)。

由此定理全部得证。

作为推论，显然在有界闭集 $\boldsymbol{\Omega}$ 蜕化为一点时，我们有如下结论。

控制 $u(t)\in\boldsymbol{U}(t_0,t_0+T)$ 和对应的轨道 $x(t)$ 是连接 $x_0=x(t_0)$ 与 $x(t_0+T)=x_1$ 之最速控制的必要条件是有一非零向量 η，满足

$$u(t)=\mathrm{sign}[\eta,X(t_0+T,t)B(t)],\quad t_0\leqslant t\leqslant t_0+T$$
$$[\eta,A(t)x(t)+B(t)u(t)]_{t=t_0+T-0}\geqslant 0$$

且对任何 $t\in[t_0,t_0+T]$，总有

$$[X^*(t_0+T,t)\eta,A'(t)x(t)+B'(t)u(t)]$$
$$=\int_{t_0tT}^{t}[X^*(\tau,t_0+T)\eta,A(\tau)x(\tau)+B(\tau)u(\tau)]\mathrm{d}\tau+c$$

其中，c 为非负常量。

上述结论只能断言，这是最速控制的必要条件。下面的例子可以说明此条件不是充分的。

研究系统 $\dot{x}_1=x_2,\dot{x}_2=u,|u|\leqslant 1$，求自点(0,1)至$\left(\frac{3}{8},\frac{1}{2}\right)$之最速控制。

考虑 $A=\begin{bmatrix}0&1\\0&0\end{bmatrix},B=\begin{bmatrix}0\\1\end{bmatrix},AB=\begin{bmatrix}1\\0\end{bmatrix}$，显然系统满足位置一般性假定。由此最优控制将存在唯一，现取 $\eta_0=(-1,1),t_0=0,T=\frac{5}{2}$，可知 η_0 在$\left[0,\frac{5}{2}\right]$上确定之控制为

$$u(t)=-1,\quad 0\leqslant t\leqslant\frac{3}{2}$$
$$u(t)=1,\quad \frac{3}{2}<t\leqslant\frac{5}{2}$$

由此过(0,1)之解 $x(t)$满足

$$x\left(\frac{5}{2}\right)=\left(\frac{3}{8},\frac{1}{2}\right),\quad \dot{x}(t)|_{t=\frac{5}{2}}=\left(\frac{1}{2},1\right)$$

于是有$(\eta_0,\dot{x}|t=\frac{5}{2})=\left[(-1,1),\begin{pmatrix}\frac{1}{2}\\1\end{pmatrix}\right]=\frac{1}{2}>0$，然而控制并不是最速的，因为取

$T=\frac{1}{2}$，$\eta_0=(0,-1)$所确定的控制 $u(t)=-1$，已把$(0,1)$引至$\left(\frac{3}{8},\frac{1}{2}\right)$，对应的过程时间$\frac{1}{2}<\frac{5}{2}$。

4.4-4　等时区的单调性与最速控制充分条件

在利用等时区的基本性质讨论最速控制问题时，我们往往要研究等时区是否是单调扩张的。等时区的单调扩张问题往往涉及最速控制的充分性问题。

定理 4.22　若等时区 $\boldsymbol{G}^-(\boldsymbol{\Omega},T)$对 T 单调扩张，则任何$-\mathrm{grad}g(z)$，$z\in\boldsymbol{S}$ 所确定之控制 $u(t)$，$t_0\leqslant t\leqslant t_0+T$，是由 $\boldsymbol{S}^-(\boldsymbol{\Omega},T)$之某一点至 $\boldsymbol{\Omega}$ 之最速控制；若等时区 $\boldsymbol{G}^-(x^0,T)$对 T 单调，则对任何向量 η_0，它所确定之控制 $u(t)$，$t_0\leqslant t\leqslant t_0+T$，是由 $\boldsymbol{S}^-(x^2,T)$上某一点至 x^0 之最速控制。

证明　设 z 是 $\boldsymbol{S}$ 上任何一点，$-\mathrm{grad}g(z)$是过 z 之 $\boldsymbol{S}$ 之任意内法向量，向量$-\mathrm{grad}g(z)$在$[t_0,t_0+T]$上确定的控制为

$$u(t)=\mathrm{sign}[-\mathrm{grad}g(z),X^{-1}(t,t_0+T)B(t)],\quad t_0\leqslant t\leqslant t_0+T$$

设 x 是由 z 经上述控制传递之终点，显然 $x\in\boldsymbol{S}^-(\boldsymbol{\Omega},T)$，且 $u(t)$把 x 引至 z 之过渡时间为 T。若 T 不是最速时间，则有 $u^*(t)\in\boldsymbol{U}(t_0,t_0+T^*)$，把 x 引至 $\boldsymbol{\Omega}$，且 $T^*<T$，$x\in\boldsymbol{S}^-(\boldsymbol{\Omega},T^*)$。

显然这是不可能的，由于 $\boldsymbol{G}^-(\boldsymbol{\Omega},T)$之单调性要求，$x\in\boldsymbol{S}^-(\boldsymbol{\Omega},T)$与 $x\in\boldsymbol{S}^-(\boldsymbol{\Omega},T^*)$不可能统一，因此 $T^*=T$，进而 $u^*(t)=u(t)$。

相应地，可证由点至点的最速控制充分条件。

进一步，我们给出判定等时区单调的条件，为简单起见，不妨设 $\boldsymbol{\Omega}$ 的边界 $\boldsymbol{S}$ 是光滑的。

定理 4.23　设 z 是 $\boldsymbol{S}$ 之任意点，$-\mathrm{grad}g(z)$是过 z 的 $\boldsymbol{S}$ 的任意内法向量。若对 $\boldsymbol{S}$ 上每一对 z 和$-\mathrm{grad}g(z)$，有一控制 $u(t)$，$t\geqslant t_0$，满足以下条件。

1° $u(t)\in\boldsymbol{U}$，且不在 $\boldsymbol{U}$ 之顶点。

2°下列两式之一成立

$$[-\mathrm{grad}g(z),A(t)z+B(t)u(t)]>0,\quad t>0 \tag{4.4-27}$$

$$A(t)z+B(t)u(t)\equiv 0,\quad t\geqslant 0 \tag{4.4-28}$$

则等时区 $\boldsymbol{G}^-(\boldsymbol{\Omega},T)$对 T 单调。当 $\boldsymbol{S}$ 退化为一点 x^0 时，式(4.4-28)成立，则等时区域 $\boldsymbol{G}^-(x^0,T)$对 T 单调。

证明　条件(4.4-27)表明，一旦轨道进入 $\boldsymbol{\Omega}$，则一定存在控制使其运动方向总指向 $\mathring{\boldsymbol{\Omega}}$。条件(4.4-28)表明，总存在控制使 $\dot{x}\equiv 0$，即 x 不再运动。

由此可知，当 $T_2>T_1\geqslant 0$ 时，有

$$\boldsymbol{\Omega}\subset\boldsymbol{G}(\boldsymbol{\Omega},T_1)\subset\boldsymbol{G}(\boldsymbol{\Omega},T_2)$$

另外,设 $x\in \boldsymbol{S}(\boldsymbol{\Omega},T_1)$,则有 $u(t)\in \boldsymbol{U}(t_0,t_0+T_1)$把 x 引至 $\boldsymbol{S}$ 之某一点 z。对此 z,由条件(4.4-27),有一充分小的 $\delta>0,\delta<T_2-T_1$ 和控制 $u(t)\in \boldsymbol{U}(t_0+T_1,t_0+T_1+\delta)$,使它对应的以 z 为起点的轨道的终点为 $\boldsymbol{\Omega}$ 之内点,因此由 $\boldsymbol{G}(\boldsymbol{\Omega},T_1)$之性质,$x$ 是 $\boldsymbol{G}(\boldsymbol{\Omega}_1,T_1+\delta)$之内点,但由 $T_1+\delta<T_2$ 有

$$\boldsymbol{G}(\boldsymbol{\Omega},T_1+\delta)\subset \boldsymbol{G}(\boldsymbol{\Omega},T_2)$$

由此就有 $\boldsymbol{G}(\boldsymbol{\Omega},T_1)\subset \mathring{\boldsymbol{G}}(\boldsymbol{\Omega},T_2)$。

同样可证 $\boldsymbol{G}^-(x^0,T)$之单调性。

§4.5 线性最速系统的综合问题

在存在唯一性已经得到解决的前提下,研究最优控制问题最重要的是求解决综合问题,即将控制看成系统状态的函数而非时间的函数。这相当于把对某个待定状态下出发的最优程序控制问题变成反馈控制问题。显然,后者具有更大的实用意义,并且可以用来自行消除某种破坏最优过程的干扰。

在这一节的前面四小节,我们将指出严格综合的途径,最后一小节谈谈某种近似方法。由于综合理论实质上是从系统状态的总体进行考查的,因此在研究综合理论时,我们应该进一步讨论等时区,特别是它的边界的性质。

4.5-1 基本前提与基本引理

在这一节的研究中,我们作如下基本假定,作为讨论问题的前提。这些假定是十分必要的。

1°系统的等时区 $\boldsymbol{G}_{t_0}^-(\boldsymbol{\Omega},T)$是对 T 单调的。

2°整个综合是在区域,即

$$\boldsymbol{M}=\bigcup_{T\geqslant 0}\boldsymbol{G}_{t_0}^-(\boldsymbol{\Omega},T) \tag{4.5-1}$$

进行的,即在系统关于 $\boldsymbol{\Omega}$ 的起始可达区内进行讨论的。

3°系统满足位置一般性假定。

4°控制 $u\in \boldsymbol{U}$,一般性地设定 $\boldsymbol{U}$ 是 r 维以原点为中心之立方体。当然,结论对于 $\boldsymbol{U}$ 是凸闭多角形也仍然有效。

对线性系统,即

$$\dot{x}=A(t)x+Bu \tag{4.5-2}$$

所提任务是,在区域 $\boldsymbol{M}(t_0)$内,确定函数 $u(x,t_0)$,以便使

$$\dot{x}=A(t)x+B(t)u(x,t) \tag{4.5-3}$$

在 $\boldsymbol{M}(t_0)$中,一切初值(t_0,x^0)的轨道都以最短之时间到达 $\boldsymbol{\Omega}$。

为研究方便,引入如下引理。

引理 4.6　函数 $A(\alpha)=\int_a^b a(\tau)\operatorname{sign}f(\alpha,\tau)\mathrm{d}\tau,\alpha\in[\theta_1,\theta_2]$具如下性质。

1° $\frac{\partial f}{\partial \alpha},\frac{\partial f}{\partial \tau},a(\tau)$在区域 $\boldsymbol{D}:\tau\in[a,b],\alpha\in[\theta_1,\theta_2]$连续。

2°对任何 $\alpha_0\in[\theta_1,\theta_2]$,$f(\alpha_0,\tau)$在$[a,b]$具有限个零点,记为 t_k。

3° $f(\alpha,a)$与 $f(\alpha,b)$在 $\alpha\in[\theta_1,\theta_2]$具有限个零点。

4°对任何 $t\in[a,b]$,使 $f(\alpha,t)=\left.\frac{\partial f}{\partial \tau}\right|_{\alpha,t}=0$ 满足之点亦有限。

则 $A(\alpha)$逐段连续可微,在可微点有

$$A'(\alpha)=2\sum_{k=1}^{s}a(t_k)\frac{\partial f(\alpha,t_k)}{\partial \alpha}\bigg/\left|\frac{\partial f(\alpha,t_k)}{\partial \tau}\right|$$

其中,t_k 是所有满足 $f(\alpha,t)=0$ 之点,$k=1,2,\cdots,s$。

证明　设将使 $f(\alpha,a)=0,f(\alpha,b)=0,f(\alpha,t^*)=\frac{\partial f}{\partial \tau}(\alpha,t^*)=0$ 之点全部除去,则我们除去了有限个点。考虑任何点 α,它不是上述已除去之点,考虑使 $f(\alpha,t_k)=0$ 之点为 $t_1,\cdots,t_s$,由假定可知$\frac{\partial f(\alpha,t_k)}{\partial \tau}\neq 0$,由此 $f(\alpha,t_k)=0$ 保证在(α,t_k)之邻域有隐函数 $t_k(\alpha)$存在。考虑

$$\frac{\mathrm{d}A(\alpha)}{\mathrm{d}\alpha}=\lim_{\Delta\alpha\to 0}\frac{1}{\Delta\alpha}\int_a^b a(\tau)(\operatorname{sign}(f(\alpha+\Delta\alpha,\tau))-\operatorname{sign}f(\alpha,\tau))\mathrm{d}\tau$$

则当 $\Delta\alpha$ 充分小时,积分只在以 $t_k(\alpha)$ 和 $t_k(\alpha+\Delta\alpha)$ 为端点之区间有值。若记 $t_k(\alpha+\Delta\alpha)-t_k(\alpha)=\Delta t_k$,则有

$$\begin{aligned}\frac{\mathrm{d}A(\alpha)}{\mathrm{d}\alpha}&=\lim_{\Delta\alpha\to 0}\sum_{k=1}^{s}-2a(t_k+\theta_k\Delta t_k)\frac{\Delta t_k}{\Delta\alpha}\left(\operatorname{sign}\frac{\partial f(\alpha,t_k)}{\partial \tau}\right)\\&=2\sum_{k=1}^{s}a(t_k)\left(\operatorname{sign}\frac{\partial f(\alpha,t_k)}{\partial \tau}\right)\frac{\dfrac{\partial f(\alpha,t_k)}{\partial \alpha}}{\dfrac{\partial f(\alpha,t_k)}{\partial \tau}}\\&=2\sum_{k=1}^{s}a(t_k)\frac{\dfrac{\partial f(\alpha,t_k)}{\partial \alpha}}{\left|\dfrac{\partial f(\alpha,t_k)}{\partial \tau}\right|},\quad 0<\theta_k<1\end{aligned}$$

显然,考虑 $t_k(\alpha)$是 α 附近的连续函数,则 $A(\alpha)$是逐段连续可微函数。

不难指出,相应的结论对向量函数亦适用。

引理 4.7 等时区 $\boldsymbol{G}^{\pm}(x_0,T)$之边界面 $\boldsymbol{S}^{\pm}(x_0T)$是分段光滑的。

证明 从§4.4讨论可知,$\boldsymbol{S}^{-}(x_0,T)$之参数表达式为

$$x = X(t_0,t_0+T)\left\{x_0+\int_{t_0}^{t_0+T}X^{-1}(\tau,t_0+T)B(\tau)\mathrm{sign}[\eta,X(t_0+T,\tau)B(\tau)]\right\}\mathrm{d}\tau \tag{4.5-4}$$

其中,η是非零向量,可记为 $\|\eta\|=1$。

显然,式(4.5-4)是一个参数式,其中参变量η约束在 $\|\eta\|=1$上。$\|\eta\|=1$是一个闭的列紧集,当η给定时,则确定一点x。由 $\|\eta\|=1$,可知在η之分量中必有一个 $\eta_k\neq 0$,可令 $\eta_k=\pm\sqrt{1-\sum\limits_{i\neq k}\eta_i^2}$,其中$\sum\limits_{i\neq k}$ 表示在求和过程中除去$i=k$之情形,因此$\eta_i(i\neq k)$均为独立变量。显然,由x_i对$\eta_j(j=1,2,\cdots,n)$之可导就可推出x对$\eta_j(j\neq k)$之可导性,因此证明$\boldsymbol{S}_{t_0}^{-}(x_0,T)$之光滑性,可归结为证明$x_i$对$\eta_j$之导数连续。

设 $X(t,t_0)=(\varphi_{ij}(t,t_0)),B(t)=(B_{ik}(t)),i,j=1,2,\cdots,n;k=1,2,\cdots,r$,则我们可将式(4.5-4)改写为

$$x_i = \sum_{j=1}^{n}\varphi_{ij}(t_0,t_0+T)\Bigg[x_{j0} + \int_{t_0}^{t_0+T}\sum_{s=1}^{n}\varphi_{is}(t_0+T,\tau)\left(\sum_{\sigma=1}^{r}b_{s\sigma}(\tau)u_\sigma(\tau)\mathrm{d}\tau\right)\Bigg] \tag{4.5-5}$$

其中,$u_\sigma(\tau)=\mathrm{sign}[\eta,X(t_0+T,\tau)b_\sigma(\tau)],i=1,2,\cdots,n;\sigma=1,2,\cdots,r$。

由以前对可达性之讨论可知,在满足位置一般性假定条件下,对任何η,$[\eta,X(t_0+T,\tau)b_\sigma(\tau)]=0$只在$[t_0,t_0+T]$的有限个点成立。

事实上,关系式(4.5-4)或式(4.5-5)是η空间至X空间的一个变换,特别是它把单位球$\|\eta\|=1$变成$\boldsymbol{S}^{-}(x_0,T)$,又由于$x_i$是$\eta$之连续函数,当$\eta$发生充分小变化以后,相应地$x$亦在$\boldsymbol{S}_{t_0}^{-}(x_0,T)$上作任意小的变化。考虑$\eta$的取值域是一个闭球面,则$\boldsymbol{S}^{-}(x_0,T)$也是一个闭曲面。

引入向量,即

$$b_s^{(i)}(\tau)=\dot{b}_s^{(i-1)}(\tau)-A(\tau)b_s^{(i-1)}(\tau),\quad s=1,2,\cdots,r;i=1,2,\cdots,n \tag{4.5-6}$$

其中,约定$b_s^{(1)}(\tau)=b_s(\tau)$,它代表$B(\tau)$之$s$列。

在球面$\|\eta\|=1$上,给出以下三种超曲面。

1°$[\eta,X(t_0+T,t_0)b_\sigma^{(1)}(t_0)]=0$, $\|\eta\|=1$,记其为$\tilde{\boldsymbol{\sigma}}_{\sigma1}^{-}$。事实上,这是在单位球上以$X(t_0+T,t_0)b_\sigma^{(1)}(t_0)$为法向量所作平面截出之一个大圆。

2°$[\eta,b_\sigma^{(1)}(t_0+T)]=0$, $\|\eta\|=1$,记其为$\tilde{\boldsymbol{\sigma}}_{\sigma2}^{-}$。它是在单位球上以$b_\sigma^{(1)}(t_0+T)$为法向量所作平面截出之一个大圆。

3°在任何时刻τ,使下式满足

$$\begin{cases}[\eta, X(t_0+T,t_0)b_\sigma^{(1)}(\tau)]=0\\ [\eta, X(t_0+T,t_0)b_\sigma^{(2)}(\tau)]=0\\ \|\eta\|=1\end{cases}$$

所确定之 $n-3$ 维曲面。一般来说，这样的集合只有有限个，记其全体为 $\tilde{\boldsymbol{\sigma}}_{\sigma 3}^-$。

显然，除 $\tilde{\boldsymbol{\sigma}}_{\sigma 1}^-$、$\tilde{\boldsymbol{\sigma}}_{\sigma 2}^-$ 与 $\tilde{\boldsymbol{\sigma}}_{\sigma 3}^-$ 外，$\|\eta\|=1$ 上的点映射到 $\boldsymbol{S}_{t_0}^-(x_0,T)$ 上的为光滑点，由此除去由上述 $\tilde{\boldsymbol{\sigma}}_{\sigma 1}^-$、$\tilde{\boldsymbol{\sigma}}_{\sigma 2}^-$ 与 $\tilde{\boldsymbol{\sigma}}_{\sigma 3}^-$ 映射过来的点，可知 $\boldsymbol{S}_{t_0}^-(x^0,T)$ 是逐段光滑的。这是因为由 $\tilde{\boldsymbol{\sigma}}_{\sigma_i}^-$ 映射过来的点 $\tilde{s}_{\bar{\sigma}1}^-$、$\tilde{s}_{\bar{\sigma}2}^-$、$\tilde{s}_{\bar{\sigma}3}^-$ 之集合仅具 $n-2$ 的维数。

显然，$\boldsymbol{S}_{t_0}^-(x^0,T)$ 上除 $\tilde{\boldsymbol{\sigma}}_{\sigma 1}^-$、$\tilde{\boldsymbol{\sigma}}_{\sigma 2}^-$、$\tilde{\boldsymbol{\sigma}}_{\sigma 3}^-$ 外全为光滑，而这些不光滑点依赖 t_0 与 T 而飘动。

引理 4.8　设 $\boldsymbol{\Omega}$ 是 $\boldsymbol{X}''$ 中的 n 维有界凸闭集，其边界 $\boldsymbol{S}$ 由分段二次可微曲面构成，又对系统(4.5-2)设等时区对 T 单调。

1°任意 $x\in\boldsymbol{S}_{t_0}^-(\boldsymbol{\Omega},T)$ 唯一对应至一点 $z\in\boldsymbol{S}$。$\boldsymbol{S}$ 上的任意光滑点 z 也对应到 $\boldsymbol{S}_{t_0}^-(\boldsymbol{\Omega},T)$ 上的唯一光滑点。

2°对于 $\boldsymbol{S}$ 的每块光滑的 $n-1$ 维超曲面 $\boldsymbol{\Delta}$，都唯一对应 $\boldsymbol{S}_{t_0}^-(\boldsymbol{\Omega},T)$ 上的一块 $n-1$ 维光滑超曲面 $\boldsymbol{\Sigma}$。两曲面之点有一一对应，且当 $\boldsymbol{\Delta}$ 是超平面时，$\boldsymbol{\Sigma}$ 也是超平面。若 $\boldsymbol{\Delta}$ 是严格凸的，即任两点连线之点均为 $\boldsymbol{\Omega}$ 之内点，则 $\boldsymbol{\Sigma}$ 亦为严格凸的。$\boldsymbol{\Delta}$ 含有直线母线，则 $\boldsymbol{\Sigma}$ 亦含直线母线。

3°所有 $\boldsymbol{S}$ 上不光滑的点都对应到 $\boldsymbol{S}_{t_0}^-(\boldsymbol{\Omega},T)$ 上一些分块光滑的 $n-1$ 维超曲面上的点。

上述相应的每一对点之间均可用最速轨线连接。

证明　(1)设 x_0 是 $\boldsymbol{S}_{t_0}^-(\boldsymbol{\Omega},T)$ 上的任意一点。由此可知，z 是 $\boldsymbol{\Omega}$ 与 $\boldsymbol{G}^+(x_0,T)$ 之唯一交点，因此 z 唯一确定，又若 $z\in\boldsymbol{S}$ 光滑，则内法向量 $-\mathrm{grad}g(z)$ 唯一，由此可知对应至该点之 $x_0\in\boldsymbol{G}^-(\boldsymbol{\Omega},T)$ 亦唯一。考虑过 x_0 的 $\boldsymbol{S}_{t_0}^-(\boldsymbol{\Omega},T)$ 之任意外法向量 η 都有 η 平行 $X(t_0+T,t_0)\mathrm{grad}g(z)$。因此 η 唯一，x_0 是 $\boldsymbol{S}_{t_0}^-(\boldsymbol{\Omega},T)$ 之光滑点。

(2) 设光滑点 $z_0\in\boldsymbol{S}$ 已对应到光滑点 $x_0\in\boldsymbol{S}_{t_0}^-(\boldsymbol{\Omega},T)$，则我们可证包含 z_0 的邻域 $\boldsymbol{U}_\delta\subseteq\boldsymbol{S}$ 内的点都能与包含 x_0 的某个小邻域 $\boldsymbol{U}_\sigma\subseteq\boldsymbol{S}_{t_0}^-(\boldsymbol{\Omega},T)$ 一一对应。因此，$\boldsymbol{U}_\sigma$ 是光滑超曲面上的一小块，并且光滑超曲面只有三种情形。

1° $\boldsymbol{U}_\delta$ 是平面的情形。

若 $z\in\boldsymbol{U}_\delta$ 已对应至 $\boldsymbol{S}_{t_0}^-(\boldsymbol{\Omega},T)$ 上之唯一光滑点 x，则有

$$z=X(t_0+T,t_0)\Big\{x+\int_{t_0}^{t_0+T}X^{-1}(\tau,t_0)B(\tau)\operatorname{sign}[-\mathrm{grad}g(z_0),\\ X(t_0+T,\tau)B(\tau)]\mathrm{d}\tau\Big\}$$

$$z_0 = X(t_0 + T, t_0)\left\{x_0 + \int_{t_0}^{t_0+T} X^{-1}(\tau_1 t_0)B(\tau)\mathrm{sign}[-\mathrm{grad}g(z_0),\right.$$
$$\left. X(t_0 + T, \tau)B(\tau)]\mathrm{d}\tau\right\}$$

由此不难有

$$z - z_0 = X(t_0 + T, t_0)(x - x_0) \tag{4.5-7}$$

按线性变换(4.5-7)之性质可知,过 x_0 的组成 $\boldsymbol{S}$ 的一个平面将对应过 x_0 的组成 $\boldsymbol{S}_{t_0}^{-}(\boldsymbol{\Omega}, T)$的一个平面。

2° $\boldsymbol{U}_\delta$ 是严格凸的

考虑 $\int_{t_0}^{t_0+T} X^{-1}(\tau, t_0)B(\tau)\mathrm{sign}[\eta, X(t_0 + T, \tau)B(\tau)]\mathrm{d}\tau$ 是 η 之连续函数且 $\mathrm{grad}g(z)$在 z_0 连续,由此 $\| z - z_0 \| < \delta$ 之点将只可能对应 x_0 之某个邻域 $\boldsymbol{U}_\sigma$。设 $z \in \boldsymbol{U}_\delta$ 对应一点 $x \in \boldsymbol{U}_\sigma$,则我们有

$$\mathrm{grad}\boldsymbol{S}_{t_0}^{-}(\boldsymbol{\Omega}, T)|_x // X^*(t_0 + T, t_0)\mathrm{grad}g(z)$$

由于 $\boldsymbol{U}_\delta$ 是严格凸的,因此向量 $\mathrm{grad}g(z)$之全体为一包含向量 $\mathrm{grad}g(z_0)$之 n 维锥体,记作 $\boldsymbol{K}_1$,其中 $\mathrm{grad}g(z)$实际上是单一地参加进 $\boldsymbol{K}_1$,即 $\boldsymbol{K}_1$ 中的同一向量不可能由不同的点 $z \in \boldsymbol{U}_\delta$ 来确定 $\mathrm{grad}g(z)$。由于每个 $z \in \boldsymbol{U}_\delta$ 都对应一点 $x \in \boldsymbol{S}_{t_0}^{-}(\boldsymbol{\Omega}, T)$且法向量间有对应关系 $\mathrm{grad}\boldsymbol{S}(\boldsymbol{\Omega}, T)|_x // X^*(t_0 + T, t_0)\mathrm{grad}g(z)$,可知 $\boldsymbol{K}_1$ 通过非奇异线性变换 $X^*(t_0 + T, t_0)$变为另一 n 维维体 $\boldsymbol{K}_2$。$\boldsymbol{K}_2$ 与 $\boldsymbol{K}_1$ 有相同之性质。由此可知,$\boldsymbol{U}_\sigma$ 是严格凸的,此时我们可知严格凸曲面的一块 $\boldsymbol{U}_\delta$ 将与严格凸曲面的一块 $\boldsymbol{U}_\sigma$ 对应。

3° $\boldsymbol{U}_\delta$ 含有过 z_0 之直母线,应用相仿于 2° 的办法,不难证明结论也成立。

最后概括上述情况,我们把邻域 $\boldsymbol{U}_\delta$ 延拓到光滑的区域 $\boldsymbol{\Delta} \in \boldsymbol{S}$,则 $\boldsymbol{U}_\sigma$ 也相应地扩展至某个光滑超曲面 $\boldsymbol{\Sigma} \subseteq \boldsymbol{S}_{t_0}^{-}(\boldsymbol{\Omega}, T)$,由此 2° 得到证明。

(3) 考虑 $\boldsymbol{S}$ 上的不光滑点 $z \in \boldsymbol{S}_1 \cap \boldsymbol{S}_2$,其中 $\boldsymbol{S}_1$ 与 $\boldsymbol{S}_2$ 是 $\boldsymbol{S}$ 上相邻的 $n-1$ 维光滑曲面。它能够以最速控制引到 $\boldsymbol{S}_1 \cap \boldsymbol{S}_2$ 的起点的集合,可由参数方程给出,即

$$\begin{cases} x = X(t_0, t_0 + T)\Big[z + \int_{t_0}^{t_0+T} X^{-1}(\tau, t_0 + T)B(\tau) \\ \qquad \times \mathrm{sign}[c\mathrm{grad}g_1(z) + (1 - c)\mathrm{grad}g_2(z), \\ \qquad X(t_0 + T, \tau)B(\tau)]\mathrm{d}\tau\Big], \quad 0 \leqslant c \leqslant 1 \\ g_1(z) = 0, \quad z \in \boldsymbol{S}_1 \\ g_2(z) = 0, \quad z \in \boldsymbol{S}_2 \end{cases} \tag{4.5-8}$$

这些点当然也是 $\boldsymbol{S}_{t_0}^{-}(\boldsymbol{\Omega}, T)$的点,令 $f_\sigma(z, c, t) = [c\mathrm{grad}g_1(z) + (1-c)\mathrm{grad}g_2(z),$

$X(\tau,t_0+T)b\sigma(\tau)]$，则完全类似于引理 4.7 证明$\dfrac{\partial f_\sigma}{\partial c}\dfrac{\partial f_\sigma}{\partial \tau}$与$\dfrac{\partial f_\sigma}{2z_i}$是连续函数，固定 z 与 c，则

$f_\sigma(z,c,\tau)=0$ 仅在$[t_0,t_0+T]$内之有限点成立，给定关系式，即

$$\begin{cases}[c\mathrm{grad}g_1(z)+(1-c)\mathrm{grad}g_2(z),X(t_0+T,t_0)\mathrm{b}_\sigma(t_0)]=0\\ g_1(z)=0 \\ g_2(z)=0\end{cases},0\leqslant c\leqslant 1;\sigma=1,2,\cdots,r \tag{4.5-9}$$

$$\begin{cases}[c\mathrm{grad}g_1(z)+(1-c)\mathrm{grad}g_2(z),\mathrm{b}_\sigma(t_0+T)]=0\\ g_1(z)=0 \\ g_2(z)=0\end{cases},0\leqslant c\leqslant 1;\sigma=1,2,\cdots,r \tag{4.5-10}$$

$$\begin{cases}[c\mathrm{grad}g_1(z)+(1-c)\mathrm{grad}g_2(z),X(t_0+T,\tau)\mathrm{b}_\sigma^{(1)}(\tau)]=0\\ [c\mathrm{grad}g_1(z)+(1-c)\mathrm{grad}g_2(z),X(t_0+T,\tau)\mathrm{b}_\sigma^{2}(\tau)]=0\\ g_1(z)=0,\quad g_2(z)=0,\quad 0\leqslant c\leqslant 1,\quad t_0\leqslant\tau\leqslant t_0+T\end{cases} \tag{4.5-11}$$

显然，当 z 和 c 满足上述关系式时，只对应至 $\boldsymbol{S}_{t_0}^-(\Omega,T)$上的 $n-2$ 维超曲面。相仿于引理 4.6 与引理 4.7 之论证，则 $\boldsymbol{S}_{t_0}^-(\boldsymbol{\Omega},T)$在这样的 $n-2$ 维超曲面上可能不光滑。

如果考虑其他不光滑点，例如 $z\in\boldsymbol{S}_1\cap\boldsymbol{S}_2\cap\boldsymbol{S}_3\cdots$，则相应的讨论完全适合，由此可知 $\boldsymbol{S}_{t_0}^-(\boldsymbol{\Omega},T)$是逐段光滑的。

由此不难有，若 $\boldsymbol{S}$ 逐段光滑凸，则 $\boldsymbol{S}^-(\boldsymbol{\Omega},T)$逐段光滑凸；若 $\boldsymbol{S}$ 严格凸，则 $\boldsymbol{S}^-(\boldsymbol{\Omega},T)$严格凸。

最后指出，$\boldsymbol{S}_{t_0}^-(\boldsymbol{\Omega},T)$上的不光滑点只可能出现在形如式(4.5-9)～式(4.5-11)之情形，而这些曲面对于 t_0，T 都是连续变动的。令 $t_0+T=\xi$，固定 $t_0\in[-\infty,\xi]$变动，则这些曲面在 n 维空间中移动成 $n-1$ 维超曲面。对于此超曲面及引理 4.7 中的 $\tilde{S}_{\sigma1}^-$、$\tilde{S}_{\sigma2}^-$与 $\tilde{S}_{\sigma3}^-$，按同样方式移动得到的 $n-1$ 维超曲面统称可疑超曲面。

4.5-2　最优性原理与 Bellman 方程

对于变系数线性受控系统，即

$$\dot{x}=A(t)x+B(t)u,\quad u\in\boldsymbol{U} \tag{4.5-12}$$

显然，任给一初始状态(t,x)，若对应该状态决定一引至 $\boldsymbol{\Omega}$ 之最速控制，即对应一最速过渡时间，记为 T。显然，T 应是 x 和 t 之函数，记为 $T(x,t)$。

不难证明，如果 $T(x,t)$是逐段光滑的，则它应满足方程，即

$$\frac{\partial T(x,t)}{\partial t}+\min_{n\in\boldsymbol{U}}[\mathrm{grad}T(x,t),A(t)x+B(t)u]=-1$$

此方程一般称为最速控制的 Bellman 方程。考虑 $T(x,t)$之逐段光滑性，则在 $T(x,t)$之光滑点，总对应

$$u_\beta(x,t)=-\mathrm{sign}[\mathrm{grad}T(x,t),b_\beta(t)],\quad \beta=1,2,\cdots,r \tag{4.5-13}$$

或者写成向量，即

$$u(x,t)=-\mathrm{sign}[\mathrm{grad}T(x,t),B(t)] \tag{4.5-14}$$

显然，$\boldsymbol{S}_t(\boldsymbol{\Omega},T)$实际上就是 $T(x,t)=T$，也就是等时区的边界应对应 Bellman 方程的最优时间指标解。$T(x,t)$将是逐段光滑的，因此在这种情况下，Bellman 方程确有意义。

最优控制由式(4.5-14)确定，因此对应每个分量 u_β，只可能取 -1 或 $+1$，我们可以把区域 $\boldsymbol{\Omega}$ 的边界划分成对应 u_β 取 -1 或 $+1$ 的区域，然后从这个区域出发，去解对应的 Bellman 方程。方程中的 u_β 就以对应 $+1$ 或 -1 代入，由此利用偏微分方程解 Canchy 问题，考虑边界条件，即

$$T(x,t)=0,\quad x\in\boldsymbol{\Omega}$$

则从原则上来讲，这是可行的，即可以延拓地解出去。在解出的过程中，我们再利用式(4.5-14)确定对应的最优控制。如果 u_β 发生跳跃，即在某个点有 $[\mathrm{grad}T(x,t),b_\beta(t)]=0$，则下一段我们将 u_β 改号，再重新求解 Bellman 方程。这样从理论上，我们就可以以综合函数的形式确定最优控制器。从这里也可以看到，在利用等时区讨论问题时，Bellman 方程有了明确的意义与根据。

如果系统是常系数线性系统，则有 $T(x,t)=T(x)$。对应的 Bellman 方程的形式变为

$$\min_{u\in\boldsymbol{U}}[\mathrm{grad}T(x),Ax+Bu]=-1 \tag{4.5-15}$$

而此时要在 $\boldsymbol{\Omega}$ 上划分区域，也只是考虑条件，即

$$[-\mathrm{grad}g(z),Ax+Bu]\geqslant 0$$

显然，此条件是十分便于确定的，对应最速问题的最优控制，即

$$u=u(x)=-\mathrm{sign}[\mathrm{grad}T(x),B] \tag{4.5-16}$$

也是定常控制，并且不难看出式(4.5-15)确定的偏微分方程也是线性的。原则上来说，求解线性偏微分方程的 Canchy 问题，目前已经没有严重的困难。

下面，我们再从几何直观上考查 Bellman 方程在目前这一特殊问题下的特征，特别是最优性原理在这一特殊问题中的体现。

定理 4.24　设 $\boldsymbol{\Omega}$ 是 $\boldsymbol{X}$ 中的 n 维有界凸闭集(可以退缩成一点)，其边界 $\boldsymbol{S}$ 分块光滑。

1°若系统(4.5-2)的等时区 $\boldsymbol{G}_{t_0}^-(\boldsymbol{\Omega},T)$对任何 $t_0\in[-\infty,\infty]$都有 T 单调，则对任何 $h(0<h<T)$，由 $\boldsymbol{S}_{t_0}^-(\boldsymbol{\Omega},T)$上某一点 x_0 引至 $\boldsymbol{\Omega}$ 的最速控制 $u(t),t\in(t_0,t_0+T)$。在 $t\in[t_0+h,t_0+T]$，它是由 $\boldsymbol{S}_{t_0+h}^-(\boldsymbol{\Omega},T-h)$上某一点 x_1 引至 $\boldsymbol{\Omega}$ 的最速控制，且最速轨线是原来轨线被 x_1 分割的一段。

2°若系统(4.5-2)的等时区 $\boldsymbol{G}_{t_0}^{-}(\boldsymbol{\Omega},T)$ 对 T 单调，由 $\boldsymbol{S}_{t_0}^{-}(\boldsymbol{\Omega},T)$ 上某一点 x_0 引至 $\boldsymbol{\Omega}$ 的最速控制 $u(t)\in\boldsymbol{U}[t_0,t_0+T]$，在 $t\in[t_0,t_0+h]$ 和 $t\in[t_0+h,t_0+T](0<h<T)$ 定义了两个控制 $u_1(t)$ 和 $u_2(t)$。它们分别定义在上述两个区间上，其中 u_1 是将 x_0 引至 $\boldsymbol{G}_{t_0+h}^{-}(\boldsymbol{\Omega},T-h)$ 上的最速控制，$u_2(t)$ 是将 $\boldsymbol{S}_{t_0+h}^{-}(\boldsymbol{\Omega},T-h)$ 上一点 x 引至 $\boldsymbol{\Omega}$ 的最速控制。它们相应的最速轨线就是原来最速轨线被 x_1 分割的两段。

这一定理的证明是显然的，可以作为习题由读者去完成。

4.5-3　逆转运动与线性系统综合

对于受控系统，即

$$\dot{x}=A(t)x+B(t)u,\quad u\in\boldsymbol{U},\quad t\in[-\infty,+\infty]\tag{4.5-17}$$

常称系统，即

$$\dot{x}=-A(t)x-B(t)u,\quad u\in\boldsymbol{U},\quad t\in[-\infty,+\infty]\tag{4.5-18}$$

是其逆转系统。以下用 $\widetilde{X}(t,t_0)$ 表示对应之自由系统，则

$$\dot{x}=-A(t)x\tag{4.5-19}$$

之基本解矩阵满足 $\widetilde{X}(t,t)=\boldsymbol{I}$，显然 $\widetilde{X}(t,t_0)=X(-t,-t_0)$。

以下用 $\boldsymbol{H}$ 表示系统(4.5-18)之等时区。

引理 4　对于系统(4.5-2)，控制函数 $u(t)\in\boldsymbol{U}(t,\xi)$ 将点 x_0 引至 x_1，则对逆转系统(4.5-18)，$u(-t)\in\boldsymbol{U}(-\xi,-t)$ 将点 x_1 按同一轨线引至 x_0，并且由此有 $\boldsymbol{G}_t^{-}[\boldsymbol{\Omega},\xi-t]=\bigcup\limits_{z\in\boldsymbol{\Omega}}\boldsymbol{H}_{-\xi}^{+}(z,\xi-t)$。

此引理之证明亦显然。

下面讨论系统的综合问题，我们将充分利用系统(4.5-2)及其逆转系统在最优控制上的关系。以后将不再声明，记 $\boldsymbol{U}$ 是正立方体。

首先我们来确定综合函数 $u(x,t)$。

考虑任何一光滑点 $x\in\boldsymbol{S}_t(\boldsymbol{\Omega},\xi-t)$，研究在时间区间 $[t,\xi]$ 将其引至 $\boldsymbol{\Omega}$ 的控制。显然，它应该是唯一的最速控制，并且终点 $z\in\boldsymbol{S}$ 是完全确定的。由前述引理不难指出，有一个控制函数 $u_1(\tau)$，$\tau\in[-\xi,-t]$ 将逆转系统按同一轨线把 z 引至 x，且在最速轨线相同的位置上 $u_1(-\tau)$ 应与 $u(\tau)$ 取同一数值。由 $x\in\boldsymbol{H}_{-\xi}^{+}\subseteq\boldsymbol{G}_t^{-}(\boldsymbol{\Omega},\xi-t)$ 可知，$u_1(t)$ 应该是过 x 的 $\boldsymbol{H}_{-\xi}^{+}(z,\xi-t)$ 边界外法向量确定的控制，又由于过 x 的 $\boldsymbol{S}_t(\boldsymbol{\Omega},\xi-t)$ 之切平面存在，且将 $\boldsymbol{G}_t^{-}(\boldsymbol{\Omega},\xi-t)$ 与 $\boldsymbol{H}_{-\xi}^{+}(z,\xi-t)$ 分在此平面之一侧，因此 $u_1(\tau)$ 是 $\mathrm{grad}\boldsymbol{S}_t(\boldsymbol{\Omega},\xi-t)|_x$ 确定的控制，即

$$\begin{aligned}u_1(\tau)=\mathrm{sign}[&\mathrm{grad}\boldsymbol{S}_t^{-}(\boldsymbol{\Omega},\xi-t)|_x\\&-\widetilde{X}(-t,\tau)B(-\tau)],\quad \tau\in[-\xi,-t]]\end{aligned}$$

若令 $\tau=-t$，则有

$$u(x,t)=-\mathrm{sign}[\mathrm{grad}\boldsymbol{S}_t^{-}(\boldsymbol{\Omega},\xi-t)|_x,B(t)]\tag{4.5-20}$$

显然，当 x 在 $\boldsymbol{S}_t^-(\boldsymbol{\Omega},\xi-t)$ 的光滑点上变动时，式(4.5-20)确定了控制为 x 之函数。考虑对最优性原理所作几何说明的定理，对任何 $t_1\in[t,\xi]$，全部由 $\boldsymbol{S}_t^-(\boldsymbol{\Omega},\xi-t)$ 出发的最速轨线将构成 $\boldsymbol{S}_{t_1}^-(\boldsymbol{\Omega},\xi-t_1)$。由此应用同样的办法可以确定在 t_1 时出发，位于 $\boldsymbol{S}_{t_1}^-(\boldsymbol{\Omega},\xi-t)$ 上各点引至 $\boldsymbol{\Omega}$ 的最速控制。

由此可知，式(4.5-20)实际上给出了 $\boldsymbol{M}(\xi)=\bigcup\limits_{t\leqslant\xi}\boldsymbol{G}_t^-(\boldsymbol{\Omega},\xi)$ 在时刻 ξ 引至 $\boldsymbol{\Omega}$ 的控制的综合函数。

从式(4.5-20)可以看到，要确定控制 $u(x,t)$，通常还必须确定 ξ，这是由于能够引至 $\boldsymbol{\Omega}$ 的等时区本身将依赖 ξ，但是实际上 ξ 这一时间变量将能够应用 x 依赖时间的关系式消去。由于 $x\in\boldsymbol{S}_t(\boldsymbol{\Omega},\xi-t)$，因此综合函数可写为

$$
\begin{gathered}
u(x,t)=-\operatorname{sign}[\operatorname{grad}\boldsymbol{S}_t^-(\boldsymbol{\Omega},\xi-t)\mid_x,B(t)] \\
x=X(t,\xi)\left\{z+\int_t^\xi X^{-1}(\tau,\xi)B(\tau)\operatorname{sign}[\operatorname{grad}g(z),X(\xi,\tau)B(\tau)\mathrm{d}\tau]\right\} \\
g(z)=0
\end{gathered}
\tag{4.5-21}
$$

研究此式之第 2 式与第 3 式，发现它可以唯一确定 ξ，因为若有 $x\in\boldsymbol{S}_t^-(\boldsymbol{\Omega},\xi_1-t)$ 与 $x\in\boldsymbol{S}_t^-(\boldsymbol{\Omega},\xi_2-t)$，而 $\xi_1\neq\xi_2$，则显然将与基本前提等时区单调矛盾。

如果考虑将 $\boldsymbol{\Omega}$ 退化成 一点 z，则有

$$
\begin{gathered}
u(x,t)=-\operatorname{sign}[\operatorname{grad}\boldsymbol{S}_t^-(z,\xi-t)\mid_x,B(t)] \\
x=X(t,\xi)\left\{z+\int_t^\xi X^{-1}(\tau,\xi)B(\tau)\operatorname{sign}[\eta,X(\xi,\tau)B(\tau)\mathrm{d}\tau]\right\} \\
\|\eta\|=1
\end{gathered}
\tag{4.5-22}
$$

考虑在可达区 $\boldsymbol{M}(\xi)$，除 $n-1$ 维的可疑曲面，研究一切可能使控制发生跳跃的点构成的 $\boldsymbol{M}(\xi)$ 中的 $n-1$ 维超曲面。一般称其为主开关曲面，可由下述参数方程给出，即

$$
\begin{gathered}
[\operatorname{grad}\boldsymbol{S}_t^-(\boldsymbol{\Omega},\xi-t)\mid_x,b_\sigma(t)]=0,\quad \sigma=1,2,\cdots,r \\
x=X(t,\xi)\left\{z+\int_t^\xi X^{-1}(\tau,\xi)B(\tau)\operatorname{sign}[\operatorname{grad}g(z),X(\xi,\tau)B(\tau)]\mathrm{d}\tau\right\} \\
g(z)=0,\quad t\leqslant\xi,\quad \xi=\text{常数}
\end{gathered}
\tag{4.5-23}
$$

或者，当 $\boldsymbol{\Omega}$ 退化为一个点 z 时，主开关面方程为

$$
\begin{cases}
[\operatorname{grad}\boldsymbol{S}_t^-(z,\xi-t)\mid_x,b_\sigma(t)]=0,\quad t\leqslant\xi=\text{const} \\
x=X(t,\xi)\left\{z+\int_t^\xi X^{-1}(\tau,\xi)B(\tau)\operatorname{sign}[\eta,X(\xi,\tau)B(\tau)]\mathrm{d}\tau\right\},\quad \|\eta\|=1
\end{cases}
\tag{4.5-24}
$$

不难证明，任何一条最速轨线的任何一段都不能整个落在主开关曲面上。若不然，设有一段与主开关曲面重合，并且此轨线引至 $\boldsymbol{S}$ 上的一点 z，由前面所作的

讨论，此控制必然是过 z 的 $\boldsymbol{S}$ 的一固定内法向量 $-\mathrm{grad}g(z)$ 确定的控制，由此它将使

$$
\begin{aligned}
o &= [X^{*}(t,\xi)\mathrm{grad}g(z), b_{\sigma}(t)] \\
&= [\mathrm{grad}\boldsymbol{S}_{t}^{-}(\boldsymbol{\Omega},\xi-t)|_{x(t)}, b_{\sigma}(t)]
\end{aligned}
$$

在 t 的某个区间成立。不难证明，这将与位置一般性假定抵触，由于最优轨线不可能有任何一段与主开关面重合，因此在主开关面上我们可以规定 u_i 取$(-1,+1)$中的任何值。以后约定，若轨线在交主开关面前对应 $u_i=-1$，而此开关面又对应 u_i 上跳跃，则令这一开关面上 $u_i=+1$。

一般来说，主开关面把 $\boldsymbol{M}(\xi)$ 分成 2^r 个互不相通的区域，每一区域中 u_i 取 $+1$ 或 -1。

最后我们研究可疑曲面上确定控制的问题。

在可疑超曲面上，我们知道它是由系统终点域上的不光滑点随时间变动而成的。在这样的曲面上，控制本身也完全可以发生跳跃，应该具有如下之形式，即

$$
\begin{cases}
x = X(t,\xi)\left\{z + \displaystyle\int_{t}^{\xi} X^{-1}(\tau,\xi)B(\tau)\mathrm{sign}\left[\sum_{1}^{l} c_k \mathrm{grad}g_k(z), X(\xi,\tau)B(\tau)\right]\mathrm{d}\tau\right\} \\
\qquad \times\left[\displaystyle\sum_{1}^{l} c_k \mathrm{grad}g_k(z), X(\xi,t)b_{\sigma}(t)\right] = 0, \quad \sigma = 1,2,\cdots,r \\
g_1(z) = \cdots = g_l(z) = 0 \\
\displaystyle\sum_{K=1}^{l} c_k = 1, \quad c_k \geqslant 0, \quad t \leqslant \xi = \mathrm{const}
\end{cases}
\tag{4.5-25}
$$

$$
\begin{cases}
x = X(t,\xi)\left\{z + \displaystyle\int_{t}^{\xi} X^{-1}(\tau,\xi)B(\tau)\mathrm{sign}\left[\sum_{1}^{l} c_k \mathrm{grad}g_k(z), X(\xi,\tau)B(\tau)\right]\mathrm{d}\tau\right\} \\
\qquad \times\left[\displaystyle\sum_{1}^{l} c_k \mathrm{grad}g_k(z), b_{\sigma}(\xi)\right] = 0 \\
g_1(z) = g_2(z) = \cdots = g_l(z) = 0 \\
\displaystyle\sum_{1}^{l} c_k = 1, \quad c_k \geqslant 0, \quad t \leqslant \xi = \mathrm{const}
\end{cases}
\tag{4.5-26}
$$

$$\begin{cases} x = X(t,\xi)\left\{z + \int_t^\xi X^{-1}(\tau,\xi)B(\tau)\operatorname{sign}\left[\sum_1^l c_k \operatorname{grad}g_k(z), X(\xi,\tau)B(\tau)\mathrm{d}\tau\right]\right\} \\ \qquad \times\left[\sum_1^l c_k \operatorname{grad}g_k(z), X(\xi,\eta)b_\sigma^{(1)}(\eta)\right] = 0 \\ \left[\sum_1^l c_k \operatorname{grad}g_k(z), X(\xi,\eta)b_\sigma^{(2)}(\eta)\right] = 0, \quad \xi = \text{const} \\ g_1(z) = \cdots = g_e(z) = 0 \\ \sum_1^l c_k = 1, \quad l \geqslant 2, \quad c_k \geqslant 0, \quad t < \eta \leqslant \xi \end{cases} \tag{4.5-27}$$

以下我们分别对三种情形进行讨论。

我们称式(4.5-24)和由球面 $\|\eta\|=1$ 上满足 $[\eta, X(\xi,t)b_\sigma^{(1)}(t)]=0$ 所决定的 $n-1$ 维超曲面为次开关曲面。次开关曲面是所有引到 $\boldsymbol{S}$ 的不光滑点的最速控制的跳跃面,把主开关曲面与次开关曲面联合起来,我们统称为开关曲面。它们的表达式为

$$\begin{cases} [\operatorname{gardg}(z), X(\xi,t)b_\sigma(t)] = 0 \\ x = X(t,\xi)\left\{z + \int_t^\xi X^{-1}(\tau,\xi)B(\tau)\right. \\ \qquad \left.\times \operatorname{sign}[\operatorname{gradg}(z), X(\xi,\tau)B(\tau)]\mathrm{d}\tau\right\} \\ g(z) = 0, \quad t \leqslant \xi, \quad \xi = \text{const} \end{cases} \tag{4.5-28}$$

在 $\boldsymbol{\Omega}$ 退缩为一点的情况下,开关曲面变为

$$\begin{cases} [\eta, X(\xi,t)b_\sigma(t)] = 0 \\ x = X(t,\xi)\left\{z + \int_t^\xi X^{-1}(\tau,\xi)B(\tau)\right. \\ \qquad \left.\times \operatorname{sign}[\eta, X(\xi,\tau)B(\tau)]\mathrm{d}\tau\right\} \\ \|\eta\| = 1, \quad t \leqslant \xi = \text{const} \end{cases} \tag{4.5-29}$$

不难证明,开关曲面本身也是逐段光滑的。

以下考虑常系数线性系统。

对于常系数线性系统,即

$$\dot{x}=Ax+Bu \tag{4.5-30}$$

显然有 $X(t,\tau)=\mathrm{e}^{A(t-\tau)}$。由此我们不难有开关面的表达式为

$$\begin{cases}[\mathrm{grad}g(z),\mathrm{e}^{AT}b]=0\\ x=\mathrm{e}^{-AT}z+\int_0^T \mathrm{e}^{-A\tau}B\,\mathrm{sign}[\mathrm{e}^{A^{*}T}\mathrm{grad}g(z),\mathrm{e}^{-A\tau}B]\mathrm{d}\tau\\ g(z)=0\end{cases}\tag{4.5-31}$$

或者当 $\boldsymbol{\Omega}$ 退化为一点时，我们有开关面方程为

$$\begin{cases}[\eta,\mathrm{e}^{AT}b]=0\\ x=\mathrm{e}^{-AT}z+\int_0^T \mathrm{e}^{-A\tau}B\,\mathrm{sign}[\mathrm{e}^{A^{*}T}\eta,\mathrm{e}^{-A\tau}B]\mathrm{d}\tau\\ \|\eta\|=1\end{cases}\tag{4.5-32}$$

4.5-4　例子

考虑一常系数线性系统，即

$$\dot{x}_1=x_2,\quad \dot{x}_2=-x_1+u\tag{4.5-33}$$

研究终值区域是 $\boldsymbol{\Omega}$: $x_1^2+x_2^2\leqslant R^2$。显然，在 $\boldsymbol{\Omega}$ 之边界 $\boldsymbol{S}$ 之点可由向量($R\cos\alpha$，$R\sin\alpha$)表示，点 z 之 $\boldsymbol{\Omega}$ 之外法向量为

$$\mathrm{grad}g(z)=(\cos\alpha,\sin\alpha),\quad 0\leqslant\alpha\leqslant 2\pi\tag{4.5-34}$$

显然有$[\mathrm{grad}g(z),Az]=R\cos\alpha\sin\alpha-R\sin\alpha\cos\alpha=0$。设$|u|\leqslant 1$，研究

$$[-\mathrm{grad}g(z),Az+Bu]=[-\mathrm{grad}g(z),Bu]$$

显然可以选到 u 使上式为正。按定理 4.23，可知等时区是单调的，并且等时区边界之参数式应该为

$$x=\mathrm{e}^{-AT}\left\{z+\int_0^T \mathrm{e}^{A\tau}B\,\mathrm{sign}\left[\begin{bmatrix}\cos\alpha\\ \sin\alpha\end{bmatrix},\mathrm{e}^{A\tau}B\right]\mathrm{d}\tau\right\},\quad 0\leqslant\alpha\leqslant 2\pi$$

在现在的情况下，有

$$\mathrm{e}^{A\tau}=\begin{bmatrix}\cos\tau,\sin\tau\\ -\sin\tau,\cos\tau\end{bmatrix},\quad z=\begin{bmatrix}R\cos\alpha\\ R\sin\alpha\end{bmatrix}$$

由此可知，$\boldsymbol{S}^-(\boldsymbol{\Omega},T)$之标量形式为

$$\begin{cases}x_1=R\cos(\alpha+T)+\int_0^T \sin(\tau+T)\,\mathrm{sign}[\sin(\tau+\alpha)]\mathrm{d}\tau\\ x_2=R\sin(\alpha+T)+\int_0^T \cos(\tau-T)\,\mathrm{sign}[\sin(\tau+\alpha)]\mathrm{d}\tau\end{cases}\tag{4.5-35}$$

对应的开关线上有$[\mathrm{grad}g(z),\mathrm{e}^{A\tau}b]=0$，由此就有开关线满足

$$\cos\alpha\sin T+\sin\alpha\cos T=0\tag{4.5-36}$$

显然，这就是 $\sin(\alpha+T)=0$ 或 $T=n\pi-\alpha$，将此代入，则开关线方程为

$$x_1=R\cos n\pi+\int_0^{n\pi-\alpha}\sin(\tau+\alpha-n\pi)\,\mathrm{sign}[\sin(\tau+\alpha)]\mathrm{d}\tau$$

$$x_2 = R\sin n\pi + \int_0^{n\pi-\alpha} \cos(\tau+\alpha+n\pi)\text{sign}[\text{sign}(\tau+\alpha)]\text{d}\tau$$

或者写为

$$\begin{cases} x_1 = (-1)^n R + \int_0^{n\pi-\alpha} (-1)^n \sin(\tau+\alpha)\text{sign}[\sin(\tau+\alpha)]\text{d}\tau \\ x_2 = \int_0^{n\pi-\alpha} (-1)^n \cos(\tau+\alpha)\text{sign}[\sin(\tau+\alpha)]\text{d}\tau \end{cases} \tag{4.5-37}$$

考虑如下几点。

1°令 $n=1, 0\leqslant\alpha\leqslant\pi$，则有

$$x_1 = -R - \int_0^{\pi-\alpha} \sin(\tau+\alpha)\text{sign}[\sin(\tau+\alpha)]\text{d}\tau = -(R+1)+\cos(\pi-\alpha)$$

$$x_2 = \int_0^{\pi-\alpha} -\cos(\tau+\alpha)\text{sign}[\sin(\tau+\alpha)]\text{d}\tau = -\sin(\tau+\alpha)\Big|_0^{\pi-\alpha} = \sin\alpha$$

显然，这是紧挨着圆 $x_1^2+x_2^2=R^2$ 左端之一个小半圆(图 4.5-1)。

2°令 $n=2, 0\leqslant\alpha\leqslant\pi$，则有

$$\begin{cases} x_1 = R+3+\cos(2\pi-\alpha) = R+3+\cos\alpha \\ x_2 = \sin(2\pi-\alpha) = -\sin\alpha \end{cases}$$

3°令 $n=2, \pi\leqslant\alpha\leqslant 2\pi$，则有

$$x_1 = (R+1)-\cos\alpha, \quad x_2 = \sin\alpha$$

如此继续下去，我们有系统之开关线，如图 4.5-1 所示

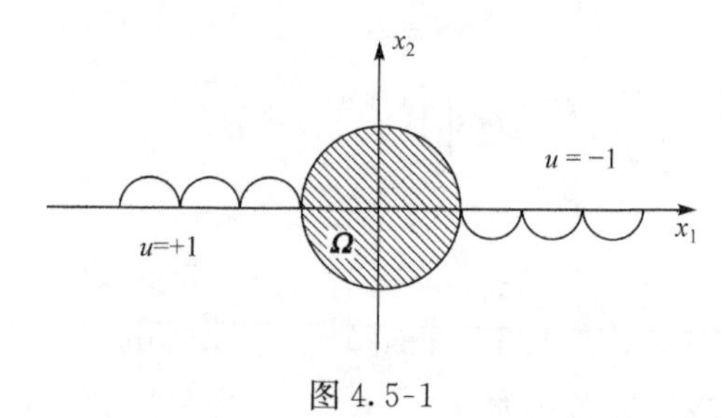

图 4.5-1

4.5-5　综合线性系统的近似方法

前面讨论的结果使我们得到严格的最优系统的综合函数。这种综合函数给出的开关曲面通常是很复杂的。实际上，我们对综合线性系统通常也需要采取一些近似方法。

一般即使在严格的综合工作中得到的开关曲面上，我们也只是主要考虑其 $n-1$ 维的主开关曲面。当运动发生在这些开关曲面上时，我们还要考虑控制的选择问题，但由于实际存在条件中随机因素的影响，真实发生在这种曲面上的运动的概率为零。最有实际意义的是确定 $n-1$ 维的主开关曲面。

对于开关曲面，通常需要用计算机来实现。这种实现带有一种近似性，因此最

常见的是用简单曲面或简单曲线(直线平面)加以代替。

考虑常系数线性受控系统,即

$$\dot{x}=Ax+Bu \tag{4.5-38}$$

现设 A 算子渐近稳定,则对于系统,即

$$\dot{x}=Ax$$

在给定正定二次型 U 下,将有正定二次型 V 存在,使

$$[\mathrm{grad}V, Ax]=-U \tag{4.5-39}$$

由此考虑 V 对系统(4.5-38)之全导,则有

$$\dot{V}|_{4.5\text{-}37}=-U+[\mathrm{grad}V, Ba] \tag{4.5-40}$$

如果研究极值问题,即

$$[\mathrm{grad}V, Bu]=\min, \quad u\in \boldsymbol{U} \tag{4.5-41}$$

则可以确定 u 为 x 的函数。显然,这在某种意义下将加速系统按 V 的衰减,并且当 $\boldsymbol{U}$ 是正立方体的情况下,不难证明,此时 u 将具有如下形式,即

$$u_i=\mathrm{sign}[c, x] \tag{4.5-42}$$

其中,c 由 V 和 B 确定。

显然,此时 u_i 的开关面将是平面。

经验表明,应用式(4.5-42)的控制,可以用平面代替曲面作开关面,同时实际的运用表明,它也具有充分好的性能。

进一步,对任何系统,即

$$\dot{x}=X(x)+Bu \tag{4.5-43}$$

只要 $X(x)$在 $x=0$ 附近连续,且 $X(0)=0$。虽然从理论上可以证明,在 B 是 $n\times n$ 的非蜕化矩阵的情形下,原点附近总存在一个区域,在此区域内用 n 个线性开关面能把系统(4.5-43)的运动在有限时间内引到原点。但 $n\times n$ 的矩阵 B 在实际系统中是难以实现的,因此减少开关面的个数是值得研究的课题。

特别是,当对应系统,即

$$\dot{x}=X(x) \tag{4.5-44}$$

存在一种二次型 Liapunov 函数 $V(x)$,若有

$$[\mathrm{grad}V(x), X(x)]\leqslant 0 \tag{4.5-45}$$

在整个相空间成立,则如何用较少的线性开关面达到对任何点都能在有限时间内将运动领航到原点的给定邻域是有意义的工作。

§4.6　控制作为过程受限制的最速控制

在以前各节的讨论中,我们对作用在系统上的控制所加的限制,虽然是对闭集的限制,但实际上,与其说是在函数空间上的限制,不如说是在欧氏空间上的限制。

这种限制只是对控制作用在每一瞬时加以限制，而不是对整个控制作用加以限制。

在这一节，我们除对控制在每个瞬时之限制外，还需要补充对控制作用作为过程的积分限制。这种限制表示在整个运动过程中，控制量的总耗损应低于某值。

这一部分工作主要是由 Neustadt 完成的。

4.6-1 问题之提法

研究线性控制系统，即

$$\dot{x}=A(t)x+B(t)u \tag{4.6-1}$$

其中，$A(t)$和 $B(t)$是 $n\times n$ 和 $n\times r$ 矩阵，它们是 t 的连续函数，并设其是正规的或者具有位置一般性假定。

现在的问题是考虑具有如下限制之控制。

1° $$|u_j(t)|\leqslant 1, j=1,2,\cdots,r \tag{4.6-2}$$

2° $$\int_{t_0}^{t_1}\phi[u(t)]\mathrm{d}t\leqslant M \tag{4.6-3}$$

其中，ϕ 是一事前给定的函数。

我们将满足式(4.6-2)的均记为 $u\in \boldsymbol{U}$。下面研究由一个点 x^0 至另一点 x^1 的最速控制问题。

首先对函数 $\phi(u)$作如下之假定。

1° $\phi(u)$在集合 $\boldsymbol{U}$ 上非负、非常量，且对 u 在某一包含 $\boldsymbol{U}$ 的开集上连续。

2° $\phi(u)$是下凸函数，即对任何 $\alpha\geqslant 0,\beta\geqslant 0,\alpha+\beta=1$，总有

$$\phi(\alpha u^1+\beta u^2)\leqslant\alpha\phi(u^1)+\beta\phi(u^2)$$

这表明，在 u^1 和 u^2 所作凸组合的点的函数值，均小于此两点之函数值所作对应之凸组合。几何上，在一维的情形下可以用图 4.6-1 所示的下凸函数。

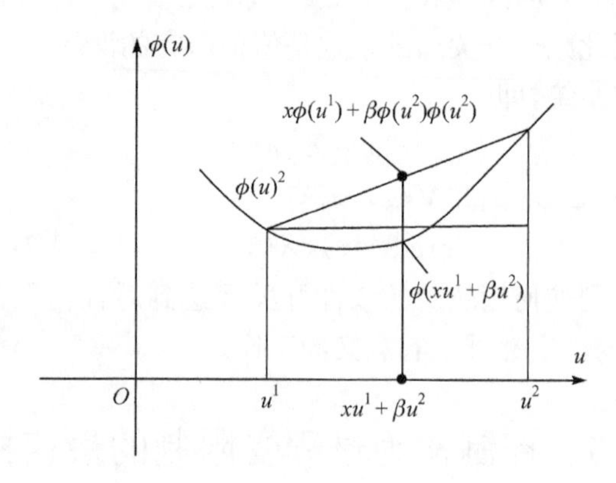

图 4.6-1

3° $\phi(u)$在 $\boldsymbol{U}$ 之每个顶点上均取 ϕ 在 $\boldsymbol{U}$ 上之最大值 $\phi_{\max}$。

例如,函数 $\phi(u)=\sum_{i=1}^{r}|u_i|$ 和 $\phi(u)=\sum_{i=1}^{r}u_i^2$ 均合乎要求。

现在在空间中给定两个点 x^1 与 x^2,最速控制归结为确定这样的控制,使其满足如下要求。

1° $u(t)$是可允的,要求满足式(4.6-2)和式(4.6-3)。

2°对应此 $u(t)$,系统的解有 $x(t_0)=x^0$,$x(t_1)=x^1$,$t_1\geqslant t_0$。

3°对任何 L-可测控制,若已满足 1° 与 2°,则总使对应的领航时间 $\bar{t}_1$ 满足 $\bar{t}_1\geqslant t_1$。

满足上述要求的控制称为最速控制,对应的过程称为最速过程。

对以后的整个研究,我们从几何观点出发,证明的思想与方法相仿于§4.5,但由于积分限制而具有新的特征。

考虑引入一个新变量 x_{n+1},不妨设 $t_0=0$,使 x_{n+1}满足方程,即

$$\dot{x}_{n+1}=\phi(u) \tag{4-6-4}$$

由此系统(4.6-1)在初条件 $x(0)=x^0$ 下的解等价于系统,即

$$\begin{cases}\dot{x}=A(t)x+B(t)u\\ \dot{x}_{n+1}=\phi(u)\end{cases} \tag{4.6-5}$$

在初条件 $x(0)=x^0$,$x_{n+1}(0)=0$ 下之解,现在以 y 记 $n+1$ 维矢量(x,x_{n+1})。为简单起见,设 A 为常数矩阵,A 与 B 满足可达性条件,记 $\overline{A}=\begin{bmatrix}A & 0\\ 0 & 0\end{bmatrix}$,$\Phi(u)=\begin{bmatrix}Bu\\ \phi(u)\end{bmatrix}$,则系统(4.6-5)可改为

$$\dot{y}=\overline{A}g+\phi(u,t) \tag{4.6-6}$$

并记对应之自由系统为

$$\dot{y}=\overline{A}y \tag{4.6-7}$$

由于其基本解矩阵 $\overline{A}$ 是常数矩阵,因此可以写成 $Y(t)$并约定初始时刻 $t_0=0$。系统在给定控制以后,初值在 $y^0=(x^0,0)$之解可写为

$$y(t)=Y(t)\left(y^0+\int_0^t Y^{-1}(\tau)\Phi(u(\tau))\mathrm{d}\tau\right) \tag{4.6-8}$$

以下记一切由可允控制 $u(t)$所能领航点之集合为 $\boldsymbol{\Omega}(t)$,则有

$$\boldsymbol{\Omega}(t)=\left\{Y(t)\left(y^0+\int_0^t Y^{-1}(\tau)\Phi(u(\tau))\mathrm{d}\tau\right)\mid u\text{ 可允}\right\} \tag{4.6-9}$$

进一步,我们从 $\boldsymbol{\Omega}(t)$之拓扑性质的讨论出发,建立上述问题之最优控制。

给定 x^1 是 n 维欧氏空间之点,并给出满足前述条件之 u 的标量函数 $\phi(u)$,则我们考虑 $n+1$ 维空间之线段 l,它由(x^1,ξ),$0\leqslant\xi\leqslant M$ 构成,因此前述最优控制问题可提为给出控制 $u(t)$,使

1° $y(t)$是对应该控制的过程，要求有 $y(t_1)\in l$。

2°对任何满足 1° 的控制来说，对应 $y(\bar{t}_1)\in l$，总有 $\bar{t}_1\geqslant t_1$。

4.6-2　集合 $\boldsymbol{\Omega}(t)$之拓扑性质

每给定一个 $t\geqslant 0$，设 $\boldsymbol{\Omega}(t)$代表空间一个点集合。显然此集合有界，从几何上看，$\boldsymbol{\Omega}(t)$最重要的拓扑性质就是凸闭性。

定理 4.25　$\boldsymbol{\Omega}(t)$是凸集。

证明　考虑两点 y^1 与 y^2 是 $\boldsymbol{\Omega}(t)$的点，则存在可允控制 $u^1(t)$和 $u^2(t)$，使

$$y^i = Y(t)\left(y^0 + \int_0^t Y^{-1}(\tau)\Phi(u^i(\tau))\mathrm{d}\tau\right),\quad i=1,2 \tag{4.6-10}$$

设 $y^i=(x^i,x^i_{n+1})$，其中 $x^i\in\boldsymbol{E}^n$ 是 n 维空间中的点，那么就有

$$x^i = X(t)\left(x^0 + \int_0^t X^{-1}(\tau)B(\tau)u^i(\tau)\mathrm{d}\tau\right),\quad i=1,2 \tag{4.6-11}$$

其中，$X(t)$是系统 $\dot{x}=Ax$ 之基本解矩阵。

$$x^i_{n+1} = \int_0^t \Phi(u^i(\tau))\mathrm{d}\tau,\quad i=1,2 \tag{4.6-12}$$

考虑点 $y^*=\alpha y^1+\beta y^2$，$\alpha\geqslant 0$，$\beta\geqslant 0$，$\alpha+\beta=1$，若能证 $y^*\in\boldsymbol{\Omega}(t)$，则 $\boldsymbol{\Omega}(t)$是凸集。令 $x^*=\alpha x^1+\beta x^2$，$x^*_{n+1}=\alpha x^1_{n+1}+\beta x^2_{n+1}$，则 $y^*=(x^*,x^*_{n+1})$。若令 $u^*=\alpha u^1+\beta u^2$，则

$$x^* = X(t)\left(x^0 + \int_0^t X^{-1}(\tau)Bu^*(\tau)\mathrm{d}\tau\right) \tag{4.6-13}$$

$$x^*_{n+1} \geqslant \int_0^t \varphi(u^*(\tau))\mathrm{d}\tau \tag{4.6-14}$$

如果式(4.6-14)也能成为等式，那么证明就可完成。下面在 $u^*(t)$的基础上，构造一新的控制，使式(4.6-13)与式(4.6-14)均同时成为等式。

对式(4.6-13)来说，它是一常系数线性受控系统的解，且 A 和 B 满足可达性要求，因此可知，对任何 $t\geqslant 0$ 来说，若任何 $u^*(\tau)$能将 x^0 领航至 x^*，则按 Lasalle 引理，该控制可由另一控制 $v(\tau)$实现，但 $v(\tau)\in\widetilde{\boldsymbol{U}}$，$\widetilde{\boldsymbol{U}}$ 是 $\boldsymbol{U}$ 的顶点集，$0\leqslant\tau\leqslant t$。记

$$x^*_s = X(s)\left(x^0 + \int_0^s X^{-1}(\tau)Bu^*(\tau)\mathrm{d}\tau\right)$$

则必有 $v_s(\tau)$具有性质 $v_s(\tau)\in\widetilde{\boldsymbol{U}}$，且有

$$x^*_s = X(s)\left(x^0 + \int_0^s X^{-1}(\tau)Bv_s(\tau)\mathrm{d}\tau\right)$$

由于 $u^*(\tau)$，$s\leqslant\tau\leqslant t$ 是将 x^*_s 领航至 x^* 的控制，于是可令

$$u_s(\tau)=\begin{cases} v_s(\tau), & 0\leqslant\tau\leqslant s \\ u^*(\tau), & s\leqslant\tau\leqslant t \end{cases}$$

该控制对一切 $s\in[0,t]$都将系统由 x^0 领航至 x^*，若考虑

$$\theta(s)=\int_0^t \varphi(u_s(\tau))\mathrm{d}\tau$$

则由于 $\theta(0)\leqslant x_{n+1}^*,\theta(t)=t\phi_{\max}\geqslant\max\{x_{n+1}^1,x_{n+1}^2\}\geqslant x_{n+1}^*$，而 $\theta(s)$ 是 $s\in[0,t]$ 的连续函数，因此存在 $s_0\in[0,t]$ 使 $\theta(s_0)=x_{n+1}^*$，$u_{s_0}(t)$ 将能实现 $y^*\in\boldsymbol{\Omega}$。由此可知，若 u_i 能实现 $y_i\in\boldsymbol{\Omega}$，则对任何 $\alpha y_1+\beta y_2=y^*$，$x\geqslant0,\beta\geqslant0,\alpha+\beta=1$ 来说，总是存在合适的 $u_{s_0}(t)$ 可允使对应的式(4.6-13)与式(4.6-14)同为等式，即对应 $y^*\in\boldsymbol{\Omega}$。

定理 4.26　$\boldsymbol{\Omega}(t)$ 是闭的有界集合。

证明　$\boldsymbol{\Omega}(t)$ 是有界集合是显然的。

为证明它是闭的，考虑点列 $y^i\in\boldsymbol{\Omega}(t)$，对应地有

$$y^i=Y(t)\left(y^0+\int_0^t Y^{-1}(\tau)\Phi(u^i(\tau))\mathrm{d}\tau\right),\quad i=1,2,\cdots,n \tag{4.6-15}$$

设它已是 Cauchy 序列，其极限点是 y^*，即 $\lim\limits_{i\to\infty}y^i=y^*$，现证 $y^*\in\boldsymbol{\Omega}(t)$，对应于定理 4.25，我们仍引进 $y=(x,x_{n+1})$，显然由于 $u^i(\tau)$ 是 l_1 空间中之有界集合，按其弱列紧性，则存在 $u^*(\tau)$，它是 $u^i(\tau)$ 在 $i\to\infty$ 时之弱极限。

考虑 $x_{n+1}^i=\int_0^t\varphi(u^i(\tau))\mathrm{d}\tau$，设法证明 $x_{n+1}^i\to x_{n+1}^*$。

我们首先证明 $x_{n+1}^*\geqslant\int_0^t\varphi(u^*(\tau))\mathrm{d}\tau$，为此引入如下引理。

引理 4.5　给定 r 个可测函数序列 $u_1^i(\tau),\cdots,u_r^i(\tau)$，设 $u_j^i(\tau)$ 弱收敛至 $u_j^*(\tau)$，$j=1,2,\cdots,r$，当然 $u_j^*(\tau)$ 可测，则若 $\varphi(u)=\varphi(u_1,\cdots,u_r)$ 满足前述条件 1°、2° 与 3°，则有

$$\lim_{i\to\infty}\operatorname*{Inf}_{k>i}\int_0^t\varphi(u_1^k(\tau),\cdots,u_r^k(\tau))\mathrm{d}\tau\geqslant\int_0^t\varphi(u_1^*(\tau),\cdots,u_r^*(\tau))\mathrm{d}\tau \tag{4.6-16}$$

证明　令 $w^i(\tau)=u^*(\tau)-u^i(\tau)$，由此 $w^i(\tau)$ 弱收敛至零。

记 $\boldsymbol{C}^\mu$ 是 $\boldsymbol{E}^r$ 中之立方体 $|u_j|\leqslant1+\mu$，显然 $\boldsymbol{C}^0=\boldsymbol{U}$，对任何 $\mu>0$，总有 $\boldsymbol{U}\subseteq\boldsymbol{C}^\mu$。显然，$\varphi(u)$ 在 $\boldsymbol{C}^\mu$ 上一致连续，由此对任给 $\varepsilon>0$，存在 $\delta<\mu$ 使任何 $\boldsymbol{C}^\mu$ 之点 u 和 v，若 $|u_j-v_j|<\delta$ 成立，则有 $|\varphi(u)-\varphi(v)|<\varepsilon/2t$。

现在设法以简单可测函数逼近 $u^*(\tau)$，即令 $\bar{u}(t)=\sum v^k\omega_k(\tau)$，其中 $v^i\in\widetilde{\boldsymbol{U}}$，$\omega_k(\tau)$ 是集合 $\boldsymbol{E}_k$ 之特征函数。$\boldsymbol{E}_k$ 是 $(0,t)$ 上之可测集，有 $\boldsymbol{E}_j\cap\boldsymbol{E}_i=\varnothing,i\neq j$，又 $\bigcup\limits_i\boldsymbol{E}_i=(0,t)$，并且可设对一切 j 有 $|u_j^*(\tau)-\bar{u}_j(\tau)|<\delta,\tau\in[0,t]$。最后，令 $\sigma(\tau)=u^*(t)-\bar{u}(\tau)$。

为构成 $\bar{u}(\tau)$，考虑 $\boldsymbol{E}^{r+1}$ 中之集合 $\boldsymbol{K}$，它由 $u_1,\cdots,u_r,u_{r+1}$ 构成，其中 $(u_1,\cdots,u_r)\in\boldsymbol{C}^\mu$，$u_{r+1}\geqslant\varphi(u)$。由于 φ 是下凸函数，因此 $\boldsymbol{K}$ 为凸集，其边界点是 $(v_1,\cdots,v_r,\varphi(v_1,\cdots,v_r))$。显然，在其边界上，每一点存在一个唯一的支撑面，而 $\boldsymbol{K}$ 与 u_{k+1} 之正向刚好在此支撑面之同侧，因此对每一个 $v^k=(v_1^k,\cdots,v_r^k)$，在点 $(v^k,\varphi(v^k))$ 总有

$a^k=(\alpha_1^k,\cdots,a_r^k)$存在,使

$$\sum_{j=1}^{r} a_j^k u_j + \varphi(u_1,\cdots,u_r) \geqslant \sum_{j=1}^{r} a_j^k v_j^k + \varphi(v^k), \quad u \in C^\mu$$

或者写为

$$\varphi(v_1^k+\Delta_1,\cdots,v_r^k+\Delta_r) \geqslant -\sum_{j=1}^{r} a_j^k \Delta_j + \varphi(v^k)$$

其中,$v+\Delta\in C^\mu$。

现记$u^i(\tau)=\bar{u}(\tau)+\sigma(\tau)-w^i(\tau)$,由于$|\sigma_j(\tau)|<\sigma<\mu$,$u^i(\tau)\in U$,因此有$\bar{u}(\tau)-w^i(\tau)\in C^\mu$。按$\delta$之定义,若令$\psi^i(\tau)=\varphi(u^i(\tau))-\varphi(\bar{u}(\tau)-w^i(\tau))$,则$|\psi^i(\tau)|<\varepsilon/\tau t$。由此设$\tau\in E_k$,$\bar{u}(\tau)=v^k$,则有

$$\begin{aligned}
&\int_0^t \varphi(u^i(\tau))\mathrm{d}\tau \\
&= \sum_{k=1}^{m}\int_{E_k}\varphi(v^k-w^i(\tau))\mathrm{d}\tau+\int_0^t\psi^i(\tau)\mathrm{d}\tau \\
&\geqslant \sum_{k=1}^{m}\sum_{j=1}^{r} a_j^k\int_{E_K}\omega_j(\tau)\mathrm{d}\tau + a_i + \int_0^t\varphi(\bar{u}(\tau))\mathrm{d}\tau
\end{aligned}$$

其中,$a_j=\int_0^t\psi^i(\tau)\mathrm{d}\tau$;$|a_i|<\varepsilon/2$。

设

$$\beta=\int_0^t(\varphi(\bar{u}(\tau))-\varphi(u^*(\tau)))\mathrm{d}\tau$$

则由$\bar{u}(\tau)$及δ之定义,可知$|\beta|<\varepsilon/2$,最后有

$$\int_0^t w_j^i(\tau)\omega_k(\tau)\mathrm{d}\tau=\int_{E_k}w_j^i(\tau)\mathrm{d}\tau\to 0,\quad i\to\infty;j=1,2,\cdots,r;k=1,2,\cdots,r$$

由此按弱收敛之定义,当i充分大时,有

$$\int_0^t\varphi(u^i(\tau))\mathrm{d}\tau\geqslant\int_0^t\varphi(u^*(\tau))\mathrm{d}\tau+c_i$$

而$|c_i|<\varepsilon$,由于ε任意,引理得证。

显然,我们有$x_{n+1}^*\geqslant\int_0^t\varphi(u^*(\tau))\mathrm{d}\tau$,而这一个关系式与式(4.6-14)完全相同。引用定理4.25之证明方法,可知恒存在控制$u^{**}(\tau)$,使

$$y^*=Y(t)\left(\int_0^t Y^{-1}(\tau)\Phi(u^*(\tau))\mathrm{d}\tau+y^0\right) \tag{4.6-17}$$

由此定理4.26得证。进而,利用Lasalle引理可以证明如下定理成立。

定理4.27 设$y=(x,x_{n+1})\in\boldsymbol{\Omega}(t)$,若点$(x,+\varphi_{\max})\in\boldsymbol{\Omega}(t)$,则这两点之连线在$\boldsymbol{\Omega}(t)$上。

4.6-3　最优控制之存在性

定理 4.28　若存在可允控制，使系统由点 x^0 引至 x^1，则一定存在最优控制。

证明　按假设对某些 t，$\boldsymbol{l}\cap(\boldsymbol{\Omega},t)$不是空集，设 t^* 是一切使 $\boldsymbol{l}\cap\boldsymbol{\Omega}(t)$非空的 t 的下确界，现在要证明 $\boldsymbol{l}\cap\boldsymbol{\Omega}(t^*)$非空。

设 t_i 是使 $y^i\in\boldsymbol{\Omega}(t)\cap\boldsymbol{l}$ 之对应的 t_i，$t_i\to t^*$，由此有

$$y^i = Y(t_i)\left(y^0+\int_0^{t_i}Y^{-1}(\tau)\Phi(u)\mathrm{d}\tau\right)$$

定义由 $\boldsymbol{\Omega}(t_i)$至 $\boldsymbol{\Omega}(t^*)$之变换为 T_{t_i,t^*}，它有关系式，即

$$(T_{t_i,t^*})y^i = Y(t^*)\left(y^0+\int_0^{t^*}Y^{-1}(\tau)\Phi(u_i(\tau))\mathrm{d}\tau\right)=\eta^i$$

由此就有

$$\begin{aligned}y^i-\eta^i &= (Y(t_i)-Y(t^*))\left(y^0+\int_0^{t^*}Y^{-1}(\tau)\Phi(u_i(\tau))\mathrm{d}\tau\right)\\&\quad+Y(t_i)\int_{t^*}^{t_i}Y^{-1}(\tau)\Phi(u_i(\tau))\mathrm{d}\tau\end{aligned}\tag{4.6-18}$$

由 $Y(t)$和 $Y^{-1}(t)$连续，Φ 一致有界，则当 $i\to\infty$时，就有 $y^i-\eta^i\to 0$，又由 $\boldsymbol{l}$ 是闭的，则有 y^{i_k} 收敛至 $y^*\in\boldsymbol{l}$，相应地有 $\eta^{i_k}\to y^*$，并且 $\boldsymbol{\Omega}(t^*)$是闭的，因此 $y^*\in\boldsymbol{\Omega}(t^*)\cap\boldsymbol{l}$。

由此定理得证。

以下记

$$\boldsymbol{\Omega}^*=\boldsymbol{\Omega}(t^*),\quad \boldsymbol{l}^*=\boldsymbol{\Omega}^*\cap\boldsymbol{l}\tag{4.6-19}$$

推论 4.4　集合 $\boldsymbol{l}^*$ 是 $\boldsymbol{\Omega}^*$ 之边界点集合。

证明　设不然，若 $y^*\in\boldsymbol{l}^*$ 且是 $\boldsymbol{\Omega}^*$ 之内点，则一定有一多角体 $\boldsymbol{M}$，使 $y^*\in\boldsymbol{M}$ 且 $\boldsymbol{M}\subseteq\mathring{\boldsymbol{\Omega}}^*$。我们研究 $\boldsymbol{M}$ 之顶点在 $T_{t^*,t}$，$t<t^*$ 这一变换下之情形。由于变换的连续性，这些顶点属于 $\boldsymbol{\Omega}$。考虑充分接近 t^*，由于 $\boldsymbol{M}$ 之顶点及其边界面均属于 $\boldsymbol{\Omega}^*$，又 $y^*\in\boldsymbol{\Omega}^*$，因此与 t^* 是下确界矛盾。

推论得到证明。

对于最优控制，如果 $t^*\varphi_{\max}\leqslant\boldsymbol{M}$，可知 $\int_0^t\varphi(u)\mathrm{d}\tau\leqslant\boldsymbol{M}$ 这一限制是自然满足的，则叠加此条件的最优控制同通常不加积分限制的最速控制间将无区别，但是如果 $t^*\varphi_{\max}>\boldsymbol{M}$，系统又是满足位置一般性假定的，则在控制上叠加限制 $\int_0^t\varphi(u)\mathrm{d}\tau\leqslant\boldsymbol{M}$ 将影响最速控制之选取，因为若按通常最速控制的 Bang-Bang 原则，此积分限制条件一定被破坏。

定理 4.29　在 $\boldsymbol{E}^{n+1}$中，存在向量 $a=(a_1\cdots a_{n+1})$。

1° 若 $y^*\in\boldsymbol{l}^*$，$y\in\boldsymbol{\Omega}^*$，则$[a,y]\leqslant[a,y^*]$。

$2^\circ a_{n+1}\leqslant 0$。

3° 若 $t^* \varphi_{\max}\leqslant \boldsymbol{M}$,这样的 t^* 不只是一点,则存在向量 a 有上述性质 1° 及 $a_{n+1}=0$。

证明 设 $y^*\in \boldsymbol{l}^*$,并且 y^* 是 $\boldsymbol{\Omega}^*$ 之边界,考虑 $\boldsymbol{\Omega}^*$ 是凸的,则 1° 与 2° 显然成立。

现设 $\boldsymbol{l}^*$ 组成不仅是一个点,由此可知 $\boldsymbol{l}^*$ 一定是 $\boldsymbol{l}$ 的一部分,而 $\boldsymbol{l}^*$ 又是 $\boldsymbol{\Omega}^*$ 之边界。因此过 y^* 之支撑面包含 $\boldsymbol{l}$,$a_{n+1}=0$。

进一步,若设 $t^* \varphi_{\max}\leqslant \boldsymbol{M}$,在此情形下,若 $y=(x,x_{n+1})\in \boldsymbol{\Omega}(t)$,其中 $t<t^*$,则 $0\leqslant x_{n+1}<t\varphi_{\max}<\boldsymbol{M}$。由此可知,$\boldsymbol{\Omega}(t)$ 与 $\boldsymbol{l}$ 不可能有交点,同时也不可能与无穷直线 (x',ξ),$\xi\in[-\infty,+\infty]$ 有交点。因此,在 $t<t^*$ 时,可以有这样一个超平面,它包含 $\boldsymbol{l}$ 但不与 $\boldsymbol{\Omega}(t)$ 相交。考虑变换 $T_{t^*,t}$,则可以应用前述超平面之极限构成 $\boldsymbol{\Omega}^*$ 之支撑面,而此支撑面之法向满足 3° 的要求。

定理 4.30 给定系统(4.6-1)与初值 $x(0)=x^0$,以及某个 $u(t)\in \boldsymbol{U}$,使系统(4.6-1)之解有 $x(t_1)=x^1$。除此以外,若 $u(t)$ 又满足式(4.6-3),则存在时间最优控制 $u^*(t)$ 具上述性质(t_1 将以最小时间 t^* 代替),并且存在常数 $\beta\leqslant 0$ 与伴随系统,即

$$\dot{\xi}=-A^*(t)\xi \tag{4.6-20}$$

之非零解,有如下最优控制 $u^*(t)$ 满足的必要条件,即

$$[\xi(t),Bu^*(t)]+\beta\varphi(u^*(t))=\max_{u\in\bar{U}}\{(\xi(t),Bu)\} \tag{4.6-21}$$

这一结论实际上同 Pontryagin 最大值原理十分接近,式(4.6-21)中(=)表示对 t 几乎处处成立。

证明 显然最速控制之存在性是成立的。下面以 $u^*(t)$ 表示最速控制,对应它的系统(4.6-1)的解为 $y(t)$,并记 $y(t^*)=y^*$。按定理 4.29,存在一个向量 a,使对一切 $y\in \boldsymbol{\Omega}^*$,有

$$[a,y]\leqslant[a,y^*] \tag{4.6-22}$$

即对每一个 $y\in \boldsymbol{l}^*$,总使 $[a,y]$ 最大,其中 $y\in \boldsymbol{\Omega}^*$,则有

$$[a,y]=\left[a,Y(t^*)\left(y^0+\int_0^t Y^{-1}(\tau)\Phi(u(\tau))\mathrm{d}\tau\right)\right]$$

设 $a^*=[a,Y(t^*)]$,可以证明从式(4.6-22)推出对 t 几乎处处使

$$[a^*,Y^{-1}(t)\Phi(u^*(t))]=\max_u[a^*,Y^{-1}(t)\Phi(u(t))] \tag{4.6-23}$$

为此定义

$$\Psi(t)=\int_0^t[a^*,Y^{-1}(\tau)\Phi(u^*(\tau))\mathrm{d}\tau] \tag{4.6-24}$$

显然,$\Psi(t)$ 是绝对连续的,因此几乎处处有微商,且

$$\frac{\mathrm{d}\Psi}{\mathrm{d}t}=[a^*,Y^{-1}(t)\Phi(u^*(t))]$$

考虑 Ψ 之可微点，证明式(4.6-23)得到满足。设不然，则对某个 $\Psi(t)$ 之可微点 $T<t^*$，以及 $u=u'$ 是可允的，有

$$\frac{\mathrm{d}\Psi}{\mathrm{d}t}\bigg|_{t=T}=[a^*,Y^{-1}(T)\Phi(u^*(T))]<[a^*,Y^{-1}(T)\Phi(u'(T))] \tag{4.6-25}$$

由于 $\Psi(t)$ 在 T 可导，因此有

$$\begin{aligned}&\int_T^{T+\Delta t}[a^*,Y^{-1}(t)\Phi(u^*(t))]\mathrm{d}t\\&=\Delta t[a^*,Y^{-1}(T)\Phi(u^*(T))]+\varepsilon_1\Delta t\end{aligned} \tag{4.6-26}$$

其中，$\lim\limits_{\Delta t\to 0}\varepsilon_1=0$。

同样，有

$$\int_T^{T+\Delta t}[a^*,Y^{-1}(t)\Phi(u'(t)]\mathrm{d}t=\Delta t[a^*,Y^{-1}(T)\Phi(u'(T))]+\varepsilon_2\Delta t \tag{4.6-27}$$

其中，$\lim\limits_{\Delta t\to 0}\varepsilon_2=0$。

由方程(4.6-25)～方程(4.6-27)可知，对充分小之 Δt，总有

$$\int_T^{T'}[a^*,Y^{-1}(t)\Phi(u^*(t),t)]\mathrm{d}t<\int_T^{T'}[a^*,Y^{-1}(t)\Phi(u'(t))\mathrm{d}t] \tag{4.6-28}$$

其中，$T'=T+\Delta t$。

在此不等式成立之前提下，我们定义控制为

$$u^{**}(t)=\begin{cases}u^*(t), & 0\leqslant t\leqslant T;T'\leqslant t\leqslant t^*\\ u', & T\leqslant t\leqslant T'\end{cases} \tag{4.6-29}$$

显然，$u^{**}(t)$ 是可允的且可测，对应的点为

$$\bar{y}=Y(t^*)\left[y^0+\int_0^{t^*}Y^{-1}(t)\Phi(u^{**}(t))\mathrm{d}t\right] \tag{4.6-30}$$

显然，$\bar{y}\in\boldsymbol{\Omega}^*$。由式(4.6-28)～式(4.6-30)，有 $[a,\bar{y}]>[a,y^*]$，因此矛盾，式(4.6-23)成立。

$[a^*,Y^{-1}(t)]$ 之转置 $z(t)$ 是式(4.6-7)之伴随，即

$$\dot{z}(t)=-\bar{A}^*(t)z(t) \tag{4.6-31}$$

之解，由此式(4.6-23)可改写为

$$[z(t),\Phi(u^*(t))]=\max_{u\in U}[z(t),\Phi(u(t))] \tag{4.6-32}$$

若记 $z(t)=(\zeta,z_{n+1})$，则 $\dot{z}_{n+1}=0$，由此 $z_{n+1}=$常数$=\beta$，ζ 满足方程(4.6-20)。再考虑 $z(t^*)=[a^*,Y^{-1}(t^*)]^*=a'$，由此可知，$z_{n+1}=a_{n+1}\leqslant 0$。

定理全部得证。

当 $t\varphi_{\max}\leqslant M$ 时，$a_{n+1}=0$，由此不难得到，没有积分限制之最速控制对应之条件。

4.6-4 最优控制之唯一性与连续性

这一节讨论最优控制的唯一性问题，也就是给定两个控制 $u^1(t)$ 与 $u^2(t)$，如果它们都是最优的，那么它们之间是否应该几乎处处相同。由定理 4.30 可知，$u^1(t)$ 与 $u^2(t)$ 应该满足式(4.6-21)，若能证明由式(4.6-21)只能唯一地确定 $u(t)$，问题的证明就成立了，我们来寻求此成立之充分条件。

设 $\beta=0$，显然式(4.6-21)就与通常 u 不受积分限制时之最大值原理一样，由此这一充分条件可以是系统是正规的，或者满足位置一般性假定。

设 $\beta<0$，显然不失一般性可令 $\beta=-1$，由此式(4.6-21)可写成

$$\varphi(u^*(t)+\Delta u)>\varphi(u^*(t))+[\xi(t),B\Delta u] \tag{4.6-33}$$

对所有 Δu，只要 $u^*(t)+\Delta u\in\boldsymbol{U}$，$u^*(t)$ 是最优控制。

由于 $\varphi(u)$ 是下凸函数，因此对任何 $f\in\boldsymbol{E}^r$，至少有一个向量 $v\in\boldsymbol{U}$，使

$$\varphi(v+\Delta u)\geqslant\varphi(v)+[f,\Delta u] \tag{4.6-34}$$

其中，$v+\Delta u\in\boldsymbol{U}$。

设 $\boldsymbol{Q}(f)$ 是所有 $v\in\boldsymbol{U}$ 中，满足式(4.6-34)之点之集合，若 $v\in\boldsymbol{Q}(f)$，而 w 亦属于 $\boldsymbol{Q}(f)$ 当且仅当

$$\varphi(w)=\varphi(v)+[f,w-v]$$

由此 $\boldsymbol{Q}(f)$ 退化为一个点 v 之必要条件是

$$\varphi(v+\Delta u)>\varphi(v)+[f,\Delta u],\quad \Delta u\neq 0;v+\Delta u\in\boldsymbol{U} \tag{4.6-35}$$

由此唯一性可以对 $Q([\xi(t),B(t)])$ 提出，即最优控制 $u^*(t)$ 是唯一的。若系统(4.6-1)是正规的，并且对任何式(4.6-20)的非零解 $\xi(t)$ 集合 $Q([\xi(t),B(t)])$ 对 t 几乎处处退化为一点。

由于 $\varphi(u)$ 是下凸的，因此集合 $\boldsymbol{Q}$ 也是凸的。当 $\boldsymbol{Q}$ 不是单一点集时，$\varphi(u)$ 是局部直线的，即对所有 $u\in Q$，总有

$$\varphi(u)=b_0+\sum_{j=1}^{r}b_ju_j$$

其中，b_j 是常量。

设 $u^*(t)$ 是由式(4.6-21)定义的一个最优控制，并且若 $Q([\zeta(\tau),B(\tau)])$ 退化为一个孤立点 $\bar{u}$，则 $u^*(t)$ 在 $t=T$ 连续。这可以由 $\varphi(u)$ 与 $[\zeta(t),B(t)]$ 之连续性导出。考虑极限情形基于不等式(4.6-35)，则有 $u^*(t)\underset{t\to T}{\longrightarrow}\bar{u}=u^*(T)$。

由此总结上面的分析可有如下唯一性定理。

定理 31 给定系统(4.6-1)与初始点 $x(0)=x^0$，与某一可允控制 $u(t)$，使对应之解有 $x(t_1)=x^1$，$t_1>0$，若系统(4.6-1)是正规的，且对任何式(4.6-20)之非零解 $\zeta(t)$ 来说，集合 $\boldsymbol{Q}([\zeta(t),B(t)])$ 对 t 几乎处处退化为一点，则最优控制 $u^*(t)$ 是唯一的，而且如果使 $\boldsymbol{Q}([\zeta(t),B(t)])$ 不为一点的时间 t 是孤立的，且系统对任何 ζ

(t)有$[\zeta(t), B(t)]=0$之点是孤立的(或称平行正规)，则$u^*(t)$可选为逐段连续。若$\boldsymbol{Q}(f)$对每一向量$f\in\boldsymbol{E}^r$都退化为一点，则以下两种情形二者必居其一，若$\beta=0$且式(4.6-1)是平行正规，则最优控制是 Bang-Bang 的；若$\beta<0$，则控制是连续的。

最后，我们指出这一部分结果与 Pontryagin 最大值原理之间之关系。显然，条件(4.6-21)实际上就是一种最大值原理之推广，并且在$\beta=0$的情况下与最大值原理完全一致。由此实际上这样的结果应被理解为 Pontryagin 最大值原理之推广。

§4.7　问题与习题

1°证明集合，即

$$M=\left\{\int_0^t u(\tau)\mathrm{d}\tau\right\}$$

其中，$u\in\boldsymbol{U}$，$\boldsymbol{U}$是凸闭集。

① $\boldsymbol{M}$是凸的、闭的。

② $\boldsymbol{M}=t\boldsymbol{U}$，即$\boldsymbol{M}$系由相似变换把$\boldsymbol{U}$放大$t$倍而成。

2°举例说明一变系数线性系统$\dot{x}=A(t)x+bu$对每一瞬时t都有可达区存在，但在全空间却不存在对t一致的可达区。

提示：考虑系统$\dot{x}=tx+u$。

3°证明线性系统$\dot{x}=A(t)x+bu$，

其中$u\in\boldsymbol{U}$是凸多角体；$A(t)\to A[t\to\infty]$；$b_j, Ab_j, \cdots, A^{n-1}b_j$线性无关对某一个$j$成立。

证明系统存在一致可达区。

4°证明系统，即

$$\dot{x}=Ax+Bu$$

其中，$A=\begin{bmatrix}1 & -1\\ 2 & -2\end{bmatrix}$；$B=\begin{bmatrix}1 & 1\\ 0 & 1\end{bmatrix}$。

引至原点的最速控制不是唯一的。

5°建立系统，即

$$\dot{x}_1=x_2$$
$$\dot{x}_2=-2x_1-3x_1+u$$

之等时区与开关线，其中$|u|\leqslant 1$。

6°证明系统，即

$$\dot{x}=Ax+Bu$$

其中，$|u_j|\leqslant 1$。

若有一控制 $u(t)$存在，将系统由 x^0 引至 x^1，则对应于指标，即

$$\int_{t_0}^{t_1}\sum_{i=1}^{r}|u_j(t)|\,\mathrm{d}t=\min$$

之最优控制存在。

提示：应用§4.6之方法，并考虑指标推广至其他的可能性。

7°证明引理4.3。

提示：由 $F^{-1}(t)$与 b 可知，对任何非零向量 c，任何 $t_2>t_1$，都有

$$\int_{t_1}^{t_2}[F^{-1}(t)b,c]\mathrm{d}t\neq 0$$

同时，$c=\int_{t_1}^{t_2}F^{-1}(t)bu(t)\mathrm{d}t$ 在 $u(t)$ 取遍 $\boldsymbol{U}=\{u\mid \boldsymbol{u}(t)\mid\leqslant 1\}$ 时，c 的全体将在 $\boldsymbol{E}^n$ 中构成包含原点为内点的集合。

第五章　最优控制理论的其他几个问题

最优控制理论发展到现阶段，已经十分丰富，引起了很多数学家、力学家和控制学家的兴趣，他们从各自学科的角度对这一问题进行讨论，提供了一些新的研究方法。当然在这里，我们也只打算介绍其中最基本的几个分支，主要包括：①最优控制的几何理论，也就是如何从运动可能的总体的去把握最优控制，这种几何理论可以给我们对最优控制问题的理解给以明确的几何直观；②最优控制应用古典变分法的可能性，古典变分方法能够对一类极值问题提供方便的计算方法，这种方便性有时也能用来导出最优控制应具有的基本性质。

§5.1　Pontryagin 最大值原理的几何说明

5.1-1　问题的提法与可达集

在这一节，我们从几何上讨论系统在一切可能的可允控制下运动的总体，把它作为空间的一个点集合，并对其具有的某种性质进行讨论。

研究一受控系统，即

$$\dot{x}_i=f_i(x_1,\cdots,x_m,u,t),\quad i=1,2,\cdots,n \tag{5.1-1}$$

在引入新的变量 $x_0=t$ 以后，显然这一方程可以改写为

$$\dot{x}_i=f_i(x_1,\cdots,x_n,u,x_0),\quad \dot{x}_0=f_0=1 \tag{5.1-2}$$

为了描述系统工作品质的好坏，我们总在事前给定一指标函数 $f_{n+1}(x,u,t)$，并以以下泛函，即

$$\int_{t_0}^{t_1} f_{n+1}(x,u,t)\mathrm{d}t \tag{5.1-3}$$

作为描述系统品质好坏的标准。

大家知道，一切按积分泛函取极值的最优控制问题，在作出适当简化以后，总可以化成坐标终值最优问题，为此我们引入新变量，即

$$\dot{x}_{n+1}=f_{n+1}(x_1,\cdots,x_n,u,x_0) \tag{5.1-4}$$

这样，方程的维数又得到了拓宽。以后对我们的讨论来说，最优控制问题原则上可作为坐标的终端问题来处理。

为方便，我们以如下符号表示对应维数的向量与空间

$$x=\{x_0,x_1,\cdots,x_n,x_{n+1}\},\quad x\in\boldsymbol{E}^{n+2};f=(1,f_1,\cdots,f_{n+1})$$

$$\tilde{x}=\{x_1,\cdots,x_n,x_{n+1}\},\quad \{\tilde{x}\}\in \boldsymbol{E}^{n+1};\tilde{f}=(f_1,\cdots,f_{n+1})$$
$$\hat{x}=\{x_1,\cdots,x_n\},\quad \{\hat{x}\}\in E^n;f=(f_1,\cdots,f_n)$$
$$u=(u_1,\cdots,u_r)$$

由此不难看出,对应各空间之运动方程为

$$\dot{x}=f(x,u),\quad x\in \boldsymbol{E}^{n+2} \tag{5.1-5}$$

$$\dot{\hat{x}}=\hat{f}(\hat{x},u,t),\quad \hat{x}\in \boldsymbol{E}^n \tag{5.1-6}$$

$$\dot{\tilde{x}}=\tilde{f}(\bar{x},u,t),\quad \tilde{x}\in \boldsymbol{E}^{n+1} \tag{5.1-7}$$

为对研究的问题明确起见,我们作如下之基本假定。

1° $f(x,u)$在 $\boldsymbol{E}^{n+2}\times \boldsymbol{U}$ 中定义。特别地,我们用到的是 $\boldsymbol{E}^{n+2}$ 中 $t=x_0\geqslant 0$ 的这一半,$\boldsymbol{U}$ 是 r 维空间中的一个有界闭集。

2° $f(x,u)$是对其变量的连续函数。

3° $f(x,u)$满足对变量 x 的 Lipschtz 条件。Lipschtz 常数与 u 在 $\boldsymbol{U}$ 中的取值无关,即

$$\| f(x^2,u)-f(x',u) \| < k \| x^2-x^1 \| \tag{5.1-8}$$

由以上条件,我们能保证在任何 L-可测函数 $u(t)$代入后,方程组在任何初始条件下的解 $x(t)$存在唯一性条件。

4° 当 $x\to\infty$时,$\| f(x,u) \| =o(\| x \|)$。　　(5.1-9)

事实上,这一条件要求$\dfrac{\| f(x,t) \|}{\| x \|}$在$\| x \|$充分大以后有界。大家知道,在微分方程的定性理论中有在式(5.1-9)满足的前提下,系统不可能发生有限的逃逸时间,即不可能发生在有限时间运动点已达到无穷远。这点就保证了对应系统在任何初值下之解将可以扩展整个区间$[0,+\infty]$。

5° $u(t)$是 L-可测的。

6° 对任何 t,总有 $u(t)\in \boldsymbol{U}$,$\boldsymbol{U}$ 是列紧集。

7° $f(x,\boldsymbol{U})=\{f(x,u)\,|\,u\in \boldsymbol{U}\}$对任何确定的 x 在 n 维空间中是一个凸集。

由于 $\boldsymbol{U}$ 是有界闭集(或列紧闭集),因此考虑 $f(x,u)$ 函数的连续性,则集合 $f(x,\boldsymbol{U})$是闭集且有界。

一般来说,条件 7°将用以保证可达集合是闭集。

定义 5.1　$\boldsymbol{E}^{n+2}$中的一点 x'称为由点 x^0 是可达的,系指存在 $u(t)\in \boldsymbol{U}$,$t\in[t_0,t_1]$使系统(5.1-5)对应初值 $x(t_0)=x^0$ 在 $u(t)$作用下的解 $x(t)$,有

$$x(t_1)=x',\quad t_1\geqslant t_0$$

定义 5.2　$\boldsymbol{E}^{n+2}$中一切上述点 x'的集合称为由 x^0 的可达集,并记为 $\boldsymbol{R}_{x^0}$,即对任何 $x'\in \boldsymbol{R}_{x^0}$ 都是 x^0 可达的。

一方面,可达集可能是无界集合,这是由于 $t\in[t_0,+\infty]$,另一方面 $\boldsymbol{R}_{x^0}$ 总在过

x^0 与 x_0 轴垂直之平面之一侧，因此它位于 $\boldsymbol{E}^{n+2}$ 的半空间。

显然，在线性最速系统中，等时区本身如果再加上一个坐标 $x_0=t$，在 $n+1$ 维空间构成的集合是可达集之一例。

以下不加证明地引入一个定理。

定理 5.1 若系统(5.1-5)满足上述条件 $1°\sim7°$，则从任何点 x^0 出发的可达集总是闭集合，并且是连通的。

作为这一定理的特例，例如线性系统等时区是闭集。

5.1-2 可达集的边界与几个最优控制问题

我们可以指出，几种常见的最优控制问题对应的过程总与可达集 $\boldsymbol{R}$ 的边界 $\partial\boldsymbol{R}$ 有关。

问题 1 考虑在 n 维空间 $\boldsymbol{E}^n$ 中给定一个区域 $\hat{\boldsymbol{G}}$，要求研究由点 $\hat{x}^0$ 出发的最速控制问题。记 $n+1$ 维空间 $\boldsymbol{E}^{n+1}$ 中的向量 $(x_0,x_1,\cdots,x_n)=\tilde{x}$，并记 $\tilde{\boldsymbol{G}}=\hat{\boldsymbol{G}}\times\boldsymbol{I}$，$\boldsymbol{I}=\{x_0>0\}$，由此原有的最速控制问题将变为由系统，即

$$\dot{\tilde{x}}=\tilde{f}(\tilde{x},u) \tag{5.1-10}$$

在初值 $\tilde{x}^0=(t_0,\hat{x}^0)$ 出发下击中柱体 $\tilde{\boldsymbol{G}}$ 之最速控制问题。不难看出，对应问题的终点都必须是在 $\boldsymbol{R}=\boldsymbol{G}$ 的边界 $\partial\boldsymbol{R}$ 上。设其对应的点 $\tilde{x}^1$ 在 $\mathring{\boldsymbol{R}}$ 内，不难看出将有终点 $\tilde{x}^1=(t_1,\hat{x}^1)$ $(\hat{x}^1\in\hat{\boldsymbol{G}},t_1\geqslant t_0)$ 的某个 ε 球 $\boldsymbol{S}(\tilde{x}^1,\varepsilon)$ 整个落在 $\mathring{\boldsymbol{R}}$ 内，其中 $\boldsymbol{S}(\tilde{x}^1,\varepsilon)=\{\tilde{x}\mid\|\tilde{x}-\tilde{x}^1\|\leqslant\varepsilon\}$。显然，由于 $\hat{\boldsymbol{G}}\times\boldsymbol{I}$ 是一个柱体，由此可知 $\boldsymbol{S}(\tilde{x}^1,\varepsilon)\cap\mathring{\boldsymbol{G}}$ 至少有一个点 $\hat{x}^2\neq\hat{x}^1$，并且有对应的 $t_2<t_1$。这与 $\tilde{x}^1$ 是最速控制，对应最速轨道的端点矛盾，由此可知 $\tilde{x}^1\in\partial\boldsymbol{R}$。

问题 2 在 $n+1$ 维空间 $\boldsymbol{E}^{n+1}=\{\tilde{x}\}$ 中，给定一个函数 $\psi(\tilde{x})=[\tilde{c},\tilde{x}]$，它是线性函数 $\tilde{c}=(0,\hat{c})$，问如何确定最优控制，以便系统(5.1-10)对应初点 $\tilde{x}^0$ 出发的解在某个事前给定的时刻 $t_1>t_0$，达到区域 $\tilde{G}$，并使对应的条件，即

$$\psi(\tilde{x}(t_1))=\min$$

得到满足。

令 $\psi(\tilde{x})$ 在 $\tilde{\boldsymbol{G}}$ 上之最小值是 ψ^*，并记一切使 $\psi(x)$ 达到最小的点 $\tilde{x}$ 的集合是 $\tilde{\boldsymbol{G}}^*$。显然，$\tilde{c}=(0,c)$，于是这一集合将是一个柱体。

设 $\tilde{\boldsymbol{G}}^*\cap\boldsymbol{R}$ 是非空的，此时我们碰到 Rosonoer 的退化情形，而对应的最大值原理不再合用，因此我们可以排斥这种退化情形。

如果 $\tilde{\boldsymbol{G}}^*\cap\boldsymbol{R}=\varnothing$ 是空集，若对应最优问题的解的终点 $\tilde{x}^1\in\mathring{\boldsymbol{R}}$。应用同样的理由，考虑 $\psi(\tilde{x})$ 是线性函数以后，不难推出矛盾。由此我们实际上又得到了最优问题的终点总在可达集之边界。

问题 3 我们在系统(5.1-10)上再考虑一积分泛函指标 $\int_{t_0}^{t_1}f_{n+1}(\tilde{x},u)\,\mathrm{d}t=\min$ 之最优化问题，不难证明对应的结论也是正确的。

定理 5.2　对于系统(5.1-5),若 $\boldsymbol{R}$ 是由 x^0 可达的集合,设 $u'(t)$ 与 $x'(t)$ 对应用 x^0 出发的控制与轨道,有对某个 $t_1>t_0$ 使 $x'(t_1)=x'\in\partial\boldsymbol{R}$,可以证明对于 $t\in[t_0,t_1]$ 总有 $x'(t)\in\partial\boldsymbol{R}$。

显然,定理与 Bellman 最优性原理有很大相似之处,它表示由点 x^0 出发的运动在某个时刻能够达到边界 $\partial\boldsymbol{R}$,则对应该时刻前的整个轨道都应在 $\partial\boldsymbol{R}$ 上。

证明　设 $x'(t)$ 与 $u'(t)$ 已给定,并设某个点 $t_2\in[t_0,t_1]$ 有对应的点 $x'(t_2)=x^2\in\mathring{\boldsymbol{R}}$。我们设法由此导出 $x'\in\mathring{\boldsymbol{R}}$,从而得到矛盾。

由于 $x^2\in\mathring{\boldsymbol{R}}$,则有正数 ε_2 使小球 $\boldsymbol{S}(x^2,\varepsilon_2)\in\mathring{\boldsymbol{R}}$。考虑方程组,即

$$\dot{x}=f(x,u'(t)) \tag{5.1-11}$$

由 $x(t_1)=x'$ 的解将有 $x(t_2)=x^2\in\mathring{\boldsymbol{R}}$,按微分方程解对初值的连续依赖性可知,恒有 $\varepsilon_1>0$ 存在,使一切 $x(t_1)\in\boldsymbol{S}(x',\varepsilon_1)$,系统(5.1-11)之解都在某个时刻 t_2' 有 $x(t'_2)\in\boldsymbol{S}(x^2,\varepsilon_2)\in\mathring{\boldsymbol{R}}$。

考虑 $\boldsymbol{S}(x',\varepsilon_1)$ 内之任一点 $x^{1'}$,显然将有 $\boldsymbol{S}(x^2,\varepsilon_2)$ 内一点 $x^{2'}$ 与它可用系统(5.1-11)连接。

又由于 $x^{2'}\in\mathring{\boldsymbol{R}}$,因此可以有可允控制 $u^2(t)$ 将 x^0 与 $x^{2'}$ 通过系统 $\dot{x}=f(x,u^2(t))$ 相连接。

由此不难看出,若先取控制 $u^2(t)$ 将 x^0 引至 $x^{2'}$,然后换以控制 $u'(t)$ 将 $x^{2'}$ 引至 $x^{1'}$,则由 x^0 至 $x^{1'}$ 可以用可允控制 $u(t)$ 将其连接起来,所以有

$$x^{1'}\in\boldsymbol{R}$$

考虑 $x^{1'}$ 是 $\boldsymbol{S}(x',\varepsilon_1)$ 中任一点,可知 $x^1\in\mathring{\boldsymbol{R}}$,因此与前提矛盾,由此可知恒有 $x(t)\in\partial\boldsymbol{R},t\in[t_0,t]$。

此定理证明之几何直观如图 5.1-1 所示。

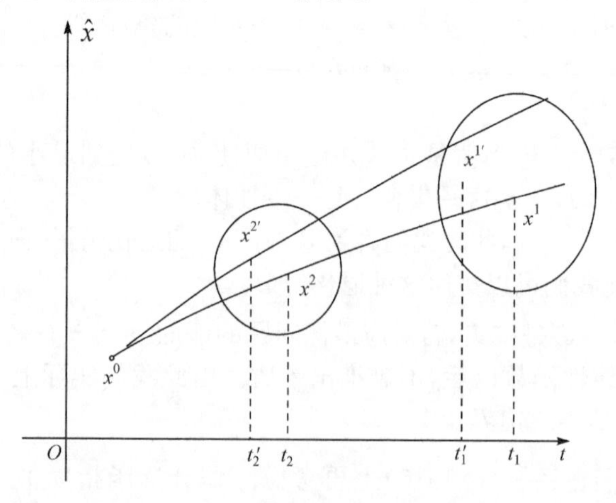

图 5.1-1

以上说明，无论是在时间或积分指标最优问题，当将时间或积分作为新的变量引进后，在扩展了的空间中，对应的最优问题在非退化情形下总发生在可达集的边界上。

5.1-3 点集合的切锥

为了以后讨论可达集，特别是其边界应具有的某些特性，我们引进集合之切锥的概念，并讨论它的一些必要的性质。

定义 5.3 在 $\boldsymbol{E}^{n+2}$ 中给出一个集合 $\boldsymbol{A}$，与一个点 $x^0\in\boldsymbol{E}^{n+2}$，称点集合 $\boldsymbol{T}_{x^0}[\boldsymbol{A}]$ 是 $\boldsymbol{A}$ 在 x^0 的切锥，系指对任何向量 $y\in\boldsymbol{T}_{x_0}[A]$，则总有序列 x^i 与 $c_i>0$ 使下式成立。

1° $$\lim_{i\to\infty}x^i=x^0,\quad x^i\in\boldsymbol{A} \tag{5.1-12}$$

2° $$\lim_{i\to\infty}c_i(x^i-x^0)=y \tag{5.1-13}$$

若 $y\in\boldsymbol{T}[\boldsymbol{A}]$（以后有时省去 x^0 这一符号），则 $cy\in\boldsymbol{T}[\boldsymbol{A}]$，其中$c>0$。由此不难看出，$\boldsymbol{T}[\boldsymbol{A}]$本身是一个锥。

如果 $x^0\in\mathring{\boldsymbol{A}}$，我们不难看出 $\boldsymbol{S}(x^0,\varepsilon_0)\subseteq\mathring{\boldsymbol{A}}$。从这一点，很容易知道在这种情况下，$\boldsymbol{T}_{x^0}[\boldsymbol{A}]=\boldsymbol{E}^{n+2}$。

若 $x^0\overline{\in}\bar{\boldsymbol{A}}$，其中 $\bar{\boldsymbol{A}}$ 是 $\boldsymbol{A}$ 的闭包，则可以有 $\boldsymbol{T}_{x^0}[\boldsymbol{A}]=\varnothing$。

若 $x^0\in\partial\boldsymbol{A}$，又在 x^0 这一点$\partial\boldsymbol{A}$ 光滑，则过 x^0 有唯一的一个 A 的切平面，令为 $[p,(x-x^0)]=0$，若又知 $\boldsymbol{A}$ 在 x^0 附近，不妨设在此平面之一侧且不在此平面上的点对应$[p,(x-x^0)]\geqslant0$ 之一侧，则可知

$$\boldsymbol{T}_{x^0}[A]=\{x\,|\,[p,x-x^0]\geqslant0\}$$

若 $\boldsymbol{A}$ 是锥，而 x^0 在其顶点，则 $\boldsymbol{T}_{x^0}[A]=\bar{A}$。

如此等等，以下我们引入几个主要引理。

引理 5.1 设 $\boldsymbol{A}=\boldsymbol{A}_1\cup\boldsymbol{A}_2$，则有 $\boldsymbol{T}[\boldsymbol{A}]=\boldsymbol{T}[\boldsymbol{A}_1]\cup\boldsymbol{T}[\boldsymbol{A}_2]$。

显然，由于 $\boldsymbol{A}_1\subseteq\boldsymbol{A}$，则对任何 $x^i\in\boldsymbol{A}_1$，就有 $x^i\in\boldsymbol{A}$。由此可知，$\boldsymbol{T}[\boldsymbol{A}_1]\subseteq\boldsymbol{T}[\boldsymbol{A}]$，$\boldsymbol{T}[\boldsymbol{A}_2]\subseteq\boldsymbol{T}[\boldsymbol{A}]$，从而 $\boldsymbol{T}[\boldsymbol{A}_1]\cup\boldsymbol{T}[\boldsymbol{A}_2]\subseteq\boldsymbol{T}[\boldsymbol{A}]$。反之，若 $y\in\boldsymbol{T}[\boldsymbol{A}]$，则有 $x^i\in\boldsymbol{A}$ 使式(5.1-12)与式(5.1-13)成立。考虑 x^i 中全部属于 $\boldsymbol{A}_1$ 之子序列 x^{i*}，全部属于 $\boldsymbol{A}_2$ 之子序列 x^{i**}，则这两个序列必有一个是无穷列。由此可知，$y\in\boldsymbol{T}[\boldsymbol{A}_1]\cup\boldsymbol{T}[\boldsymbol{A}_2]$。

总之，$\boldsymbol{T}[\boldsymbol{A}]=\boldsymbol{T}[\boldsymbol{A}_1]\cup\boldsymbol{T}[\boldsymbol{A}_2]$，当 $\boldsymbol{A}=\boldsymbol{A}_1\cup\boldsymbol{A}_2$。

引理 5.2 $\boldsymbol{T}[A]$是闭集合。

设在 $\boldsymbol{T}[\boldsymbol{A}]$中任选一Cauchy 序列 $y^i\to y$，现证 $y\in\boldsymbol{T}[\boldsymbol{A}]$。由于 $y^i\in\boldsymbol{T}[\boldsymbol{A}]$，则有 $x^{ij}\in\boldsymbol{A}$ 与 c_{ij} 使下式成立。

1° $x^{ij}\to x^0$，当 $i\to\infty$ 时。

2° $\lim\limits_{i\to\infty} c_{ij}(x^{ij}-x^0)=y^i$。

由此，我们考虑给一串正整数 $\alpha=1,2,\cdots,n,\cdots\to\infty$，则对每个 α 总有对应的 $j\alpha>0$ 使下式成立。

1° $\| x^{\alpha,j\alpha}-x^0 \|<\dfrac{1}{\alpha}$。

2° $\| c_{\alpha,j\alpha}(x^{\alpha,j\alpha}-x^0)-y^\alpha \|<\dfrac{1}{\alpha}$。

令 $c_\alpha=c_{\alpha,j\alpha}$，$x^\alpha=x^{\alpha,j\alpha}$，则可知有 x^α 与 $c^\alpha>0$ 使

$$\lim_{\alpha\to\infty}x^\alpha=x^0$$

$$\lim_{\alpha\to\infty}c^\alpha(x^\alpha-x^0)=y$$

由此可知 $y\in \boldsymbol{T}[\boldsymbol{A}]$，即 $\boldsymbol{T}[\boldsymbol{A}]$ 是闭的。

引理 5.3 对任何集合 A，有 $\boldsymbol{T}[\partial\boldsymbol{A}]\subseteq\boldsymbol{T}[\boldsymbol{A}]$。

当 $\boldsymbol{A}$ 是闭集时显然成立。

现设 $y\in\boldsymbol{T}[\partial\boldsymbol{A}]$，则有 $x^i\in\partial\boldsymbol{A}$ 与 $c_i>0$，使式(5.1-12)与式(5.1-13)成立。由于 $x^i\in\partial\boldsymbol{A}$，则有 $x^{ij}\in\boldsymbol{A}$，使 $\lim\limits_{j\to\infty}x^{ij}=x^i$。对每一固定之 α，显然我们恒有 j_α 使

1° $\| x^{\alpha\cdot j\alpha}-x^0 \|<\dfrac{1}{\alpha}$。

2° $\| c_\alpha(x^{\alpha\cdot j\alpha}-x^0)-y \|<\dfrac{1}{\alpha}$。

同引理 5.2，不难证明引理之成立，应用此引理不难证明 $\boldsymbol{T}[\boldsymbol{A}]=\boldsymbol{T}[\bar{\boldsymbol{A}}]$。

引理 5.4 设 $\boldsymbol{Y}_0$ 是 $\boldsymbol{E}^{n+2}$ 中顶点在 x^0 之一开锥，$\boldsymbol{A}$ 是给定之集合，若有 $y^0\neq0$ 使 $y^0\in\boldsymbol{Y}_0$，$y^0\in\boldsymbol{T}_{x^0}[\boldsymbol{A}]$，则任给 $\varepsilon>0$，总有 $x\in\boldsymbol{A}$ 使 $\| x-x^0 \|<\varepsilon$ 且 $x-x^0\in\boldsymbol{Y}$。

这一引理之证明十分显然。应用前述引理，可以证明如下定理为真。

定理 5.3 对任何集合 $\boldsymbol{A}$，总有

$$\partial\boldsymbol{T}[\boldsymbol{A}]\subseteq\boldsymbol{T}[\partial\boldsymbol{A}] \tag{5.1-14}$$

证明 首先由于 $\boldsymbol{T}[\boldsymbol{A}]$ 本身是锥，因此 $\partial\boldsymbol{T}[\boldsymbol{A}]$ 也是锥，即若 $y^0\in\partial\boldsymbol{T}[\boldsymbol{A}]$，则对任何 $c>0$，总有 $cy^0\in\partial\boldsymbol{T}[\boldsymbol{A}]$。

现设任何 $y^0\in\partial\boldsymbol{T}[\boldsymbol{A}]$，则总可以作一圆锥序列 $\boldsymbol{Y}_i$。

1° $\boldsymbol{Y}_i$ 以 y^0 为中心轴，$\boldsymbol{Y}_{i+1}\subseteq Y_i$，它们都是开的。

2° $\lim\limits_{n\to\infty}\boldsymbol{Y}_n=y^0$ 或 $\bigcap\limits_{i=1}^{\infty}\boldsymbol{Y}_i=y^0$。

这样的圆锥序列选取如下。它们的公共顶点在 x^0，而对应的 $\boldsymbol{Y}_i$ 与球 $\boldsymbol{S}\left(\frac{y^0}{\| y^0 \|},\varepsilon_i\right)$ 相切，其中 $\varepsilon_i \to 0$。这种取法如图 5.1-2 所示。

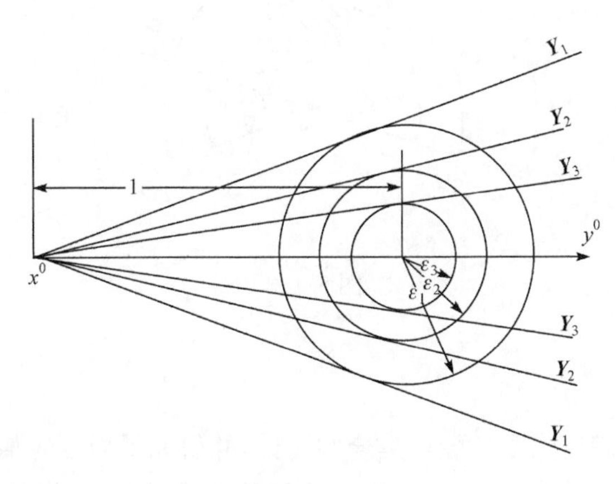

图 5.1-2

由于 $y^0 \in \partial \boldsymbol{T}[\boldsymbol{A}]$，而 $\boldsymbol{Y}_i$ 是开圆锥，则一定存在两个向量序列 y_i' 与 y_i''，它们有 $y_i' \in \mathring{\boldsymbol{T}}[\boldsymbol{A}]$ 与 $y_i'' \in C\mathring{\boldsymbol{T}}[\boldsymbol{A}]$，使 $y_i' \in \boldsymbol{Y}_i$，$y_i'' \in \boldsymbol{Y}_i$，其中 $C\boldsymbol{T}(\boldsymbol{A})$ 是 $\boldsymbol{T}(\boldsymbol{A})$ 的补集。

因为 $y_i' \in \mathring{T}[A]$，应用引理 5.4 有 $x_i' \in \boldsymbol{A}$ 存在，使

$$x_i' - x^0 \in \boldsymbol{Y}_i, \quad \| x_i' - x_0 \| < \varepsilon_i, \quad x_i' \in \boldsymbol{A} \tag{5.1-15}$$

另外，考虑 $y_i'' \in C\mathring{\boldsymbol{T}}[\boldsymbol{A}]$，又 $C\boldsymbol{T}[\boldsymbol{A}]$ 也是锥体，则一定存在小球 $\boldsymbol{S}(y_i'',\eta) \in \mathring{C}\boldsymbol{T}[\boldsymbol{A}]$，并使该球不包含任何 $\boldsymbol{A}$ 之点，因为若此点取不到，我们就能证明 $y_i'' \in \boldsymbol{T}[\boldsymbol{A}]$，从而导出矛盾，因此再考虑 $C\boldsymbol{T}[\boldsymbol{A}]$ 是锥体，可知亦有 $x_i'' \overline{\in} \bar{\boldsymbol{A}}$，使

$$x_i'' - x^0 \overline{\in} \boldsymbol{Y}_i, \quad \| x_i'' - x^0 \| < \varepsilon_i, \quad x_i'' \in \boldsymbol{A} \tag{5.1-16}$$

考虑 $\boldsymbol{Y}_i$ 与 $\| y \| \leqslant \varepsilon_i$ 之交集 $\boldsymbol{Y}_i^* = \boldsymbol{Y}_i \cap \{y \mid \| y \| \leqslant \varepsilon\}$，显然 $x_i'' - x^0 \in \boldsymbol{Y}_i^*$，$x_i' - x^0 \in \boldsymbol{Y}_i^*$，则再应用到 $\boldsymbol{Y}_i^* - x^0$ 是一个联通集，则可知恒有 $x^i \in \boldsymbol{Y}_i^*$，并有 $x^i \in \boldsymbol{A}$，使

$$\| x^i - x^0 \| \in \boldsymbol{Y}_i^*, \quad \| x^i - x^0 \| < \varepsilon_i, \quad x^i \in \boldsymbol{A}$$

考虑 $i \to \infty$，可知 $\frac{x^i - x^0}{\| x^i - x^0 \|} \| y^0 \| \to y^0$，由此可知

$$y^0 \in \boldsymbol{T}[\partial \boldsymbol{A}]$$

则定理得证。

最后我们指出，对于关系式 $\boldsymbol{T}[\partial \boldsymbol{A}] \subseteq \partial \boldsymbol{T}[\boldsymbol{A}]$ 一般并不成立。考虑如图5.1-3 所示之反例，A 之边界是由一个半圆和过 x^0 在角形 $ABDC$ 内无限振动之曲线组成。由此可知，此确为一重要之反例。一般说来，当 A 是 n 维的，则 $\partial \boldsymbol{T}(A)$ 为 $n-1$ 维，

但 $\boldsymbol{T}[\partial A]$却可能为 n 维。

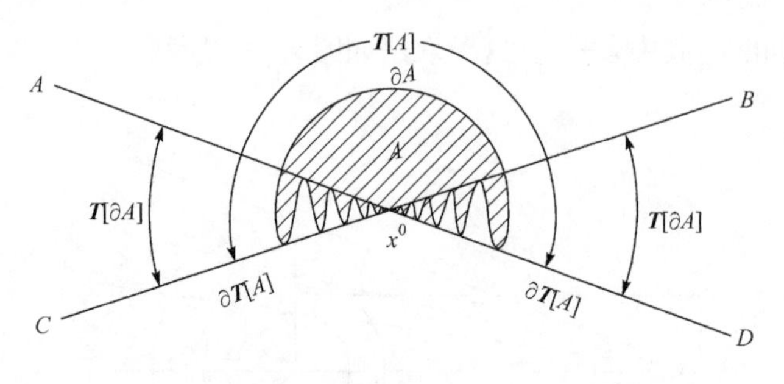

图 5.1-3

5.1-4 可达锥

在上一节,我们讨论了一般点集合的切锥,并研究了切锥的某些基本性质。在这里,我们结合实际系统(5.1-5)讨论可达集的切锥,即可达锥的一些性质。特别是,它在经过变分方程组所确定的线性变换下的性质,以后将在此基础上讨论可达集边界的问题。

给定一可允控制 $u^*(t)$,对应的过程为 $x^*(t)$并在确定控制的区间$[t_1,t_2]$上完全确定,考虑当初值发生小变动时对应同一 $u^*(t)$之解 $x(t)$,则可以有

$$x(t)=x^*(t)+y(t)+o\|x-x^*\| \tag{5.1-17}$$

其中,$y(t)$与 $x-x^*(t)$同阶,不难证明它满足方程组,即

$$\dot{y}=\left[\frac{\partial f}{\partial x}\right]_{\substack{u=u^*(t)\\ x=x^*(t)}} y \tag{5.1-18}$$

其中,$\left[\frac{\partial f}{\partial x}\right]$是 f 的 Jacobi 矩阵,从直观上 $y(t)$表示扰动的主要部分或 x 的变分。

由于方程组(5.1-18)对任何 $x^*(t)$和 $u^*(t)$都是对 y 而言的线性齐次方程组,因此它的解可以写为

$$y(t)=A(t,t_0)y(t_0) \tag{5.1-19}$$

其中,$A(t,t_0)$是一个线性变换,对应地有 $A(t,t)=I$ 是恒等变换。

考虑另一个 $n+2$ 维向量 $\psi(t)$,使之有

$$[\psi(t),y(t)]=\text{常数} \tag{5.1-20}$$

则我们将有 $\psi(t)$应满足方程组

$$\dot{\psi}(t)=-\left[\frac{\partial f}{\partial x}\right]^*_{\substack{x=x^*\\ u=u^*}}\psi \tag{5.1-21}$$

其中，$\left[\frac{\partial f}{\partial x}\right]^*$ 是 $\left[\frac{\partial f}{\partial x}\right]$ 之转置。

再利用式(5.1-20)可以看出，若给定 $\psi(t_0)$，则一切满足 $[\psi(t_0),y(t_0)]=0$ 的 $y(t_0)$ 实际上在一平面上。由这些点出发的方程(5.1-18)的解将永远保持在 $[\psi(t),y(t)]=0$ 这一平面上，而 $\psi(t)$ 是对应式(5.1-21)的解。

显然，式(5.1-21)的解可以写为

$$\psi(t)=-A^*(t,t_0)\psi(t_0) \tag{5.1-22}$$

其中，A^* 是 A 之转置。

定义 5.4　若给定方程组(5.1-5)与一个点 x^0，设 $\boldsymbol{R}_{x^0}$ 是由 x^0 出发的可达集，称集合 $\boldsymbol{C}_{x^0}[x]$ 是由点 x^0 在 x 的可达锥，即

$$\boldsymbol{C}_{x^0}[x]=\boldsymbol{T}_x[\boldsymbol{R}_{x^0}] \tag{5.1-23}$$

由于按定理 5.1，$\boldsymbol{R}_{x^0}$ 是闭连通集，因此 $\boldsymbol{C}_{x^0}[x]$ 非空的充要条件是 $x\in\boldsymbol{R}_{x^0}$。

定理 5.4　设 $u(t)$ 是定义在 $[t_1,t_2]$ 上的可允控制，$x(t)$ 是对应的过程，考虑 $A(t,t_0)$ 是对应 $x(t)$ 的变分方程组(5.1-18)之基本解短阵，则可以证明

$$\boldsymbol{C}[x(t_2)]\supseteq A(t_2,t_1)\boldsymbol{C}[x(t_1)] \tag{5.1-24}$$

从直观上来说，$\boldsymbol{C}[x(t_1)]$ 经线性变换 $A(t_2,t_1)$ 后，锥体总不超过 $\boldsymbol{C}[x(t_2)]$①。

证明　设 $y\in\boldsymbol{C}[x(t_1)]$，则显然有 $x^i\in R_{x^0}$，$x^i\to x(t_1)$ 及 $c_i>0$，使 $c_i[x^i-x(t_1)]=y^i\to y$。现来设法证明有上述性质之 y 在经过线性变换 $A(t_2,t_1)$ 后有 $A(t_2,t_1)y\in\boldsymbol{C}[x(t_2)]$。

记 y^i 在线性变换 $A(t_2,t_1)$ 下为 $y^{i\prime}$。由 $y^i\to y$ 不难得知 $y^{i\prime}\to y'$。

记 $x^{i\prime}$ 是 x^i 沿对应同样控制的系统在 t_2 时之像，显然我们有

$$x^{i\prime}-x(t_2)=y^i/c_i+o(\|x^i-x(t_1)\|) \tag{5.1-25}$$

定义 $y^i=c_i(x^i-x(t))$，当然它仍然满足变分方程组(5.1-18)，由此考虑取极限时，$o(\|x^i-x(t_1)\|)$ 将被略去，则我们有

$$y'=\lim y^{i\prime}=\lim c_i(x^{i\prime}-x(t_2))$$

另外，$y'=A(t_2,t_1)y$，由此可知，考虑到 $x_c^{i\prime}\in\boldsymbol{R}$，$c_i>0$，则有

$$A(t_2,t_1)y\in\boldsymbol{C}[x(t_2)]$$

因此，$A(t_2,t_1)\boldsymbol{C}[x(t_1)]\subseteq\boldsymbol{C}[x(t_2)]$，即定理得证。

定理 5.5　设 $x(t)$ 是系统(5.1-5)对应控制 $u(t)$，$t\in[t_0,t_1]$ 的过程，对应地有 $x(t_0)=x^0$，$x(t_1)=x^1$。又若在点 x^1 切锥 $\boldsymbol{C}[x^1]$ 落在 $[\psi^1,y]\geqslant0$ 的半空间内，则对任何 $t\in[t_0,t_1]$，$\boldsymbol{C}[x(t)]$ 落在由 $[\psi(t),y]\geqslant0$ 之半空间内，其中 $\psi(t)$ 是系统(5.1-21)对应 $\psi(t_1)=\psi^1$ 之解。

① 在下面的叙述中，锥 $\boldsymbol{C}_{x^0}[x]$ 亦常省去 x^0 而写成 $\boldsymbol{C}[x]$。

证明 设对某个 $y(t)\in \boldsymbol{C}[x(t)]$，有

$$[\psi(t),y(t)]=[A^*(t_1,t)\psi_1,y]=[\psi^1,A(t_1,t)y]<0$$

应用定理 5.4，则有 $y'=A(t_1,t)y\in \boldsymbol{C}[x(t_1)]$，而 $[\psi',y']<0$ 与定理之假设矛盾。由此定理是正确的。

应用此定理可以证明以下两个推论。

推论 5.1 设条件同定理 5.5，若 $\boldsymbol{R}_{x^0}$ 在 x^1 这一点是局部扁平的，即 $\boldsymbol{C}_{x^0}[x^1]$ 被包含在 r 维线性流形中，则同样的事实将发生在轨道 $x(t)$，$t\in[t_0,t_1]$ 的一切点上。

推论 5.2 在前述同样条件下，$\boldsymbol{C}_{x^0}[x']$ 若有一凸棱，或者有一凸顶，即

$$[\psi^1,y]\geqslant 0,\cdots,[\psi^r,y]\geqslant 0,\quad y\in \boldsymbol{C}_{x^0}[x^1]$$

则同样的事实一定也发生在轨道 $x(t)$，$t\in[t_0,t_1]$ 的一切点上。

5.1-5 可允锥

定义 5.5 给定系统(5.1-5)与 u 的可允域 $\boldsymbol{U}$，称锥 $\boldsymbol{F}[x^0]$ 是在点 x^0 的可允锥，系指对任何 $y\in \boldsymbol{F}[x^0]$，总有 $u^0\in \boldsymbol{U}$ 及 $c>0$，使

$$y=cf(x^0,u^0) \tag{5.1-26}$$

由于 $f(x,\boldsymbol{U})$ 是列紧的凸集，则 $\boldsymbol{F}[x^0]$ 总是闭锥，且为凸锥。

以后常记 $f(x,\boldsymbol{U})$ 是 $\boldsymbol{F}[x^0]$ 与平面 $y_0=1$ 之交集，它是 $r-1$ 维的。

从直观上讲，$\boldsymbol{F}[x^0]$ 表示在 x^0 系统(5.1-5)的一切可能方向之总体，而这种锥从实际上讲就有可能描述进一步运动的方向。以下利用这一点讨论 $\boldsymbol{F}[x]$ 与 $\boldsymbol{R}$，特别是与 $\boldsymbol{T}_x[\boldsymbol{R}]$ 之间的相互关系。

定义 5.6 集合 $\boldsymbol{M}[\lambda,\boldsymbol{U}]$ 是 $f(\lambda,\boldsymbol{U})$ 在 $\lambda\in\boldsymbol{\Lambda}$ 之凸闭包，指它是包含所有 $f(\lambda,\boldsymbol{U})$，$\lambda\in\boldsymbol{\Lambda}$ 的最小的凸集。

可以证明，对凸闭包来说，对任何非零向量 ψ，总有 a^1 与 a^2 是凸闭包中之向量，使

$$[a^1,\psi]\geqslant[f(\lambda,u),\psi]\geqslant[a^2,\psi],\quad u\in\boldsymbol{U},\quad \lambda\in\boldsymbol{\Lambda} \tag{5.1-27}$$

反过来，亦有对凸闭包之向量 a，总有

$$\operatorname*{Sup}_{\lambda\in\boldsymbol{\Lambda},u\in\boldsymbol{U}}\{[\psi,f(\lambda,u)]\}\geqslant[\psi,a]\geqslant\inf_{\lambda\in\boldsymbol{\Lambda},u\in\boldsymbol{U}}\{[\psi,f(\lambda,u)]\} \tag{5.1-28}$$

一般来说，式(5.1-27)成立，我们只用到凸闭包的凸性，而条件(5.1-28)成立则用到它是包含 $f(\lambda,\boldsymbol{U})$ 的最小凸集这一性质。

引理 5.5 设系统(5.1-5)满足 5.1-1 节之条件，$u(t)$ 是可允控制，对应的过程是 $x(t)$，则向量，即

$$\frac{\Delta x}{\varepsilon}=\frac{1}{\varepsilon}\int_{t_0}^{t_0+\varepsilon}f(x(t),u(t))\mathrm{d}t \tag{5.1-29}$$

是集合 $\{f(x,\boldsymbol{U})\mid x=x(t),t\in[t_0,t_0+\varepsilon]\}$ 之凸闭包 $\boldsymbol{M}(x(t),\boldsymbol{U})\mid t\in[t_0,t_0+\varepsilon])$ 之元素。

证明　考虑任给一向量 ψ,则总有

$$\frac{1}{\varepsilon}\int_{t_0}^{t_0+\varepsilon}[f(x(t),u(t)),\psi]\mathrm{d}t=\left[\frac{\Delta x}{\varepsilon},\psi\right]$$

显然,不难证明有

$$\mathrm{Sup}\{[\psi,f(x(t),\boldsymbol{U})]\}\geqslant\left[\psi,\frac{\Delta x}{\varepsilon}\right]\geqslant\inf\{[\psi,f(x(t),\boldsymbol{U})]\}$$

其中,$t\in[t_0,t_0+\varepsilon]$。

考虑 ψ 之任意性,定理为真。

引理 5.6　若记 $\delta=\delta(x^0,\varepsilon)=\underset{\|x-x^0\|<\varepsilon,u\in\boldsymbol{U}}{\mathrm{Sup}}\{\|f(x,u)-f(x^0,u)\|\}$,满足定理 5.6 之条件,则有 $\lim\limits_{\varepsilon\to 0}\delta(x^0,\varepsilon)=0$。

证明　当 $\varepsilon_2>\varepsilon_1$ 时,$\delta(x^0,\varepsilon_2)\geqslant\delta(x_0,\varepsilon_1)\geqslant 0$,则它在 $\varepsilon\to 0$ 时有极限,令 $l=\lim\limits_{\varepsilon\to 0}\delta(x^0,\varepsilon)$,以下证明 $l=0$。

考虑正数序列 $\varepsilon_i\to 0,p_i\to 0$ 对任何 i 我们均可选 $u_i\in\boldsymbol{U}$ 与 x^i,使

$$\delta(x^0,\varepsilon_i)\geqslant\|f(x^i,u^i)-f(x^0,u^i)\|\geqslant\delta(x^0,\varepsilon_i)-p_i$$

其中,$\|x^i-x^0\|<\varepsilon_i$。

考虑 $i\to\infty,\varepsilon_i\to 0,p_i\to 0$,由此可知

$$\|f(x^i,u^i)-f(x^0,u^i)\|\to l$$

考虑 f 之连续性,则不难证明 $l=0$,由此引理得证。

定理 5.6　若微分方程(5.1-5)满足 5.1-1 节之条件,则

$$\boldsymbol{T}_{x^0}[\boldsymbol{R}_{x^0}]=\boldsymbol{F}[x^0]\tag{5.1-30}$$

证明　首先证明,若 $y\in\boldsymbol{F}[x^0]$,则必有 $y\in\boldsymbol{T}_{x^0}[\boldsymbol{R}_{x^0}]$。由 $\boldsymbol{F}[x^0]$,则有正数 c 及 $u^0\in\boldsymbol{U}$,使 $cf(x^0,u^0)=y$。现按 $u=u^0$ 微分方程(5.1-5),并考虑初条件 $x(t_0)=x^0$,我们得到的轨道整个包含在 $\boldsymbol{R}_{x^0}$ 内。由此轨道在 x^0 点之切线将存在,并且在 $\boldsymbol{T}_x[\boldsymbol{R}_{x^0}]$ 内。显然有 $y\in\boldsymbol{T}_{x^0}[\boldsymbol{R}_{x^0}]$,因此 $\boldsymbol{F}[x^0]\subseteq\boldsymbol{T}_{x^0}[\boldsymbol{R}_{x^0}]$。现在反过来证明,设 $y\in\boldsymbol{T}_{x^0}[\boldsymbol{R}_{x^0}]$,由此恒有序列 $x^i\in\boldsymbol{R}_{x^0}$ 及 $c_i>0$ 使

$$x^0=\lim x^i,\quad y=\lim c_i[x^i-x^0]$$

由 $x^i\in\boldsymbol{R}_{x^0}$,则对应有 $u_i^*(t)$ 与对应之轨道 $x^{i*}(t)$ 使 $x^{i*}(t_0+\varepsilon_i)=x^i,\varepsilon_i>0$,应用引理 5.5 到方程式,即

$$x^i-x^0=\int_{t_0}^{t_0+\varepsilon_i}f(x^{i*}(t),u^{i*}(t))\mathrm{d}t$$

可知向量 $\dfrac{x^i-x^0}{\varepsilon_i}$ 属于集合 $\{f(x,\boldsymbol{U})\mid\|x-x^0\|<\eta_i\}$ 之凸包,其中 $\eta_i=\eta_i(\varepsilon_i)$ 可以记作 $\|f(x,u)\|$ 在 x^0 附近的一个上界 k 与 ε_i 之乘积。事实上,$f_0(x,u)\equiv 1$ 保证了 $\|x^i-x^0\|/\varepsilon_i\geqslant 1$,由此就有 $\lim\limits_{i\to\infty}\varepsilon_i=0$。

由于$\dfrac{x^i-x^0}{\varepsilon_i}$是集合$\{f(x,\boldsymbol{U})\mid \|x-x^0\|<\eta_i\}$之凸包之向量，$\eta_i$ 本身是一致有界的，因此$\dfrac{x^i-x^0}{\varepsilon_i}$在一有界集中。其中可以有收敛之无穷子列，不妨设就是$\dfrac{x^i-x^0}{\varepsilon_i}$本身。

由引理 5.5，我们对任何向量 ψ 有

$$\inf\{[\psi,f(x,\boldsymbol{U})]\mid \|x-x^0\|<\eta_i\}$$
$$\leqslant\left[\psi,\frac{x^i-x^0}{\varepsilon_i}\right]\leqslant \mathrm{Sup}\{[\psi,f(x,\boldsymbol{U})]\mid \|x-x^0\|<\eta_i\}$$

我们又有

$$\inf\{[\psi,凸包\{f(x,\boldsymbol{U})\}\mid \|x-x^0\|<\eta_i\}]\}=\inf\{[\psi,f(x,\boldsymbol{U})]\mid \|x-x_0\|<\eta_i\}$$

相应地，对 Sup 亦成立，由此有

$$\mathrm{Sup}\{[\psi,f(x,\boldsymbol{U})]\mid \|x-x^0\|<\eta_i\}$$
$$\leqslant \mathrm{Sup}[\psi,f(x^0,\boldsymbol{U})]+\mathrm{Sup}\{[\psi,f(x,u)-f(x^0,u)]\mid u\in\boldsymbol{U},\|x-x^0\|<\eta_i\}$$

和

$$\inf\{[\psi,f(x,\boldsymbol{U})]\mid \|x-x^0\|<\eta_i\}$$
$$\geqslant \inf[\psi,f(x^0,u)]-\mathrm{Sup}\{[\psi,f(x,u)-f(x^0,u)]\mid u\in\boldsymbol{U},\|x-x^0\|<\eta_i\}$$

再考虑引理 5.6，当 $i\to\infty$时，上两式之最后两项以零为极限就有

$$\inf[\psi,f(x^0,\boldsymbol{U})]\leqslant\left[\psi,\lim\frac{x^i-x^0}{\varepsilon_i}\right]\leqslant \mathrm{Sup}[\psi,f(x^0,\boldsymbol{U})]$$

此式对任何 ψ 满足，且 $f(x^0,\boldsymbol{U})$是闭的、凸的，因此就有

$$\lim\frac{x^i-x^0}{\varepsilon^i}\in f(x^0,\boldsymbol{U})\tag{5.1-31}$$

除此之外，考虑$\left\|\dfrac{x^i-x^0}{\varepsilon_i}\right\|\geqslant 1$ 且有界，则其极限非零亦非无穷，由此就有

$$y=\lim c_i(x^i-x^0)=\lim(c_i\varepsilon_i)\frac{x^i-x^0}{\varepsilon_i}=k\lim\frac{x^i-x^0}{\varepsilon_i}$$

显然，再考虑式(5.1-31)，则有 $y\in\boldsymbol{F}(x^0)$。

显然有 $\boldsymbol{T}_{x^0}[\boldsymbol{R}_{x^0}]\in\boldsymbol{F}[x^0]$。

由此定理全部得证。

由于 $\boldsymbol{T}_{x'}[\boldsymbol{R}_{x'}]\subseteq\boldsymbol{T}_{x'}[\boldsymbol{R}_{x^0}]$，因此我们有定理 5.7。

定理 5.7　设定理 5.6 之全部条件得到满足，而 x'是由 x^0 可达的，则 $\boldsymbol{F}[x']\subseteq\boldsymbol{T}_{x'}[R_{x^0}]$。

进一步对可达的问题可有如下定理。

定理 5.8　设定理 5.6 之全部条件得到满足，$\boldsymbol{Y}$ 是一个闭锥，$\boldsymbol{Y}\in\mathring{\boldsymbol{F}}[x^0]$，则一

定存在 $\eta>0$，使所有满足 $\{x^0+y \mid y\in \boldsymbol{Y}, \| y \| <\eta\}$ 之点都是由 x^0 可达的。

定理从直观上表明，对 $\boldsymbol{F}[x^0]$ 内之任何一闭锥来说，其充分近 x^0 的点都是可达的。

设 $x(t)$ 是对应系统(5.1-5)在 $u(t)=u=\text{const}$ 下由 x^0 出发之解，我们有

$$\begin{aligned}\left\| \int_{t_0}^{t_0+\varepsilon} \| [f(x(t),u)-f(x^0,u)]\mathrm{d}t \right\| &\leqslant K\int_{t_0}^{t_0+\varepsilon} \| x(t)-x^0 \| \mathrm{d}t+o(\varepsilon)\\ &\leqslant K\int_{t_0}^{t_0+\varepsilon}\mathrm{d}t\int_{t_0}^{t} \| f(x(\tau),u) \| \mathrm{d}\tau\\ &\leqslant KM\frac{\varepsilon^2}{2}\end{aligned}$$

其中，K 与 M 是与 $u\in \boldsymbol{U}$ 无关之常数，因此就有对 $u\in \boldsymbol{U}$ 一致地使

$$\lim_{\varepsilon\to 0}\frac{1}{\varepsilon}\int_{t_0}^{t_0+\varepsilon} f(x(t),u)\mathrm{d}t = f(x^0,u)$$

由于 $f(x^0,\boldsymbol{U})$ 之第零分量是 1，集合 $f(x^0,\boldsymbol{U})$ 实际是 $n+1$ 维的，因此我们讨论的实际是 $f_0=1$ 这一超平面上的集合。

对确定之 x，考虑由 $f(x^0,u)$ 经变换 $\frac{1}{\varepsilon}\int_{t_0}^{t_0+\varepsilon} f(x(t),u)\mathrm{d}t$ 确定了一个 n 维集合，它将把 $f(x^0,\boldsymbol{U})$ 变成另一列紧集，并且这种变换在 $\varepsilon\to 0$ 时一致地变为恒等变换。

考虑取 $\boldsymbol{Y}'$ 是 $f(x^0,\boldsymbol{U})$ 内部之任何闭集(图 5.1-4)，则存在 $\eta>0$，使每个 $\varepsilon<\eta$ 在前述变换下 $f(x^0,\boldsymbol{U})$ 之像就覆盖了 $\boldsymbol{Y}'$。这一点可以通过选择 η 充分小使每一对 (ε,u)，$0<\varepsilon<\eta$，$u\in \boldsymbol{U}$ 满足如下不等式来实现，即

$$\left\| f(x^0,u)-\frac{1}{\varepsilon}\int_{t_0}^{t_0+\varepsilon} f(x(t),u)\mathrm{d}t \right\| <\rho[\boldsymbol{Y}',\partial f(x^0,\boldsymbol{U})]$$

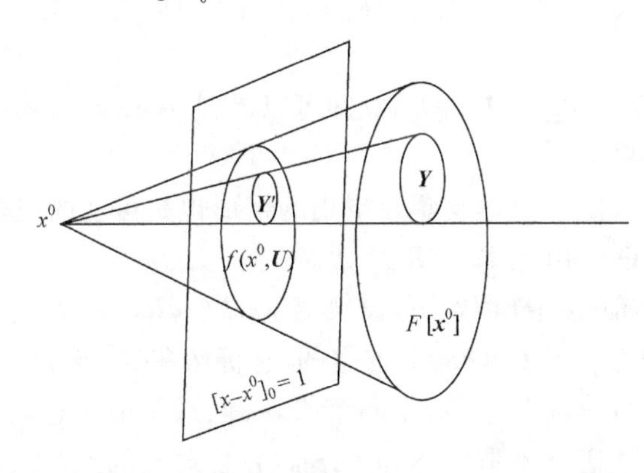

图 5.1-4

其中，$\rho[\,,\,]$ 表示 $\boldsymbol{Y}'$ 至 $f(x^0,\boldsymbol{U})$ 之边界之距离。

现在我们就把$\boldsymbol{Y}'$看成是凸锥$\boldsymbol{Y}$与$[x-x_0]^0=1$之交集。显然，由$\boldsymbol{Y}$是闭的，且$\boldsymbol{Y}\in\mathring{\boldsymbol{F}}[x^0]$，则$\boldsymbol{Y}'\in f^0(x^0,\boldsymbol{U})$，因此可知存在$\eta>0$，对任何$y'\in\boldsymbol{Y}'$及$\varepsilon<\eta$总有$u\in\boldsymbol{U}$使

$$\varepsilon y'=\int_{t_0}^{t_0+\varepsilon}f(x(t),u)\mathrm{d}t$$

现证η满足定理之要求，设$y\in\boldsymbol{Y}$，$\|y\|<\eta$，则$y'=y/y_0$，$\varepsilon=y_0\leqslant\|y\|<\eta$（注意$y_0$是$y$的第零个分量，由于$y\in\boldsymbol{F}[x^0]$，因此$y_0\neq0$），由此可知$y'\in f(x^0,\boldsymbol{U})$，再应用上述结果，则有

$$x^0+y=x^0+\varepsilon y'+\int_{t_0}^{t_0+\varepsilon}f(x(t),u)\mathrm{d}t$$

因此，x^0+y是可达的。

5.1-6　与可达集之边界的一些关系

首先引进作为定理5.8的推论的一个引理。

引理5.7　设$\boldsymbol{R}$是由x^0之可达集，$\boldsymbol{Q}=C\boldsymbol{R}$是$\boldsymbol{R}$的补集，又设$x^1$是由$x^0$可达的，则在定理5.8之同样假定下，交集$\boldsymbol{F}[x^1]\cap\boldsymbol{T}_{x^1}[\boldsymbol{Q}]$是空集或者$\boldsymbol{F}[x^1]$之边界。

证明　设$y\in\mathring{\boldsymbol{F}}[x^1]$，则存在闭锥$\boldsymbol{Y}$，使$y\in\mathring{\boldsymbol{Y}}\subseteq\mathring{\boldsymbol{F}}[x^1]$。

现若设$y\in\boldsymbol{T}_{x^1}[\boldsymbol{Q}]$，则有$x^i\to x^1$，$c_i[x^i-x^1]\to y$，$x^i\in\boldsymbol{Q}$。由于$c_i(x^i-x^1)\to y$，则对充分大之$i$，有$x^i-x^1\in\boldsymbol{Y}$。由此可知，引用定理5.8，则$x^i\in\boldsymbol{R}$，因此$x^i\overline{\in}\boldsymbol{Q}$，产生矛盾。从而完成证明。

应用上述引理可以证明如下定理。

定理5.9　给定系统(5.1-5)并且满足条件1°～7°，记$R=R_{x^0}$是x^0之可达集，$\partial\boldsymbol{R}$是$\boldsymbol{R}$之边界，$x^1\in\boldsymbol{R}$之任何点，则$\boldsymbol{F}[x']\cap\boldsymbol{T}_{x^1}[\partial\boldsymbol{R}]$是空集或者在$\boldsymbol{F}[x^1]$之边界上。

由$\boldsymbol{T}_{x^1}[\partial R]=\boldsymbol{T}_{x^1}[\partial\boldsymbol{Q}]\subseteq\boldsymbol{T}_{x^1}[\boldsymbol{Q}]$，立即可以得到$\partial\boldsymbol{R}$在$x^1$的切锥与可允锥之交集总在$\boldsymbol{F}[x^1]$之边界上。

无论引理5.7或定理5.9，交集是空集的情形也是可能的，这常发生在$x^1\overline{\in}\partial\boldsymbol{R}$。此时我们有$x^1\in\mathring{\boldsymbol{R}}$，由此$\boldsymbol{T}_{x^1}[\partial\boldsymbol{R}]=\varnothing$。

定理5.10　在前述同样假定下，设轨道$x(t)\in\partial\boldsymbol{R}$，$t\in[t_1,t_2]$，记$t_1\in[t_0,t_2]$时，$x(t_1)=x^1$，则$\boldsymbol{F}(x^1)\cap\boldsymbol{T}_{x^1}(\partial\boldsymbol{R})$是非空的，它仍然在$\partial\boldsymbol{F}[x^1]$上。

证明　由于$\boldsymbol{F}[x^1]$与$\boldsymbol{T}_{x^1}[\partial\boldsymbol{R}]$是两个锥，我们只要证明它们之间有公共射线即可。现在考虑沿轨道$x(t)$取一序列$t_i\to t_0$，并且对应的点$x(t_i)=x^i\in\partial\boldsymbol{R}$，则由序列，即

$$c_i(x^i-x^1),\quad c_i=\frac{1}{\|x^i-x^1\|}$$

中可抽出一收敛子序列。它的极限 y 按引理 5.5 与定理 5.6 应属于 $\boldsymbol{F}[x^1]$，同样它亦属于 $\boldsymbol{T}_{x^1}[\partial\boldsymbol{R}]$。由此定理得证。

5.1-7　应用于最优控制

最优控制对应的最优轨道除非在十分特别的情况下，它总应在 $\boldsymbol{R}$ 的边界上，考虑可达集边界上任一轨道，由于这一轨道是确定的，因此它有切线，其方向就是 $f(x(t),u(t))$，显然由定理 5.10 可知，它应属于 $\boldsymbol{F}[x^1]$之边界，又由于$\boldsymbol{F}[x(t)]$的凸性，存在向量 $\psi(t)$使

$$[\psi(t),f(x(t),u(t))]=\max_{u\in\boldsymbol{U}}[\psi(t),f(x(t),u)]$$

若 $\psi(t)$就是选为过 $x(t)$之 $\boldsymbol{F}[x(t)]$之外法向量，则上式应为零。这就是 Pontryagin 的最大值原理，即有非零之 $\psi(t)$存在，使沿最优轨道有

$$[\psi(t),f(x(t),u(t))]=\max_{u\in\boldsymbol{U}}[\psi(t),f(x(t),u)]=0$$

最后需要指出，这里得到的结论同 Pontryagin 得到的有一点不同，即还没有 $\psi(t)$如何定法，即一般并不知道 $\psi(t)$是否满足伴随方程，因为这里事实上也只是考虑达到边界的控制。

§5.2　最优解原理与 Pontryagin 最大值原理之另一证明

在这一部分，我们引进从另一个角度研究最优控制问题的办法。这个角度同分析力学与光学的波动理论有着某些联系。在后两小节，我们应用实变函数论中 Liapunov 的可测函数向量的一个定理来解决 Pontryagin 最大值原理的另一证明问题。在叙述上我们采用另一种方式。

5.2-1　可能事件与最优解原理

在 n 维欧氏空间 $\boldsymbol{E}^n$ 中，给定一个受控系统，即

$$\dot{x}_i=f_i(x_1,\cdots,x_n,u_1,\cdots,u_r,t) \tag{5.2-1}$$

其中，r 维向量 u 的取值域是有界闭域，记为 $\boldsymbol{U}$。

另外给定一描述系统品质之泛函，即

$$\int_{t_0}^{t_1} f_{n+1}(x_1,\cdots,x_n,u_1,\cdots,u_r,t)\mathrm{d}t \tag{5.2-2}$$

问如何寻找最优控制 $u(t)$，使系统的运动当 t_0 由 x^0 出发能在某个时刻 t，达到给定点 x^1 并使对应泛函取最小值。

记坐标为

$$x_{n+1}=\int_{t_0}^{t} f_{n+1}(x_1,\cdots,x_n,u_1,\cdots,u_r,t)\mathrm{d}t$$

相应地我们有方程组，即

$$\dot{x}_i = f_i(x_1, \cdots, x_n, u_1, \cdots, u_r t), \quad i = 1, 2, \cdots, n+1 \tag{5.2-3}$$

以向量形式记为 $\bar{x} = (x, x_{n+1})$，$\bar{f} = (f, f_{n+1})$，由此式(5.2-3)可以简写为

$$\dot{\bar{x}} = \bar{f}(x, u, t) \tag{5.2-4}$$

以后称任何 $n+2$ 维向量 $y = (t, \bar{x}) \in \boldsymbol{E}^{n+2}$ 为一个事件。

记 $\boldsymbol{A} = (t_0, \xi^0, 0)$ 为初始事件，$\boldsymbol{B} = (t_1, \xi^1, E^1)$ 为终点事件集，称在事件 y_a 上之运算 $R(u, Q)$ 系指 $y_a(t, \bar{x}_a) \in \boldsymbol{E}^{n+2}$，$\theta > 0$，$\theta \in \boldsymbol{E}^1$，$u \in \boldsymbol{U}$ 下之事件 $y_e \in R(u, \theta) y_a$，其中 $y_e = (t_e, \bar{x}_e)$，$t_e = t_a + \theta$，$\bar{x}_e = \bar{x}_a + \int_{t_0}^{t_e} f(x, u, t) \mathrm{d}t$，并且 $u \in \boldsymbol{U}$。

引入以下记号，在 $y \in \boldsymbol{E}^{n+2}$ 下，由 y 所能达到的事件全部记为

$$\boldsymbol{H}(y) = \{R(u, \theta) y \mid u \in \boldsymbol{U}, \theta \geqslant 0\} \tag{5.2-5}$$

对于集合 $\boldsymbol{H}(y)$，显然有如下三个基本性质。

1°若 $b \in \boldsymbol{H}(a) \Rightarrow R(u, \theta) b \in \boldsymbol{H}(a)$，$u \in \boldsymbol{U}$，$\theta \geqslant 0$。

2°若 $b \in \boldsymbol{H}(a)$，$c \in \boldsymbol{H}(b) \Rightarrow c \in \boldsymbol{H}(a)$。

3°若 $b \in \boldsymbol{H}(a) \Rightarrow \boldsymbol{H}(b) \subseteq \boldsymbol{H}(a)$。

以后记事件集合为 $\boldsymbol{A}$，并有对应之 $\boldsymbol{H}(A)$。

引入上述符号后，前述最优控制变为导求控制 $u \in \boldsymbol{U}$ 使

$$R(u, t_2 - t_1) \boldsymbol{A} \subseteq \boldsymbol{B} \tag{5.2-6}$$

$$[k, R(u, t_1 - t_0) \boldsymbol{A}] = \min_{y \in \boldsymbol{H}(\boldsymbol{A} \cap \boldsymbol{B})} [k, y] \tag{5.2-7}$$

成立，则对应的控制 u 与过程 $\bar{x}(t)$ 是最优控制与最优过程，而 k 是 $n+2$ 维向量 $(0, \cdots, 1)$。

称一个偶 (u, τ) 是一个策略，其中 $u = u(t) \in \boldsymbol{U}$，$\tau > 0$，若对应式(5.2-6)得到满足，则称策略是可行的，而当式(5.2-7)得到满足，则对应之策略称为最优的。

以后记 $\phi_{u,t}$ 是对应 $\boldsymbol{A}$ 的轨道，即

$$\phi_{u,t} = \{R(u, t) \boldsymbol{A} \mid t \in [0, \tau]\} \tag{5.2-8}$$

定理 5.11 最优控制的每个事件均在可能事件集之边界上。

以后常称此定理为最优解原理，下面来证明它。

记对应最优问题之终端事件是 y_e，则有

$$y_e = \arg \min_{y \in \boldsymbol{H}(\boldsymbol{A}) \cap \boldsymbol{B}} [k, y] \tag{5.2-9}$$

并设对应之最优策略是 $(u, t_2 - t_1)$，记 y 是 $\phi_{u, t_2 - t_1}$ 上之任何一点，即

$$y_\theta \in R(u, \theta) \boldsymbol{A}, \quad \theta \in [0, t_2 - t_1]$$

$$y_e = R(u, t_2 - t_i - \theta) y_\theta$$

若设 $y_\theta \in \mathring{\boldsymbol{H}}(\boldsymbol{A})$，则有以 y_θ 为球心之闭球 $N_\varepsilon(y_\theta)$，有 $y_\theta \in \mathring{\boldsymbol{N}}_\varepsilon(y_\theta) \subseteq \mathring{\boldsymbol{H}}(\boldsymbol{A})$，由此就有

$$R(u,t_2-t_1-\theta)\boldsymbol{N}_\varepsilon(y_\theta)\subseteq\boldsymbol{H}(\boldsymbol{A})$$

但是$\overline{f}$,我们设其对x有连续偏导数,由此存在$\eta>0$使

$$\boldsymbol{N}_\eta[R(u,t_2-t_1-\theta)y_\theta]\subseteq R(u,t_2-t_1-\theta)\boldsymbol{N}_\varepsilon(y_\theta)$$

这表明在同样的u下,应将$\boldsymbol{N}_\varepsilon(y_\theta)$映射成一个包含$y_\theta$为内点之$n$维区域,由此即有$\boldsymbol{N}_\eta(y_e)\subset\boldsymbol{H}(\boldsymbol{A})$,考虑$\boldsymbol{N}_\eta(y_e)$是$n$维球,由此就有

$$(ye-\eta k)\in\boldsymbol{N}_\eta(ye)\cap\boldsymbol{B}$$

由此就有$(y_e-\eta k)\in\boldsymbol{H}(\boldsymbol{A})\cap\boldsymbol{B}$。显然,$[y_e-\eta k,k]=[y_e,k]-\eta$,$y_e$不是最优的,因此得矛盾。

由此定理 5.1 得证,即$y_\theta\in\partial\boldsymbol{H}(\boldsymbol{A})$。

定义 5.7 b称为A的极值事件,系指$b\in\partial\boldsymbol{H}(\boldsymbol{A})\cap\boldsymbol{H}(\boldsymbol{A})$。

定义 5.8 b称为a的伴随(共轭)事件,系指b是极值的同时使$\partial\boldsymbol{H}(a)\cap\partial\boldsymbol{H}(b)$仅包含一个点$b$。

由极值事件构成的轨道称为极值轨道。

结论 5.1 最优轨道是极值的。

结论 5.2 设b是a的极值事件,则在b以后的任何极值轨道上的元素c一定有$c\in\partial\boldsymbol{H}(a)\cap\partial\boldsymbol{H}(b)$。

5.2-2 Huygens 原理与最优解原理的 Hamilton 形式

在波动的传播上有一个著名的 Huygens 原理,指在球形波面上的每一点都是另一个波的波源。这一点同受控系统的可达集的扩展类似,无控系统由一个点出发的解在每个后续时间只是一个点,而受控系统在控制受限时往往形成一个有限的可达集,而可达集的边界就成为原可达集的总和。其边界是这个总和的包络。这同波动中所有子波的波面的包络就是该时刻总的波动的波面也类似。

以后记$\partial\boldsymbol{H}(\boldsymbol{A})$之方程是$W_{\boldsymbol{A}}(\overline{x},t)=0$。记$W_A,\tau(\overline{x})=0$是$W_A(\overline{x},t)=0$与$t=\tau$之交集,从最优解原理的证明过程中可以看到,一切$W_{A,t+\sigma}(x)=0,\sigma>0$的点仅可能由$W_A,\tau(\overline{x})=0$上的点达到。由此,$W_{A,\tau(\overline{x})}=0$可以看成在$n+1$维空间$\boldsymbol{E}^{n+1}$中事件$A$传播过程的波前。

称联系到事件$(\overline{x},t)$之点集合是波后,系指其中的一点均可用一可行控制由$(\overline{x},t)$在$\mathrm{d}t$时间内达到,显然波后这集合可由

$$\mathrm{d}\overline{x}=\overline{f}(\overline{x},u,t)\mathrm{d}t,\quad u\in\boldsymbol{U} \tag{5.2-10}$$

表示,而$W_{A,t+\mathrm{d}t}(\overline{x})=0$是联系$W_{A,t}(\overline{x})=0$的全部波后构成集合之前边界。而$W_{A,t+\mathrm{d}t}(\overline{x})=0$,则它是由$W_{A,t}(\overline{x})=0$之波后形成集合之包络,类似波动问题中之 Huygens 原理。

设$W_{A,t}(\overline{x})=0$之边界可微,记

$$\bar{\psi}(\bar{x},t)=\frac{\partial W_{A,t}(\bar{x})}{\partial \bar{x}}=\left(\frac{\partial W_{A,t}}{\partial x_1},\cdots,\frac{\partial W_{A,t}}{\partial x_{n+1}}\right)$$

显然它是法向量，当然如果 $W_{A,t}(\bar{x})=0$ 是凸的，则这种可微限制可减弱。

在此种情况下，由 $W_A(\bar{x},t)$ 之某个元素发射至 $W_{A,t+\partial t}(\bar{x})=0$ 之某元素之条件就变为

$$u=\arg\max_{u\in \boldsymbol{U}}[\bar{\psi},\bar{f}(\bar{x},u,t)] \tag{5.2-11}$$

此时波前亦可理解为等势面。下面推导 $\bar{\psi}$ 与 $\bar{x}$ 所应满足的 Hamilton 方程。

设 $W_A(\bar{x},t)=0$ 是连续可微的，记 $u^*(t)$ 是 U 之任何一元素。

记 $\bar{x}=\bar{\phi}(t)$ 是方程组，即

$$\dot{\bar{x}}=f(\bar{x},u^*(t),t) \tag{5.2-12}$$

在初条件 $\bar{x}=\bar{x}_\alpha,t=\tau$ 下之解，记 $\bar{\xi}^\alpha$ 是 $\boldsymbol{E}^{n+1}$ 中一充分小之向量，则系统(5.2-12)在初条件 $\bar{x}(\tau)=\bar{x}^\alpha+\bar{\xi}^\alpha$ 下之解可写成 $\bar{x}=\bar{\phi}(t)+\bar{\xi}(t)$，其中 $\bar{\xi}(t)$ 满足

$$\dot{\bar{\xi}}(t)=D\bar{\xi}(t) \tag{5.2-13}$$

其中，$D=\dfrac{\partial \bar{f}(\bar{x},u^*(t),t)}{\partial \bar{x}}$ 是 $\bar{f}$ 之 Jacobi 矩阵。

以下引入 Hamilton 函数，即

$$\begin{cases}H(\bar{x},u,\bar{\psi},t)=[\bar{\psi},\bar{f}(\bar{x},u,t)]\\ M(\bar{x},\bar{\psi},t)=\max\limits_{u\in \boldsymbol{U}}H(\bar{x},u,\bar{\psi},t)\end{cases} \tag{5.2-14}$$

并记其后一式中确定最大值之 u 为

$$u=\arg\max_{u\in \boldsymbol{U}}H(\bar{x},u,\bar{\psi},t)=c(\bar{x},\bar{\psi},t) \tag{5.2-15}$$

即使 $H(\bar{x},c(\bar{x},\bar{\psi},t),\bar{\psi},\tau)=M(\bar{x},\bar{\psi},t)$。

现设 $u^*(\tau)$ 刚好是对于 $(\bar{x}_\alpha,\tau)\in\{(\bar{x},\tau)\mid W_{A,\tau}(\bar{x})=0\}$，满足式(5.2-15)的可行控制，若记 $\widetilde{W}_{A,t+d\tau}(\bar{x})=0$ 是对应 $u^*(t)$ 的 $W_{A,t}(\bar{x})=0$ 变换后之轨迹。一般来说，它不是 $W_{A,t}(\bar{x})=0$ 的波前，$u^*(t)$ 满足式(5.2-15)，因此 $\widetilde{W}_{A,t+dt}(\bar{x})=0$ 与 $W_{A,t+dt}(\bar{x})=0$ 将有一公共元素 $(\bar{x}_\beta,t+\mathrm{d}t)$。

考虑 n 个任意小的向量 $\bar{\xi}^{(i,0)}$，它们在 $\bar{x}=\bar{x}^\alpha$ 与 $W_{A,\tau}(\bar{x})=0$ 相切，记 $\bar{\xi}^{(i)}(t)$ 是对应此组初值($\bar{\xi}^{n+1,0}=[0,0,\cdots,-1]$)下系统(5.2-13)之解，有 $\bar{\xi}^{(i)}(\tau)=\bar{\xi}^{(i,0)}$。显然，$\bar{\xi}^{(i)}(t+\mathrm{d}t)$ 将在点 $\bar{x}=\bar{x}_\beta$ 与 $\widetilde{W}_{A,t+dt}(\bar{x})=0$ 相切，我们记 $\bar{\psi}(\tau)$ 是在 $\bar{x}=\bar{x}^\alpha$ 的 $W_{A,\tau}(\bar{x})=0$ 之法向量，而 $\tilde{\bar{\psi}}(\tau+dt)$ 是 $\widetilde{W}_{A,\tau+dt}(\bar{x})=0$ 在 $\bar{x}=\bar{x}_\beta$ 之法向量，则有

$$[\bar{\xi}^{(i)}(\tau),\bar{\psi}(\tau)]=0,\quad i=1,2,\cdots,n$$

$$[\bar{\xi}^{(i)}(\tau+\mathrm{d}t),\tilde{\bar{\psi}}(\tau+\mathrm{d}t)]=0,\quad i=1,2,\cdots,n$$

定理 5.12 $W_{A,\tau+dt}(\bar{x})=0$ 与 $\widetilde{W}_{A,\tau+dt}(\bar{x})=0$ 在 $(\bar{x}_\beta,\tau+\mathrm{d}t)$ 的法向量或切平面是同样的。

事实上，只要证明 $\bar{\psi}(\tau+\mathrm{d}t)=\tilde{\bar{\psi}}(\tau+\mathrm{d}t)$就可以作为以下两点之推论。

1° $\widetilde{W}_{A,\tau+dt}(\bar{x})=0$ 是由连续可微的 $W_{A,\tau}(\bar{x})=0$ 经过充分可微的系统变换而来的，因此它本身应是连续可微的。

2°按最优解原理，因此 $\widetilde{W}_{A,\tau+dt}(\bar{x})=0$ 应在 $W_{A,\tau+dt}(\bar{x})=0$ 之一边。

考虑$[\bar{\xi}^{(i)}(t),\bar{\psi}(t)]$之导数，则有

$$[D\bar{\xi}^{(i)}(t),\tilde{\psi}(t)]+[\bar{\xi}^{(i)}(t),\dot{\bar{\psi}}(t)]=0 \tag{5.2-16}$$

或者

$$[\bar{\xi}^{(i)}(t),D^*\bar{\psi}(t)+\dot{\bar{\psi}}(t)]=0 \tag{5.2-17}$$

其中，D^* 是 D 之共轭。

式(5.2-17)对 n 个线性独立的向量 $\bar{\xi}^{(i)}$ 成立，因此有

$$D^*\bar{\psi}(t)+\dot{\bar{\psi}}(t)=g(\bar{x},t)\bar{\psi} \tag{5.2-18}$$

其中，$g(\bar{x},t)$是未定标量。

为此定义

$$\bar{\psi}^*(t)=\bar{\psi}(t)\mathrm{e}^{-\int_{t_0}^{t}g(\bar{x},t)\mathrm{d}t} \tag{5.2-19}$$

其中 $\bar{\psi}(t)$是 $W_{A,t}(\bar{x})=0$ 之法向量，但长度未定；$\bar{\psi}^*(t)$是 $W_{A,t}(\bar{x})=0$ 之法向量，长度已定。

对式(5.2-19)求导数，则有

$$\dot{\bar{\psi}}^*(t)=-D^*\tilde{\psi}^*(t) \tag{5.2-20}$$

以下我们以 $\bar{\psi}^*(t)$代替 $\bar{\psi}(t)$，若 $u=c(\bar{x},\bar{\psi},t)$，则显然有

$$\dot{\bar{x}}=\left.\frac{\partial H(\bar{x},u,\bar{\psi},t)}{\partial\bar{\psi}}\right|_{u=-c(\bar{x},\bar{\psi},t)}$$

$$\dot{\bar{\psi}}=-\left.\frac{\partial H(\bar{x},u,\bar{\psi},t)}{\partial\bar{x}}\right|_{u=-c(\bar{x},\bar{\psi},t)}$$

考虑恒有

$$\left.\frac{\partial H(\bar{x},u,\bar{\psi},t)}{\partial\bar{\psi}}\right|_{u=c}=\frac{\partial H(\bar{x},c(\bar{x},\bar{\psi},t))}{\partial\bar{\psi}}$$

$$\left.\frac{\partial H(\bar{x},u,\bar{\psi},t)}{\partial\bar{x}}\right|_{u=c}=\frac{\partial H(\bar{x},c(\bar{x},\bar{\psi},t),\bar{\psi},t)}{\partial\bar{x}}$$

由此我们就有对应的 Hamilton 方程为

$$\dot{\bar{x}}=\frac{\partial M(\bar{x},\bar{\psi},T)}{\partial\bar{\psi}},\quad \dot{\bar{\psi}}=-\frac{\partial M(\bar{x},\bar{\psi},T)}{\partial\bar{\psi}}$$

5.2-3　基本定义与关系式

为在下面利用一些几何上的办法来证明 Pontryagin 的最大值原理，我们对问

题的提法重新给出,并给出一些基本定义。

对最优控制问题,给定受控系统,即

$$\dot{\bar{x}}=\bar{f}(\bar{x},u,t) \tag{5.2-21}$$

其中,$\bar{f}$ 对其变量充分可微。

给定初值,即

$$A=(x^{\alpha},t_{\alpha})=(x_1^{\alpha},\cdots x_n^{\alpha},x_{n+1}^{\alpha}t_{\alpha})\in\boldsymbol{E}^{n+1}\times\boldsymbol{T} \tag{5.2-22}$$

为终值集合,它是一条直线,即

$$\boldsymbol{B}=(x_1^b,\cdots,x_{n-1}^b x_n^b,x_{n+1},t_b)\in\boldsymbol{E}^n\times\boldsymbol{T},\quad x_{n+1}\in\mathbf{R} \tag{5.2-23}$$

方程(5.2-21)中的控制 u 是有界可测函数,$u\in\boldsymbol{U}$,$\boldsymbol{U}$ 为有界闭集。

最优控制问题是寻求 $\boldsymbol{U}$ 中之元素 v,使系统,即

$$\dot{\bar{x}}=\bar{f}(\bar{x},v,t)$$

在初条件 $\bar{x}(t_{\alpha},v)=\bar{x}^{\alpha}$ 下之解 $\bar{x}(t,v)$ 有

1°$(\bar{x}(t_b,v),t_b)\in\boldsymbol{B}$。

2° 对任何在 $\boldsymbol{U}$ 中有如下性质的序列 $v^1,\cdots,v^n,\cdots$,即

$$\lim_{i\to\infty}(\bar{x}(t_b,v^i),t_b)\in\boldsymbol{B} \tag{5.2-24}$$

总有关系式,即

$$\lim_{i\to\infty}x_{n+1}(t_b,v^i)\geqslant x_{n+1}(t_b,v) \tag{5.2-25}$$

通常最优控制问题的提法是对 $\boldsymbol{U}$ 中之任何 v^1,若

$$(\bar{x}(t_0,v^1),t_b)\in\boldsymbol{B}$$

则有 $x_{n+1}(t_0,v^1)\geqslant x_{n+1}(t_0,v)$。

显然,我们改变了问题的讨论。

以后,我们只对前面一种提法讨论。这样做主要是为了数学上的方便,并且从前一种提法可以导出后一种提法。

对于任何 $v\in\boldsymbol{U}$,定义

$$D_v(t)=\left.\frac{\partial\bar{f}(\bar{x},v(t),t)}{\partial\bar{x}}\right|_{\bar{x}=\bar{x}(t,v)} \tag{5.2-26}$$

其中,$\frac{\partial\bar{f}}{\partial\bar{x}}$是 Jacobi 矩阵。

记方程组,即

$$\dot{G}_v(t)=-G_v(t)D_v(t) \tag{5.2-27}$$

初始条件 $G_v(t_b)=I$ 下之矩阵解为 $G_v(t)$。

为研究方便,引入由 $X\times T$ 空间至 $Y\times T$ 空间之变换,即

$$\bar{y}=G_v(t)(\bar{x}-\bar{x}(t,v)) \tag{5.2-28}$$

在此组变系数变换下,$\bar{x}=\bar{x}(t,v)$将变成 $\bar{y}=0$。

考虑 $X\times T$ 空间对应控制 u，由同一初值出发的解 $\bar{x}(t,u)$ 对应地有

$$\bar{y}=\bar{y}_v(t,u)=G_v(t)(\bar{x}(t,u)-\bar{x}(t,v)) \tag{5.2-29}$$

显然，$\bar{y}_v(t,u)$满足方程式，即

$$\begin{aligned}\dot{\bar{y}}=&-G_v(t)D_v(t)(\bar{x}(t,u)-\bar{x}(t,v))\\&+G_v(t)(\bar{f}(\bar{x}(t,u),u(t),t)-\bar{f}(\bar{x}(t,v),v(t),t))\end{aligned} \tag{5.2-30}$$

考虑 f 具有的充分可微性，则

$$\begin{aligned}\bar{f}(\bar{x}(t,u),u(t),t)=&\bar{f}(\bar{x}(t,v),u(t),t)+\left.\frac{\partial\bar{f}(\bar{x},u(t),t)}{\partial\bar{x}}\right|_{\bar{x}=\bar{x}(t,v)}\\&\times(\bar{x}(t,u)-\bar{x}(t,v))+g_v'(\bar{x}(t,u)-\bar{x}(t,v),u(t),t)\end{aligned} \tag{5.2-31}$$

与

$$\left.\frac{\partial\bar{f}(x,u(t),t)}{\partial\bar{x}}\right|_{\bar{x}=\bar{x}(t,v)}=\frac{\partial\bar{f}(x,v(t))}{\partial\bar{x}}+K_v'[u(t)-v(t),t] \tag{5.2-32}$$

其中，$g_v'(\bar{x}(t,u)-\bar{x}(t,v),u(t),t)$是对其前两种变量有充分可微性，对第三变量为可测之函数，并且当条件，即

$$\begin{cases}\|\bar{x}(t,u)-\bar{x}(t,v)\|\leqslant M_v'\\\|u(t)-v(t)\|\leqslant N_v'\\t\in[t_a,t_b]\end{cases} \tag{5.2-33}$$

得到满足下，有

$$\|g_v'(\bar{x}(t,u)-\bar{x}(t,v),u(t),t)\|\leqslant L_v'\|\bar{x}(t,u)-\bar{x}(t,v)\|^2 \tag{5.2-34}$$

成立，而 $K_v'(u(t)-v(t),t)$是对第一个变量充分可微而对第二个变量可测的函数矩阵，并使

$$K_v'(0,t)=0,\quad t\in[t_a,t_b] \tag{5.2-35}$$

其中，L_v'、M_v'、N_v'对任何 $v\in\boldsymbol{U}$ 来说可以是确定之常数，这是由 $\boldsymbol{U}$ 是列紧集保证的。

现将以上这些关系式代入 y 应满足的式子，则有

$$\begin{aligned}\dot{\bar{y}}=&G_v(t)(\bar{f}(\bar{x}(t,v),u(t),t)-\bar{f}(\bar{x}(t,v),v(t),t))\\&+g_v(\bar{y},u(t),t)+K_v(u(t)-v(t),t)\bar{y}\end{aligned} \tag{5.2-36}$$

其中，$g_v(\bar{y},u(t),t)=G_v(t)g_v'(G_v'(t)\bar{y},u(t),t)$是 $n\times n$ 的对前两个变量充分可微函数对第三变量可测，并在条件，即

$$\begin{cases}\|\bar{y}\|\leqslant M_v\\\|u(t)-v(t)\|\leqslant N_v\\t\in[t_a,t_b]\end{cases} \tag{5.2-37}$$

满足之前提下，有

$$\|g_v(\bar{y},u(t),t)\|\leqslant L_v\|\bar{y}\|^2 \tag{5.2-38}$$

$K_v(u(t)-v(t),t)=G_v(t)K'_v(u(t)-v(t),t)G_v^{-1}(t)$对第一个变量有充分可微性，对第二变量可测之函数矩阵有

$$K_v(0,t)=0,\quad t\in[t_a,t_b] \tag{5.2-39}$$

L_v、M_v、N_v 对任何 $v\in\boldsymbol{U}$ 均系常数，它们可以通过 L'_v,M'_v与N'_v 简单地算出来。

记 $\bar{y}=\bar{y}_v(t,u)$,$u,v\in\boldsymbol{U}$ 是系统，即

$$\begin{aligned}\dot{\bar{y}}=&G_v(t)(f(x(t,v),u(t),t)-f(x(t,v),v(t),t))\\&+g_v(\bar{y},u(t),t)+K_v(u(t)-v(t),t)\bar{y}\end{aligned} \tag{5.2-40}$$

在初始条件 $\bar{y}_v(t_a,v)=0$ 下之解。相应地记 $\bar{y}=\tilde{\bar{y}}_v(t,u)$,$u,v\in\boldsymbol{U}$ 为

$$\dot{\bar{y}}=G_v(t)(f(x(t,v),u(t),t)-f(x(t,v),v(t),t)) \tag{5.2-41}$$

在初条件 $\tilde{\bar{y}}_v(t_a,v)=0$ 下之解。

引入如下几种可能事件集之定义，即

$$\begin{cases}\boldsymbol{H}=\{\bar{x}(t_b,v),v\in\boldsymbol{U}\}\\\boldsymbol{H}_v=\{\bar{y}_v(t_b,u),u\in\boldsymbol{U}\}\\\tilde{\boldsymbol{H}}_v=\{\tilde{\bar{y}}_v(t_b,u),u\in\boldsymbol{U}\}\end{cases} \tag{5.2-42}$$

它们本身实际上是可能事件集与 $t=t_b$ 之交集。

5.2-4　最优控制的若干必要条件

定理 5.13　设 v 是 $\boldsymbol{U}$ 中最优的，则点 $\bar{x}=\bar{x}(t_b,v)\in\partial\boldsymbol{H}$。

证明　设 $\bar{x}=\bar{x}(t_b,v)$是 $\boldsymbol{H}$ 之内点，则存在 $\varepsilon>0$，使

$$\bar{\xi}=(x_1(t_b,v),\cdots,x_n(t_b,v),x_{n+1}(t_b,v)-\varepsilon)\in\mathring{\boldsymbol{H}}$$

由此可知，存在序列 $v^1,v^2,\cdots,\in\boldsymbol{U}$ 使

$$\lim_{i\to\infty}\bar{x}(t_b,v^i)=\bar{\xi}$$

$\bar{\xi}$ 对应的第 $n+1$ 个分量 $\bar{x}_{n+1}=x_{n+1}(t_b,v)-\varepsilon<x_{n+1}(t_b,v)$。

由此将与最优性矛盾，$\bar{x}\in\partial\boldsymbol{H}$。

定理 5.14　v 是 $\boldsymbol{U}$ 中最优的，则 $\bar{y}=0$ 是 $\boldsymbol{H}_v$ 之边界点，即 $\bar{y}=0\in\partial\boldsymbol{H}_v$。

证明　显然 $\boldsymbol{H}$ 至 $\boldsymbol{H}_v$ 之变换是通过

$$\bar{y}=G_v(t_b)[\bar{x}-\bar{x}(t_b,v)]$$

实现的，而 $G_v(t_b)=I$，由此 $\boldsymbol{H}_v$ 仅由 $\boldsymbol{H}$ 平移而得。应用定理 5.13，此定理立即得证。

定理 5.15　v 是 $\boldsymbol{U}$ 中最优的，则 $\bar{y}=0$ 是 $\tilde{\boldsymbol{H}}_v$ 之边界点，即 $\bar{y}=0\in\partial\boldsymbol{H}_v$。

现设 $\bar{y}=0$ 是 $\tilde{\boldsymbol{H}}_v$ 之内点，则小球 $\boldsymbol{N}_\eta(0)\in\mathring{\tilde{\boldsymbol{H}}}_v$，$\eta>0$。

考虑由 $\tilde{\boldsymbol{H}}_v$ 至 $\boldsymbol{H}_v$ 之变换，它可以写为

$$\boldsymbol{H}_v=\bigcup_{a\in\tilde{\boldsymbol{H}}_v}\boldsymbol{c}(a) \tag{5.2-43}$$

其中,$\boldsymbol{c}(a)$是非空集,它使以下两点成立。

1°对任何 $a\in \boldsymbol{N}_{\frac{\eta}{2}}(0)$总有正常数 M,使 $\boldsymbol{c}(a)$中之 a^*,有

$$\| a-a^* \| \leqslant M_1 \| a \|^2 \tag{5.2-44}$$

2°存在正数 M_2,对每一个 $a,b\in \boldsymbol{N}_{\frac{\eta}{2}}(0)$,有

$$\| b^*-a^* \| \leqslant M_2 \| b-a \| \tag{5.2-45}$$

事实上,$\boldsymbol{c}(a)$就是 a 邻近的一个有界集,不过我们要求它具有条件(5.2-44)与(5.2-45)。这些条件从 $\bar{y}_v(t,\boldsymbol{u})$与 $\tilde{\bar{y}}_v(t,v)$之关系是可以得出的,现在令

$$\delta=\min\left\{\frac{1}{4M_1},\frac{\eta}{2}\right\}$$

则从 δ 之定义可知,$\boldsymbol{H}_v\cap \boldsymbol{N}_\delta(0)$是 $\boldsymbol{N}_\delta(0)$中之稠密子集,因此可知 $\boldsymbol{N}_\delta(0)\subseteq\overline{\boldsymbol{H}}_v$,不难得知 $y\in\partial\overline{\boldsymbol{H}}_v$,显然这与定理 5.14 冲突。

引理 5.8 $\widetilde{\boldsymbol{H}}_v$ 是凸的。

我们引入 Liapunov 定理来证明此引理。

Liapunov 定理

1° $f(t)$是$[t_a,t_b]$上的有界可测函数。

2° $\boldsymbol{B}$ 是$[t_\alpha,t_b]$上的 Borel 子集类。

则$\left\{\int_{t_\alpha}^{t_b} X(\boldsymbol{E})f(t)\mathrm{d}t \mid \boldsymbol{E}\in \boldsymbol{B}\right\}$是凸集,其中 $X(\boldsymbol{E})$ 是 $\boldsymbol{E}$ 之特征函数。

这里的 Borel 集指开区间经可数次交、并与差的运算形成的集合。Borel 集是比可测集稍窄的集合。实变函数的实数集合中可以有可测集,但并不是 Borel 集的反例。

现在应用此定理来证明 $\widetilde{\boldsymbol{H}}_v$ 是凸的。

设 $\tilde{\bar{y}}_v(t_b,u_1)$与 $\tilde{\bar{y}}_v(t_b,u_2)$是 $\widetilde{\boldsymbol{H}}_v$ 之任两点,现证有一集合 $\boldsymbol{S}_v^{u_1,u_2}$。

1° $\boldsymbol{S}_v^{u_1,u_2}$ 是凸的。

2° $\boldsymbol{S}_v^{u_1,u_2}\in\widetilde{\boldsymbol{H}}_v$。

3° $\tilde{\bar{y}}_v(t_b,u_i)\in\boldsymbol{S}_v^{u_1,u_2}$,$i=1,2$。

1°~3° 成立自然保证了 $\widetilde{\boldsymbol{H}}_v$ 的凸性。

设 $\boldsymbol{S}_v^{u_1,u_2}=\{\tilde{\bar{y}}_v(t_b,u)\,|\,u=X(\boldsymbol{E}_1)u_1+X(\boldsymbol{E}_2)u_2,\boldsymbol{E}_1$ 与 $\boldsymbol{E}_2\in\boldsymbol{B}$,

$$\boldsymbol{E}_1\cap\boldsymbol{E}_2=\phi,\quad \boldsymbol{E}_1\cup\boldsymbol{E}_2=[t_a,t_b]\} \tag{5.2-46}$$

其中,$\boldsymbol{B}$ 是(t_a,t_b)上之 Borel 集;$X(\boldsymbol{E})$表示 $\boldsymbol{E}$ 之特征函数。

显然,有如下结论。

1° $S_v^{u_1,u_2}\subseteq\widetilde{\boldsymbol{H}}_v$,因为 $X(\boldsymbol{E}_1)u_1+X(\boldsymbol{E}_2)u_2\in\boldsymbol{U}$。

2° $\tilde{\bar{y}}_v(t_b,u_1)\in\boldsymbol{S}_v^{u_1,u_2}$,若 $\boldsymbol{E}_1=[t_a,t_b]$,$\boldsymbol{E}_2=\phi$。

3° $\tilde{\bar{y}}_v(t_v,u_2)\in\boldsymbol{S}_v^{u_1,u_2}$。

为证 $\boldsymbol{S}_v^{u_1,u_2}$ 是凸的，可将其写为

$$\boldsymbol{S}_v^{u_1,u_2}=\left\{\int_{t_\alpha}^{t_b}\varphi_v^u(t)\mathrm{d}t, u=X(\boldsymbol{E}_1)u_1+X(\boldsymbol{E}_2)u_2, \boldsymbol{E}_1\cap\boldsymbol{E}_2=\phi,\right.$$

$$\left.\boldsymbol{E}_1\cup\boldsymbol{E}_2=[t_\alpha,t_b], \boldsymbol{E}_1 \text{ 与 } \boldsymbol{E}_2\in\boldsymbol{B}\right\}$$

其中，$\varphi_v^u(t)=G_v(t)(f(\bar{x}(t,v),u(t),t)-f(\bar{x}(t,v),v(t),t))$。

或者将其写为

$$\boldsymbol{S}_v^{u_1,u_2}=\left\{\int_{t_\alpha}^{t_b}\varphi_v^{u_1}(t)\mathrm{d}t+\int_{t_\alpha}^{t_b}X(\boldsymbol{E})(\varphi_v^{u_2}(t)-\varphi_v^{u_1}(t))\mathrm{d}t, \boldsymbol{E}\in\boldsymbol{B}\right\}$$

而 $\varphi_v^{u_2}(t)-\varphi_v^{u_1}(t)$是有界可测函数，则

$$\boldsymbol{D}_v^{u_1,u_2}=\left\{\int_{t_\alpha}^{t_b}X(\boldsymbol{E})(\varphi_v^{u_2}(t)-\varphi_v^{(u_1)}(t))\mathrm{d}t\right\}$$

是凸的，由此 $\boldsymbol{S}_v^{u_1,u_2}$ 是凸的，引理 5.8 得证。

应用引理 5.8 有如下定理 5.16。

定理 5.16 若 $\bar{y}=0$ 是 $\widetilde{\boldsymbol{H}}_v$ 之边界点，则存在常数向量 Φ_v，使对所有 $u\in\boldsymbol{U}$，有

$$[\Phi_v,G_v(t)(f(\bar{x}(t,v),u(t),t)-f(\bar{x}(t,v),v(t),t))]\leqslant 0,\quad t\in[t_\alpha,t_b] \tag{5.2-47}$$

事实上，这就是最大值原理。

证明 由于 $\bar{y}\in\partial\widetilde{\boldsymbol{H}}_v$，而 $\widetilde{\boldsymbol{H}}_v$ 是凸的，则存在平面，即

$$[\Phi_v,\bar{y}]=0$$

使

$$[\Phi_v,\bar{y}]\leqslant 0,\quad \bar{y}\in\widetilde{\boldsymbol{H}}_v$$

现设有 $u\in\boldsymbol{U}$，使

$$[\Phi_v,G_v(t)(f(x(t,v),u(t),t)-f(x(t,v),v,t))]\geqslant\varepsilon,\quad \varepsilon>0$$

其中，$t\in\boldsymbol{E}$，$\boldsymbol{E}\in\boldsymbol{B}$；$\boldsymbol{E}$ 之测度 $\mathrm{mes}(\boldsymbol{E})>0$。

我们引入新控制，即

$$u^*=v+X(\boldsymbol{E})(u-v)\in\boldsymbol{U}$$

不难证明

$$[\Phi_v,\tilde{\bar{y}}_v(t,u^*)]\geqslant\varepsilon\,\mathrm{mes}(\boldsymbol{E})>0$$

但是 $\tilde{\bar{y}}_v(t,u^*)\in\widetilde{\boldsymbol{H}}_v$。由此矛盾，因此式(5.2-47)成立，最大值原理得证。

定理 5.17 若有 Φ_v 常数向量存在，使式(5.2-47)成立，则存在向量，即

$$\bar{\psi}_v(t)=G_v^*(t)\Phi_v$$

1°对一切 $u\in\boldsymbol{U}$，有

$$[\bar{\psi}_v(t),f(\bar{x}(t,v),u(t),t)-f(\bar{x}(t,v),v(t),t)]\leqslant 0,\quad t\in[t_\alpha,t_b] \tag{5.2-48}$$

2°
$$\dot{\bar{\psi}}_v(t)=-D_v^{\mathrm{T}}(t)\bar{\psi}_v(t) \tag{5.2-49}$$

证明　由定理 5.16 可知

$$[G_v^{\mathrm{T}}(t)\Phi_v, f(\bar{x}(t,v),u(t),t)-f(\bar{x}(t,v),v(t),t)]\leqslant 0, \quad t\in[t_\alpha,t_b]$$

令

$$\bar{\psi}_v(t)=G_v^{\mathrm{T}}(t)\Phi_v$$

则不难有

$$\dot{\bar{\psi}}_v(t)=(-G_v(t)D_v(t))^{\mathrm{T}}\Phi_v=-D_v^{\mathrm{T}}(t)\bar{\psi}_v(t)$$

由此定理得证。

定理 5.18　设 $v(t)$是 $\boldsymbol{U}$ 中最优的，则存在 $\psi_v(t)$使式(5.2-48)与式(5.2-49)成立。

这一定理可作为前述诸定理之自然推论，由此定理全部得证。

§5.3　变分法中的 Bolza-Mayer 问题与最优控制

随着分析力学的发展而发展起来的变分法也被应用到最优控制的问题上。这方面最有效的工具是利用非线性变换，把控制作用能取值的闭域变换成一些新的控制所要取值的无界开域，从而把最优控制问题归为古典变分法的条件极值问题，使研究古典变分法中 Bolza-Mayer 问题时的一系列方法在新的最优控制领域得到应用。这方面比较完整的工作是由 Troitskii 完成的。其工作的理论基础属于 Gilbert、Bliss 关于变分法的一个教程。如果读者已对 Bliss 的著作有较好了解，那么阅读这一部分就相当方便了。

5.3-1　最优控制问题的一种新提法

设在 n 维空间中，给定一受控系统，即

$$g_s=\dot{x}_s-f_s(x_1,\cdots,x_n,u_1,\cdots,u_r,t)=0, \quad s=1,2,\cdots,n \tag{5.3-1}$$

其中，f_s 对其变量足够光滑；$x_1,\cdots,x_n$ 是受控系统的坐标；$u_1,\cdots,u_r$ 是控制作用。

设 u_i 满足以下限制，即

$$\psi_k=\psi_k(u_1,\cdots,u_r,t)=0, \quad k=1,2,\cdots,p<r \tag{5.3-2}$$

这表明，控制本身被约束在一个随时间变动的流形上。

显然，当系统(5.3-1)在给定初始状态，即

$$x_s(t_0)=x_s^0 \tag{5.3-3}$$

系统中的过程将由控制作用 $u(t)$给出，并且对于事前给定之 $T>t_0$，系统的状态 $x_s(T)$本身将是控制作用的泛函。

以下设控制作用是分段连续的，且只有第一类间断点。

为了完成一定控制的目的,我们设系统的状态在时间间隔$[t_0,T]$之右端点受到如下限制,即

$$\Phi_j(x_1(T),\cdots,x_n(T),T)=0,\quad j=1,2,\cdots,m\leqslant n \tag{5.3-4}$$

它表示 n 维空间中的 $n-m$ 维流形,以前研究的固定端条件问题与活动端条件问题为其特例。事实上

$$x_s(T)-x_s^{\mathrm{T}}=0,\quad s=1,2,\cdots,n \tag{5.3-5}$$

这一特殊形式的端点条件表示对应的过程在 $t=T$ 时击中固定点 x^{T}。

为了描述系统工作的好坏,我们以系统的状态在 $t=T$ 的一个函数,即

$$J=J(x_1(T),x_2(T),\cdots,x_n(T),T) \tag{5.3-6}$$

描述系统的品质,显然品质指标 J 将是 $u(t)$确定的泛函。

最优控制的任务是寻求满足约束条件(5.3-2)的控制作用 $u(t)$,使系统(5.3-1)由初始条件(5.3-3)出发的解,在某个时刻 T 满足式(5.3-4),且有最优条件,即

$$J(u)=\min \tag{5.3-7}$$

上述最优控制问题就是变分法中的 Bolza-Mayer 问题。

可以指出,任何使系统(5.3-1)之过程确定的泛函,即

$$\int_0^T f_0(x_1,\cdots,x_n,u_1,\cdots,u_r,t)\mathrm{d}t \tag{5.3-8}$$

取最小的最优控制问题,在引入新坐标 $\dot{x}_0=f_0$ 以后,将可以化成前述最优控制问题。此时,我们在系统(5.3-1)上再叠加一个条件,即

$$g_0=\dot{x}_0-f_0(x_1,\cdots,x_n,u_1,\cdots,u_r,t)=0 \tag{5.3-9}$$

对应的初值(5.3-3)将变为

$$x_s(t_0)=x_s^0,\quad s=1,2,\cdots,n,\quad x_0(t_0)=0 \tag{5.3-10}$$

泛函指标(5.3-6)就是

$$J=x_0(T) \tag{5.3-11}$$

对应的终端条件(5.3-4)没有任何变化。

如果除去控制(5.3-2)的限制,再考虑对控制过程合起来的一个积分限制,即

$$\int_{t_0}^T \varphi(x_1,\cdots,x_n,u_1,\cdots,u_r,t)\mathrm{d}t=C \tag{5.3-12}$$

不难看出,若引入新变量 x_{n+1}与新的方程组,即

$$g_{n+1}=\dot{x}_{n+1}-\varphi(x_1,\cdots,x_n,u_1,\cdots,u_r,t)\mathrm{d}t \tag{5.3-13}$$

与初条件,即

$$x_{n+1}(t_0)=0$$

以后,则限制(5.3-12)就等于是在条件(5.3-4)再叠加条件,即

$$\Phi_{m+1}(x(T),x_{n+1}(T),T)=x_{n+1}(T)-C=0 \tag{5.3-14}$$

这种最优控制问题的本质是一个条件极值问题,它具有如下特点,即控制$u(t)$

所受的限制不是通常的闭集，而是一个变动的流形，甚至可以依赖时间 t 而变动。以后可以指出，在一定的非线性变换下，可以把原来控制所受的有界闭集的限制在增加控制量的前提下变成对控制加流形限制的情形。由此可知，流形限制的情形可以比过去的提法更广。一般来说，并不能证明对控制施加限制(5.3-2)的情况下去降低控制的维数再化成有界闭集的限制问题。

控制 $u(t)$所受的限制可以随时间 t 变化，这是过去讨论问题时不会考虑到的，而积分限制的情形显然可以推广所讨论问题的适用范围。

以后可以看到，应用上述提法可以讨论以前大部分最优控制理论的问题，并得到对应的结果。

5.3-2　泛函 J 取逗留值之必要条件

对于前述最优控制问题的研究，实质上可以把条件(5.3-27)和条件(5.3-4)看成泛函(5.3-6)取条件极值所对应的条件。回想变分法中条件极值寻求的办法，采用 Lagrange 乘子法，我们可以组成泛函，即

$$I = J + \int_{t_0}^{T} \Big(\sum_{s=1}^{n} \lambda_s(t) g_s - \sum_{k=1}^{n} \mu_k(t) \psi_k \Big) + \sum_{l=1}^{m} \rho_l \Phi_l \tag{5.3-15}$$

其中，$\lambda_s(t)$、$\mu_k(t)$与 ρ_l 是待定的 Lagrange 乘子，由于对应的条件(5.3-1)、条件(5.3-2)与条件(5.3-4)经常满足，因此在这种情形下 $I=J$。

以下设控制函数 $u(t)$本身是在分段连续函数类中选取的，不妨设$u(t)$在$[t_0,T]$中仅有一个第一类间断点 t^*，在这一假定下得到的结论不难证明具有普遍意义。记 $x^-(t)$、$u^-(t)$、$\lambda^-(t)$、$\mu^-(t)$是区间$[t_0,t^*]$上之函数，记 $x^+(t)$、$u^+(t)$、$\lambda^+(t)$、$\mu^+(t)$为对应间断点 t^* 右边区间$[t^*,T]$上之函数。

由于问题是对控制 u 的变分问题，因此没有必要变分时间 t。由于条件(5.3-4)的限制，在控制发生变分以后，对应条件(5.3-4)的时间将不一定再是 T，而应有变化 δT，因此需要区别在终点的变分 $\delta x_s^+(T)$与终点变分 $\Delta x_s^+(T)$这两个不同的概念。它们之间的关系为

$$\Delta x_s^+(T) = \delta x_s^+(T) + \dot{x}_s^+(T)\delta T \tag{5.3-16}$$

由此就有泛函改变量，即

$$\Delta J = \sum_{s=1}^{n} \frac{\partial J}{\partial x_s^+(T)} \delta x_s^+(T) + \left(\frac{\partial J}{\partial T} + \sum_{s=1}^{n} \frac{\partial J}{\partial x_s^+(T)} \dot{x}_s^+(T) \delta T \right) \tag{5.3-17}$$

相应地，有条件(5.3-4)之改变式，即

$$\sum \frac{\partial \Phi}{\partial x_s^+(T)} \delta x_s^+(T) + \left(\frac{\partial \Phi}{\partial T} + \sum_{s=1}^{n} \frac{\delta \Phi}{\delta x_s^+(T)} \dot{x}_s^+(T) \right) \delta T = 0 \tag{5.3-18}$$

按照同样的理由，可以指出变分后控制的间断点不一定还是 t^*，也可能是 $t^*+\delta t^*$，由此也有理由区别在间断点的变分与间断点变分这两个不同的概念。它

们的关系为

$$\Delta x_s^{\pm}(t^*)=\delta x_s^{\pm}(t^*)+\dot{x}_s^{\pm}(t^*)\delta t^* \tag{5.3-19}$$

在引入上述符号与规定以后，我们考虑泛函 I 的改变量，即

$$\begin{aligned}
\Delta I =& \Delta J+\delta\int_{t_0}^{t^*}\left(\sum_{s=1}^{n}\lambda_s^- g_s^- -\sum_{k=1}^{p}\mu_k^-\psi_k^-\right)\mathrm{d}t+\delta\int_{t^*}^{T}\left(\sum_{s=1}^{n}\lambda_s^+ g_s^+ -\sum_{k=1}^{p}\mu_k^+\psi_k^+\right)\mathrm{d}t+\Delta\sum_{l=1}^{m}\rho_l\Phi_l \\
=& \int_{t_0}^{t^*}\left[\sum_{s=1}^{n}\delta\lambda_s^-(\dot{x}_s^- - f_s(x_1^-,\cdots,x_n^-,u_1^-,\cdots,u_r^-,t))\right. \\
& \left.-\sum_{k=1}^{p}\delta\mu_k^-\psi_k(u_1^-,\cdots,u_r^-,t)\right]\mathrm{d}t-\int_{t_0}^{t^*}\left[\sum_{s=1}^{n}\delta x_s^-\left(\dot{\lambda}_s^- +\sum_{\alpha=1}^{n}\frac{\partial f_\alpha}{\partial x_s^-}\lambda_\alpha^-\right)\right. \\
& \left.+\sum_{k=1}^{r}\delta u_k^-\left(\sum_{s=1}^{n}\lambda_s^-\frac{\partial f_s}{\partial u_k}+\sum_{\beta=1}^{n}\mu_\beta^-\frac{\partial\psi_\beta}{\partial u_k^-}\right)\right]\mathrm{d}t+\int_{t^*}^{T}\left[\sum_{s=1}^{n}\delta\lambda_s^+(\dot{x}_s^+ - f_s(x^+,u^+,t))\right. \\
& \left.+\sum_{k=1}^{p}\delta\mu_k^+\psi_k(u^+,t)\right]\mathrm{d}t-\int_{t^*}^{T}\left[\sum_{s=1}^{n}\delta x_s^+\left(\dot{\lambda}_s^+ +\sum_{\alpha=1}^{n}\frac{\partial f_\alpha}{\partial x_s^+}\lambda_\alpha^+\right)+\sum_{k=1}^{r}\delta u_k^+\left(\sum_{s=1}^{n}\lambda_s^+\frac{\partial f_s}{\partial u_k^+}\right.\right. \\
& \left.\left.+\sum_{\beta=1}^{n}\mu_\beta^+\frac{\partial\psi_\beta}{\partial u_k^+}\right)\right]\mathrm{d}t+\sum_{s=1}^{n}\left[\lambda_s^+(T)+\frac{\partial}{\partial x_s^+(T)}\left(J+\sum_{l=1}^{m}\rho_l\Phi_l\right)\right]\delta x_s^+(T) \\
& +\delta T\frac{\mathrm{d}}{\mathrm{d}T}\left(J+\sum_{l=1}^{m}\rho_l\Phi_l\right)+\sum_{s=1}^{n}(\lambda_s^-(t^*)-\lambda_s^+(t^*))\Delta x_s(t^*)+\sum_{s=1}^{n}(\lambda_s^-(t^*)\dot{x}_s^-(t^*) \\
& -\lambda_s^+(t^*)\dot{x}_s^+(t^*))\delta t^*
\end{aligned} \tag{5.3-20}$$

在得到这一公式的过程中，我们用到下式，即

$$\int_{t_0}^{t^*}\lambda_s^-\delta\dot{x}_s^-\mathrm{d}t=\lambda_s^-(t^*)\delta x_s^-(t^*)-\int_{t_0}^{t^*}\dot{\lambda}_s^-(t)\delta x_s^-(t)\mathrm{d}t$$

$$\int_{t^*}^{T}\lambda_s^+\delta\dot{x}_s^+\mathrm{d}t=\lambda_s^+(T)\delta x_s^-(T)-\lambda_s^+(t^*)\delta x_s^+(t^*)-\int_{t^*}^{T}\dot{\lambda}_s^+(t)\delta x_s^+(t)\mathrm{d}t$$

以及 $x_s(t)$ 之连续性条件，即

$$x_s^-(t^*)=x_s^+(t^*),\quad \Delta x_s^-(t^*)=\Delta x_s^+(t^*)=\Delta x_s(t^*) \tag{5.3-21}$$

由于考虑的是条件极值问题，因此可以把 $\delta x_s^{\pm}(t)$、$\delta\lambda_s^{\pm}(t)(s=1,2,\cdots,n)$、$\delta\mu_k^{\pm}(t)(k=1,2,\cdots,n)$、$\delta t^*$、$\delta T$、$\Delta x_s(t^*)(s=1,2,\cdots,n)$，$2(m-r)$ 个变分 $\delta u_k^{\pm}(t)$ 与 $n-m$ 个变分 $\delta x_s^+(T)$ 看成是互相独立的。由此我们有

$$\dot{x}_s^{\pm}-f_s(x_1^{\pm},\cdots,x_n^{\pm},u_1^{\pm},\cdots,u_r^{\pm},t)=0,\quad s=1,2,\cdots,n \tag{5.3-22}$$

$$\psi_k(u_1^{\pm},\cdots,u_r^{\pm},t)=0,\quad k=1,2,\cdots,p \tag{5.3-23}$$

这两个条件刚好与式(5.3-1)和式(5.3-2)重合，进而可以有

$$\dot{\lambda}_s^{\pm}+\sum_{\alpha=1}^{n}\frac{\partial f_\alpha}{\partial x_s^{\pm}}\lambda_\alpha^{\pm}=0,\quad s=1,2,\cdots,n \tag{5.3-24}$$

$$\sum_{s=1}^{n}\lambda_s^{\pm}\frac{\partial f_s}{\partial u_k^{\pm}}+\sum_{\beta=1}^{p}\mu_\beta^{\pm}\frac{\partial\psi_\beta}{\partial u_k^{\pm}}=0,\quad k=1,2,\cdots,r \tag{5.3-25}$$

以及 $\lambda_s(t)$ 之边界条件，即

$$\lambda_s^+(T)+\frac{\partial}{\partial x_s^+(T)}\left(J+\sum_{l=1}^{m}\rho_l\Phi_l\right)=0,\quad s=1,2,\cdots,n \tag{5.3-26}$$

与终端条件，即

$$\frac{\mathrm{d}}{\mathrm{d}T}\left(J+\sum_{l=1}^{m}\rho_l\Phi_l\right)=0 \tag{5.3-27}$$

以及在间断点附近连接的 Wierstrass 条件，即

$$\begin{aligned}&\lambda_s^-(t^*)=\lambda_s^+(t^*),\quad s=1,2,\cdots,n\\&\sum_{s=1}^{n}(\lambda_s^-\dot{x}_s^- -\lambda_s^+\dot{x}_s^+)_{t=t^*}=0\end{aligned} \tag{5.3-28}$$

此外，我们还有初始条件(5.3-3)、终值条件(5.3-4)与连续性条件(5.3-21)。

上述条件若全能满足，我们才能得到系统泛函的一阶变分为零。由此它可以作为取逗留值的必要条件，也就是最优控制应满足的必要条件。

由方程(5.3-22)～方程(5.3-28)，其 $4n+2r+2p$ 个函数 $x_s^{\pm}(t)$、$\lambda_s^{\pm}(t)$、$u_k^{\pm}(t)$ 与 $\mu_\beta^{\pm}(t)$，而对应的方程共 $4n+2p+2r$ 个，其中 $4n$ 个微分方程，$2p$ 与 $2r$ 个关系式，而 $4n$ 个初始条件、m 个常数 ρ_l 与 t^*，T，则可由初始条件(5.3-3) n 个，关系式(5.3-26) n 个，式(5.3-27) 1 个，式(5.3-28) $n+1$ 个，终点条件(5.3-4) m 个连续性条件(5.3-21) n 个合起来确定。

由此可知，前述确定变分问题的方程组与初始条件、待定常数等的个数恰好可以构成完全确定的解，因此从理论上来说，可以利用方程(5.3-22)～方程(5.3-28)解相应的变分问题。

5.3-3　取逗留值问题解的另一形式

相仿经典分析力学与变分法中考虑的，引进 Lagrange 函数，即

$$L=\sum_{s=1}^{n}\lambda_s g_s-\sum_{k=1}^{p}\mu_k\psi_k \tag{5.3-29}$$

则方程(5.3-24)与方程(5.3-25)就变成 Euler 方程之形式，即

$$\begin{aligned}&\frac{\mathrm{d}}{\mathrm{d}t}\left(\frac{\partial L}{\partial \dot{x}_s}\right)-\frac{\partial L}{\partial x_s}=0,\quad s=1,2,\cdots,n\\&\frac{\partial L}{\partial u_k}=0,\quad k=1,2,\cdots,r\end{aligned} \tag{5.3-30}$$

由等式，即

$$\begin{aligned}&\frac{\partial L}{\partial \lambda_s}=0,\quad s=1,2,\cdots,n\\&\frac{\partial L}{\partial u_k}=0,\quad k=1,2,\cdots,n\end{aligned} \tag{5.3-31}$$

就得到方程(5.3-22)与方程(5.3-23),而对应 Wierstrass 条件则归结为对 Lagrange函数微商连续性的要求,即

$$\left(\frac{\partial L}{\partial \dot{x}_s}\right)^{-}_{t=t^*}=\left(\frac{\partial L}{\partial \dot{x}_s}\right)^{+}_{t=t^*} \tag{5.3-32}$$

其中,t^* 是 $x(t)$之不连续点。

对于 Wierstrass 条件的后半个,则归结为

$$[H_\lambda^-]_{t=t^*}=[H_\lambda^+]_{t=t^*} \tag{5.3-33}$$

其中,$H_\lambda=\sum_{s=1}^{n}\lambda_s f_s(x_1,\cdots,x_n,u_1,\cdots,u_r,t)$。

以下我们引入

$$H=H_\lambda+H_\mu=\sum_{s=1}^{n}\lambda_s f_s+\sum_{\beta=1}^{r}\mu_\beta\psi_\beta \tag{5.3-34}$$

显然,我们有式(5.3-22)与式(5.3-24)为

$$\dot{x}_s=\frac{\partial H}{\partial \lambda_s}=\frac{\partial H_\lambda}{\partial \lambda_s},\quad \dot{\lambda}_s=-\frac{\partial H}{\partial x_s}=-\frac{\partial H_\lambda}{\partial x_s} \tag{5.3-35}$$

由此可知,最大值原理中的辅助函数向量实际上就是 Lagrange 乘子,对应的式(5.3-23)与式(5.3-25)变为

$$\begin{aligned}&\frac{\partial H}{\partial u_k}=0,\quad k=1,2,\cdots,r\\&\frac{\partial H}{\partial \mu_\beta}=0,\quad \beta=1,1,\cdots,p\end{aligned} \tag{5.3-36}$$

最后考虑条件(5.3-27),不难证明在经过一些初等变换以后,它可以写为

$$\frac{\partial}{\partial T}\left(T+\sum_{l=1}^{m}\rho_l\Phi_l\right)=H_\lambda\mid_{t=T}=H\mid_{t=T} \tag{5.3-37}$$

又若 f_s 与 ψ_s 不包含 t,即系统是定常的。同时,叠加在控制上的约束也是定常的,不难证明式(5.3-22)与式(5.3-24)有第一积分,即

$$H=h=\text{const}$$

因此有

$$\frac{\partial}{\partial T}\left(J+\sum_{l=1}^{m}\rho_l\Phi_l\right)=h=\text{const} \tag{5.3-38}$$

5.3-4 常系数线性系统一般泛函数问题

考虑常系数线性系统,即

$$\dot{x}_s=\sum_{k=1}^{n}a_{sk}x_k+\sum_{j=1}^{m}b_{s\beta}u_\beta \tag{5.3-39}$$

其中,控制受如下限制,它由如下不等式描述,即

$$u_\beta^{(1)} \leqslant u_\beta \leqslant u_\beta^{(2)} \tag{5.3-40}$$

现在要求利用以前的条件讨论使泛函，即

$$J = J(x(T)) \tag{5.3-41}$$

取逗留值的条件。

在这里，可允控制 $u_1, \cdots, u_m$ 所受的限制已经不是约束在流形上，由此我们设法叠加部分控制，使新的控制参量约束在流形上，为此考虑非线性变换

$$u_\beta = v_\beta(u_{\beta+m}), \quad \beta = 1, 2, \cdots, m \tag{5.3-42}$$

约定 v_β 具有如下性质，即

$$\frac{\mathrm{d}v_\beta}{\mathrm{d}u_{m+\beta}} \neq 0, \quad u_\beta^{(1)} < v_\beta(u_{\beta+m}) < u_\beta^{(2)}$$

当

$$u_{m+\beta}^{(1)} < u_{m+\beta} < u_{m+\beta}^{(2)}$$

$$\frac{\mathrm{d}v_\beta}{\mathrm{d}u_{m+\beta}} = \begin{cases} v(u_{m+\beta}) = u_\beta^{(1)}, & u_{m+\beta} \leqslant u_{m+\beta}^{(1)} \\ v(u_{m+\beta}) = u_\beta^{(2)}, & u_{m+\beta} \leqslant u_{m+\beta}^{(2)} \end{cases}$$

显然满足上述要求的函数 v_β 是存在的，例如当 $u_\beta^{(1)} = -u_\beta^{(2)}$ 时，如下函数，即

$$v(u_{\beta+m}) = \begin{cases} u_\beta^{(2)}, & u_{\beta+m} \geqslant u_{\beta+m}^{(1)} = \dfrac{\pi}{2} \\ u_\beta^{(2)} \sin u_{\beta+m}, & -\dfrac{\pi}{2} \leqslant u_{\beta+m} \leqslant \dfrac{\pi}{2} \\ -u_\beta^{(2)}, & -\dfrac{\pi}{2} \geqslant u_{\beta+m} \end{cases}$$

就是一例。当然这样的非线性函数变换并不唯一。我们指出，只要能有一个非线性变换就可以了，对于条件(5.3-40)引入非线性变换以后，就可以化为

$$\psi_\beta = u_\beta - v(u_{m+\beta}) = 0 \tag{5.3-43}$$

显然，控制 $u_\beta, u_{m+\beta}$ 所受的限制已经是流形限制，并且 $u_{m+\beta}$ 所取的域已经是开域了。

下面考虑取逗留值的控制应满足的条件，它应该是运动方程，即

$$\dot{x}_s = \sum_{k=1}^{n} a_{sk} x_k + \sum_{\beta=1}^{m} b_{s\beta} u_\beta \tag{5.3-44}$$

Lagrange 乘子的方程为

$$\dot{\lambda}_s = -\sum_{k=1}^{n} a_{ks} \lambda_k \tag{5.3-45}$$

控制的约束限制(5.3-43)对应的条件(5.3-25)则变为

$$\sum_{s=1}^{n} \lambda_s b_{sk} + \mu_k = 0, \quad k = 1, 2, \cdots, m$$

$$\frac{\mathrm{d}v_k}{\mathrm{d}u_{m+k}} \mu_k = 0, \quad k = 1, 2, \cdots, m \tag{5.3-46}$$

若记系统

$$\dot{x}_s = \sum_{\sigma=1}^{n} a_{s\sigma} x_\sigma$$

之基本解矩阵为 $M(t-t_0)$，则在初值 x^0 下之系统(5.3-44)之解为

$$x = M(t-t_0)x^0 + \int_{t_0}^{t} M(t-\tau) b u_{\mathrm{I}}(\tau) \mathrm{d}\tau$$

其中，$u_{\mathrm{I}} = (u_1, \cdots, u_m)$；$M(t) = \mathrm{e}^{At}$。

相应地，以后引进 $u_{\mathrm{II}} = (u_{m+1}, \cdots, u_{2m})$。

不难证明 λ 应具如下形式解，即

$$\lambda(t) = M^*(T-t)\lambda(T) \tag{5.3-47}$$

由此，我们不难有另一 Lagrange 乘子 $\mu(t)$ 应为

$$\mu(t) = -b^* \lambda = -b^* M^*(T-t)\lambda(T) \tag{5.3-48}$$

设终点未加任何限制，λ 之端点条件就变为

$$\lambda_s(T) + \frac{\partial J}{\partial x_s} = 0 \tag{5.3-49}$$

并且约定时间 T 固定，则条件(5.3-27)不再出现。

特别地，如果将 J 取为 x 之线性函数，记为 $J = [c, x]$，则显然有

$$\lambda_s(T) = -c_s$$

由此我们得到与 Rosonoer 考虑的相近的结果，但是这里得到的只是逗留值的必要条件，因此还不能断定 H 函数的最大性质，这一点我们在以后再进行讨论。

§5.4 泛函数极小的若干必要条件与最大值原理

在§5.3，我们只讨论了泛函取逗留值的若干条件，当然极小是逗留值之特例。因为在极小的情况下，这些必要条件一般亦应满足，但是这样对逗留值所得的必要条件一般可能太宽，所以我们更希望得到在研究极小问题时更为精确的必要条件。例如，设法利用古典变分法中的结论寻求与 Pontryagin 最大值原理相应的结果。

§5.3 已经指出对于控制 u 在有界闭集限制时，可以利用非线性变换将其变成叠加部分等式之约束进行研究，以后对此将不再声明。最后，我们应用这些条件讨论几个简单的最优控制问题。

5.4-1 Bolza 问题的一般提法与 Weirstrass 条件

变分学中的 Bolza 问题的最一般提法是，给出 n 个常微分方程，即

$$g_s = \dot{x}_s - f_s(x_1, \cdots, x_n, u_1, \cdots, u_m, t) = 0, \quad s = 1, 2, \cdots, n \tag{5.4-1}$$

与 r 个限制条件，即

$$\psi_k=\psi_k(u_1,\cdots,u_m,t)=0,\quad k=1,2,\cdots,r \tag{5.4-2}$$

以及 $p\leqslant 2n+1$ 个端点条件，即

$$\varphi_l=\varphi_l(x_1(t_0),\cdots,x_n(t_0),t_0,x_1(T),\cdots,x_n(T),T)=0,\quad l=1,2,\cdots,p\leqslant 2n+1 \tag{5.4-3}$$

其中，t_0 和 T 可以不定，显然条件(5.4-3)是一种比较广泛的提法，它包含众多的情形作为自己的特例。

为了描述系统之优劣，考虑一种更为广泛的泛函，即

$$J=g[x_1(t_0),\cdots,x_n(t_0),t_0,x_1(T),\cdots,x_n(T),T]+\int_{t_0}^{T}f_0(x_1,\cdots,x_n,u_1,\cdots,u_m,t)\mathrm{d}t \tag{5.4-4}$$

显然，当 $f_0=0$ 时，我们可得到推广了的端点最优问题；当 $g=0$ 时，我们可得到积分最优问题。

以下引入

$$I=\theta+\int_{t_0}^{T}L\mathrm{d}t \tag{5.4-5}$$

$$\theta=g+\sum_{e=1}^{p}\rho_e\varphi_e \tag{5.4-6}$$

$$L=f_0+\sum_{s=1}^{n}\lambda_s g_s-\sum_{k=1}^{r}\mu_k\psi_k=\sum_{s=1}^{n}\lambda_s\dot{x}_s-H \tag{5.4-7}$$

$$H=H_\lambda+H_\mu=\sum_{s=0}^{n}\lambda_s f_s+\sum_{k=1}^{r}\mu_k\psi_k,\quad \lambda_0=-1 \tag{5.4-8}$$

如果引用完全相仿于§5.3的做法，可知泛函取逗留值的条件，即

$$\begin{aligned}\dot{x}_s^{\pm}&=\frac{\partial H}{\partial\lambda_s^{\pm}},\quad s=1,2,\cdots,n\\ \dot{\lambda}_s^{\pm}&=-\frac{\partial H}{\partial x_s^{\pm}},\quad s=1,2,\cdots,n\end{aligned} \tag{5.4-9}$$

$$\begin{aligned}\frac{\partial H}{\partial\mu_k^{\pm}}&=0,\quad k=1,2,\cdots,r\\ \frac{\partial H}{\partial u_k^{\pm}}&=0,\quad k=1,2,\cdots,m\end{aligned} \tag{5.4-10}$$

边界条件为

$$\lambda_s^{-}(t_0)-\frac{\partial\theta}{\partial x_s(t_0)}=0,\quad (f_0)_{t_0}-\frac{\mathrm{d}\theta}{\mathrm{d}t_0}=0,\quad s=1,2,\cdots,n \tag{5.4-11}$$

$$\lambda_s^+(T)+\frac{\partial\theta}{\partial x_s(T)}=0,\quad (f_0)_T+\frac{\mathrm{d}\theta}{\mathrm{d}T}=0,\quad s=1,2,\cdots,n \tag{5.4-12}$$

对应的 Weierstrass 条件($\lambda_s(t)$与 H 之连续性条件)为

$$\lambda_s^-(t^*)=\lambda_s^+(t^*),\quad (H^-)_{t^*}=(H^+)_{t^*},\quad s=1,2,\cdots,n \tag{5.4-13}$$

其中,t^* 指 $u(t)$在 $t=t^*$ 发生了不连续跳跃。

式(5.4-11)与式(5.4-12)中$\frac{\mathrm{d}\theta}{\mathrm{d}t_0}$与$\frac{\mathrm{d}\theta}{\mathrm{d}T}$是全导数,即

$$\frac{\mathrm{d}\theta}{\mathrm{d}t_0}=\frac{\partial\theta}{\partial t_0}+\sum_{s=1}^{n}\frac{\partial\theta}{\partial x_s(t_0)}\dot{x}_s(t_0),\quad \frac{\mathrm{d}\theta}{\mathrm{d}T}=\frac{\partial\theta}{\partial T}+\sum_{s=1}^{n}\frac{\partial\theta}{\partial x_s(T)}\dot{x}_s(T)$$

最后还应有终值条件,即

$$\varphi_l(t_0,x_1(t_0),\cdots,x_n(t_0),T,x_1(T),\cdots,x_n(T))=0,\quad l=1,2,\cdots,p \tag{5.4-14}$$

与 x_s 之连续条件,即

$$x_s^-(t^*)=x_s^+(t^*) \tag{5.4-15}$$

不难看出,同§5.3一样,上述方程与边界条件(5.4-9)~(5.4-15)可以确定 $x_s^{\pm}(t)$、$u_k^{\pm}(t)$、$\lambda_s^{\pm}(t)$、$\mu_k^{\pm}(t)$。

若设 f_s 和 ψ_s 不依赖时间 t,则相仿于§5.3,有

$$H=H_\lambda+H_\mu=\text{const}=h \tag{5.4-16}$$

同样有$-\frac{\partial\theta}{\partial t_0}=\frac{\partial\theta}{\partial T}=h$。

在古典变分法中,一个泛函取极小的充要条件通常可以归结为对应的 Weirstrass 函数达到极大。在上述问题中,由于对控制所加的有界闭集的限制已经转化为 u 在另一无穷开集中附加的一些条件,因此 Weirstrass 条件就可以用来判别泛函的强极小性质。在现在的情况下,Weirstrass 函数为

$$\begin{aligned}E=&L(X_1,\cdots,X_n,\dot{X}_1,\cdots,\dot{X}_n,U_1,\cdots,U_m,\lambda_1,\cdots,\lambda_n,\mu_1,\cdots,\mu_r,t)\\&-L(x_1,\cdots,x_n,\dot{x}_1,\cdots,\dot{x}_n,u_i,\cdots,u_m,\lambda_1,\cdots,\lambda_n,\mu_1,\cdots,\mu_r,t)\\&-\sum_{s=1}^{n}(\dot{X}_s-\dot{x}_s)\frac{\partial L}{\partial\dot{x}_s}\end{aligned} \tag{5.4-17}$$

其中,$x_1,\cdots,x_n,u_1,\cdots,u_m$ 是使泛函取极小的轨线与控制或最优轨线与最优控制;$X_1,\cdots,X_n,U_1,\cdots,U_m$ 是满足约束条件(5.4-1)~(5.4-3)的可允控制与轨道。

由于$L=-H+\sum_{s=1}^{n}\lambda_s\dot{x}_s$,我们以 $\dot{x}_s$ 代 $\dot{X}_s$,则不难得到

$$\begin{aligned}E=&-H(X_1,\cdots,X_n,U_1,\cdots,U_m,\lambda_1,\cdots,\lambda_n,\mu_1,\cdots,\mu_r,t)\\&+H(x_1,\cdots,x_n,u_1,\cdots,u_m,\lambda_1,\cdots,\lambda_n,\mu_1,\cdots,\mu_r,t)\end{aligned}$$

由于此时已用 $\dot{x}_s$ 代替了 $\dot{X}_s$,则对应的条件不再是充要条件,只是必要条件,

这可归结为

$$E=H(x,u,\lambda,u,t)-H(X,U,\lambda,\mu,t)\geqslant 0 \tag{5.4-18}$$

这一结果显然同 Pontryagin 最大值原理有某种类似。当上述不等式不取等号时，可以得到 Weirstrass 强极小的充分条件。

5.4-2　Clebsch 条件与 Jacobi 条件

以上之 Weirstrass 条件本身是强极小的必要条件，一般这个条件比较苛刻，比较弱一点的条件是 Clebsch 弱极小条件。这可以从 Weirstrass 条件导出，考虑

$$U_k=u_k+\delta u_k,\quad \dot{X}_s=\dot{x}_s+\delta\dot{x}_s \tag{5.4-19}$$

其中，δu_k 与 $\delta\dot{x}_s$ 是沿最优轨线的小变分，它们满足对应的变分方程组，并有

$$\delta\dot{x}_s-\sum_{k=1}^{m}\frac{\partial f_s}{\partial u_k}\delta u_k=0 \tag{5.4-20}$$

$$\sum_{\beta=1}^{m}\frac{\partial\psi_k}{\partial u_\beta}\delta u_\beta=0 \tag{5.4-21}$$

如果将式(5.4-19)代入对应的 Weirstrass 函数中，我们有

$$E=\sum_{s=1}^{n}\sum_{\alpha=1}^{n}\frac{\partial^2 L}{\partial\dot{x}_s\partial\dot{x}_\alpha}\delta\dot{x}_s\delta\dot{x}_\alpha+2\sum_{s=1}^{n}\sum_{k=1}^{m}\frac{\partial^2 L}{\partial\dot{x}_s\partial u_k}\delta\dot{x}_s\delta u_k$$
$$+\sum_{u=1}^{m}\sum_{\beta=1}^{m}\frac{\partial^2 L}{\partial u_k\partial u_\beta}\delta u_k\delta u_\beta+o(\delta u^2)\geqslant 0 \tag{5.4-22}$$

考虑 $L=-H+\sum_{s=1}^{n}\lambda_s\dot{x}_s$，$H=\sum_{s=1}^{n}\lambda_s f_s+\sum_{k=1}^{m}\mu_k\psi_k$，我们有

$$\frac{\partial^2 L}{\partial\dot{x}_s\partial\dot{x}_\alpha}=-\frac{\partial^2 H}{\partial\dot{x}_s\partial\dot{x}_\alpha}=0,\quad \frac{\partial^2 L}{\partial\dot{x}_s\partial u_k}=-\frac{\partial^2 H}{\partial\dot{x}_s\partial u_k}=0$$

由式(5.4-22)可归结为

$$\sum_{u=1}^{m}\sum_{\beta=1}^{m}\frac{\partial^2 H}{\partial u_k\partial u_\beta}\delta u_k\partial u_\beta\leqslant 0 \tag{5.4-23}$$

条件(5.4-23)与式(5.4-20)及式(5.4-21)合起来构成 Clebsch 条件，最后考虑 Jacobi 必要条件，归结为计算 I 的两次变分。显然，我们有

$$\Delta^2 I=2\varphi(\Delta x_1(t_0),\cdots,\Delta x_n(t_0),\delta t_0,\Delta x_1(T),\cdots,\Delta x_n(T),\delta T)$$
$$+2\sum_{s=1}^{n}\left[\frac{\partial L}{\partial x_s}\Delta x_s\delta t\right]_{t_0}^{T}+\left[\left(\frac{\partial L}{\partial t}-\sum_{s=1}^{n}\frac{\partial L}{\partial x_s}\dot{x}_s\right)\delta t^2\right]_{t_0}^{T}$$
$$+\int_{t_0}^{T}2w(\delta x_1,\cdots,\delta x_n,\delta u_1,\cdots,\delta u_m)\mathrm{d}t \tag{5.4-24}$$

我们要求它不取负值，以保证泛函取极小，常称上述 $\Delta^2 I\geqslant 0$ 为 Jacobi 条件，其中

$$2\varphi=\left[\sum_{s=1}^{n}\sum_{\alpha=1}^{n}\frac{\partial^2\theta}{\partial x_s\partial x_\alpha}\Delta x_s\Delta x_\alpha+2\sum_{s=1}^{n}\frac{\partial^2\theta}{\partial t\partial x_s}\Delta x_s\delta t+\frac{\partial^2\theta}{\partial t^2}\delta t^2\right]_{t_0}^{T}$$

$$2w=\sum_{s=1}^{n}\sum_{\alpha=1}^{n}\frac{\partial^2 L}{\partial x_s\partial x_\alpha}\delta x_s\delta x_\alpha+2\sum_{s=1}^{n}\sum_{k=1}^{m}\frac{\partial^2 L}{\partial x_s\partial u_k}\delta x_s\delta u_k$$
$$+\sum_{k=1}^{m}\sum_{\beta=1}^{m}\frac{\partial^2 L}{\partial u_k\partial u_\beta}\delta u_k\delta u_\beta \tag{5.4-25}$$

式(5.4-24)中，$2\sum_{s=1}^{n}\left(\frac{\partial L}{\partial x_s}\Delta x_s\delta t\right)_{t_0}^{T}=2\sum_{s=1}^{n}\left(\frac{\partial L}{\partial x_s}\right)_T\Delta x_s\delta T-2\sum_{s=1}^{n}\left(\frac{\partial L}{\partial x_s}\right)_{t_0}\Delta x_s(t_0)\delta t_0$

由于$\Delta x_s(t_0)=\delta x_s(t_0)+\dot{x}_s(t_0)\delta t_0$，$\Delta x_s(T)=\delta x_s(T)+\dot{x}_s(T)\delta T$，可以将上述$\Delta x_s$全部以$\delta x_s$代替，则我们有

$$-2w=\sum_{s=1}^{n}\sum_{\alpha=1}^{n}\frac{\partial^2 H}{\partial x_s\partial x_\alpha}\delta x_s\delta x_\alpha+2\sum_{s=1}^{n}\sum_{k=1}^{m}\frac{\partial^2 H}{\partial x_s\partial u_k}\partial x_s\partial u_k$$
$$+\sum_{k=1}^{m}\sum_{\beta=1}^{m}\frac{\partial^2 H}{\partial u_k\partial u_\beta}\delta u_k\delta u_\beta \tag{5.4-26}$$

$$2\varphi=2\sum_{s=1}^{n}\sum_{\alpha=1}^{n}\frac{\partial^2\theta}{\partial x_s\partial x_\alpha}(\delta x_s(T)\delta x_\alpha(T)+2\dot{x}_s(T)\delta x_\alpha(T)\delta T$$
$$+\dot{x}_s(T)\dot{x}_\alpha(T)\delta T^2)+2\sum_{s=1}^{n}\frac{\partial^2\theta}{\partial t\partial x_s}(\delta x_s(T)\delta T+\dot{x}_s(T)\delta T^2)$$
$$+\frac{\partial^2\theta}{\partial t^2}\delta T^2-2\sum_{s=1}^{n}\sum_{\alpha=1}^{n}\frac{\partial^2\theta}{\partial x_s\partial x_\alpha}(\delta x_s(t_0)\delta x_\alpha(t_0)$$
$$+2\dot{x}_s(t_0)\delta x_\alpha(T)\delta t_0+\dot{x}_s(t_0)\dot{x}_\alpha(t_0)\delta t_0^2)$$
$$-2\sum_{s=1}^{n}\frac{\partial^2\theta}{\partial t\partial x_s}(\delta x_s(t_0)\delta t_0+\dot{x}_s(t_0)\delta t_0^2)-\frac{\partial^2\theta}{\partial t^2}\partial t_0^2 \tag{5.4-27}$$

考虑$\theta=g+\sum_{l=1}^{n}\rho_e\varphi_e$，可以求出上述$2\varphi$。这可以通过对具体例子的计算得到。

最后，我们来研究式(5.4-24)定义的二次变分非负的条件。

为研究这样的条件，通常要把式(5.4-24)以式(5.4-26)和式(5.4-27)代入，并考虑

$$\delta g_s=\delta\dot{x}_s-\sum_{\alpha=1}^{n}\frac{\partial f_s}{\partial x_\alpha}\partial x_\alpha-\sum_{k=1}^{m}\frac{\partial f_s}{\partial u_k}\delta u_k=0,\quad s=1,2,\cdots,n \tag{5.4-28}$$

$$\delta\psi_k=\sum_{\alpha=1}^{n}\frac{\partial\psi_k}{\partial x_\alpha}\delta x_\alpha+\sum_{\beta=1}^{m}\frac{\partial\psi_k}{\partial u_\beta}\delta u_\beta=0,\quad k=1,2,\cdots,r \tag{5.4-29}$$

$$\frac{\partial\varphi_e}{\partial t_0}\delta t_0+\sum_{s=1}^{n}\frac{\partial\varphi_e}{\partial x_s(t_0)}\delta x_s(t_0)+\frac{\partial\varphi_e}{\partial T}\delta T+\sum_{s=1}^{n}\frac{\partial\varphi_e}{\partial x_s(T)}\delta x_s(T)=0 \tag{5.4-30}$$

则可以将式(5.4-24)全部写成$\delta x_1,\cdots,\delta x_n,\delta u_1,\cdots,\delta u_m,\delta T$与$\delta t_0$确定的表达式，

然后再确定其取负值的条件将变得比较方便。

5.4-3 应用非线性变换研究最优控制

作为应用非线性变换之例，考虑非线性受控系统，即

$$\dot{x}_s = f_s(x,u,t), \quad s=1,2,\cdots,n \tag{5.4-31}$$

其中，$x(t)$是n维受控向量函数，设其分段可导，$\dot{x}(t)$分段连续；$u(t)$是m维控制作用向量，设其除有限个间断点外，均有$n-1$阶连续导数，并且满足限制，即

$$u \in \boldsymbol{U} \tag{5.4-32}$$

其中，$\boldsymbol{U}$是矩形体。

$$u_\beta^{(1)} \leqslant u \leqslant u_\beta^{(2)} \tag{5.4-33}$$

或者是凸多面体，使$f_s(x,u,t)$对x,u,t连续，对x,u有连续n阶偏导数，并设系统在$t=t_0$时满足初始条件，即

$$x_s(t_0) = x_s^0, \quad s=1,2,\cdots,n \tag{5.4-34}$$

在$t=T$时满足边界条件，即

$$\varphi_l = \varphi_l[x_1(T),\cdots,x_n(T),T]=0, \quad l=1,2,\cdots,p\leqslant n \tag{5.4-35}$$

以下考虑终值最优问题，设泛函指标为

$$J = J(x_1(T),\cdots,x_n(T),T) \tag{5.4-36}$$

我们来讨论上述最优控制问题应具有的一些基本性质，表明以上问题同线性最速控制问题一样，最优控制具有一定的 Bang-Bang 原则。

为应用变分法的结果，我们引进非线性变换，即

$$v_\beta(u_{m+\beta}) = u_\beta, \quad \beta=1,2,\cdots,m \tag{5.4-37}$$

令

$$\psi_\beta = u_\beta - v_\beta(u_{m+\beta}) = 0 \tag{5.4-38}$$

其中，v_β要求满足

$$\begin{cases} \dfrac{\mathrm{d}v_\beta}{\mathrm{d}u_{m+\beta}} \neq 0, \quad u_\beta^{(1)} < v_\beta(u_{m+\beta}) < u_\beta^{(2)}, \quad u_{m+\beta}^{(1)} < u_{m+\beta} < u_{m+\beta}^{(2)} \\ \dfrac{\mathrm{d}v_\beta}{\mathrm{d}u_{m+\beta}} = 0, \quad v_\beta = u_\beta^{(1)}, \quad u \leqslant u_{m+\beta}^{(1)}, \quad v_\beta = u_\beta^{(2)}, \quad u \geqslant u_{m+\beta}^{(2)} \end{cases} \tag{5.4-39}$$

应用前述办法可知，最优控制必须满足以下条件，即

$$\begin{cases} \dot{\lambda}_s + \displaystyle\sum_{\alpha=1}^{n} \frac{\partial f_\alpha}{\partial x_s}\lambda_\alpha = 0 \\ \displaystyle\sum_{s=1}^{n} \lambda_s \frac{\partial f_s}{\partial u_k} + \sum_{\beta=1}^{n} \mu_\beta \frac{\partial \psi_\beta}{\partial u_k} = 0 \end{cases}, \quad k=1,2,\cdots,m \tag{5.4-40}$$

显然，考虑式(5.4-39)后上式可以写为

$$\sum_{s=1}^{n}\lambda_s\frac{\partial f_s}{\partial u_k}+\mu_k=0,\quad k=1,2,\cdots,m$$
$$\mu_\beta\frac{\mathrm{d}v_\beta(u_{m+\beta})}{\mathrm{d}u_{m+\beta}}=0,\quad \beta=1,2,\cdots,m \tag{5.4-41}$$

其中，λ_s 和 μ_k 是 Lagrange 乘子。

在得到上述逗留值的条件中，我们用到 $u(t)$有有限个间断点这一假定。以下证明在相仿于位置一般性的假定下，我们能从分段可微的控制导出最优控制是分段常量的。

引入记号，即

$$B_1(x,u,t)=\left(\frac{\partial f}{\partial u}\right)^*,\quad \frac{\partial f}{\partial u}=\begin{bmatrix}\dfrac{\partial f_1}{\partial u_1}\cdots\dfrac{\partial f_n}{\partial u_1}\\ \vdots\quad\quad \vdots\\ \dfrac{\partial f_1}{\partial u_m}\cdots\dfrac{\partial f_n}{\partial u_m}\end{bmatrix} \tag{5.4-42}$$

$$B_j(x,u,t)=\left(\frac{\partial f}{\partial x}\right)^*B_{j-1}(x,u,t)+\frac{\mathrm{d}}{\mathrm{d}t}B_{j-1}(x,u,t),\quad j=1,2,\cdots,n \tag{5.4-43}$$

其中，* 表示矩阵之转置；$\dfrac{\partial f}{\partial x}=\dfrac{D(f_1,\cdots,f_n)}{D(x_1,\cdots,x_n)}$。

不难看出，式(5.4-43)的引入是为了建立类似位置一般性假定而做的。

可以证明有如下定理。

定理 5.19 若非线性系统满足 $B_1(x,u,t)w,\cdots,B_n(x,u,t)w$ 线性无关之条件，则前述问题的最优控制 $u(t)$是分段常量，且只取长方体顶点之数值，其中 w 是长方体 $\boldsymbol{U}$ 之任一棱之方向向量。

证明 以 w_k 表示第 k 个棱之方向向量 $w_k=(\underbrace{0,\cdots,0,1}_{k},0,\cdots,0)$，则有

$$\sum_{s=1}^{n}\lambda_s\frac{\partial f_s}{\partial u_k}=(\lambda_1,\cdots,\lambda_n)\begin{bmatrix}\dfrac{\partial f_1}{\partial u_k}\\ \vdots\\ \dfrac{\partial f_n}{\partial u_k}\end{bmatrix}=\left[\lambda(t),\left(\frac{\partial f}{\partial u}\right)^*w_k\right]$$

由式(5.4-41)之第一式有

$$\mu_k(t)=-\sum_{s=1}^{n}\lambda_s\frac{\partial f_s}{\partial u_k}=-\left[\lambda(t),\left(\frac{\partial f}{\partial u}\right)^*w_k\right]$$

以下证明$\left[\lambda(t),\left(\dfrac{\partial f}{\partial u}\right)^*w_k\right]$，$u=1,2,\cdots,m$，在任何$[t_0,T]$的子区间上不可能

有无穷多个零点。

若不然，没在一无穷点集 $\boldsymbol{E}$ 上有

$$\left[\lambda(t),\left(\frac{\partial f}{\partial u}\right)^{*} w_k\right]=0, \quad t\in \boldsymbol{E} \tag{5.4-44}$$

设 τ 为 $\boldsymbol{E}$ 之任一极限点，根据假设 $f(x,u,t)$ 对 x、u、t 连续且对 x、u 有一阶连续偏导数，$u(t)$ 对 t 有 $n-1$ 阶连续导数，$x(t)$ 是对应微分方程之解，则 $x(t)$ 对 t 有 n 阶连续导数，因此 $\left(\frac{\partial f}{\partial u}\right)^{*}$ 对 t 有 $n-1$ 阶连续导数，$\lambda(t)$ 将对 t 有 $n-1$ 阶连续导数，由此 $\left[\left(\frac{\partial f}{\partial u}\right)^{*} w_k,\lambda(t)\right]$ 对 t 有 $n-1$ 阶连续导数，则若式(5.4-44)在 $\boldsymbol{E}$ 上为零，根据连续可导函数在两个零点间其导数必有一零点，可知

$$\frac{\mathrm{d}}{\mathrm{d}t}\left(\frac{\partial f}{\partial u}w_k,\lambda(t)\right)=[\lambda(t),B_2(x,u,t)w_k]=0$$

在 $[t_0,T]$ 之另一无穷点集 $\boldsymbol{E}$ 上取零值，并且 τ 亦为此无穷点集 $\boldsymbol{E}$ 之极限点。

进一步作微商，则有

$$[\lambda(t),B_j(x,u,t)w_k]=0, \quad j=1,2,\cdots,n \tag{5.4-45}$$

均在 τ 上实现。考虑 $B_j(x,u,\tau)w_k$ 线性无关，由此可知，在一无穷点集上有 $\lambda(t)\equiv 0$。

考虑 $\lambda(t)$ 满足的方程是齐次线性微分方程，由此 $\lambda(t)\equiv 0$，而这同 Lagrange 乘子矛盾，由此可知

$$\left[\lambda(t),\left(\frac{\partial f}{\partial u}w_k\right)\right]=0$$

在 $[t_0,T]$ 上不可能有无穷多个零点，于是有

$$\mu_k(t)=-\left[\lambda(t),\left(\frac{\partial f}{\partial u}\right)^{*} w_k\right]=-\sum_{i=1}^{m}\sum_{s=1}^{n}\lambda_s\frac{\partial f_s}{\partial u_i}w_{ki}$$

不在 $[t_0,T]$ 上取无穷多个零点。

令

$$\psi=\left(\sum_{s=1}^{n}\frac{\partial f_s}{\partial u_1}\lambda_s,\cdots,\sum_{s=1}^{n}\lambda_s\frac{\partial f_s}{\partial u_m}\right)=(\psi_1,\cdots,\psi_m)$$

则 $\mu_k(t)$ 可写为

$$\mu_k(t)=-\left[\lambda(t),\left(\frac{\partial f}{\partial u}\right)^{*} w_k\right]=-[\psi,w_k], \quad k=1,2,\cdots,m \tag{5.4-46}$$

由于 $\mu_k(t)$ 没有无穷多个零点，因此 ψ 不能在无穷个时刻落到或平行于长方体 $\boldsymbol{U}$ 之各个棱的垂直平面内。若在长方体内任一点作各个棱之垂直平面，则这些面把 m 维空间中长方体分为若干个部分(共 m^2 个)，其中每一部分包含长方体之一个顶点，因此向量 ψ 除去使

$$\left[\lambda(t),\left(\frac{\partial f}{\partial u}\right)w_k\right]=0 \tag{5.4-47}$$

满足有限个点外。它将留在某一个部分空间内,并在其他时刻都有

$$\mu_k(t)=\left[\lambda_k(t),\left(\frac{\partial f}{\partial u}\right)w_k\right]\neq 0 \tag{5.4-48}$$

由式(5.4-41)之第2式可知,$u_k(t)$将取 $u_k^{(1)}$ 或 $u_k^{(2)}$,即表示 $u(t)$取长方体 $\boldsymbol{U}$ 之顶点数值。

又由于 $\mu_k(t)$是只在有限点取零值,因此在有限区间上,$u_k(t)$是分段常量的,即控制 $u(t)$是由正方形之一个顶点跳至另一顶点,即实现 Bang-Bang 原则,由此定理全部得证。

进一步,我们指出前述问题对 $\boldsymbol{U}$ 是一个一般的凸多面体时,结果也是正确的。

设 $\boldsymbol{U}$ 是一个凸多面体,设其在 m 维空间中之边界由 $2s+q$ 个平面组成。这些平面是 $m-1$ 维的。设 $2s$ 个平面彼此平行,而 q 个平面不与任何其他边界平面平行,则凸多面体 $\boldsymbol{U}$ 可以用如下表达式来描述,即

$$\begin{cases}u_1^{(1)}\leqslant c_{11}u_1+c_{12}u_2+\cdots+c_{1m}u_m\leqslant u_1^{(2)}\\ u_2^{(1)}\leqslant c_{21}u_1+c_{22}u_2+\cdots+c_{2m}u_m\leqslant u_2^{(2)}\\ \cdots\\ u_s^{(1)}\leqslant c_{s1}u_1+c_{s2}u_2+\cdots+c_{sm}u_m\leqslant u_s^{(2)}\\ u_{s+1}^{(1)}\leqslant c_{s+1,1}u_1+\cdots+c_{s+1,m}u_m\\ u_{s+2}^{(1)}\leqslant c_{s+2,1}u_1+\cdots+c_{s+2,m}u_m\\ \cdots\\ u_{s+q}^{(1)}\leqslant c_{s+q,1}u_1+\cdots+c_{s+q,m}u_m\end{cases} \tag{5.4-49}$$

其中,$q+s\geqslant m+1$,并且当 $q=0$ 时,$\boldsymbol{U}$ 变为多平行体;当 $s=0$ 时,$\boldsymbol{U}$ 中没有任何互相平行之边界面。

下面设法引进非线性变换,即

$$\begin{cases}v_1(u_{m+1})=c_{11}u_1+\cdots+c_{1m}u_m\\ v_2(u_{m+2})=c_{21}u_1+\cdots+c_{2m}u_m\\ \cdots\\ v_s(u_{m+s})=c_{s1}u_1+\cdots+c_{sm}u_m\\ \cdots\\ v_{s+q}(u_{m+s+q})=c_{s+q,1}u_1+\cdots+c_{s+q,m}u_m\end{cases} \tag{5.4-50}$$

并令

$$\psi_i=c_{i1}u_1+\cdots+c_{im}u_m-v_i(u_{m+i})=0,\quad i=1,2,\cdots,s+q$$

其中,$v_i(u_{m+i})$应满足

$$\begin{cases}\dfrac{\mathrm{d}v_\beta(u_{m+\beta})}{\mathrm{d}u_{m+\beta}}\neq 0, & u_\beta^{(1)}<v_\beta<u_\beta^{(2)},\quad u_{m+\beta}^{(1)}<u_{m+\beta}<u_{m+\beta}^{(2)}\\ \dfrac{\mathrm{d}v_\beta(u_{m+\beta})}{\mathrm{d}u_{m+\beta}}=0, & v_\beta=u_\beta^{(1)},\quad u_{m+\beta}\leqslant u_{m+\beta}^{(1)},\quad v_\beta=u_\beta^{(2)},\quad u_{m+\beta}\geqslant u_{m+\beta}^{(2)}\end{cases}\tag{5.4-51}$$

$$\begin{cases}\dfrac{\mathrm{d}v_\alpha(u_{m+\alpha})}{\mathrm{d}u_{m+\alpha}}\neq 0, & v_\alpha(u_{m+\alpha})>u_\alpha^{(1)},\quad u_{m+\alpha}^{(1)}<u_{m+\alpha}\\ \dfrac{\mathrm{d}v_\alpha(u_{m+\alpha})}{\mathrm{d}u_{m+\alpha}}=0, & v_\alpha(u_{m+\alpha})=u_\alpha^{(1)},\quad u_{m+\alpha}^{(1)}\geqslant u_{m+\alpha}\\ \alpha=s+1,\cdots,s+q\end{cases}\tag{5.4-52}$$

应用同样的办法,可以证明有如下定理。

定理 5.20　对于非线性系统,即

$$\dot{x}_s=f_s(x,u,t)\tag{5.4-53}$$

设初值是 $x_s(t_0)=x_s^0$,在 $t=T$ 时满足

$$\varphi_l=\varphi_l(x_1(T),\cdots,x_n(T),T)=0\tag{5.4-54}$$

又控制 u 之取值域是凸多面体 $\boldsymbol{U}$,给定泛函指标,即

$$J=J(x(T),\cdots,x_n(T),T)\tag{5.4-55}$$

设系统满足条件 $B_1(x,u,t)w,\cdots,B_n(x,u,t)w$ 沿最优轨线附近线性无关,则 $u(t)$ 必只取 $\boldsymbol{U}$ 之顶点数值,或不取 $\boldsymbol{U}$ 之顶点数值之点是测度为零的有限个点,$B_1,\cdots,B_n$ 与定理 5.19 中引入的相同,w 是 $\boldsymbol{U}$ 之任一棱之方向向量。

由于证明基本与定理 5.19 一样,因此略去。

显然,如果系统是线性的,或者考虑较为一般的线性系统,即

$$\dot{x}_s=f_s(x,t)+\sum_{i=1}^{n}b_y(t)u_j\tag{5.4-56}$$

则引入

$$B_1(t)=\begin{bmatrix}b_{11}(t) & b_{12}(t) & \cdots & b_{1m}(t)\\ \vdots & \vdots & & \vdots\\ b_{n1}(t) & b_{n2}(t) & \cdots & b_{nm}(t)\end{bmatrix}$$

其中,$B_j(t)=-\left(\dfrac{\partial f}{\partial x}\right)^* B_{j-1}(t)+\dfrac{\mathrm{d}}{\mathrm{d}t}B_{j-1}(t)$。

由此可知,若 $B_1(t)w,\cdots,B_n(t)w$ 线性无关,其中 w 是 $\boldsymbol{U}$ 之任一棱,则亦可知 $u(t)$ 只能在 $\boldsymbol{U}$ 之顶点上取值。

作为特例,我们考虑由点 $x_s(t_0)=x_0$ 出发,至点 $x(T)=x_1$ 之最速控制问题。此时,我们有 $J=T$,终点条件是 $x(T)-x_1=0$。显然前述比较一般的 Bang-Bang 原则是最速 Bang-Bang 控制的自然推广。但是应该指出,对非线性系统,这一结

论是在假设 $u(t)$有分段 $n-1$ 次导数的前提下得到的。这一假定比起一般 L-可测的控制说来强得多,但是在线性系统的情况下,由于$\frac{\partial f}{\partial x}=A(t)$,因此问题的要求就变为对 $A(t)$和 $B(t)$可微的要求。这种要求一般是合理的,$A(t)$和 $B(t)$是方程$x=A(t)x+B(t)u$ 之系数矩阵。

参 考 文 献

黄琳,1963. 控制系统动力学与运动稳定性理论若干问题. 力学学报,6(2):89-110.

黄琳,郑应平,张迪,1964. 李雅普诺夫第二方法与最优控制器分析设计问题,自动化学报,2(4):202-218.

钱学森,1958. 工程控制论. 北京:科学出版社.

宋健,韩京清,1962. 线性最速控制系统的分析与综合理论. 数学进展,5(4):264-284.

张学铭,1962. 控制过程中的微分方程问题. 数学进展,9(4):285-300.

Bellman R,1957. Dynamic Programming. Princeton:Princeton University Press.

Bliss G A, 1946. Lectures on the Calculus of Variations. Chicago: The University of Chicago Press.

Lasalle J P, 1960. The time optimal control problem. Contribution to the Theory of Nonlinear Ossillations, 5:1-24.

Neustadt L W, 1961. Time optimal control systems with position and integral limits. Journal of Mathematical Analysis and Applications, 3:406-427.

Neustadt L W, 1964. Optimization, a moment problem, and nonlinear programming. Journal SIAM Ser. A, 2(1):35-53.

Розоноэр Л И, Принцип Максимума Л С, 1959. Понтрягина в Теория Оптимальных Систем, Ⅰ, Ⅱ, Ⅲ. АиТ, 20:10-12.

Троицкий В А, 1961. задача Майера-Больца Вариационного исчисления и Теория Оптимальных Систем. ПММ, 25(4).

Троицкий В А, 1962. О Вариационных задачах оптимизации процессов управления. ПММ, 26(1).

Болтянский В Г, Гамкрелидзе Р В, Понтрягин Л С, 1956. К Теория Оптимальных Процессов. Док. АН. СССР, 110(1).

Красовский Н Н, 1957. К Теории Оптимального Регулирования. АиТ. 18:11.

Летов А М, 1960. Аналитическое Конструирование Регуляторов. АиТ, 21:4-6.

Понтрягин Л С, Болгянский В Г, Гамкрелидзе Р В, И др, 1961. Математическая Оптимальных Процессов. Москва: Физматгиз.

Фелвдбаум А А, Вычислителвные, Устройства В, 1959. Автоматицеских Системах. Москва: Фнзматгиз.

附录Ⅰ　必要的实变函数知识、凸集合

在这一部分，我们为最优控制理论的基本需要引进一些最基本的实变函数理论的知识，包括可测集、可测函数、L-积分、弱收敛与可测函数的积分。凸集合与下凸函数。这一切都只是为了研究的必要而引进的，因此我们不打算对这方面的问题作任何详尽之叙述。对于实变函数论中得到的结果，我们亦不打算去证明。

Ⅰ.1　可测集与测度

为以后最优控制问题研究时，积分的概念得到必要的拓宽，我们首先考虑在实数轴上的点集的一些性质。为叙述简便，我们亦只考虑具有一个实变量的实值函数问题，相应的结果对于二元实变函数亦成立。由于最优控制通常理解为实变量时间 t 的函数，因此对我们说来，重要的也只是单实变量的函数问题。

以后凡点 x 属于点集合 $\boldsymbol{A}$，则记 $x\in\boldsymbol{A}$，反之记为 $x\bar{\in}\boldsymbol{A}$。

点 $a\in\boldsymbol{A}$ 称集合 $\boldsymbol{\varepsilon}_a$ 为 a 之 ε 邻域，系指

$$\boldsymbol{\varepsilon}_a=\{x\,|\,|x-a|<\varepsilon\}$$

点 p 称为 A 之凝点或聚点，系指对任何 $\boldsymbol{\varepsilon}_p$，总有

$$x_1\in\boldsymbol{\varepsilon}_p,\quad x_1\in\boldsymbol{A},\quad x_1\neq p$$

若 $\boldsymbol{A}$ 之全部凝点均在 A 内，则称 A 是闭的。

点 p 称为 $\boldsymbol{A}$ 之内点，系指存在 $\varepsilon>0$，使 $\boldsymbol{\varepsilon}_P\in\boldsymbol{A}$。

$\boldsymbol{A}$ 是开集系指 $\boldsymbol{A}$ 全部由内点构成。对集合 $\boldsymbol{A}$，若补充其全部凝点构成一新点集 $\bar{\boldsymbol{A}}$，则称为 $\boldsymbol{A}$ 之闭包。任何集合 $\boldsymbol{A}$ 之闭包是闭集。

整个实数轴之全体$(-\infty,+\infty)$既是开的又是闭的，任何有限点集是闭集。

点 x_1 和 x_2 之间距离系指 $\rho(x_1,x_2)=|x_1-x_2|$。

集合 $\boldsymbol{A}$ 和 $\boldsymbol{B}$ 之间距离系指 $\rho(\boldsymbol{A},\boldsymbol{B})=\operatorname*{Inf}_{x\cdot y}\{\rho(x,y)\,|\,x\in\boldsymbol{A},y\in\boldsymbol{B}\}$。

设 $\boldsymbol{A},\boldsymbol{B}$ 是有界闭集，若 $\rho(A,B)=d$，则一定存在 $x\in\boldsymbol{A},y\in\boldsymbol{B}$，使 $\rho(x,y)=d$。

以下列举部分开集与闭集之性质。

性质Ⅰ.1　有限或可数个开集之并为开集，有限开集之交为开集，有限或可数个闭集之交为闭集，有限闭集之并为闭集。

以上交集与并集系指

$$\boldsymbol{C}=\boldsymbol{A}\cap\boldsymbol{B}，则\ x\in\boldsymbol{C}\Rightarrow x\in\boldsymbol{A}\ 同时\ x\in\boldsymbol{B}$$

$$\boldsymbol{C}=\boldsymbol{A}\cup\boldsymbol{B}, 则\ x\in\boldsymbol{C}\Rightarrow x\in\boldsymbol{A}\ 或\ x\in\boldsymbol{B}$$

性质Ⅰ.2　有界闭集 $\boldsymbol{F}$ 若被开集的集合 $\boldsymbol{G}$ 覆盖，则一定存在有限个开集 $\boldsymbol{G}_1,\cdots,\boldsymbol{G}_n\in\boldsymbol{G}$，使由它们组成的开集的集合可以覆盖 $\boldsymbol{F}$。

性质Ⅰ.3　任何实数轴上的开集合 $\boldsymbol{G}$ 可以划分成可数个彼此无公共点的开区间之并，即

$$\boldsymbol{G}=\bigcup_{i=1}^{n}\boldsymbol{I}_i,\quad \boldsymbol{I}_i=(a_i,b_i)$$

为引入更广泛的积分，我们考虑关于可测集的概念。

区间 $\boldsymbol{I}_i$ 之间无公共点，则称 $\boldsymbol{R}=\bigcup_{i=1}^{n}\boldsymbol{I}_i$ 是初等图形，由于 $\boldsymbol{I}_i$ 是可测长的，其长记为 $L(\boldsymbol{I}_i)$，定义 $\boldsymbol{R}$ 之测度 $L(\boldsymbol{R})=\sum_{i=1}^{m}L(\boldsymbol{I}_i)$。显然，任何初等图形之测度是正数。

性质Ⅰ.4　若初等图形 $\boldsymbol{R}$ 由有限个或可数个区间 $\boldsymbol{\Delta}_i$ 覆盖，则我们总有

$$\sum_{K}L(\boldsymbol{\Delta}_i)\geqslant L(\boldsymbol{R})$$

定义Ⅰ.1　点集合 $\boldsymbol{\varepsilon}$ 之外测度 $|\boldsymbol{\varepsilon}|_L$ 系指对一切有限个或可数个区间 $\boldsymbol{\Delta}_k$，它们可以覆盖 $\boldsymbol{\varepsilon}$。考虑 $\sum_{K}L(\boldsymbol{\Delta}_K)$ 之下确界，定义 $\boldsymbol{\varepsilon}$ 之外测度为

$$|\boldsymbol{\varepsilon}|_L=\mathrm{Inf}\left\{\sum_{K}L(\boldsymbol{\Delta}_K)\ \middle|\ 一切可以覆盖\ \boldsymbol{\varepsilon}\ 的集合\{\boldsymbol{\Delta}_K\}\right\}$$

对于一个集合之外测度，不难证明：

1°若 $\boldsymbol{\varepsilon}'\subset\boldsymbol{\varepsilon}''\Rightarrow|\boldsymbol{\varepsilon}'|_L\leqslant|\boldsymbol{\varepsilon}''|_L$。

2°对初等图形 $\boldsymbol{R}$，有 $|\boldsymbol{R}|_L=L(\boldsymbol{R})$。

3°对有限或可数个集合 $\boldsymbol{R}_n$，总有

$$\left|\bigcup_{i=1}^{n}\boldsymbol{R}_n\right|_L\leqslant\sum_{i=1}^{n}|\boldsymbol{R}_i|_L$$

4° $\boldsymbol{E}$ 是任何集合，对任意 $\varepsilon>0$，存在开集 $\boldsymbol{G}$，使 $\boldsymbol{E}\subseteq\boldsymbol{G}$，$|\boldsymbol{G}-\boldsymbol{E}|_L<\boldsymbol{\varepsilon}$，其中 $\boldsymbol{G}-\boldsymbol{E}=\boldsymbol{M}$ 是这样的集合，对任何元素 $x\in\boldsymbol{M}$，总有 $x\in\boldsymbol{G}$，$x\bar{\in}\boldsymbol{E}$。

称 $\boldsymbol{E}$ 之外测度为其测度，记为 $L(\boldsymbol{E})$。不难得知应有以下结论。

1°开集是可测的。

2°初等图形 $\boldsymbol{R}$ 是可测的，并且其测度就是 $L(\boldsymbol{R})$。

3°有限或可数个可测集之并为可测集。

4°两可测集 $\boldsymbol{E}$ 和 $\boldsymbol{E}_2$，若 $\rho(\boldsymbol{E}_1,\boldsymbol{E}_2)>0$，则有 $|\boldsymbol{E}_1\cup\boldsymbol{E}_2|_L=|\boldsymbol{E}_1|_L+|\boldsymbol{E}_2|_L$，同样有 $L(\boldsymbol{E}_1\cup\boldsymbol{E}_2)=L(\boldsymbol{E}_1)+L(\boldsymbol{E}_2)$。

5°闭集是可测集。

6°无公共点闭集之并 $L\left(\bigcup_{i=1}^{n}\boldsymbol{F}_i\right)=\sum_{i=1}^{n}L(\boldsymbol{F}_i)$。

7°可测集之补集是可测的。

8°$\boldsymbol{E}$ 是可测的充要条件是，任给 $\varepsilon>0$，存在闭集 $\boldsymbol{F}\subset\boldsymbol{E}$，使 $|\boldsymbol{E}-\boldsymbol{F}|_L<\varepsilon$。

9°有限或可数个可测集之交集是可测集。

10°有限或可数个两两无公共点之可测集并集之测度为各集测度之和。

11°$\boldsymbol{A}$ 与 $\boldsymbol{B}$ 可测，$\boldsymbol{B}$ 有界，$\boldsymbol{B}\subset\boldsymbol{A}$，则有

$$L(\boldsymbol{A}-\boldsymbol{B})=L(\boldsymbol{A})-L(\boldsymbol{B})$$

12°$\boldsymbol{E}_n$ 是不降之可测集序列，有 $\boldsymbol{E}_n\subset\boldsymbol{E}_{n+1}$，若其极限集存在是 $\boldsymbol{E}$，则 $\boldsymbol{E}$ 可测且有 $L(\boldsymbol{E})=\lim\limits_{n\to\infty}L(\boldsymbol{E}_n)$。

13°$\boldsymbol{E}_n$ 是不增之可测集序列，有 $\boldsymbol{E}_n\supset\boldsymbol{E}_{n+1}$，若极限集 $\boldsymbol{E}$ 存在可测，就有 $L(\boldsymbol{E})=\lim\limits_{n\to\infty}L(\boldsymbol{E}_n)$。

Ⅰ.2 可测函数与其性质

通常在研究函数序列极限的过程中，我们会碰到该序列的极限函数往往并不属于原有函数序列所属之函数空间的情况。例如，连续函数的极限不一定连续，具有有限间断点的分段连续函数的极限不一定仍为具有有限个间断点的分段连续函数等。同时，一般函数空间也不同于欧氏空间中所具有的关于有界无穷序列必有极限点的性质。这都会影响我们关于最优控制问题的讨论，特别是最优控制存在性问题的讨论，为此我们引入更广的函数类，即可测函数类或 L-可测函数类。

定义Ⅰ.2 在可测集 $\boldsymbol{E}$ 上定义的函数 $f(x)$ 是可测的，系指对任意实数 a，集合 $\{x\,|\,f(x)\leqslant a,x\in\boldsymbol{E}\}$、$\{x\,|\,f(x)<a,x\in\boldsymbol{E}\}$、$\{x\,|\,f(x)\geqslant a,x\in\boldsymbol{E}\}$、$\{x\,|\,f(x)>a,x\in\boldsymbol{E}\}$ 都是可测集。

不难证明，上述四个集合中只要一个成立就是充分的。亦不难证明，在可测集 $\boldsymbol{E}$ 上可测的函数 $f(x)$ 在 $\boldsymbol{E}$ 之任一可测子集上总是可测的，同样 $f(x)$ 在 $\boldsymbol{E}_n$ 上可测，则它在 $\bigcup\limits_n\boldsymbol{E}_n$ 上可测。

定义Ⅰ.3 $f(x)$ 与 $g(x)$ 在 $\boldsymbol{E}$ 上等效，系指集合 $\{x\,|\,f(x)\neq g(x),x\in\boldsymbol{E}\}$ 具有零测度。

显然，若 $f(x)$ 与 $g(x)$ 在 $\boldsymbol{E}$ 上等效，且 f 可测，则 g 可测。

以下引入可测函数的一些最基本之性质。

性质Ⅰ.5 若 $f(x)$ 可测，C 为常量，则 $|f(x)|$、$C+f(x)$、$Cf(x)$ 均可测。

性质Ⅰ.6 若 $f(x)$ 和 $g(x)$ 可测，则 $\{x\,|\,f(x)>g(x)\}$ 可测，又若 f 和 g 有界则 fg、$f-g$、$f+g$ 均可测，在 $g\neq0$ 时，f/g 亦可测。

以下我们考虑可测函数序列的极限问题。

对于数列，即

$$a_1, a_2, \cdots, a_n, \cdots \tag{Ⅰ.2-1}$$

记

$$S_n = \mathrm{Inf}[a_n, a_{n+1}, \cdots], \quad T_n = \mathrm{Sup}[a_n, a_{n+1}, \cdots] \tag{Ⅰ.2-2}$$

其中，序列$\{S_n\}$单调不降，$\{T_n\}$单调不增。若记单调序列 S_n 和 T_n 之极限为 S 与 T，即

$$S = \mathrm{Sup}(S_n), \quad T = \mathrm{Inf}(T_n) \tag{Ⅰ.2-3}$$

或者

$$T = \overline{\lim} a_n = \lim_{n\to\infty} \mathrm{Inf}\{a_n\}$$

$$S = \underline{\lim} a_n = \lim_{n\to\infty} \mathrm{Sup}\{a_n\} \tag{Ⅰ.2-4}$$

我们能够证明有如下引理。

引理Ⅰ.1　序列(Ⅰ.2-1)之极限存在(包括无穷大)之充要条件是 $S=T$，且极限就是 S。

应用此引理可以证明如下结论。

定理Ⅰ.1　设 $f_n(x)$是可测函数序列，则函数，即

$$\varphi(x) = \mathrm{Inf}_n\{f_n(x)\}, \quad \psi(x) = \mathrm{Sup}_n\{f_n(x)\} \tag{Ⅰ.2-5}$$

也是可测的。

定理Ⅰ.2　设可测函数序列$\{f_n(x)\}$在任何 $x\in \boldsymbol{E}$ 单调递增，若极限函数$f(x)$存在，则是可测的。

定理Ⅰ.3　可测函数序列$\{f_n(x)\}$若在 $\boldsymbol{E}$ 几乎处处收敛，则极限函数 $f(x)$也是可测的。

对定理Ⅰ.3 和以后的讨论，我们均常用几乎处处这一词，系指在一集合上除去零测度的点以外均有某性质。

定义Ⅰ.4　序列 $f_n(x)$可测有界，称其按测度收敛至 $f(x)$，系指对任何正数序列 ε_n，$\lim\limits_{n\to\infty}\varepsilon_n=0$，总有

$$\lim_{n\to\infty} L(\boldsymbol{E}_n) = 0, \quad \boldsymbol{E}_n = \{x \mid |f(x) - f_n(x)| < \varepsilon_n\} \tag{Ⅰ.2-6}$$

在通常实变函数论中，可以证明几乎处处收敛与按测度收敛之间有如下定理。

定理Ⅰ.4　设序列$\{f_n(x)\}$在有限测度集 $\boldsymbol{E}$ 上几乎处处有界且几乎处处收敛至有界函数 $f(x)$，则 $f_n(x)$按测度收敛至 $f(x)$。

定理Ⅰ.5　在有限测度集 $\boldsymbol{E}$ 上，按测度收敛至 $f(x)$的可测函数序列$\{f_n(x)\}$一定存在子序列$\{f_{n_k}(x)\}$几乎处处收敛至 $f(x)$。

对于一个可测集 $\boldsymbol{E}'$，通常可以定义它的特征函数为

$$\omega_{\boldsymbol{E}'}(x) = \begin{cases} 1, & x \in \boldsymbol{E}' \\ 0, & x \bar{\in} \boldsymbol{E}' \end{cases} \tag{Ⅰ.2-7}$$

显然，任何可测集之特征函数总是可测的。

函数 $f(x)$ 在 $\boldsymbol{E}$ 上称为逐段常量的，系指 $f(x)$ 在 $\boldsymbol{E}$ 只取有限个或可数个数值。设这些数是 $C_1,\cdots,C_n,\cdots$，显然若记 $f(x)$ 取值 C_i 之 x 的集合是 $\boldsymbol{E}_i$，则有

$$f(x)=\sum_i C_i\omega_{\boldsymbol{E}_i}(x) \tag{Ⅰ.2-8}$$

通常可以利用逐段常量的函数序列去逼近非负可测函数。

定理Ⅰ.6 对任何可测集 $\boldsymbol{E}$ 上非负之可测函数 $f(x)$，总存在逐段常量非负之可测增函数序列 $\varphi_n(x)$，它在 $\boldsymbol{E}$ 上几乎每点收敛至 $f(x)$。

Ⅰ.3 L-积分

对于可测函数来说，一般不一定是黎曼可积的，但是如果引入一种新的积分，则一切有界可测函数就将都是可积的。这一类新的积分就是 Lebesgue 积分，简称 L-积分。在函数是黎曼可积的情况下，它一定 L-可积，并且积分值相同。

考虑在可测集 $\boldsymbol{E}$ 上之有界可测函数 $f(x)$，设 $|f(x)|\leqslant L$，其中 L 为一正常数。现在采取任何分法将 $\boldsymbol{E}$ 划分成有限个无公共点之可测集 $\boldsymbol{E}_K$，即

$$\boldsymbol{E}=\bigcup_{k=1}^{n}\boldsymbol{E}_K,\quad \boldsymbol{E}_j\cap\boldsymbol{E}_i=\varnothing,\quad i\neq j \tag{Ⅰ.3-1}$$

设 M_K 与 m_k 是 $f(x)$ 在 $\boldsymbol{E}_K$ 之上下确界，建立和数，即

$$s_\delta=\sum^{K}m_K L(\boldsymbol{E}_K),\quad S_\delta=\sum^{K}M_K L(\boldsymbol{E}_K) \tag{Ⅰ.3-2}$$

其中，δ 是上述分法。

考虑一切可能的分法 δ，令

$$i=\operatorname*{Sun}_{\delta}[s_\delta],\quad I=\operatorname*{Inf}_{\delta}[S_\delta] \tag{Ⅰ.3-3}$$

显然，i 和 I 一定存在。

定义Ⅰ.5 若 $i=I$，则称 $f(x)$ 是 L-可积的，并记其积分为 i，即 $\int_{\boldsymbol{E}}f(x)\mathrm{d}\boldsymbol{E}=i$。

可以证明，一切有界可测函数是 L-可积的。

对 L-积分说来，有如下性质。

1°
$$C=常数,\quad \int_{\boldsymbol{E}}C\mathrm{d}\boldsymbol{E}=CL(\boldsymbol{E}) \tag{Ⅰ.3-4}$$

2°
$$\int_{\boldsymbol{E}}\sum_{i=1}^{n}C_if_i(x)\mathrm{d}\boldsymbol{E}=\sum_{i=1}^{n}C_i\int_{\boldsymbol{E}}f_i(x)\mathrm{d}\boldsymbol{E} \tag{Ⅰ.3-5}$$

3°设在 $\boldsymbol{E}$ 上有 $f_1(x)\geqslant f_2(x)$，则

$$\int_{\boldsymbol{E}}f_1(x)\mathrm{d}\boldsymbol{E}\geqslant\int_{\boldsymbol{E}}f_2(x)\mathrm{d}\boldsymbol{E} \tag{Ⅰ.3-6}$$

4°
$$\left|\int_{\boldsymbol{E}}f(x)\mathrm{d}\boldsymbol{E}\right|\leqslant\int_{\boldsymbol{E}}|f(x)|\mathrm{d}\boldsymbol{E} \tag{Ⅰ.3-7}$$

5°若 $\boldsymbol{E}=\boldsymbol{E}'\cup\boldsymbol{E}''$，而 $\boldsymbol{E}'\cap E''=\varnothing$，则有

$$\int_{\boldsymbol{E}} f(x)\mathrm{d}\varepsilon=\int_{\boldsymbol{E}'} f(x)\mathrm{d}\boldsymbol{E}+\int_{\boldsymbol{E}''} f(x)\mathrm{d}\boldsymbol{E} \tag{Ⅰ.3-8}$$

并且当 $\boldsymbol{E}$ 被分划成有限个或可数个彼此无公共点之 $\boldsymbol{E}_K$ 时，式(Ⅰ.3-8)很容易得到推广。

6°对任何 $\varepsilon>0$，存在 $\eta>0$，使一切 $\boldsymbol{e}\subset\boldsymbol{E}$ 且 $L(\boldsymbol{e})<\eta$，总有

$$\left|\int_{\boldsymbol{e}} f(x)\mathrm{d}\boldsymbol{E}\right|<\varepsilon \tag{Ⅰ.3-9}$$

常称此为积分的绝对连续性。

以后对两可测函数，总称当其只在零测度集上不同时为等效，对于等效函数的全体可看成一个。

7°$f(x)$与 $g(x)$在 $\boldsymbol{E}$ 上等效，则其在 $\boldsymbol{E}$ 上之积分值相同，由此若非负函数积分值为零，则可证其与零等效。

8°设 $f_n(x)$在 $\boldsymbol{E}$ 可测且一致有界于 L，且 $f_n(x)$在 $\boldsymbol{E}$ 上几乎处处收敛至 $f(x)$，则有

$$\lim_{n\to\infty}\int_{\boldsymbol{E}} f_n(x)\mathrm{d}\boldsymbol{E}=\int_{\boldsymbol{E}} f(x)\mathrm{d}\boldsymbol{E} \tag{Ⅰ.3-10}$$

积分$\int_{\boldsymbol{E}} f(x)\mathrm{d}\boldsymbol{E}$ 有时也记为$\int_{\boldsymbol{E}} f(x)\mathrm{d}x$，二者通用。

Ⅰ.4　L_2 空间与 Hilbert 空间

考虑 $f(x)$在有限测度之可测集 $\boldsymbol{E}$ 上可测，且是 $\boldsymbol{E}$ 上平方可积函数，即 $f^2(x)$在 $\boldsymbol{E}$ 上可积，则称 $f(x)$之全体是定义在 $\boldsymbol{E}$ 上之 $\boldsymbol{L}_2$ 空间。

$\boldsymbol{L}_2$ 空间有如下特征。

1° $\boldsymbol{L}_2$ 空间是线性空间，即 $f_i(x)\in\boldsymbol{L}_2\Rightarrow\sum\limits_{i=1}^{K}C_i f_i(x)\in\boldsymbol{L}_2$，其中 C_i 为常数。

2°设 $f(x)$和 $g(x)\in\boldsymbol{L}_2$，则有

$$\left[\int_{\boldsymbol{E}} f\cdot g\mathrm{d}\boldsymbol{E}\right]^2\leqslant\left[\int_{\boldsymbol{E}} f^2\mathrm{d}\boldsymbol{E}\right]\left[\int_{\boldsymbol{E}} g^2\mathrm{d}\boldsymbol{E}\right] \tag{Ⅰ.4-1}$$

3°设 $f(x)$和 $g(x)\in\boldsymbol{L}_2$，则有

$$\sqrt{\int_{\boldsymbol{E}}(f+g)^2\mathrm{d}\boldsymbol{E}}\leqslant\sqrt{\int_{\boldsymbol{E}} f^2\mathrm{d}\boldsymbol{E}}+\sqrt{\int_{\boldsymbol{E}} g^2\mathrm{d}\boldsymbol{E}} \tag{Ⅰ.4-2}$$

以后我们定义$\sqrt{\int_{\boldsymbol{E}} f^2\mathrm{d}\boldsymbol{E}}$ 为 f 之范数。

通常在 $\boldsymbol{L}_2$ 空间中用得最多的是按平均收敛的概念。

序列$\{f_n(x)\}$在 $\boldsymbol{L}_2$ 中平均收敛至 $f(x)$，系指

$$\lim_{n\to\infty}\int_{\boldsymbol{E}}(f_n - f)^2 \mathrm{d}\boldsymbol{E} = 0 \tag{Ⅰ.4-3}$$

不难证明，若 f_n 在 $\boldsymbol{L}_2$ 中平均收敛，则极限是唯一的(在等效意义下)。

又若 $f_n(x)$ 在 $\boldsymbol{L}_2$ 中平均收敛至 $f(x)$，则在 f_n 中可选出一子序列 $f_{n_k}(x)$ 使其在 $\boldsymbol{E}$ 上几乎处处收敛至 $f(x)$。

对于 $f(x)$ 和 $g(x)\in\boldsymbol{L}_2$，我们定义它们之内积为

$$[f,g] = \int_{\boldsymbol{E}} fg\,\mathrm{d}\boldsymbol{E} \tag{Ⅰ.4-4}$$

f 与 g 之距离可定义为

$$\rho(f,g)=[f-g,f-g]^{\frac{1}{2}}$$

定义了元素之间的内积以后，我们就得到 Hilbert 空间元素，因其是 L-可测的，所以模 $\|f\|=\sqrt{[f,f]}$。

Ⅰ.5　弱收敛与 $\mathscr{L}_1$ 空间之弱列紧性

集合 $\boldsymbol{U}$ 是列紧的，系指对任何无穷序列 $\{f_n\}\in\boldsymbol{U}$，在 $\{f_n\}$ 中必有一个收敛的子序列。

在欧氏空间中，任何有界集合总是列紧集合。

在 $\boldsymbol{L}_2$ 空间中，$\boldsymbol{U}\subset\boldsymbol{L}_2$ 是列紧的充要条件如下。

1°$\boldsymbol{U}$ 是有界集，即 $f\in\boldsymbol{U}$，则 $\|f\|<C$，其中 C 为某给定正数。

2°一切 $f\in\boldsymbol{U}$，总有对任给 $\varepsilon>0$，存在 $\eta>0$，当 $|h|<\eta$ 时就有 $\left[\int_{\boldsymbol{E}}(f(x+h)-f(x))^2\mathrm{d}x\right]^{\frac{1}{2}}\leqslant\varepsilon$。

对于最优控制问题来说，我们经常用到的是弱收敛的概念。

考虑一切在 $\boldsymbol{E}$ 上之 L-可测函数，显然若给定一可测函数 $g(x)$，则对每个 $f(x)\in\boldsymbol{L}_1$，总可以按如下方法确定一数，即

$$\int_{\boldsymbol{E}} f(x)g(x)\mathrm{d}x = F[f(x)] \tag{Ⅰ.5-1}$$

也就是 $g(x)$ 确定了定义在 L_1 上的一个泛函，显然这一泛函是线性的。

如果让 $g(x)$ 在 $\boldsymbol{L}$ 中取遍，则我们确定线性泛函的全体以后称线性泛函的全体为 $\boldsymbol{L}$ 空间的共轭空间，记为 $\boldsymbol{L}^*$。可以证明 $\boldsymbol{L}^*$ 与 $\boldsymbol{L}$ 同构。

定义Ⅰ.6　称序列 f_n 弱收敛到 f_0，系指对一切线性泛函 F 总有

$$F(f_n)\to F(f_0) \tag{Ⅰ.5-2}$$

在前述情形下，就是对一切 $g(x)\in\boldsymbol{L}$ 总有

$$\lim_{n\to\infty}\int_{E} f_n(x)g(x)\mathrm{d}x = \int_{E} f_0(x)g(x)\mathrm{d}x \tag{Ⅰ.5-3}$$

可以证明，在欧氏空间中，弱收敛同一般的收敛没有任何区别，但在一般空间中则不同。容易举例说明，弱收敛的序列本身可以不满足通常收敛的要求。

定义Ⅰ.7 集合$\boldsymbol{U}$称为是弱列紧的，系指对$\boldsymbol{U}$中任一无穷序列，均有一个弱收敛之子序列。

对区间(α,β)上的可测函数空间来说，有如下结论成立。

定理Ⅰ.7 $\boldsymbol{L}_1(\alpha,\beta)$中之集合$\{f_n(x)\}$具有弱收敛于$L_1(\alpha,\beta)$中点$f_0(x)$之充分条件是$\{f_n(x)\}$在$(\alpha,\beta)$上等度可积，即任给$\varepsilon>0$，存在$\delta>0$，使当$\boldsymbol{E}\subseteq(\alpha,\beta)$且$L(\boldsymbol{E})<\delta$时，总有

$$\int_{E} |f_n(x)|\mathrm{d}x < \varepsilon \tag{Ⅰ.5-4}$$

其中，$\boldsymbol{E}$为任何满足$L(\boldsymbol{E})<\delta$之可测集。

推论Ⅰ.1 $L_1(\alpha,\beta)$中之有界集$|f(x)|<M$是弱列紧的。

对线性最速控制理论来说，最有用的结果是$L_1(\alpha,\beta)$中之有界集之弱列紧性。

Ⅰ.6 凸集与Liapunov引理、下凸函数

空间X中之点集合$\boldsymbol{A}$称为凸的，系指对任何$x_1\in\boldsymbol{A}$，$x_2\in\boldsymbol{A}$，总有

$$\lambda x_1+(1-\lambda)x_2\in\boldsymbol{A} \tag{Ⅰ.6-1}$$

其中，$0\leqslant\lambda\leqslant1$；$\boldsymbol{A}$是凸的系指其元的任意凸组合都是$\boldsymbol{A}$的元。

一般称$\alpha_i\geqslant0, i=1,2,\cdots,p, \sum_{i=1}^{b}\alpha_i=1$对向量集$a_i, i=1,2,\cdots,p$所作之线性组合$b=\sum_{i=1}^{p}\alpha_i a_i$为$a_i$之凸组合。

从直观上来说，凸集合具有这样的性质，即若x_1和x_2是A之点，则连接这两点的线段一定也在$\boldsymbol{A}$内。

一个集合$\boldsymbol{A}$是凸的，如果它是闭的，则过其每一边界点都一定可作一平面使整个$\boldsymbol{A}$落在该平面之一侧。通常我们把这一平面称为过P点之$\boldsymbol{A}$之支撑面。

如果A之边界是光滑的，且由方程$g(x)=0$描述，则其支撑面之法向是$\mathrm{grad}g(x)$，并且是唯一的。

若$\boldsymbol{A}$与$\boldsymbol{B}$是两凸集合，$\mathring{\boldsymbol{A}}$与$\mathring{\boldsymbol{B}}$分别由$\boldsymbol{A}$与$\boldsymbol{B}$的内点构成，常称是其开核，又$\mathring{\boldsymbol{A}}\cap\mathring{\boldsymbol{B}}=\varnothing$，即$\mathring{\boldsymbol{A}}$与$\mathring{\boldsymbol{B}}$无公共点，则存在超平面$\boldsymbol{\Pi}$将$\boldsymbol{A}$与$\boldsymbol{B}$分别置于其两侧。

引理Ⅰ.2(Liapunov) 记$\boldsymbol{U}=\{u(t)\,|\,u(t)$在$[0,1]$上可测且$|u(t)|\leqslant1\}$，$\partial\boldsymbol{U}\subset\boldsymbol{U}$由其边界元组成，即$\partial\boldsymbol{U}=\{u(t)\,|\,u$在$[0,1]$可测，且$|u(t)|=1\}$。$y(t)$是在$[0,1]$上任给的可测函数向量，则对$[0,1]$上的每个可测集$\boldsymbol{E}$，就有关于$y(t)$在$\boldsymbol{E}$上的测

度向量,即

$$m(y,\boldsymbol{E}) = \int_{\boldsymbol{E}} y(t)\,\mathrm{d}t \qquad (\text{Ⅰ}.6\text{-}2)$$

记这些向量的全体组成的集合为 $\boldsymbol{Q}_m(y)$,则 $\boldsymbol{Q}_m(y)$是凸闭集。

该引理由 Liapunov 在 1940 年发表在苏联科学院的院刊数学卷中。其证明可用对向量维数的归纳法。

定义Ⅰ.8 $\boldsymbol{U}\subset\boldsymbol{E}^r$ 是 r 维欧氏空间中一凸集,$\varphi(a)$是定义在 $\boldsymbol{U}$ 上之函数,称 φ 是凸函数,系指若 $u_i\in\boldsymbol{U}$,则定有

$$\varphi\left(\sum_{i=1}^{r}\alpha_i u_i\right)\leqslant\sum_{i=1}^{r}\alpha_i\varphi(u_i) \qquad (\text{Ⅰ}.6\text{-}3)$$

其中,$\alpha_i \geqslant 0, i = 1,2,\cdots,p$,且$\sum\limits_{i=1}^{r}\alpha_i = 1$。

设 $\boldsymbol{U}\subset\boldsymbol{E}^r$ 是凸集,$\varphi(u)$是定义在 $\boldsymbol{U}$ 上的凸函数,则称集合,即

$$\boldsymbol{\Omega}=\{(u,z)\,|\,u\in\boldsymbol{U},z\geqslant\varphi(u)\}\subset\boldsymbol{E}^{r+1} \qquad (\text{Ⅰ}.6\text{-}4)$$

为 $\varphi(u)$的上方图,不难证明 $\boldsymbol{\Omega}\subset\boldsymbol{E}^{r+1}$ 是凸集,同时可以证明在 $\boldsymbol{\Omega}$ 的每个边界点上存在 n 维超平面 $\boldsymbol{\Pi}$ 将 $\boldsymbol{E}^{r+1}$ 分为两个半空间,而 $\boldsymbol{\Omega}$ 只属于其一,即 $\boldsymbol{\Pi}$ 将 $\boldsymbol{\Omega}$ 置于其一侧。由此可以证明有关于凸函数的如下引理。

引理Ⅰ.3 设 $\boldsymbol{U}\subset\boldsymbol{E}^r$ 是一凸集,$v\in\boldsymbol{U}$,$v+\Delta\in\boldsymbol{V}$,$\boldsymbol{U}\subset\boldsymbol{V}$,$\boldsymbol{V}$ 为 $\boldsymbol{U}$ 之所有点的 ε 邻域的并,$\varepsilon>0$,又 $\varphi(v)$是一凸函数,则对 v 必存在一向量 a,使

$$\varphi(v+\Delta)-\varphi(v)\geqslant-[a,\Delta]$$

其中,[·,·]系两向量内积。

附录Ⅱ　线性代数与线性微分方程组

这一部分附录是在这样的前提下写的,即读者已经熟悉矩阵论的初等知识,矩阵理论对于自动控制理论的工作者来说应该被视为一种常见的工具。这里不打算也不可能全面介绍线性代数与线性微分方程组方面的基本知识,而是按最优控制理论所必须的某些基本知识作简要之阐述。

Ⅱ.1　矩阵与矩阵多项式

在这一部分,我们所指的矩阵主要是方阵。

多项式矩阵 $A(\lambda)$ 的每个元素 $a_{ik}(\lambda)$ 都是 λ 的多项式,一般可记为

$$A(\lambda)=(a_{ik}(\lambda))=(a_{ik}^{(0)}\lambda^m+\cdots+a_{ik}^{(m)}) \tag{Ⅱ.1-1}$$

其中,$a_{ik}(\lambda)$ 是位于第 i 行 k 列的多项式。

显然,一个多项式矩阵也可写为

$$A(\lambda)=A_0\lambda^m+\cdots+A_m \tag{Ⅱ.1-2}$$

其中,A_i 是数字方阵,若 $A_0\neq 0$,则称 m 为多项式矩阵的幂次。

当 $|A_0|\neq 0$ 时,称多项式矩阵是正则的,其中 $|A|$ 是 A 的行列式。

在两个多项式矩阵间可以作加法与乘法,设

$$\begin{aligned}A(\lambda)&=A_0\lambda^m+A_1\lambda^{m-1}+\cdots+A_{m-1}\lambda+A_m\\B(\lambda)&=B_0\lambda^n+B_1\lambda^{n-1}+\cdots+B_{n-1}\lambda+B_n\end{aligned} \tag{Ⅱ.1-3}$$

则有

$$A(\lambda)+B(\lambda)=A_m+B_n+\lambda[A_{m-1}+B_{n-1}]+\lambda^2[A_{m-2}+B_{n-2}]+\cdots$$

当然,对于加法来说有交换律,对乘法有

$$A(\lambda)B(\lambda)=A_0B_0\lambda^{m+n}+(A_0B_1+A_1B_0)\lambda^{m+n-1}+\cdots$$

对于乘法,正如矩阵之间乘法一样不存在交换律。

对两个同阶矩阵多项式 $A(\lambda)$ 和 $B(\lambda)$,其次数分别是 m 和 n,且 $B(\lambda)$ 是正则的,则 $Q(\lambda)$ 和 $R(\lambda)$ 称为以 $B(\lambda)$ 除 $A(\lambda)$ 之右商和右余式。

1° $A(\lambda)=Q(\lambda)B(\lambda)+R(\lambda)$。

2° $R(\lambda)$ 之次数低于 $B(\lambda)$ 之次数。

相应地有左商与左余式之概念。

不难证明,无论右商、右余式与左商、左余式都应该是唯一的。

对任何数字矩阵 A,一般称多项式,即

$$D(\lambda)=|\lambda I-A| \tag{Ⅱ.1-4}$$

是 A 的特征多项式，而记由 $\lambda I-A=f(\lambda)$ 之代数余子式构成之矩阵 $F(\lambda)$ 为 $f(\lambda)$ 之伴随矩阵。显然，有

$$f(\lambda)F(\lambda)=D(\lambda)I=F(\lambda)f(\lambda) \tag{Ⅱ.1-5}$$

可以证明，对特征多项式，有 Hamilton 定理，即

$$D(A)=0 \tag{Ⅱ.1-6}$$

以下以 $\lambda_1,\cdots,\lambda_n$ 表示 $D(\lambda)=0$ 之根，并称为 A 之特征值。不难证明，若设 $g(\mu)$ 系 μ 的一多项式，则矩阵 $g(A)$ 之特征值为 $g(\lambda_1),\cdots,g(\lambda_n)$。

对一切标量多项式 $h(\lambda)$，若有矩阵，即

$$h(A)=0 \tag{Ⅱ.1-7}$$

则称 $h(\lambda)$ 是 A 的零化多项式，而在零化多项式中，次数最低首项系数为 1 的称为最小多项式。可以证明，对一矩阵来说，最小多项式是唯一的，并且任何零化多项式均可用最小多项式整除。

若记 $D_{n-1}(\lambda)$ 是 $F(\lambda)$ 所有元素之公共因子，则有

$$F(\lambda)=D_{n-1}(\lambda)C(\lambda) \tag{Ⅱ.1-8}$$

$C(\lambda)$ 之元素间无公共因子，由此就有

$$D(\lambda)I=f(\lambda)F(\lambda)=(\lambda I-A)D_{n-1}(\lambda)C(\lambda) \tag{Ⅱ.1-9}$$

由于 $D(\lambda)$ 能被 $D_{n-1}(\lambda)$ 整除，令

$$D(\lambda)=D_{n-1}(\lambda)\psi(\lambda) \tag{Ⅱ.1-10}$$

由此我们就有 $\psi(A)=0$，$\psi(\lambda)$ 是零化多项式。不难证明，它就是最小多项式，由此可知最小多项式为

$$\psi(\lambda)=D(\lambda)/D_{n-1}(\lambda) \tag{Ⅱ.1-11}$$

显然，如果矩阵 A 与 B 相似，即有非奇异之矩阵 C，使 $A=C^{-1}BC$，则 A 与 B 具有相同之最小多项式。由此可知，矩阵 A 与对应之 Jordan 型有相同之最小多项式，或线性变换下一矩阵之最小多项式不变。

显然，在一般情形下，矩阵 A 之特征多项式的次数应比最小多项式大。可以证明，在矩阵 A 之同一特征值对应两个 Jordan 块时，其最小多项式的次数必低于特征多项式的次数。

Ⅱ.2　矩阵函数 1

在对线性常微分方程组的研究中，矩阵函数的工具已经日益普遍，它使我们在描述问题与论证问题上都显得简明扼要。

设矩阵 A 的最小多项式为

$$\psi(\lambda)=(\lambda-\lambda_1)^{m_1}\cdots(\lambda-\lambda_s)^{m_s} \tag{Ⅱ.2-1}$$

一般来说，有 $m_1+\cdots+m_s\leqslant n$，当等于 n 时，可知最小多项式即特征多项式的情形，对应每一特征值 λ_i 的只有一个 Jordan 块。

考虑两个多项式 $g(\lambda)$ 与 $h(\lambda)$，若有

$$g(A)\equiv h(A) \tag{Ⅱ.2-2}$$

又由于 $d(\lambda)=g(\lambda)-h(\lambda)$ 是零化多项式，因此不难证明有

$$g(\lambda_k)=h(\lambda_k),\cdots,g^{(m_k-1)}(\lambda_k)=h^{(m_k-1)}(\lambda_k) \tag{Ⅱ.2-3}$$

以后常认为 $g(\lambda)$ 与 $h(\lambda)$ 在 $\psi(\lambda)$ 意义下相同，记为

$$g(\lambda)\equiv h(\lambda)\bmod\psi(\lambda) \tag{Ⅱ.2-4}$$

对于 $m=m_1+\cdots+m_s$ 个数，称

$$f(\lambda_k),f'(\lambda_k),\cdots,f^{m_k-1}(\lambda_k),\quad k=1,2,\cdots,s \tag{Ⅱ.2-5}$$

为 $f(\lambda)$ 在 A 矩阵谱上之值。以后以 $f(\Lambda_A)$ 表示其全体，若式（Ⅱ.2-5）均存在且有意义，则称 $f(\lambda)$ 在 A 之谱上定义，显然有两多项式，若

$$g(A)=h(A)\Rightarrow g(\Lambda_A)=h(\Lambda_A) \tag{Ⅱ.2-6}$$

式（Ⅱ.2-6）反过来也是对的，由此可知矩阵 $g(A)$ 完全由 $g(\Lambda_A)$ 确定。

定义Ⅱ.1 $f(\lambda)$ 是定义在 A 的谱上，系指对一切满足

$$f(\Lambda_A)=g(\Lambda_A) \tag{Ⅱ.2-7}$$

之 $g(\lambda)$，有 $f(A)=g(A)$。

考虑全部与 $f(\lambda)$ 在 A 的谱上有相同值的复系数多项式中有且仅有一个多项式 $r(\lambda)$，它的次数 $<m$，以后常称 $r(\lambda)$ 是 $f(\lambda)$ 在 A 的谱上的 Lagrange 补插多项式。

设 $f(\lambda)$ 是在 A 之谱上确定之函数，而 $r(\lambda)$ 是对应之 Lagrange 补插多项式，则 $f(A)=r(A)$。

可以证明，如果 A 与 B 相似，则 $f(A)$ 与 $f(B)$ 相似，并且有

$$A=C^{-1}BC,\quad f(A)=C^{-1}f(B)C \tag{Ⅱ.2-8}$$

这是由于 A 和 B 相似，有共同之最小多项式 $\psi(\lambda)$，因此 $f(\lambda)$ 在 A 之谱上之值全同于它在 B 之谱上之值。由此就可找到共同之多项式 $r(\lambda)$，使

$$r(A)=f(A),\quad r(B)=f(B) \tag{Ⅱ.2-9}$$

由此应用 $r(\lambda)$ 为过渡工具，则可证式（Ⅱ.2-8）成立。自然直接通过 A 与 B 相似也可以直接推得式（Ⅱ.2-8）。

显然，如果 A 是对角块矩阵 $A=\mathrm{diag}\{A_1,\cdots,A_m\}$，则有

$$f(A)=\mathrm{diag}\{f(A_1),\cdots,f(A_m)\}$$

下面考虑 Lagrange 补插多项式之建立。

首先设 A 之特征值全为单根，则最小多项式，即

$$\psi(\lambda)=\det(\lambda I-A)=(\lambda-\lambda_1)\cdots(\lambda-\lambda_n) \tag{Ⅱ.2-10}$$

另外，要求 $r(\lambda_k)=f(\lambda_k)$。由此考虑

$$r(\lambda)=\sum_{k=1}^{n}\frac{(\lambda-\lambda_1)\cdots(\lambda-\lambda_{k-1})(\lambda-\lambda_{k+1})\cdots(\lambda-\lambda_n)}{(\lambda_k-\lambda_1)\cdots(\lambda_k-\lambda_{k-1})(\lambda_k-\lambda_{k+1})\cdots(\lambda_k-\lambda_n)}f(\lambda_k)$$

它显然满足要求，由此就有

$$\begin{aligned}f(A)&=r(A)\\&=\sum_{k=1}^{n}\frac{(A-\lambda_1 I)\cdots(A-\lambda_{k-1}I)(A-\lambda_{k+1}I)\cdots(A-\lambda_m I)}{(\lambda_k-\lambda_1)\cdots(\lambda_k-\lambda_{k-1})(\lambda_k-\lambda_{k+1})\cdots(\lambda_k-\lambda_n)}\end{aligned}$$

事实上，这只要求最小多项式仅有单根，而不需要特征多项式只有单根。

进一步，若设

$$\psi(\lambda)=(\lambda-\lambda_1)^{m_1}(\lambda-\lambda_2)^{m_2}\cdots(\lambda-\lambda_s)^{m_s} \tag{Ⅱ.2-11}$$

由于 $r(\lambda)$ 次数低于 $\psi(\lambda)$，因此就可以有

$$\frac{r(\lambda)}{\psi(\lambda)}=\sum_{k=1}^{s}\left[\frac{\alpha_{k1}}{(\lambda-\lambda_k)^{m_k}}+\cdots+\frac{\alpha_{km_k}}{(\lambda-\lambda_k)}\right] \tag{Ⅱ.2-12}$$

现在求 α_{kj}，设

$$\psi^k(\lambda)=\frac{\psi(\lambda)}{(\lambda-\lambda_k)^{m_k}}$$

则我们有

$$\begin{aligned}\frac{r(\lambda)}{\psi^k(\lambda)}=&\alpha_{k1}+\alpha_{k2}(\lambda-\lambda_k)+\cdots+\alpha_{km_k}(\lambda-\lambda_k)^{m_k-1}\\&+(\lambda-\lambda_k)^{m_k}\rho(\lambda)\end{aligned}$$

其中，$\rho(\lambda)$ 在 $\lambda=\lambda_k$ 的邻域内是正常之有理函数，由此就有

$$\alpha_{k1}=\left[\frac{r(\lambda)}{\psi^k(\lambda)}\right]_{\lambda_k},\cdots,\alpha_{kj}=\frac{\alpha^{j-1}}{\alpha^{j-1}}\left[\frac{r(\lambda)}{\psi^k(\lambda)}\right]_{\lambda_k}\frac{1}{(j-1)!} \tag{Ⅱ.2-13}$$

显然，α_{kj} 可以用 $f(\lambda_k),f'(\lambda_k),\cdots,\psi^k(\lambda_k),\psi^{k\prime}(\lambda_k),\cdots$ 表示，由此可求出 α_{kj}。

显然有

$$r(\lambda)=\sum_{n=1}^{s}[\alpha_{k1}+\alpha_{k2}(\lambda-\lambda_k)^2+\cdots+\alpha_{km_k}(\lambda-\lambda_k)^{m_k-1}]\psi^k(\lambda) \tag{Ⅱ.2-14}$$

由以上分析可知，$f(A)$ 完全由 A 之最小多项式，以及 A 与 $f(\lambda)$ 确定。

Ⅱ.3 矩阵函数Ⅱ

由式(Ⅱ.2-14)，考虑 α_{kj} 是 $f(\lambda_k),\cdots,f^{(m_k-1)}(\lambda_k)$ 之线性组合，其组合之系数完全由 $\psi^k(\lambda)$ 决定，即由矩阵 A 之最小多项式决定，则一般来说，Lagrange 补插多项式可以写为

$$r(\lambda)=\sum_{k=1}^{s}[f(\lambda_k)\varphi_{k1}(\lambda)+f'(\lambda_k)\varphi_{k2}(\lambda)+\cdots$$

$$+f^{(m_k-1)}(\lambda_k)\varphi_{km_k}(\lambda)] \tag{Ⅱ.3-1}$$

其中，$\varphi_{kj}(\lambda)$是低于 $m=\sum_{k=1}^{s}m_k$ 次的多项式。

若令

$$Z_{kj}=\varphi_{kj}(A) \tag{Ⅱ.3-2}$$

则我们有

$$f(A)=\sum_{k=1}^{s}(f(\lambda_k)Z_{k1}+f'(\lambda_k)Z_{k2}+\cdots+f^{m_k-1}(\lambda_k)Z_{km_k}) \tag{Ⅱ.3-3}$$

显然，Z_{kj} 可以看成 A 矩阵之分量，这样 $f(A)$就可用 f 本身在 A 的谱上之值与 Z_{kj} 表示出来。

以下我们来证明 Z_{kj} 之间是线性无关的，首先证 $\varphi_{kj}(\lambda)$之间线性无关。

设有 c_{kj} 存在，使

$$\sum_{k=1}^{s}\sum_{j=1}^{m_n}c_{kj}\varphi_{kj}(\lambda)=0 \tag{Ⅱ.3-4}$$

由此就有 $r(\lambda)$之表达式(Ⅱ.3-1)。不难看出，$\varphi_{kj}(\lambda)$是这样的补插多项式，它对应 A 之谱之所有值(除 $f^{(j-1)}(\lambda_k)=1$)均为零。如果从 m 个条件，即

$$r^{(j-1)}(\lambda_k)=c_{kj} \tag{Ⅱ.3-5}$$

来确定补插多项式，则有

$$r(\lambda)=\sum_{k=1}^{s}\sum_{j=1}^{m_k}c_{kj}\varphi_{kj}(\lambda)=0 \tag{Ⅱ.3-6}$$

由此不难证明 $c_{kj}=0$。

显然可知，$\varphi_{kj}(\lambda)$之间线性无关，又由于其次数小于 m，因此 $\varphi_{kj}(A)=Z_{kj}$ 之间也线性无关。以后称 Z_{kj} 为 A 之分量。

Ⅱ.4　矩阵级数定义之函数

设 A 系一方阵，其最小多项式为

$$\psi(\lambda)=(\lambda-\lambda_1)^{m_1}(\lambda-\lambda_2)^{m_2}\cdots(\lambda-\lambda_s)^{m_s},\quad m=\sum_{k=1}^{s}m_k \tag{Ⅱ.4-1}$$

另外考虑一函数序列 $f_1(\lambda),\cdots,f_p(\lambda),\cdots$，它们在 A 的谱上均有定义。

以后称函数序列 $f_p(\lambda)$ 当 $p\to\infty$ 在 A 之谱上有极限，系指序列 $f_p(\lambda_k)$，$f_p'(\lambda_k),\cdots,f_p^{m_k-1}(\lambda_k)$均有极限。相应地有，$f_p(\lambda)$在 A 之谱上收敛至 $f(\lambda)$之定义，并记为

$$\lim_{\Gamma\to\infty}f_p(\Lambda_A)=f(\Lambda_A) \tag{Ⅱ.4-2}$$

在线性代数的理论中能够证明有如下定理。

定理Ⅱ.1 当 $p \to \infty$ 时,矩阵序列 $f_p(A)$ 有极限的充分必要条件是当 $p \to \infty$ 时,$f_p(\lambda)$ 在 A 之谱上有极限,并且

$$\lim_{p \to \infty} f_p(\Lambda_A) = f(\Lambda_A)$$

与

$$\lim_{p \to \infty} f_p(A) = f(A)$$

同时成立且可互推。

若将序列改为级数,则有如下定理。

定理Ⅱ.2 矩阵级数 $\sum_{p=1}^{\infty} u_p(A)$ 收敛之充要条件是函数级数 $\sum_{p=1}^{\infty} u_p(\lambda)$ 在 A 之谱上收敛,并且

$$f(A) = \sum_{p=1}^{\infty} u_p(A)$$

与

$$f(\Lambda_A) = \sum_{p=1}^{\infty} u_p(\Lambda_A)$$

同时成立且可互推。

利用函数泰勒级数作为过渡工具,可以证明有如下定理。

定理Ⅱ.3 设 $f(\lambda)$ 能在圆 $|\lambda - \lambda_0| < r$ 内展成如下之泰勒级数,即

$$f(\Lambda_A) = \sum_{p=0}^{\infty} \alpha_p (\lambda - \lambda_0)^p \tag{Ⅱ.4-3}$$

则若设 A 之特征数均在圆 $|\lambda - \lambda_0| < r$ 内,则我们有

$$f(A) = \sum_{\Gamma=0}^{\infty} \alpha_p (A - \lambda_0 I)^p \tag{Ⅱ.4-4}$$

应用上述办法,我们显然有

$$\mathrm{e}^A = \sum_{p=0}^{\infty} \frac{1}{p!} A^p$$

$$\cos A = \sum_{p=0}^{\infty} \frac{(-1)^p}{(2p)!} A^{2p}, \quad \sin A = \sum_{p=0}^{\infty} (-1)^p \frac{A^{2p+1}}{(2p+1)!}$$

$$\cosh A = \sum_{p=0}^{\infty} \frac{1}{(2p)!} A^{2p}, \quad \sinh A = \sum_{p=0}^{\infty} \frac{A^{2p+1}}{(2p+1)!}$$

$$(I - A)^{-1} = \sum_{p=0}^{\infty} A^p, \quad |\lambda_k| < 1, \quad k = 1, 2, \cdots, s$$

$$\ln A = \sum_{p=0}^{\infty} \frac{(-1)^{p-1}}{p} (A - I)^p, \quad |\lambda_k - 1| < 1, \quad k = 1, 2, \cdots, s$$

$\ln\lambda$ 系指取主值的那一分支。

若设 G 是 $u_1,\cdots,u_l$ 之多项式 $G(u_1,\cdots,u_l)$，而 $f_1(\lambda),\cdots,f_l(\lambda)$ 是 l 个函数，它们在 A 之谱上有定义，则若记

$$g(\lambda)=G(f_1(\lambda),\cdots,f_l(\lambda))$$

又设

$$g(\Lambda_A)=0 \tag{Ⅱ.4-5}$$

则我们有

$$G(f_1(A),\cdots,f_e(A))=0$$

显然，若令 $G=u_1^2+u_2^2-1, f_1(\lambda)=\cos\lambda, f_2(\lambda)=\sin\lambda$，则从 $\cos^2\lambda+\sin^2\lambda=1$ 不难推出下式，即

$$\cos^2 A+\sin^2 A=I \tag{Ⅱ.4-6}$$

同样相仿地，我们有

$$\mathrm{e}^A\mathrm{e}^{-A}=I,\quad \mathrm{e}^{-A}=(\mathrm{e}^A)^{-1}$$

$$\mathrm{e}^{\mathrm{j}A}=\cos A+\mathrm{j}\sin A,\quad \mathrm{j}=\sqrt{-1}$$

等等。

Ⅱ.5　常系数线性微分方程组与 e^A

考虑常系数线性微分方程组，即

$$\dot{x}=Ax \tag{Ⅱ.5-1}$$

给定初始值向量为 x^0，问如何求得满足式(Ⅱ.5-1)初值为 x^0 的解。

由于解应满足式(Ⅱ.5-1)，因此总有

$$\dot{x}^0=Ax^0,\quad \ddot{x}^0=A\dot{x}^0=A^2x^0,\cdots$$

显然，当 t 充分小时，解可写成如下之向量级数，即

$$\begin{aligned}x(t)&=x^0+t\dot{x}^0+\frac{1}{2}t^2\ddot{x}^0+\cdots+\frac{1}{n!}t^nx^{(n)0}+\cdots\\&=x^0+tAx^0+\frac{1}{2}t^2A^2x^0+\cdots\frac{1}{n!}t^nA^nx^0+\cdots\\&=\left(I+tA+\frac{1}{2}t^2A^2+\cdots+\frac{1}{n!}t^nA^n+\cdots\right)x^0\\&=\mathrm{e}^{At}x^0\end{aligned} \tag{Ⅱ.5-2}$$

由此可知，我们可将系统(Ⅱ.5-1)的解以矩阵形式给出。

进一步研究非齐次方程组，即

$$\dot{x}=Ax+f(t) \tag{Ⅱ.5-3}$$

显然，若令 $z=\mathrm{e}^{-At}x$，则有

$$\dot{z}=-Az+\mathrm{e}^{-At}\dot{x} \tag{Ⅱ.5-4}$$

或写为

$$\dot{x}=\mathrm{e}^{At}\dot{z}-A\mathrm{e}^{At}z, \quad x=\mathrm{e}^{At}z \tag{Ⅱ.5-5}$$

代入方程(Ⅱ.5-3)有

$$\dot{z}=\mathrm{e}^{-At}f(t)$$

由此则有

$$z(t)=c+\int_{t_0}^{t}\mathrm{e}^{-A\tau}f(\tau)\mathrm{d}\tau$$

即

$$x(t)=\mathrm{e}^{At}\left(c+\int_{t_0}^{t}\mathrm{e}^{-A\tau}f(\tau)\mathrm{d}\tau\right)$$

考虑初值 $x(t_0)=x^0$,有

$$x(t)=\mathrm{e}^{At}\left(\mathrm{e}^{-At_0}x^0+\int_{t_0}^{t}\mathrm{e}^{-A\tau}f(\tau)\mathrm{d}\tau\right) \tag{Ⅱ.5-6}$$

无论是从齐次常系数线性微分方程,还是非齐次微分方程看,总可以看到矩阵 e^{At} 具有重要的作用。以下我们指出一个对以后应用来说很重要的性质。

$\mathrm{e}^{A\varepsilon}$ 与 A 在 ε 充分小的情形下具有相同的不变子空间。

首先 $\mathrm{e}^{A\varepsilon}$ 按定义有

$$\mathrm{e}^{A\varepsilon}=I+\varepsilon A+\frac{1}{2!}\varepsilon^2A^2+\cdots \tag{Ⅱ.5-7}$$

它的收敛范围是对任何矩阵 εA 均能收敛。

反过来,若令

$$B=\mathrm{e}^{A\varepsilon}$$

显然,由于 A 之特征值有限,按特征值应连续依赖矩阵之系数,当 $\varepsilon=0$ 时,B 之特征值全为 1,则在 ε 充分小的情况下定能保证 B 之特征值均在圆 $|\lambda-1|<\frac{1}{2}$ 内,因此可以考虑矩阵,即

$$\ln B=A\varepsilon=\sum_{p=1}^{\infty}\frac{(-1)^{p-1}}{p}(B-I)^p \tag{Ⅱ.5-8}$$

由于一切矩阵 B 之不变子空间总应是 $C=B-I$ 之不变子空间,并且反过来亦真,则从式(Ⅱ.5-7)可知 A 之不变子空间总是 $\mathrm{e}^{A\varepsilon}$ 的不变子空间,而由式(Ⅱ.5-8)可知,$\mathrm{e}^{A\varepsilon}$ 在 ε 充分小的情况下,它的一切不变子空间都是 C 之不变子空间,也就是 $A\varepsilon=\ln B$ 之不变子空间是 A 之不变子空间,因此这一性质得证。

Ⅱ.6 变系数线性方程组与伴随系统

考虑任何变系数微分方程组,即

$$\dot{x}=A(t)x \tag{Ⅱ.6-1}$$

其中，$A(t)$的元素是 t 的连续有界函数。

由于式(Ⅱ.6-1)满足对解的存在唯一性条件，考虑令对应初值，即

$$x(\tau)=I \tag{Ⅱ.6-2}$$

下之基本解矩阵是 $\phi(t,\tau)$，即

$$\phi(t,\tau)=(\phi_{ij}(t,\tau))$$

它的第 j 列其分量为 $\phi_{ij}(t,\tau)$，$i=1,2,\cdots,n$ 是式(Ⅱ.6-1)的一个特解，且有

$$\phi_{ij}(\tau,\tau)=\delta_{ij}=\begin{cases}1, & i=j\\ 0, & i\neq j\end{cases}$$

而矩阵(Ⅱ.6-2)的不同列之间则是互不线性相关的特解。其全部构成基本解系。

显然，对任意初值 $x(\tau)=x^0$ 来说，式(Ⅱ.6-1)对应初值问题之解应为

$$x(t)=\phi(t,\tau)x^0 \tag{Ⅱ.6-3}$$

不难证明，$\phi(t,\tau)$有如下性质。

1° $\phi(t,\tau)$是非奇异的，即 $\phi^{-1}(t,\tau)$存在。

2° $\phi(t,\tau)$可以被看成线性变换，有

$$\begin{aligned}&\phi(t_n,t_{n-1})\phi(t_{n-1},t_{n-2})\cdots\phi(t_2,t_1)x^0\\&=\phi(t_n,t_1)x^0\end{aligned} \tag{Ⅱ.6-4}$$

即对应线性变换有乘法且有结合律，由此变换 $\phi(t,\tau)$构成一变换群。

3°若 $\phi(t_2,t_1)x^0=x^1$，则有 $\phi(t_1,t_2)x^1=x^0$。　(Ⅱ.6-5)

这表明，线性变换有逆，且 $\phi^{-1}(t_2,t_1)=\phi(t_1,t_2)$。

对于非齐次线性方程组，即

$$\dot{x}=A(t)x+B(t)f \tag{Ⅱ.6-6}$$

其中，f 可以是标量或 r 维向量，若记对应齐次系统(Ⅱ.6-1)之基本解矩阵为 $\phi(t,\tau)$，则令

$$x=\phi(t,\tau)z \tag{Ⅱ.6-7}$$

不难有

$$\dot{x}=A(t)\phi(t,\tau)z+\phi(t,\tau)\dot{z} \tag{Ⅱ.6-8}$$

代入式(Ⅱ.6-6)，则有

$$\phi(t,\tau)\dot{z}=B(t)f(t)$$

或者有

$$z(t)=c+\int_\tau^t\phi^{-1}(\lambda,t)B(\lambda)f(\lambda)\mathrm{d}\lambda=c+\int_\tau^t\phi(t,\lambda)B(\lambda)f(\lambda)\mathrm{d}\lambda \tag{Ⅱ.6-9}$$

考虑初值有

$$z(\tau)=x(\tau)=x^0$$

则有 $c=x^0$，由此不难有

$$x(t)=\phi(t,\tau)\left(x^0+\int_\tau^t\phi(\tau,\lambda)B(\lambda)f(\lambda)\mathrm{d}\lambda\right) \quad (Ⅱ.6\text{-}10)$$

成立。此公式通常称为 Cauchy 公式。

对于变系数线性系统(Ⅱ.6-1),常称对应的系统,即

$$\dot{\psi}=-[A(t)]'\psi \quad (Ⅱ.6\text{-}11)$$

为其伴随系统或共轭系统,以后记该系统(Ⅱ.6-11)之基本解矩阵是 $\psi(t,\tau)$,记 $\psi(t,\tau)$之转置矩阵为 $\psi^*(t,\tau)$,则不难有

$$\dot{\psi}^*(t,\tau)=-\psi^*(t,\tau)A(t)$$

研究矩阵,即

$$x(t,\tau)=\psi^*(t,\tau)\phi(t,\tau)$$

对它求 t 之导数,则有

$$\dot{x}=\dot{\psi}^*\phi+\psi^*\dot{\phi}=-\psi^*A\phi+\psi^*A\phi=0$$

由此可知,$x(t,\tau)$应为常系数矩阵,即式(Ⅱ.6-11)之任何一解 $\psi(t)$与系统(Ⅱ.6-1)之任何一解 $x(t)$之间恒有

$$\frac{\mathrm{d}}{\mathrm{d}t}[x(t),\psi(t)]=0$$

不难证明,由于 $\phi(\tau,\tau)=I,\psi(\tau,\tau)=I$,则可以有

$$\psi^*(t,\tau)=\phi^{-1}(t,\tau)$$

由此,对系统(Ⅱ.6-6)来说,初值 $x(\tau)=x^0$ 下之解应为

$$x(t)=\phi(t,\tau)\left(x^0+\int_\tau^t\psi^*(\lambda,\tau)B(\lambda)f(\lambda)\mathrm{d}\lambda\right)$$

附录Ⅲ Pontryagin 最大值原理之证明

作为对最优控制问题有突出贡献的 Pontryagin 最大值原理，早在 1956 年就被提出，但当时在数学上并未给出严格的证明，直到 1959 年这一证明才被正确地给出。

Pontryagin 为了理论的广泛与数学的完美性，他的证明是对 L-可测类控制函数作出的，并将分段连续类控制函数所能得到的结果作为自己的推论，这在文献[1]中有详细的叙述。

考虑读者在数学修养上的限制，以及证明的本质方面，这里将不用实变函数论的知识给出最大值原理的证明。这种证明在数学实质与形式上同文献[1]中的完全一样，并且是严格的。

在§2.1中，我们已经把最优控制问题化成一种终值最优问题，由此证明最优控制问题的办法就归结为对轨道偏离问题的估计。以下证明将在控制受到变异情况下研究轨道的变分，然后讨论这些变分后轨道的全体在终点的性质，最后证明最大值原理作为最优控制的必要条件。

由于我们只要求证明必要条件，因此可以选择一类特殊的控制变分，即在小区间上变分进行证明，所有轨道偏离的发生可以认为是在如下两个方面发生的。

1°在一个小区间上控制变化得到的。

2°在初始条件变化下所得到的。

下面证明最大值原理，所给的证明将力图给出几何直观。

Ⅲ.1 由于初始状态变化发生的超平面转移

我们以 ε 表示一阶小量，并且不加区别地以 $o(\varepsilon)$ 表示 ε 的高阶小量，它既可以表示向量，也可以表示标量，即

$$\lim_{\varepsilon \to 0}\frac{o(\varepsilon)}{\varepsilon}=0$$

显然，我们有 $o(\varepsilon)+o(\varepsilon)=o(\varepsilon)$，$ao(\varepsilon)=o(\varepsilon)$，其中 a 有界。

现在设控制 $u(t)$ 已经给定，研究初值由 x^0 变动到 y^0 轨道的变化，考虑

$$y^0=x^0+\varepsilon\xi^0+o(\varepsilon) \tag{Ⅲ.1-1}$$

对应的轨道为

$$y(t)=x(t)+\delta x(t)+o(\varepsilon) \tag{Ⅲ.1-2}$$

其中，$\delta x(t)$与ε同阶，显然它满足方程，即

$$\dot{\delta x}_i = \sum_{\alpha=0}^{n} \frac{\partial f_i(x(t),u(t))}{\partial x_\alpha}\delta x_\alpha \qquad (\text{Ⅲ}.1\text{-}3)$$

这是一个齐次线性方程，由于$u(t)$与$x(t)$已经给定，因此$\delta x(t)$将唯一被ξ^0确定。它可以理解为ξ^0经线性变换得到的。由于我们的最优控制问题是在有限时间区间上进行的，考虑解对初值的连续性，因此式(Ⅲ.1-2)中的$o(\varepsilon)$对$t\in[t_0,t_1]$是一致的，由此不难得知式(Ⅲ.1-3)之初始条件为

$$\delta x_i(t_0)=\xi_{i0} \qquad (\text{Ⅲ}.1\text{-}4)$$

若以X_t表示坐标原点在$x(t)$上的$n+1$维欧氏空间，则向量，即

$$\xi(t)=\delta x(t)$$

可理解为该空间X_t之元素。由此方程(Ⅲ.1-3)可视为由X_{t_0}至X_t的线性变换，以后记其为A_{t,t_0}。

考虑线性变换的性质，我们有

$$A_{t,t}=I,\quad A_{t_3,t_1}=A_{t_3,t_2}A_{t_2,t_1} \qquad (\text{Ⅲ}.1\text{-}5)$$

研究方程(Ⅲ.1-3)，考虑在最大值原理中，我们引进的辅助函数ψ_i，它满足方程组，即

$$\dot{\psi}_i=-\sum_{\alpha=1}^{n} \frac{\partial f_\alpha(x(t),u(t))}{\partial x_i}\psi_\alpha,\quad i=0,1,\cdots,n \qquad (\text{Ⅲ}.1\text{-}6)$$

考虑方程(Ⅲ.1-3)，显然它与式(Ⅲ.1-6)共轭(在相同的$x(t)$，$u(t)$时)，由此就有

$$[\psi(t),\delta x(t)]=\sum_{\alpha=1}^{n}\psi_\alpha(t)\delta x_\alpha(t) \qquad (\text{Ⅲ}.1\text{-}7)$$

应为常量，考虑

$$\delta x(t)=A_{t,t_0}(\xi^0) \qquad (\text{Ⅲ}.1\text{-}8)$$

由此可有如下引理。

引理Ⅲ.1 若$\psi(t)$是式(Ⅲ.1-6)之解，ξ^0是任意向量，则在$t\in[t_0,t_1]$总有

$$[\psi(t),A_{t,t_0}(\xi^0)]=\text{常数} \qquad (\text{Ⅲ}.1\text{-}9)$$

特别在常数是零时，式(Ⅲ.1-9)将表示为

$$[\psi(t),A_{t,t_0}(\xi^0)]=[\psi(t_0),\xi^0]=0, \qquad (\text{Ⅲ}.1\text{-}10)$$

由此可知，在t_0时，与向量$\psi(t_0)$垂直之向量组成之集通常是一超平面，经过线性变换A以后，仍保持与$\psi(t)$正交。

Ⅲ.2 控制的变分与轨道的变分

设$u(t)$是可允控制，显然它是分段连续的，为建立其变分，考虑一有限的时间序列，即

$$t_0<\tau_1\leqslant\tau_2\leqslant\cdots\leqslant\tau_s\leqslant\tau\leqslant t_1 \tag{Ⅲ.2-1}$$

另外考虑一非负数列 $\delta t_1,\cdots,\delta t_s$ 与一实数 δt，由此引入

$$l_i=\begin{cases}\delta t-(\delta t_i+\cdots+\delta t_s), & \tau_i=\tau\\ -(\delta t_i+\cdots+\delta t_s), & \tau_i=\tau_s<\tau\\ -(\delta t_i+\cdots+\delta t_j), & \tau_i=\tau_{i+1}=\cdots=\tau_j,\quad j<s\end{cases} \tag{Ⅲ.2-2}$$

这些数，并构成半开区间，即

$$\tau_i+\varepsilon l_i<t\leqslant\tau_i+\varepsilon(l_i+\delta t_i) \tag{Ⅲ.2-3}$$

首先半区间 I_i 之长度是 $\varepsilon\delta t_i$，当 $\delta t_i=0$ 时，它是空集。

若 $\tau_i=\cdots=\tau_j$，则可知 $|l_i|\geqslant|l_{i+1}|\geqslant\cdots\geqslant|l_j|=\delta t_j$，由此考虑在 l_i 具有负值，则可知 $I_i,\cdots,I_j$ 是由左向右彼此相连的。又若某个 I_k 不从其右端与下一区间相连，则若 $\tau_k<\tau$ 就有 I_k 之右端点就是 τ_k，而若 $\tau_k=\tau$，则变为 $\tau_k+\varepsilon\delta t$。考虑充分小的 ε，不难做到 $I_j\subseteq[t_0,t_1]$，并且使 I_i 与 I_j 之交集为空集。为了说明以上构造，考虑 $\tau_1=\tau_2=\tau_3<\tau_4$ 之情形，从几何上我们可将其表示在图Ⅲ.2-1 上。显然，当$\tau_1<\tau_2<\tau_3$ 时，亦有相应之情形。

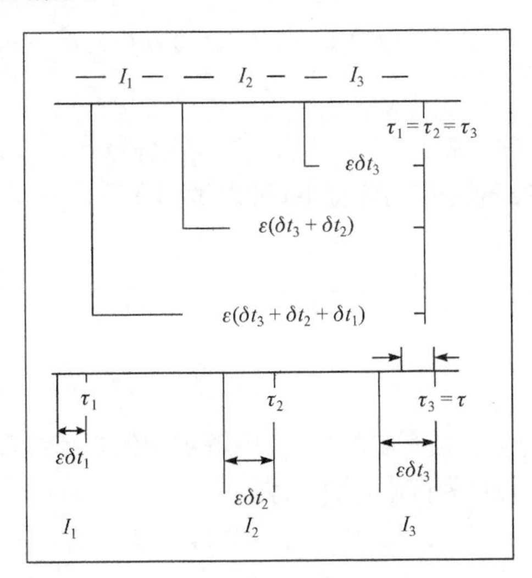

图Ⅲ.2-1

进一步，我们考虑变分控制。设 $u_i\in\overline{U}$ 是任意可允控制向量，定义变分控制为

$$u^*(t)=\begin{cases}u(t), & t\overline{\in}\{I_1\cup I_2\cup\cdots\cup I_s\}\\ v_i, & t\in I_i,\quad v_i\in\boldsymbol{U}\end{cases} \tag{Ⅲ.2-4}$$

不难证明，$u^*(t)$是分段连续的，并且可允。

考虑一曲线 $x=\xi(\varepsilon)$，$0\leqslant\varepsilon\leqslant\varepsilon_0$，它经过 x^0 时有切线方向$\left.\dfrac{\mathrm{d}\xi}{\mathrm{d}\varepsilon}\right|_0=\xi_0'$。

以 $x(t)$ 表示对应 $u(t)$ 由点 x^0 出发之轨道，以 $x^*(t)$ 表由点 $\xi(\varepsilon)$ 出发对应 $u^*(t)$ 之轨道（设确定 $\boldsymbol{I}_i$ 时之 ε 与此处之 ε 相同）。

考虑 $u^*(t)$ 和 $u(t)$ 均有界，它们只在 $\boldsymbol{I}_i$ 上取值不同，且由于 $\boldsymbol{I}_i$ 之宽度是 ε 之同阶小量，则由微分方程对初值及参数之连续依赖性可知，当 ε 充分小时，$x^*(t)$ 将在 $t_0 \leqslant t \leqslant \tau + \varepsilon\delta t$ 有定义。

我们的第一步目标是估计 $x^*(\tau+\varepsilon\delta t)$，以下证明它是

$$x^*(\tau+\varepsilon\delta t) = x(\tau) + \varepsilon A_{\tau,t_0}(\xi) + \varepsilon\Delta x + o(\varepsilon) \tag{Ⅲ.2-5}$$

而其中 Δx 是与 ε 无关之向量，由等式，即

$$\begin{aligned}\Delta x = f(x(\tau),u(\tau))\delta t + \sum_{i=1}^{s} A_{\tau\tau_i}(f(x(\tau_i)v_i) \\ - f(x(\tau_i),u(\tau_i)))\delta t_i\end{aligned} \tag{Ⅲ.2-6}$$

确定。

为证明结论为真，以下对 s 引用归纳法。考虑 τ 是 $u(t)$ 的连续点，显然它是 $x(t)$ 的可微点，因此是 $x(t)$ 之连续点，则有

$$\int_{\tau}^{\tau+\varepsilon\delta\tau} f(x(t),u(t))\mathrm{d}t = \varepsilon f(x(\tau),u(\tau))\delta t + o(\varepsilon) \tag{Ⅲ.2-7}$$

由此不难证明有

$$x(\tau+\varepsilon\delta t) = x(\tau) + \varepsilon f(x(\tau),u(\tau))\delta t + o(\varepsilon) \tag{Ⅲ.2-8}$$

考虑 $\tau_s < \tau$，则在 ε 充分小的前提下，可以做到在 $(\tau,\tau+\varepsilon\delta t)$ 不包含 $\tau_j\,(j\leqslant s)$，由此就有

$$\begin{aligned}x^*(\tau+\varepsilon\delta t) - x^*(\tau) &= \int_{\tau}^{\tau+\varepsilon\delta t} f(x^*(t),u^*(t))\mathrm{d}t \\ &= \int_{\tau}^{\tau+\varepsilon\delta t} f(x^*(t),u(t))\mathrm{d}t\end{aligned} \tag{Ⅲ.2-9}$$

成立，又因区间 $(t_0,\tau+\varepsilon\delta t)$ 是有限的，则应用解对初值之连续性。不难证明，当 $\varepsilon\to 0$ 时，$x^*(t)$ 一致地以 $x(t)$ 为极限，由此就有

$$f(x^*(t),u(t)) = f(x(t),u(t)) + \xi_1(t) \tag{Ⅲ.2-10}$$

其中

$$\lim_{\varepsilon\to 0}\xi_1(t) = 0,\quad t\in[t_0,\tau+\varepsilon\delta t]$$

根据式(Ⅲ.2-9)，不难证明利用

$$\begin{aligned}\int_{\tau}^{\tau+\varepsilon\delta t} f(x^*(t),u(t))\mathrm{d}t &= \int_{\tau}^{\tau+\varepsilon\delta t} f(x(t),u(t))\mathrm{d}t + o(\varepsilon) \\ &= \varepsilon\delta t f(x(\tau),u(\tau)) + o(\varepsilon)\end{aligned}$$

有

$$x^*(\tau+\varepsilon\delta t) - x^*(\tau) = \varepsilon f(x(\tau),u(\tau))\delta t + o(\varepsilon) \tag{Ⅲ.2-11}$$

进一步估计 $x^*(t)$ 在 $\boldsymbol{I}_i$ 上之偏离，引入

$$x^*\Big|_{I_i}=x^*(\tau_i+\varepsilon(l_i+\delta t_i))-x^*(\tau_i+\varepsilon l_i)$$

则有

$$\begin{aligned}x^*\Big|_{I_i}&=\int_{I_i}f(x^*(t),u^*(t))\mathrm{d}t=\int_{I_i}f(x(t),v_i)\mathrm{d}t+o(\varepsilon)\\&=\varepsilon f(x(\tau_i),v_i)\delta t_i+o(\varepsilon)\end{aligned}\tag{Ⅲ.2-12}$$

以下对 s 应用归纳法证明式(Ⅲ.2-5)成立。

显然，当 $s=0$ 时，我们有 $u(t)=u^*(t)$，由此就有

$$x^*(t)=x(t)+\varepsilon A_{t,t_0}(\xi^0)+o(\varepsilon)$$

利用它不难得知

$$\begin{aligned}x^*(\tau+\varepsilon\delta t)-x(\tau+\varepsilon\delta t)&=x^*(\tau)-x(\tau)+o(\varepsilon)\\&=\varepsilon A_{\tau,t_0}(\xi^0)+o(\varepsilon)\end{aligned}$$

成立，并可证明有

$$\begin{aligned}x^*(\tau+\varepsilon\delta t)=&x(\tau)+\varepsilon f(x(\tau),u(\tau))\delta t\\&+\varepsilon A_{\tau,t_0}(\xi^0)+o(\varepsilon)\end{aligned}$$

由此当 $s=0$ 时，式(Ⅲ.2-5)成立。

进一步，先设对 $k<s$ 时式(Ⅲ.2-5)成立，若记 k 是这样的正整数，它使

$$\tau_{k+1}=\tau_{k+2}=\cdots=\tau_s,\quad \tau_i<\tau_s,\quad i\leqslant k$$

然后以 τ_s 代替 τ，以 l_{k+1} 代替 δt，则按归纳法假设式(Ⅲ.2-5)成立且取如下形式，即

$$\begin{aligned}x^*(\tau_s+\varepsilon l_{k+1})=&x(\tau_s)+\varepsilon f(x(\tau_s),u(\tau_s))l_{k+1}\\&+\varepsilon A\tau_s,t_0(\xi^0)+\varepsilon\sum_{i=1}^{k}A\tau_s,\tau_i(f(x(\tau_i),v_i)\\&-f(x(\tau_i),u(\tau_i))\delta t_i+o(\varepsilon)\end{aligned}\tag{Ⅲ.2-13}$$

实际上，这是 x^* 在 I_{k+1} 之左端点之值，又由于 $I_{k+1},\cdots,I_s$ 是彼此相连的(图Ⅲ.2-1)，将式(Ⅲ.2-12)对 $i=k+1,\cdots,s$ 求和，则有

$$\begin{aligned}&x^*(\tau_s+\varepsilon(l_s+\delta t_s))-x^*(\tau_s+l_{k+1})\\&=\varepsilon\sum_{i=k+1}^{s}f(x(\tau_i),v_i)\delta t_i+o(\varepsilon)\end{aligned}$$

若再以式(Ⅲ.2-13)加在上面，则有

$$\begin{aligned}&x^*(\tau_s+\varepsilon(l_s+\delta t_s))\\&=x(\tau_s)+\varepsilon f(x(\tau_s),u(\tau_s)\times(l_{k+1}+\delta t_{k+1}+\cdots+\delta t_s)+\varepsilon A_{\tau_s,t_0}(\xi^0)\\&\quad+\varepsilon\sum_{i=k+1}^{s}(f(x(\tau_i),v_i)-f(x(\tau_i),u(\tau_i)))\delta t_i\\&\quad+\varepsilon\sum_{i=1}^{k}A\tau_s\tau_i(f(x(\tau_i),v_i)-f(x(\tau_i),u(\tau_i)))\delta t_i+o(\varepsilon)\end{aligned}$$

由于在 $i \geqslant k+1$ 时，$\tau_i=\tau_s$，由此可知有

$$A_{\tau_s,\tau_i}=I,\quad i \geqslant k+1$$

将此代入上式，就有

$$\begin{aligned} x^*(\tau_s+\varepsilon(l_s+\delta t_s))=&x(\tau_s)+\varepsilon f[x(\tau_s),u(\tau_s)] \\ &\times(l_{k+1}+\delta t_{k+1}+\cdots+\delta t_s)+\varepsilon A_{\tau_s,t_0}(\xi^0) \\ &+\varepsilon\sum_{i=1}^{s}A_{\tau_s,\tau_i}(f(x(\tau_i),v_i)-f(x(\tau_i),u(\tau_i)))\delta t_i+o(\varepsilon) \end{aligned} \tag{Ⅲ.2-14}$$

以下分两种情形证明式(Ⅲ.2-5)之结果成立。

1°设 $\tau_{k+1}=\tau_s=\tau$，按 l_i 之定义，则有

$$l_s+\delta t_s=\delta t,\cdots,l_{k+1}+\delta t_{k+1}+\cdots+\delta t_s=\delta t$$

由此式(Ⅲ.2-14)重合于式(Ⅲ.2-5)。

2°设 $\tau_s<\tau$，则 $l_s+\delta t_s=0,\cdots,l_{k+1}+\delta t_{k+1}+\cdots+\delta t_s=0$。由式(Ⅲ.2-14)，则有

$$\begin{aligned} x^*(\tau_s)=&x(\tau_s)+\varepsilon A_{\tau_s,t_0}(\xi^0) \\ &+\varepsilon\sum_{i=1}^{s}A_{\tau_s,\tau_i}(f(x(\tau_i),v_i)-f(x(\tau_i),u(\tau_i)))\delta t_i+o(\varepsilon) \end{aligned} \tag{Ⅲ.2-15}$$

又由于在区间 $\tau_s<t\leqslant\tau$ 上，控制 $u^*(t)\equiv u(t)$，则我们有

$$x^*(t)-x(t)=A_{t,\tau_s}[x^*(\tau_s)-x(\tau_s)]+o(\varepsilon),\quad \tau\geqslant t\geqslant\tau_s$$

由此以式(Ⅲ.2-15)代入式，则有

$$\begin{aligned} x^*(\tau)-x(\tau)=&\varepsilon A_{\tau,t_0}(\xi^0)+\varepsilon\sum_{i=1}^{s}A_{\tau,\tau_i}(f(x(\tau_i),v_i) \\ &-f(x(\tau_i),u(\tau_i)))\delta t_i+o(\varepsilon) \end{aligned} \tag{Ⅲ.2-16}$$

若以式(Ⅲ.2-16)与式(Ⅲ.2-11)相加，则有

$$\begin{aligned} x^*(\tau+\varepsilon\delta t)=&x(\tau)+\varepsilon f(x(\tau_1),u(\tau))\delta t+\varepsilon A_{\tau,t_0}(\xi^0) \\ &+\varepsilon\sum_{i=1}^{s}A_{\tau,\tau_i}(f(x(\tau_1),v_i)-f(x(\tau_i),u(\tau_i))) \\ &+o(\varepsilon) \end{aligned} \tag{Ⅲ.2-17}$$

由此式(Ⅲ.2-5)得到证明。

最后需要指出，在上述计算中，我们并没有确定 τ_i 与 v_i，因此上述估计对任何 τ_i 和 $v_i\in\boldsymbol{U}$ 均合适。以后我们考虑 τ_i 与 v_i 是变的，则式(Ⅲ.2-5)可以看成是依赖这些量的变化而变化的。同时利用此种观点，我们从几何上利用反证法证明最大值原理是必要条件。

Ⅲ.3　锥体及其性质

由前面讨论可知，当控制给定时，对应系统的运动在一确定时间与空间中确定

一个点，而当控制变动时，则对应系统运动在一确定时间与空间中确定的点的全体是一个点集合。下面讨论这种点集合的性质。

考虑式(Ⅲ.2-5)中 Δx，它与 ε 无关但依赖 τ_i、τ、v_i、δt_i 与 $\delta t(i=1,2,\cdots,s)$，以后以符号☆表示上述向量$(\tau_i,\tau,v_i,\delta t_i,\delta t)$，而以 $\Delta x_{☆}$ 表示对应的 Δx。

考虑 $u(t)$确定，选择一连续点 τ，考虑满足条件 $t_0<\tau_1\leqslant\cdots\leqslant\tau_s\leqslant\tau<t_1$ 的变分的全体，考虑有限多个量，即

$$☆'=\{\tau_i,v_i,\tau,\delta t',\delta t_i'\}$$
$$☆''=\{\tau_i,v_i,\tau,\delta t'',\delta t_i''\}$$
$$\cdots$$

它们在 τ_i、τ、v_i 上是共同的，但变分区间不同，考虑其线性组合，即

$$\lambda_1☆_1+\cdots+\lambda_n☆_n+\cdots=\{\tau_i,v_i,\tau,\lambda_1\delta t_i+\lambda_2\delta t_i''+\cdots+\lambda_1\delta t'+\lambda_2\delta t''+\cdots\}$$

性质Ⅲ.1(线性)　若☆$=\lambda_1☆_1+\lambda_2☆_2+\cdots$，其中 $\lambda_1\geqslant0,\lambda_2\geqslant0,\cdots$，则对应的向量 Δx 亦有

$$\Delta x_{☆}=\lambda_1\Delta x_{☆_1}+\lambda_2\Delta x_{☆_2}+\cdots$$

显然，这一性质在考虑式(Ⅲ.2-6)中 Δx 对δt_i 和δt 线性以后可立即得到。考虑 Δx 是对某个 τ 做的，因此可视其为坐标原点在 $x(\tau)$上空间 $\boldsymbol{X}_\tau$ 中之元素，若考虑取遍全部的符号☆，则 $\Delta x_{☆}$ 的全部在 $\boldsymbol{X}_\tau$ 构成一点集合 $\boldsymbol{K}_\tau$。

进一步说明 $\boldsymbol{K}_\tau$ 是 $\boldsymbol{X}_\tau$ 中的凸锥。不难证明，若 $a\in\boldsymbol{K}_\tau,b\in\boldsymbol{K}_\tau$，总有 $\lambda a+\mu b\in\boldsymbol{K}_\tau,\lambda\geqslant0,\mu\geqslant0$，由此可知 $\boldsymbol{K}_\tau$ 是凸的。

显然，当 $\delta t_i=0,\delta t=0$ 时，我们有 $\Delta x_{☆}=0$，且任何☆确定后总有 $\Delta x_{\lambda☆}=\lambda\Delta x_{☆}\in\boldsymbol{K}_\tau(\lambda\geqslant0)$，而当 $\lambda<0$ 时，显然有 $\Delta x_{\lambda☆}\overline{\in}\boldsymbol{K}_\tau$，因此可知 $\boldsymbol{K}_\tau$ 不是全空间 $\boldsymbol{X}_\tau$。

由于 $\boldsymbol{K}_\tau$ 具有如下性质。

1° $\Delta x_{\lambda☆}=\lambda\Delta x_{☆}\in\boldsymbol{K}_\tau,\lambda\geqslant0$。

2°凸的。

因此，$\boldsymbol{K}_\tau$ 构成一个不是 $\boldsymbol{X}_\tau$ 空间的凸锥体。

性质Ⅲ.2(凸锥与引出射线之关系)　设 $\tau(t_0<\tau<t_1)$是控制 $u(t)$之连续点，$x(t)$是对应该控制的轨道，Λ 是出发自 $x(\tau)$有切线 L 之任一曲线，而 $L\subseteq K_\tau$ 且除其端点外其他均为 K_τ 之内点之半射线，则一定存在控制 $u_*(t)$，使对应由 x^0 出发之轨道通过 Λ 上某一非 $x(\tau)$之点。

此性质之几何解释如图Ⅲ.3-1 所示。

证明　在射线 L 上选取任一不同于 $x(\tau)$的点 A，考虑向量 c 由 $x(\tau)$出发，矢端落在 A 点，考虑过 A 点作彼此正交又与 c 正交之向量 $e_1,\cdots,e_n$，并设其长均为 r，令 $f_i=-e_i$，由此若令 r 充分小，则可使 $e_1,\cdots,e_n,f_1,\cdots,f_n$ 均在$\boldsymbol{K}_\tau$ 内，即在 $\boldsymbol{X}_\tau$ 空间中，向量组，即

$$c,c+e_1,\cdots,c+e_n,c+f_1,\cdots,c+f_n$$

均在 $\boldsymbol{K}_\tau$ 内，由此可知存在符号$☆_0,☆_1,\cdots,☆_1',\cdots,☆_n'$，使

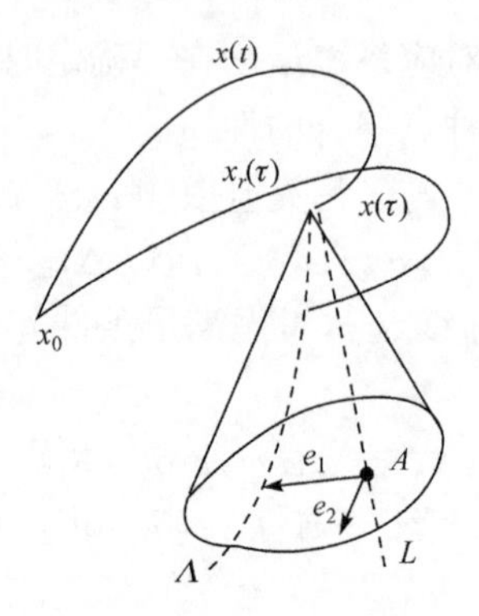

图Ⅲ. 3-1

$$\Delta x_{☆_0}=c,\Delta x_{☆_1}=c+e_1,\cdots,\Delta x_{☆_n}=c+e_n$$
$$\Delta x_{☆'_1}=c+f_1,\cdots,\Delta x_{☆'_n}=c+f_n$$

考虑实变量 ρ 的两个函数 $h^+(\rho)$ 和 $h^-(\rho)$，它们的定义为

$$h^+(\rho)=\begin{cases}\rho, & \rho\geqslant 0\\ 0, & \rho<0\end{cases},\quad h^-(\rho)=\begin{cases}0, & \rho\geqslant 0\\ -\rho, & \rho<0\end{cases} \tag{Ⅲ. 3-1}$$

其图形如图Ⅲ. 3-2 所示。

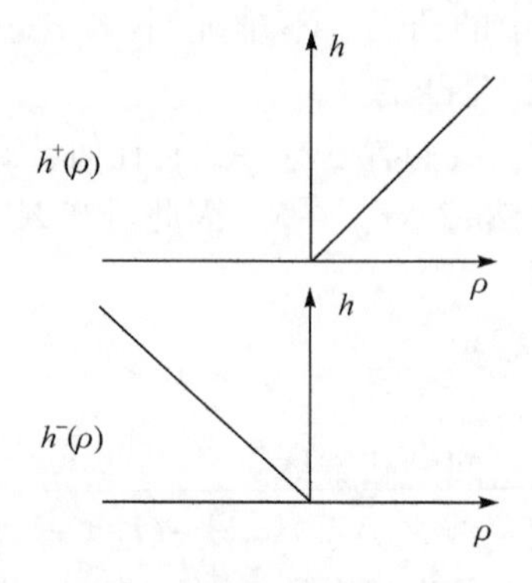

图Ⅲ. 3-2

考虑在条件 $(\rho_1)^2+\cdots+\rho_n^2\leqslant 1$ 下之符号，即

$$\begin{aligned}☆&=☆(\rho_1,\cdots,\rho_n)\\&=\left(1-\frac{1}{n}\sum_{i=1}^{n}|\rho_i|\right)☆_0\\&\quad+\frac{1}{n}\sum_{i=1}^{n}h^+(\rho_i)☆_i\\&\quad+\frac{1}{n}\sum_{i=1}^{n}h^-(\rho_i)☆'_i\end{aligned}$$

它依赖 n 个数 $\rho_1,\cdots,\rho_n$，并且由于上式之系数非负，因此☆作为前述定义有意义。

由于我们有

$$f_i=-e_i,\quad h^+(\rho)+h^-(\rho)=|\rho|,\quad h^+(\rho)-h^-(\rho)=\rho$$

则按性质Ⅲ.1，可知对应此☆有

$$\begin{aligned}\Delta x_{\star} &= \left[1+\frac{1}{n}\sum_{i=1}^{n}(-|\rho_i|+h^+(\rho_i)+h^-(\rho_i))C\right.\\&\left.\quad+\frac{1}{n}\sum_{i=1}^{n}(h^+(\rho_i)-h^-(\rho_i))e_i\right]\\&=c+\frac{1}{n}\sum\rho_i e_i\end{aligned}\tag{Ⅲ.3-2}$$

由此可知，当 ρ_i 取遍 n 维球 $\rho_1^2+\cdots+\rho_n^2\leqslant 1$，则 $\Delta x_{\star}$ 刚好充满一个与 L 正交的半径为 r/n 的 n 维球。它的中心在 A 点，由此在同样的条件下，$\varepsilon\Delta x_{\star}$ 将刚好跑遍一以 A_ε 为心与 L 正交半径为 $\dfrac{\varepsilon r}{n}$ 之 n 维球，记为 $\boldsymbol{E}_\varepsilon$，记 A_ε 距 $x(\tau)$ 之距离为 εd。同前面研究一样，在确定的符号☆中，我们总是把 τ_i、τ、v_i 看成是固定的。事实上，δt 之变化可以通过 ρ_i 来达到，因此考虑它们是 ρ_i 之连续函数，即给定 ρ_i 以后将确定出 δt_i。δt 对应的变分控制记为 $u_{\star}^*(t)$，而变分了的轨道则记为 $x_{\star}^*(t)$。

考虑式(Ⅲ.2-5)，现在是由同一初始状态出发，由此 $\xi^0=0$，这样就有

$$x_{\star}^*(\tau+\varepsilon\delta t_{\star})=x(\tau)+\varepsilon\Delta x_{\star}+o(\varepsilon)\tag{Ⅲ.3-3}$$

显然由于 $\delta t_{\star}$ 连续依赖 $\rho_1,\cdots,\rho_n$，$x_{\star}^*(\tau)$ 连续依赖 $\rho_1,\cdots,\rho_n$，而 $o(\varepsilon)$ 是对 ρ 一致的 ε 的高阶小量，因此当 $\rho_1,\cdots,\rho_n$ 在单位球内跑遍时，式(Ⅲ.3-3)跑遍一个圆盘形区域 $\boldsymbol{F}_\varepsilon$（图Ⅲ.3-3），而它与由式(Ⅲ.3-2)确定之球 $\boldsymbol{E}_\varepsilon$ 差一个高阶小量，或说 $\boldsymbol{F}_\varepsilon$ 与 $\boldsymbol{E}_\varepsilon$ 之间只差 ε 的高阶小量。$\boldsymbol{E}_\varepsilon$ 与 Λ 在 ε 充分小时一定存在交点（非 $x(\tau)$），利用拓扑学知识可知 $\boldsymbol{F}_\varepsilon$ 与 Λ 在 ε 充分小时亦应相交，即存在 $\rho_1,\cdots,\rho_n$，使对应 $u_{\star}^*(t)$，$x_{\star}^*(t)$ 有

$$x_{\star}^*(\tau+\varepsilon\delta t_{\star})\in\Lambda$$

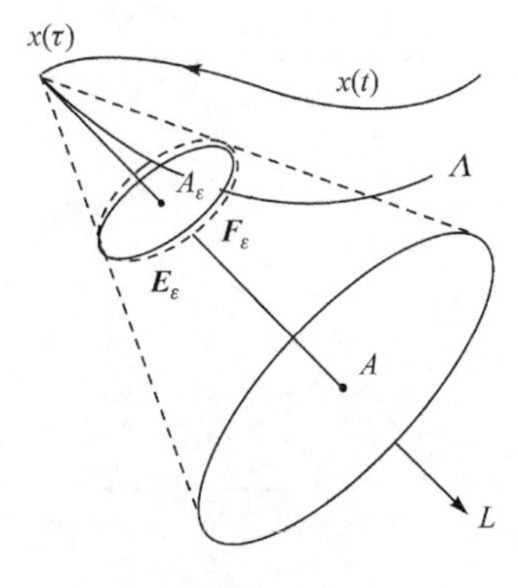

图Ⅲ.3-3

由此令 $\tau+\varepsilon\delta t_{☆}=\tau'$，则性质Ⅲ.2 得到证明。由于 $\boldsymbol{K}_\tau$ 是变分方式产生的锥，因此可知 $\tau'<\tau$。

性质Ⅲ.3(最优控制必要条件)　若控制 $u(t)$ 和对应的轨道 $x(t)$，$t_0\leqslant t\leqslant t_1$ 是最优的，则对任何 $u(t)$ 的连续点 τ 由 $x(\tau)$ 出发方向引向 x_0 轴负方向的射线一定不在凸锥 $\boldsymbol{K}_\tau$ 之内部。

证明　用反证法。设对于某个 τ 有 $L_\tau\subseteq\boldsymbol{K}_\tau$ 内部，应用性质Ⅲ.2，可知存在这样的控制 $u_*(t)$，其对应之轨道 $x_*(t)$ 由 x^0 出发的在某个时刻 $\tau'>t_0$ 通过 L_τ 上的一点，即

$$x_{i*}(\tau')=x_i(\tau),\quad i=1,2,\cdots,n;x_{0*}(\tau')<x_0(\tau)$$

若在区间 $t_0\leqslant t\leqslant t_1+(\tau'-\tau)$ 上确定下列控制，即

$$u_{**}(t)=\begin{cases}u^*(t), & \tau_0\leqslant t\leqslant\tau'\\ u(t-(\tau'-\tau)), & \tau'<t\leqslant t_1+(\tau'-\tau)\end{cases}\tag{Ⅲ.3-4}$$

则由 x^0 出发对应控制 $u_{**}(t)$ 的轨道 $x_{**}(t)$ 在区间 $t_0\leqslant t\leqslant\tau'$ 上与 $x_*(t)$ 一样，由此就有

$$x_{i**}(\tau')=x_i(\tau),\quad i=1,2,\cdots,n;x_{0**}(\tau')<x_0(\tau)$$

而在区间 $\tau'\leqslant t\leqslant t_1+(\tau'-\tau)$ 上，轨道 $x_{**}(t)$ 为

$$x_{**}(t)=x(t-(\tau'-\tau))+p$$

其中，$p=(x_{0**}(\tau')-x_0(\tau),0,\cdots,0)$ 是 $n+1$ 维常向量。

由此我们就有

$$x_{**}(t_1+(\tau'-\tau))=x(t_1)+p\tag{Ⅲ.3-5}$$

考虑最后一个分量，不难看出矛盾，$x(t)$ 不是最优的。

由此若 $u(t)$ 与 $x(t)$ 是最优的，则 $L_\tau\overline{\in}\boldsymbol{K}_\tau$ 内部。此性质之几何解释如图Ⅲ.3-4 所示。

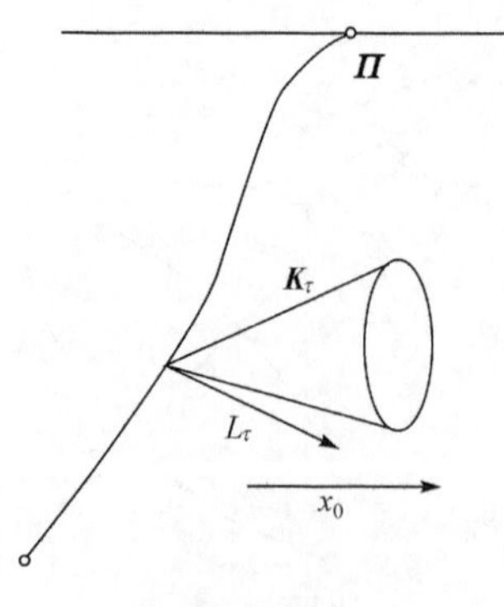

图Ⅲ.3-4

Ⅲ.4　最大值原理证明

以下设 $x(t), t_0 \leqslant t \leqslant t_1$ 是连接点 x^0 与 $\boldsymbol{\Pi}$ 的最优轨道，$u(t)$是对应的最优控制，τ 为 $u(t)$之连续点，考虑性质Ⅲ.3，我们有射线 $L_\tau \in \boldsymbol{K}_\tau$，由此可知 $\boldsymbol{K}_\tau$ 将不是全空间，考虑到 $\boldsymbol{K}_\tau$ 是凸的，则在其顶点存在支撑面 $\boldsymbol{\Gamma}$ 使整体 $\boldsymbol{K}_\tau$ 在 $\boldsymbol{\Gamma}$ 之一侧(一般 $\boldsymbol{\Gamma}$ 不唯一)。$\boldsymbol{\Gamma}$ 在 $\boldsymbol{X}_\tau$ 空间中之方程可以表示为

$$\sum_{\alpha=0}^{n} a_\alpha \xi_\alpha = 0$$

我们设

$$\boldsymbol{K}_\tau \subseteq \left\{\xi \,\middle|\, \sum a_\alpha \xi_\alpha \leqslant 0\right\} \tag{Ⅲ.4-1}$$

由此，对上述 a 恒有下式成立，即

$$[a, \Delta x] \leqslant 0, \quad \Delta x \in \boldsymbol{K}_\tau \tag{Ⅲ.4-2}$$

其中，[·，·]表示内积；$a=(a_0, \cdots, a_n)$。

对式(Ⅲ.2-6)，令 $\delta t_1 = \cdots = \delta t_s = 0$，则我们有

$$[a, f(x(\tau), u(\tau))\delta t] \leqslant 0 \tag{Ⅲ.4-3}$$

考虑式(Ⅲ.4-3)对任何 δt 成立，则

$$[a, f(x(\tau), u(\tau))] = \mathscr{H}(a, x(\tau), u(\tau)) = 0 \tag{Ⅲ.4-4}$$

或说若有 a 满足式(Ⅲ.4-2)，则有式(Ⅲ.4-4)成立。记

$$\psi(t,a) = (\psi_0(t,a), \psi_1(t,a), \cdots, \psi_n(t,a))$$

是方程(Ⅲ.1-6)对应 $x(t)$、$u(t)$，且具初条件，即

$$\psi(\tau, a) = a \tag{Ⅲ.4-5}$$

之解。由于方程(Ⅲ.1-6)是线性齐次方程，因此可知此解可在 $t_0 \leqslant t \leqslant t_1$ 上确定。

引理Ⅲ.2　设向量 a 满足式(Ⅲ.3-2)，则对应 $u(t)$之一切在区间 $t_0 < t \leqslant \tau$ 之连续点上总有

$$\mathscr{H}(\psi(t,a), x(t), u(t)) = \mathscr{M}(\psi(t,a), x(t)) \tag{Ⅲ.4-6}$$

成立，其中 $\psi(t,a)$是式(Ⅲ.1-6)在初值式(Ⅲ.3-5)下之解。

证明　设 $\tau_1 \in (t_0, \tau)$是 $u(t)$的连续点，而 v_1 是 $\boldsymbol{U}$ 中任一点，由此就有

$$\Delta x = A_{\tau,\tau_1}(f(x(\tau_1), v_1) - f(x(\tau_1), u(\tau_1))) \tag{Ⅲ.4-7}$$

由式(Ⅲ.3-2)与式(Ⅲ.3-5)，则我们有

$$[\psi(\tau,a), A_{\tau,\tau_1}(f(x(\tau_1), v_1) - f(x(\tau_1), u(\tau_1)))] \leqslant 0$$

显然，此式对于 τ 来说应为常量。由此令 $\tau = \tau_1$，则有

$$[\psi(\tau_1, a), f(x(\tau_1), v_1)] \leqslant [\psi(\tau_1, a), f(x(\tau_1), u(\tau_1))]$$

由此我们就有

$$\mathscr{H}(\psi(\tau_1, a), x(\tau_1), v_1) - \mathscr{H}(\psi(\tau_1, a), x(\tau_1), u(\tau_1)) \leqslant 0$$

而 $v_1 \in \boldsymbol{U}$ 是任意的，因此就有

$$\mathscr{H}(\psi(\tau_1,a),x(\tau_1),u(\tau_1))=\mathscr{M}(\psi(\tau_1,a),x(\tau_1)) \qquad (\text{Ⅲ}.4\text{-}8)$$

则引理得证。

在前述证明过程中，因为 τ_1 是任意的，又因为在我们的证明中只用到 $\tau_1 \leqslant \tau$，所以对任何 $\tau_1 < t_1$，总有 τ 存在，且 τ 是连续点，使 $\tau_1 \leqslant \tau$。由此可知，对一切 $\tau \in [t_0,t_1]$上述结论总成立（只除去有限个间断点）。由于有限个间断点控制的改变不会影响最优轨道的性质，因此可以认为式（Ⅲ.4-8）对一切 $\tau \in [t_0,t_1]$均适合。

若向量 a 满足式（Ⅲ.4-2），则按式（Ⅲ.4-4）可知对一切 $\tau \in [t_0,t_1]$，总有

$$\max_{u\in \boldsymbol{U}} \mathscr{H}(\psi(\tau,a),x(\tau),u)=\mathscr{M}(\psi(\tau,a),x(\tau))=0$$

至此，我们实际上证明了最大值原理之主要部分。

由于 f_i 与 x_0 无关，因此就有

$$\frac{\mathrm{d}\psi_0}{\mathrm{d}t}=0$$

由此可知，ψ_0 系常量。最后我们还需证明，$\psi_0(t_1) \leqslant 0$ 与 $\mu(\psi(t_1),x(t_1))=0$。由于这两点是对区间(t_0,t_1)之端点作出的结论，因此下面讨论锥的转移问题。

Ⅲ.5 锥的转移与极限锥

在这一部分，我们通过对以上所述之凸锥在微分方程组确定的线性变换下的性质研究一些几何特性。

引理Ⅲ.3 设 τ 与 τ' 是 $u(t)$ 的两个连续点，且 $t_0 < \tau' < \tau < t_1$，考虑空间 $\boldsymbol{X}_{\tau'}$ 至空间 $\boldsymbol{X}_\tau$ 之映象 $A_{\tau,\tau'}$，则我们有

$$A_{\tau,\tau'}(\boldsymbol{K}_{\tau'}) \subset \boldsymbol{K}_\tau \qquad (\text{Ⅲ}.5\text{-}1)$$

证明 实际上 $\boldsymbol{K}_{\tau'}$ 中的每一向量 Δx 均可写为

$$\Delta x=\Delta_1 x+\Delta_2 x$$

其中

$$\Delta_1 x=f(x(\tau'),u(\tau'))\delta t$$

$$\Delta_2 x = \sum_{i=1}^{s} A_{\tau',\tau_i}(f(x(\tau_i),v_i)-f(x(\tau_i),u(\tau_i)))\delta t_i$$

为证引理充分性只要证明 $A_{\tau,\tau'}(\Delta_1 x) \in \boldsymbol{K}_\tau$ 与 $A_{\tau,\tau'}(\Delta_2 x) \in \boldsymbol{K}_\tau$ 就可以了。为此设有某个 δt 存在，使 $A_{\tau,\tau'}(\Delta_1 x) \overline{\in} \boldsymbol{K}_\tau$，则显然存在 $\boldsymbol{K}_\tau$ 的一个支撑面，使

$$\boldsymbol{K}_\tau \subset \left\{ x \,\middle|\, \sum_{\alpha=0}^{n} a_\alpha x_\alpha \leqslant 0 \right\}$$

$$[a, A_{\tau,\tau'}(\Delta_1 x)] > 0 \qquad (\text{Ⅲ}.5\text{-}2)$$

即 $A_{\tau,\tau'}(\Delta_1 x)$与 $\boldsymbol{K}_\tau$ 在此超平面之两侧，考虑在上述 a 作为初值方程（Ⅲ.1-6）之解

$\psi(t,a)$。它有 $\psi(\tau,a)=a$，显然它在 $t_0\leqslant t\leqslant\tau$ 上定义，而由于 τ' 是 $u(t)$ 之连续点且满足条件(Ⅲ.4-2)，则可以引用前述性质与引理断言。对 τ' 有

$$\mathscr{H}(\psi(\tau',a),x(\tau'),u(\tau'))=\mathscr{M}(\psi(\tau',a),x(\tau'))=0$$

由此就有

$$[\psi(\tau',a),f(x(\tau'),u(\tau'))]=0$$

而根据超平面的转移法则(引理Ⅲ.1)，则应有

$$[\psi(\tau,a),A_{\tau,\tau'}(f(x(\tau'),u(\tau'))]=0$$

这与前述反证法所得之不等式(Ⅲ.4-2)矛盾。由此有

$$A_{\tau,\tau'}(\Delta_1 x)\in \boldsymbol{K}_\tau \tag{Ⅲ.5-3}$$

同样亦能证明

$$A_{\tau,\tau'}(\Delta_2 x)\in \boldsymbol{K}_\tau$$

由此可知，$A_{\tau,\tau'}\boldsymbol{K}_{\tau'}\subseteq\boldsymbol{K}_\tau$。引理得证。

现设 $u(t)$ 之连续点 τ，我们引入记号，即

$$\boldsymbol{K}_{t_1}^{(\tau)}=A_{t_1,\tau}(\boldsymbol{K}_\tau)$$

由于 $A_{t_1,\tau}$ 系线性变换，$\boldsymbol{K}_{t_1}^{(\tau)}$ 代表由 $\boldsymbol{K}_\tau$ 变来之锥体，对于不同的 τ，$\boldsymbol{K}_{t_1}^{(\tau)}$ 构成锥集合。若 $\tau'<\tau$，则总有

$$\boldsymbol{K}_{t_1}^{(\tau')}=A_{t_1,\tau'}(\boldsymbol{K}_{\tau'})=A_{t_1,\tau}[A_{\tau,\tau'}(\boldsymbol{K}_{\tau'})]=\boldsymbol{K}_{t_1}^{(\tau)}\subset A_{t_1,\tau}(\boldsymbol{K}_\tau) \tag{Ⅲ.5-4}$$

成立。由此 $\boldsymbol{K}_{t_1}^{(\tau)}$ 对 τ 是单调扩张的，以后表示 $\boldsymbol{K}_{t_1}$ 为其极限锥体。

引理Ⅲ.4 设控制 $u(t)$ 与对应的轨道 $x(t)$ 是最优的，则由 $x(t_1)$ 出发之 x，负方向之半射线 L_{τ_1} 不在 $\boldsymbol{K}_{\tau_1}$ 之内部。

证明 用反证法，设 $L_{t_1}\subset\boldsymbol{K}_{t_1}$，则显然可求一多角形 $\boldsymbol{S}$。它本身是一个锥，且使

$$L_{t_1}\in\boldsymbol{S}\subseteq\boldsymbol{K}_{t_1}$$

而 $\boldsymbol{S}$ 之各棱边显然均在 $\boldsymbol{K}_{t_1}$ 内，令其棱为 $\boldsymbol{S}_1,\cdots,\boldsymbol{S}_m$，则亦应有 $\boldsymbol{S}_i\in\boldsymbol{K}_{t_1}$。由此存在 $\tau_1,\cdots,\tau_m$，使

$$\boldsymbol{S}_i\in\boldsymbol{K}_{\tau_i}$$

令 $\tau=\max\limits_i(\tau_i)$，可知有 $\boldsymbol{S}_i\in\boldsymbol{K}_\tau$，从而 $L_\tau\in\boldsymbol{K}_\tau$，但 $\tau<t_1$。由此可知，$u(t)$ 和 $x(t)$ 不是最优的，因为有矛盾，所以引理为真。

最后完成最大值原理之证明。考虑 $u(t)$ 与 $x(t)$ 是最优控制与最优轨道，则 L_{t_1} 不属于 K_{t_1} 之内部，也就是存在向量 c，使

$$\boldsymbol{K}_{t_1}\subseteq\left\{x\,\middle|\,\sum_{\alpha=0}^{n}c_\alpha x_\alpha\leqslant 0\right\}$$

$$\boldsymbol{L}_{t_1}\subseteq\left\{x\,\middle|\,\sum c_\alpha x_\alpha>0\right\} \tag{Ⅲ.5-5}$$

并且 $c_0 \leqslant 0$。

若以 $\psi(t)$ 表示式(Ⅲ.1-6)在初值 $\psi(t_1)=c$ 下之解，综合前面的引理可证定理 2.1 成立。

Ⅲ.6 斜截条件

这一部分，主要证明定理 2.5 的正确性。

设 $u(t), t_0 \leqslant \tau \leqslant \tau_1$ 是可允控制，$x(t)$ 是对应于它由 x^0 出发的轨道，又设 $\boldsymbol{S}_0$ 是 n 维空间 X 中的某个 r 维流形，$x^0 \in \boldsymbol{S}_0$。$\boldsymbol{T}_0$ 是过 x^0 的 $\boldsymbol{S}_0$ 之切平面。通过 $\mathscr{T}_0$ 表示 $n+1$ 维空间中，对应形式 $(0,x), x \in \boldsymbol{T}_0$ 的平面。它也是 r 维的。显然，$\mathscr{T}_0$ 通过点 $(0,x^0)$。对 $u(t)$ 的连续点 τ，考虑引进平面 $A_{\tau,t_0}(\mathscr{T}_0)$。它由点 $(0,x)$ 构成，其中 $x \in A_{\tau,t_0}(\boldsymbol{T}_0)$，考虑在 $n+1$ 维空间中的轨道 $x(\tau)$，则过此点如前所述有凸锥 $\boldsymbol{K}_\tau$，引进凸集合，即

$$\mathscr{H}_\tau = \boldsymbol{K}_\tau \cap A_{\tau,t_0}(\mathscr{T}_0) \tag{Ⅲ.6-1}$$

它显然也是一个凸锥，不过维数已不再是 $n+1$，而是 r 维的。

引理Ⅲ.5 设 τ 是 $u(t)$ 的连续点，而 $x(t)$ 是对应该控制的过程，它由点 $(0,x^0)$ 出发，而 $x^0 \in \boldsymbol{S}_0$，又设 $\boldsymbol{\Lambda}$ 是 $n+1$ 维空间中维数 $\leqslant n$ 的具有边界的流形，而 $x(\tau)$ 恰在其边上。通过 $\boldsymbol{M}$ 表示 $\boldsymbol{\Lambda}$ 过 $x(\tau)$ 的切半平面，设 $\mathscr{H}_\tau$ 与 $\boldsymbol{M}$ 在 $x(\tau)$ 有公共顶点且不互相分离，则存在这样的控制 $u_*(t)$ 与点 $x_*^0 \in \boldsymbol{S}_0$，使对应之轨道 $x_*(t)$ 通过流形 $\boldsymbol{\Lambda}$ 的某一不在边界上的点。

证明 通过 π 表示 $\boldsymbol{S}_0$ 在平面 $\boldsymbol{T}_0$ 上之正交投影，并且映象 π 只在 x^0 附近考虑，因此将存在逆映象 π^{-1}。它把 x^0 附近 $\boldsymbol{T}_0$ 上的邻域重新照射到 $\boldsymbol{S}_0$ 上来。由此考虑 ξ 是 $\boldsymbol{T}_0$ 上的任一由 x^0 出发的向量，则对充分小之 $\varepsilon>0$，点 $\pi^{-1}(\varepsilon\xi) \in \boldsymbol{S}_0$ 是确定的，而向量 ξ 确定曲线，即

$$x=\pi^{-1}(\varepsilon\xi), \quad 0 \leqslant \varepsilon \leqslant \varepsilon_0$$

它在 $\boldsymbol{S}_0$ 上，并由 x^0 点出发。此线在 x^0 具有切向量 ξ，即

$$\pi^{-1}(\varepsilon\xi)=x^0+\varepsilon\xi+o(\varepsilon)$$

由此可知，在 $n+1$ 维空间中，曲线 $(0,\pi^{-1}(\varepsilon\xi))$ 由 $(0,x^0)$ 出发，且在此点具有切向量 $(0,\xi)$，即

$$(0,\pi^{-1}(\varepsilon\xi))=(0,x^0)+\varepsilon(0,\xi)+o(\varepsilon) \tag{Ⅲ.6-2}$$

考虑☆$=\{\tau_i, v_i, \tau, \delta t_i, \delta t\}$ 是确定控制 $u(t)$ 变分量的集合，通过 $x_{\xi☆}^*(t)$ 表示由点 $(0,\pi^{-1}(\varepsilon\xi))$ 出发对应变分控制 $u^*(t)$ 之轨道（在确定 $u^*(t)$ 中用到的 ε 与前述相同），由此应用以前的估计式(Ⅲ.2-5)和式(Ⅲ.2-6)，则有

$$x_{\xi,☆}^*(\tau+\varepsilon\delta t)=x(\tau)+\varepsilon[A_{\tau,t_0}(\xi)+\Delta x_☆]+o(\varepsilon) \tag{Ⅲ.6-3}$$

其中，$\Delta x_☆$ 由式(Ⅲ.2-6)确定。

记$\boldsymbol{\Lambda}$之维数是$s+1$,由于锥$\mathscr{K}_\tau$与$\boldsymbol{M}$不是分离的,因此存在点a在$\boldsymbol{M}$内且不在其边界上,以及$n-s$维平面$\boldsymbol{C}$。它通过a点,则存在一个中心在a的小球,在与$\boldsymbol{C}$相交之截面上给予$\boldsymbol{M}$一个“辅助面积”。这一面积与通过$x(\tau)$和a的直线正交且整个落在$\mathscr{K}_\tau$内。辅助面积是一个$n-S$维球,以后记为$\boldsymbol{E}$。设$e_1,\cdots,e_{n-s}$是$\boldsymbol{E}$的相互正交之半径。引进$f_i=-e_i$,并且f_i和e_i均认为由a出发,由于$\boldsymbol{E}\subset\mathscr{K}_t$,则所有这些向量均在$\mathscr{K}_\tau$内部。最后通过$c$表示起点在$x(\tau)$,终点在$a$的向量。由于$c,c+e_i,c+f_i$由$x(\tau)$出发且在锥$\mathscr{K}_\tau$内,而锥$\mathscr{K}_\tau$由所有向量$A_{\tau,t_0}(\xi)+\Delta x_{☆}$构成,其中$\xi\in\boldsymbol{T}_0,\Delta x_{☆}\in\boldsymbol{K}_\tau$,那么一定存在$\boldsymbol{S}_0$中由$x^0$出发之向量$\xi_0,\xi_1,\cdots,\xi_{n-s},\xi_1',\cdots,\xi_{n-s}'$,以及符号$☆_0,☆_1,\cdots,☆_{n-s},☆_1',\cdots,☆_{n-s}'$,使

$$A_{\tau,t_0}(\xi_0)+\Delta x_{☆_0}=c,\quad A_{\tau,t_0}(\xi_i)+\Delta x_{☆_i}=c+e_i,$$
$$A_{\tau,t_0}(\xi_i')+\Delta x_{☆_i'}=c+f_i,\quad i=1,2,\cdots,n-s$$

同Ⅲ.3讨论的相仿,确定符号$☆(\rho_1,\cdots,\rho_{n-s})$且满足

$$\rho_1^2+\cdots+\rho_{n-s}^2\leqslant 1 \tag{Ⅲ.6-4}$$

设

$$\xi(\rho_1,\cdots,\rho_{n-s})=\left(1-\frac{1}{n}\sum_{i=1}^{n-s}|\rho_i|\right)\xi_0+\frac{1}{n}\sum_{i=1}^{n-s}h^+(\rho_i)\xi_i+\frac{1}{n}\sum_{i=1}^{n-s}h^-(\rho_i)\xi_i' \tag{Ⅲ.6-5}$$

由此同Ⅲ.3相仿,应有

$$A_{\tau,t_0}(\xi(\rho_1,\cdots,\rho_{n-s}))+\Delta x_{☆(\rho_1,\cdots\rho_{n-s})}=c+\frac{1}{n}\sum_{i=1}^{n-s}\rho_i e_i \tag{Ⅲ.6-6}$$

由此可知,若点$(\rho_1,\cdots,\rho_{n-s})$跑遍$n-s$维空间中球体(Ⅲ.6-4),则向量(Ⅲ.6-6)之端点在$\boldsymbol{X}_\tau$空间中应跑遍由$\boldsymbol{E}$经相似照射成的以a为中心,$\frac{1}{n}$为系数的球。由此向量$\varepsilon(A_{\tau,t_0}(\xi(\rho_1,\cdots,\rho_{n-s}))+\Delta x_{☆}(\rho_1,\cdots,\rho_{n-s}))$跑遍$n-s$维球,它是由$\boldsymbol{E}$以系数$\varepsilon$压缩而成的。

对于$\xi=\xi(\rho_1,\cdots,\rho_{n-s})$与$☆=☆(\rho_1,\cdots,\rho_{n-s})$来说,轨道$x_{\xi☆}^*(t)$将连续依赖$\rho_1,\cdots,\rho_{n-s}$,因此点$x_{\xi,☆}^*(\tau+\varepsilon\delta t_{☆})$连续依赖$\rho_1,\cdots,\rho_{n-s}$。由此可知,$\rho_1,\cdots,\rho_{n-s}$跑遍(Ⅲ.6-4)球时,点$x_{\xi☆}^*(\tau+\varepsilon\delta t_{☆})$跑遍某个盘体$\boldsymbol{F}_\varepsilon$,并且它与$\boldsymbol{E}_\varepsilon$重合准确至$\varepsilon$的高阶量。利用拓扑方法不难证明,$\boldsymbol{F}_\varepsilon$与$\boldsymbol{\Lambda}$有一交点,此点不在$\boldsymbol{\Lambda}$之边界上。由此可知,存在$\varepsilon>0,\rho_1,\cdots,\rho_{n-s}$,使点$x_{\xi,☆}^*(\tau+\varepsilon\delta t_\varepsilon)$是$\boldsymbol{\Lambda}$之内点,于是表示$u_{☆}^*(t)$和$x_{\xi,☆}^*(t)$是对应$\varepsilon_1\rho_1,\cdots,\rho_{n-s}$下之控制与轨道。它由点$(0,\pi^{-1}(\varepsilon\xi))$出发通过$\boldsymbol{\Lambda}$流形之某一内点,其中$\pi^{-1}(\varepsilon\xi)\in\boldsymbol{S}_0$。

由此引理全部得证。

现设$u(t)$与$x(t)$是最优控制与最优过程,而起点与终点是$(0,x^0)$与$(x_0(t_1),$

x^1),其中 $x^0\in\boldsymbol{S}_0$,$x^1\in\boldsymbol{S}_1$。记 $\boldsymbol{T}_1$ 是 $\boldsymbol{S}_1$ 过 x^1 之切平面,$\mathscr{F}$ 为平面,它由($x_0(t_1)$,x),$x\in\boldsymbol{T}_1$ 组成。通过 $\mathscr{F}_1$ 之每一点,使其具有 $-x_0$ 之方向,将以这些方向为方向之射线之全体记为 $\boldsymbol{Q}$。集合 $\boldsymbol{Q}$ 是 r_1+1 维平面。$\mathscr{F}$ 上之点是它的边界点。相应地有 $\mathscr{F}_0$ 和 $\boldsymbol{T}_0$。记 $\mathscr{K}_t=A_{t,t_0}(\mathscr{F}_0)\cap K_{t_1}$,由此可知 $\mathscr{K}_t$ 这一锥体对一切 $u(t)$ 之连续点确定,特别对 $t=t_1$ 确定。设 $t''>t'$,显然可以有

$$A_{t'',t'}(\mathscr{K}_{t'})\subseteq\mathscr{K}_{t''} \tag{Ⅲ.6-7}$$

引理Ⅲ.6 锥 $\mathscr{K}_{t_1}$ 与 $\boldsymbol{Q}$ 在 $x(t_1)$ 有公共顶点,且互相分离。

证明 显然有公共顶点。

设 $\mathscr{K}_{t1}$ 与 $\boldsymbol{Q}$ 不是分离的,由于锥 $\mathscr{K}_{t_1}$ 是全部 $A_{t_1,t}(\mathscr{F}_t)$ 之和,显然就可找到 $\tau\in[t_0,t_1]$,使 $A_{t_1\tau}(\mathscr{K}_\tau)$ 与 $\boldsymbol{Q}$ 不是互相分离的。

流形 $\boldsymbol{\Lambda}_{t_1}$ 是由这样的点(x_0,x)构成的有边流形,其中 $x\in\boldsymbol{S}_1$,$x_0\leqslant x_0(t_1)$。由此,$\boldsymbol{\Lambda}_{t_1}$ 在点($x_0(t_1),x'$)之半切平面与 $\boldsymbol{Q}$ 相重。对于任何点 $\bar{\eta}\in\boldsymbol{\Lambda}_t$,$y(t,\bar{\eta})$ 是方程(2.2-1)在终端条件 $y(t_1,\bar{\eta})=\bar{\eta}$ 之解。考虑区间 $\tau\leqslant t\leqslant t_1$ 上之解,当点 $\bar{\eta}$ 跑遍流形 $\boldsymbol{\Lambda}_t$,则点 $y(\tau,\bar{\eta})$ 也跑遍某个流形,它有界,记为 $\boldsymbol{\Lambda}_\tau$。容易证明,$\boldsymbol{\Lambda}_\tau$ 之切半平面在 $x(\tau)$ 点与 $A_{t_1,\tau}^{-1}(\boldsymbol{Q})$ 相合。

由于锥 $A_{t_1,\tau}(\mathscr{K}_\tau)$ 与 $\boldsymbol{Q}$ 不是分离的,因此 $\mathscr{K}_\tau=A_{t_1,\tau}^{-1}[A_{t_1,\tau}(\mathscr{K}_\tau)]$ 与 $A_{t_1,\tau}^{-1}(\boldsymbol{Q})$ 必不分离。由于 $A_{t_1,\tau}^{-1}(\boldsymbol{Q})$ 是 $\boldsymbol{\Lambda}_\tau$ 的切半平面,则由引理Ⅲ.5,存在这样的控制与轨道 $u_*(t)$ 与 $x_*(t)$,它们把点$(0,x_*^0)$引向流形 $\boldsymbol{\Lambda}_\tau$ 的某一不在边界上的点,其中 $x_*^0\in\boldsymbol{S}_0$。也就是,存在这样的 $t'>t_0$ 与点 $\eta\in\boldsymbol{\Lambda}_{t_1}$ 而不在 $\boldsymbol{\Lambda}_{t_1}$ 的边界上,使

$$x_*(t')=y(\tau,\bar{\eta}) \tag{Ⅲ.6-8}$$

现在确定控制,即

$$u_{**}(t)=\begin{cases}u_*(t), & \tau\leqslant t\leqslant t'\\ u[t-(t'-\tau)], & t'<t\leqslant t_1+(t'-\tau)\end{cases} \tag{Ⅲ.6-9}$$

对应该控制由$(0,x_*^0)$出发的轨道 $x_{**}(t)$ 将是

$$x_{**}(t)=\begin{cases}x_*(t), & \tau\leqslant t\leqslant t'\\ y[t-(t'-\tau)], & t'<t\leqslant t_1+(t'-\tau)\end{cases} \tag{Ⅲ.6-10}$$

特别是,$x_{**}(t_1+(t'-\tau))=y(t_1,\bar{\eta})=\bar{\eta}$,但点 $\bar{\eta}\in\Lambda_{t_1}$,即有 $\bar{\eta}=(\eta^0,\eta)$,其中 $\eta\in\boldsymbol{S}_1$。又由于 $\bar{\eta}$ 不在 $\boldsymbol{\Lambda}_{t_1}$ 之边界上,则 $\eta^0<x_0(t_1)$。由此可知,控制 $u_{**}(t)$ 将像点 x_*^0 引向位置 $\eta\in\boldsymbol{S}_1$。对应泛函取值 $\eta^0\leqslant x_0(t_1)$,由此 $u(t)$ 与 $x(t)$ 非最优。

矛盾本身证明引理正确。

进一步,我们来证明定理 2.5 的正确性。

首先,由于 $\mathscr{K}_{t_1}$ 与 $\boldsymbol{Q}$ 是互相分离的,则存在一组数 $c_1,\cdots,c_n$,使

$$\mathscr{K}_{t_1}\subseteq\left\{x\,\middle|\,\sum_{i=0}^{n}c_ix_i\leqslant 0\right\}$$

$$\boldsymbol{Q} \subseteq \left\{ x \middle| \sum_{i=0}^{n} c_i x_i \geqslant 0 \right\}$$

其中，x_i 是 x 在 $\boldsymbol{X}_{t_1}$ 空间中的坐标。

特别地，射线 L_{t_1} 分布在空间 $\sum_{i=0}^{n} c_i x_i \geqslant 0$ 内。由此可知，c_i 具有 Ⅲ.5 中同样的性质，可以将其取为辅助函数 $\psi(t)$ 之终点条件。考虑 $\psi(t_1)=c$ 的解 $\psi(t)$，现证其在 $x(t)$ 之端点应有斜截条件。由于包含在 $\boldsymbol{Q}$ 内的平面 $\mathscr{F}_1$，在半空间 $\sum_{i=0}^{n} c_i x_i \geqslant 0$ 中，解将在超平面 $\sum_{\alpha=0}^{n} c_\alpha x_\alpha = 0$ 或 $\sum_{\alpha=0}^{n} \psi_\alpha(t_1) x_\alpha = 0$ 上。设 η 是流形 $\boldsymbol{S}_1$ 上之切向量，即 $\eta \in \boldsymbol{T}_1$，则向量 $(c,\eta) \in \mathscr{F}_1 \subseteq \sum_{\alpha=0}^{n} \psi_\alpha(t_1) x_\alpha = 0$，或者说 $\sum_{\alpha=1}^{n} \psi_\alpha(t_1) \eta_\alpha = 0$，等价于 $\sum_{\alpha=1}^{n} \psi_\alpha(t_1)\eta_\alpha = 0$。由此 $\psi(t)$ 满足 $x(t)$ 在右端点之斜截条件。

其次，平面 $A_{t_1,t_0}(\boldsymbol{F}_0) \subset \mathscr{H}_{t_1} \subseteq \left\{ x \middle| \sum_{\alpha=0}^{n} c_\alpha x_\alpha \leqslant 0 \right\}$。于是它应包含在平面 $\sum_{\alpha=0}^{n} c_\alpha x_\alpha = \sum_{\alpha=0}^{n} \psi_\alpha(t_1) x_\alpha = 0$ 上。也就是，对任何 $\xi \in \mathscr{F}_0$，总有 $A_{t_1,t_0}(\xi) \subseteq \left\{ x \middle/ \sum_{\alpha=0}^{n} \psi_\alpha(t_1) x_\alpha = 0 \right\}$。由此可知，恒有

$$\sum_{\alpha=0}^{n} \psi_\alpha(t_1) [A_{t_1,t_0}(\xi)]_\alpha = 0$$

而 $[\psi(t_1), A_{t_1,t_0}(\xi)]$ 按超平面转移应有

$$[\psi(t_0), \xi] = 0$$

由此就有 $\sum_{\alpha=0}^{n} \psi_\alpha(t_0) \xi_\alpha = 0$。考虑 $\xi \in \mathscr{F}_0$ 有 $\xi_0 = 0$，则我们有左端之斜截条件，即

$$\sum_{\alpha=1}^{n} \psi_\alpha(t_0) \xi_\alpha = 0$$

由此定理 2.5 全部得证。

附录Ⅳ　终值最优问题的证明

在这部分，我们给出定理 2.3、定理 2.4 及定理 2.11 之证明。由于这些定理的证明不必要使用高深的数学工具，且能直接给出控制变动时对应泛函之变动，因此掌握这一证明的思想与方法无疑是有益的。证明来自文献[3]。

Ⅳ.1　在控制变化后泛函值的变化

首先考虑 Hamilton 方程，即

$$\frac{\mathrm{d}x_i}{\mathrm{d}t}=\frac{\partial H}{\partial \psi_i},\quad \frac{\mathrm{d}\psi_i}{\mathrm{d}t}=-\frac{\partial H}{\partial x_i},\quad i=1,2,\cdots,n \tag{Ⅳ.1-1}$$

其中，$H=\sum_{\alpha=1}^{n}\psi_\alpha f_\alpha(x,u,t)$。

系统的初始条件与终值条件为

$$x_s(t_0)=x_s^0,\quad \psi_s(T)=-C_s \tag{Ⅳ.1-2}$$

其中，C_s 由泛函指标给定，即

$$J=\sum_{\alpha=1}^{n}C_\alpha x_\alpha(T) \tag{Ⅳ.1-3}$$

显然，我们从式(Ⅳ.1-1)，考虑 H 函数之定义，不难对一切满足式(Ⅳ.1-1)的 x、ψ、u，总有

$$I(x,\psi,u)\equiv\int_{t_0}^{T}\Big(\sum_{i=1}^{n}\psi_i\dot{x}_i-H(x,\psi,u,t)\Big)\mathrm{d}t\equiv 0 \tag{Ⅳ.1-4}$$

考虑从同一点出发但不同控制上述量 I 的变化，设 u 的变化是 δv，相应的 x 与 ψ 的变化是 δx 与 $\delta\psi$。我们指出，这里要求 $\delta x(t_0)=0$，$\delta\psi(T)=0$，对应此组变化，I 获得一增量，令为 Δ，显然它是

$$\begin{aligned}\Delta&=I(x+\delta x,\psi+\delta\psi,u+\delta u)-I(x,\psi,u)\\&=\int_{t_0}^{T}\sum_{i=1}^{n}(\psi_i\delta\dot{x}_i+\delta\psi_i\dot{x}_i)\mathrm{d}t+\int_{t_0}^{T}\sum_{i=1}^{n}\delta\psi_i\delta\dot{x}_i\mathrm{d}t\\&\quad-\int_{t_0}^{T}(H(x+\delta x,\psi+\delta\psi,u+\delta u)-H(x,\psi,u))\mathrm{d}t\end{aligned} \tag{Ⅳ.1-5}$$

下面通过对此式之计算来估计泛函值之偏离。应用分部积分法，我们有

$$\int_{t_0}^{T}\psi_i\delta\dot{x}_i\,\mathrm{d}t=\psi_i\delta x_i\Big|_{t_0}^{T}-\int_{t_0}^{T}\dot{\psi}_i\delta x_i\,\mathrm{d}t$$
$$\int_{t_0}^{T}\delta\psi_i\delta\dot{x}_i\,\mathrm{d}t=\delta\psi_i\delta x_i\Big|_{t_0}^{T}-\int_{t_0}^{T}\delta x_i\delta\dot{\psi}_i\,\mathrm{d}t \tag{Ⅳ.1-6}$$

由此若引入记号 $y_i=x_i, y_{n+i}=\psi_i$，则我们有

$$\int_{t_0}^{T}\sum_{i=1}^{n}(\psi_i\delta\dot{x}_i+\delta\psi_i\dot{x}_i)=\sum_{i=1}^{n}\psi_i\delta x_i\Big|_{t_0}^{T}+\int_{t_0}^{T}\sum_{s=1}^{2n}\frac{\partial H}{\partial y_s}\delta y_s\,\mathrm{d}t$$
$$\int_{t_0}^{T}\sum_{i=1}^{n}(\delta\psi_i\delta\dot{x}_i)\mathrm{d}t=\sum_{i=1}^{n}\frac{1}{2}\delta\psi_i\delta x_i\Big|_{t_0}^{T}+\frac{1}{2}\int_{t_0}^{T}\sum_{s=1}^{2n}\delta\frac{\partial H}{\partial y_s}\delta y_s\,\mathrm{d}t \tag{Ⅳ.1-7}$$

由于对 f_s 所作之假定，式(Ⅲ.1-5)的最后一项可以写为

$$\begin{aligned}&\int_{t_0}^{T}(H(y+\delta y,u+\delta u,t)-H(y,u,t))\mathrm{d}t\\&=\int_{t_0}^{T}(H(y,u+\delta u,t)-H(y,u,t))\mathrm{d}t\\&\quad+\int_{t_0}^{T}\sum_{s=1}^{2n}\frac{\partial H(y,u+\delta u,t)}{\partial y_s}\delta y_s\,\mathrm{d}t\\&\quad+\frac{1}{2}\int_{t_0}^{T}\sum_{s\cdot r=1}^{2n}\frac{\partial^2 H(y+\theta_1\delta y,u+\delta u,t)}{\partial y_s\partial y_r}\delta y_s\delta y_r\,\mathrm{d}t\end{aligned}$$

其中，$0<\theta_1(t)<1$，又由于

$$\frac{1}{2}\delta\frac{\partial H}{\partial y_s}\delta y_s\equiv\frac{1}{2}\frac{\partial H(y+\delta y,u+\delta u,t)}{\partial y_s}\delta y_s-\frac{1}{2}\frac{\partial H(y,u,t)}{\partial y_s}\delta y_s$$

因此，我们就有

$$\begin{aligned}\Delta\equiv&\sum_{i=1}^{n}\left(\psi_i+\frac{1}{2}\delta\psi_i\right)\delta x_i\Big|_{t_0}^{T}-\int_{t_0}^{T}(H(y,u+\delta u,t)-H(y,u,t))\mathrm{d}t\\&-\frac{1}{2}\int_{t_0}^{T}\sum_{s=1}^{2n}\left(\frac{\partial H(y,u+\delta u,t)}{\partial y_s}-\frac{\partial H(y,u,t)}{\partial y_s}\right)\delta y_s\,\mathrm{d}t\\&-\frac{1}{2}\int_{t_0}^{T}\sum_{s\cdot r=1}^{2n}\frac{\partial^2 H(y+\theta_1\delta y,u+\delta u,t)}{\partial y_s\partial y_r}\delta y_s\delta y_r\,\mathrm{d}t\\&+\frac{1}{2}\int_{t_0}^{T}\sum_{s=1}^{2n}\left(\frac{\partial H(y+\delta y,u+\delta u,t)}{\partial y_s}-\frac{\partial H(y,u+\delta u,t)}{\partial y_s}\right)\delta y_s\,\mathrm{d}t\\\equiv&0\end{aligned} \tag{Ⅲ.1-8}$$

不难得知

$$-\sum_{i=1}^{n}C_i\delta x_i(T)=\int_{t_0}^{T}(H(y,u+\delta u,t)-H(y,u,t))\mathrm{d}t+\eta$$

其中，$\eta=\eta_1+\eta_2$。

$$\eta_1=\frac{1}{2}\int_{t_0}^{T}\sum_{s=1}^{2n}\left(\frac{\partial H(y,u+\delta u,t)}{\partial y_s}-\frac{\partial H(y,u,t)}{\partial y_s}\right)\delta y_s\,\mathrm{d}t$$

$$\eta_2=\frac{1}{2}\int_{t_0}^{T}\sum_{s\cdot r=1}^{2n}\left(\frac{\partial^2 H(y+\theta_1\delta y,u+\delta u,t)}{\partial y_s\partial y_r}-\frac{\partial^2 H(y+\theta_2\delta y,u+\delta u,t)}{\partial y_s\partial y_r}\right)\delta y_s\delta y_r \mathrm{d}t$$

由此可知，由于 u 发生变分 δu 以后，我们应该有泛函的偏差，即

$$\delta J\equiv\sum_{i=1}^{n}C_i\delta x_i(T)=-\int_{t_0}^{T}(H(y,u+\delta u,t)-H(y,u,t))\mathrm{d}t-\eta \tag{Ⅳ.1-9}$$

Ⅳ.2 泛函改变量余项的估计

如果泛函改变量的余项是对于 δu 来说的高阶小量，则定理 2.3 不难得到证明。为此首先估计 δx_i 与 $\delta\psi_i$，我们有

$$\delta\dot{x}_i=f_i(x+\delta x,u+\delta u,t)-f_i(x,u,t) \tag{Ⅳ.2-1}$$

考虑 $\delta x_i(t_0)=0$，则我们有

$$\delta x_i(t)=\int_{t_0}^{t}(f_i(x+\delta x,u+\delta u,t)-f_i(x,u,t))\mathrm{d}t \tag{Ⅳ.2-2}$$

若再设 f_i 满足 Lipschtz 条件，则有与 δu 无关之常数 $K>0$ 存在，使

$$|\delta x_i(t)|\leqslant\int_{t_0}^{t}K\sum_{s=1}^{n}|\delta x_s(\tau)|\mathrm{d}\tau+\int_{t_0}^{t}K\sum_{s=1}^{r}|\delta u_s(\tau)|\mathrm{d}\tau \tag{Ⅳ.2-3}$$

由此若引入 $X(t)=\sum_{s=1}^{n}|\delta x_i(t)|$，并将式(Ⅲ.2-2)按 i 相加，则有

$$X(t)\leqslant Kn\int_{t_0}^{t}X(\tau)\mathrm{d}\tau+Kn\int_{t_0}^{t}\sum_{k=1}^{r}|\delta u_k(\tau)|\mathrm{d}\tau \tag{Ⅳ.2-4}$$

若令 $a=kn\int_{t_0}^{t}\sum_{k=1}^{r}|\delta u_k(\tau)|\mathrm{d}\tau$，由此就有

$$X(t)\leqslant Kn\int_{t_0}^{t}X(\tau)\mathrm{d}\tau+a$$

由此可知

$$X(t)\leqslant a\mathrm{e}^{Kn(t-t_0)}\leqslant Kn\mathrm{e}^{Kn(T-t_0)}\int_{t_0}^{T}\sum_{k=1}^{r}|\delta u_k(\tau)|\mathrm{d}\tau$$

或者写为

$$|\delta x_i(t)|\leqslant M_1\int_{t_0}^{T}\sum_{1}^{r}|\delta u_k(t)|\mathrm{d}t,\quad M_1=Kn\mathrm{e}^{Kn(T-t_0)} \tag{Ⅳ.2-5}$$

用相仿的办法能证明

$$|\delta\psi_i(t)|\leqslant M_2\int_{t_0}^{T}\sum_{1}^{r}|\delta u_k(t)|\mathrm{d}t \tag{Ⅳ.2-6}$$

由此就有

$$|\delta y_s(t)| \leqslant M\int_{t_0}^{T}\sum_{1}^{r}|\delta u_k(t)|\,\mathrm{d}t \tag{Ⅳ.2-7}$$

其中,M 与 δu 无关,将此代入余式 η,并利用$\dfrac{\partial H}{\partial y_s}$具 Lipschtz 条件,$\dfrac{\partial^2 H}{\partial y_s \partial y_r}$有界,则有

$$|\eta| \leqslant A\left(\int_{t_0}^{T}\sum_{1}^{r}|\delta u_k(t)|\,\mathrm{d}t\right)^2$$

为了以后证明最大值原理为必要条件,设 $u(t)$的变分并不在全区间(t_0, T)上,而在一小区间(t_1, t_2)上。令 $t_2 - t_1 = \tau$,则我们有

$$\eta \leqslant A\tau\int_{t_1}^{t_2}\left(\sum_{1}^{r}|\delta u_k(t)|\right)^2\mathrm{d}t$$

$$\eta \leqslant B\tau\int_{t_1}^{t_2}\left(\sum_{1}^{r}|\delta u_k(t)|\right)^2\mathrm{d}t \tag{Ⅳ.2-8}$$

在得到这一结论时,我们应用了 Cauchy 不等式。

Ⅳ.3　定理 2.3 的证明

我们设法证明,若 $u(t)$已是最优控制 $x(t)$,$\psi(t)$是其对应的过程和式(Ⅲ.1-6)的解,则发生偏离以后总应有

$$\delta J \geqslant 0$$

为此应用反证法,设最大值原理在 $t = t^*$ 时不满足,即存在 $u^* \in \bar{\boldsymbol{U}}$,有

$$H(x(t^*), \psi(t^*), u^*, t^*) > H(x(t^*), \psi(t^*), u(t^*), t^*)$$

由于 $u^*(t)$是分段连续,$x(t)$和 $\psi(t)$连续,则恒有一包含 t^* 之区间$[t_1, t_2]$存在,使

$$H(x(t), \psi(t), u^*, t) - H(x(t), \psi(t), u(t), t) > \alpha > 0, \quad t \in [t_1, t_2]$$

现考虑对最优控制组织变分 $\delta u(t)$,使

$$\bar{u}(t) = u(t) + \delta u(t) = \begin{cases} u^*, & t \in [t_1, t_2] \\ u(t), & t \overline{\in} [t_1, t_2] \end{cases} \tag{Ⅳ.3-1}$$

由此有 $\bar{u}(t) \in \bar{\boldsymbol{U}}$ 且

$$\begin{aligned} \delta J &= -\int_{t_1}^{t_2}(H(y(t), u^*, t) - H(y(t), u(t), t))\mathrm{d}t - \eta \\ &< -\left(\int_{t_1}^{t_2}\alpha dt - |\eta|\right) \leqslant -\int_{t_1}^{t_2}\left(\alpha - \tau B\sum_{1}^{r}\delta u_k^2(t)\right)\mathrm{d}t \end{aligned} \tag{Ⅳ.3-2}$$

若选择 $\delta u_k(t)$充分小,则总有 $\delta J < 0$。由此推出矛盾。

从矛盾可知,当 $v \in \bar{\boldsymbol{U}}$ 时,若 $u(t)$是最优的,则必有 $H(y(t), u(t), t) \geqslant H(y(t), v, t)$。由此最大值原理得证。

Ⅳ.4　定理 2.4 的证明

现在考虑系统是线性的，由此可知

$$H=\sum_{i,k=1}^{n}a_{ik}(t)\psi_i x_k+\sum_{i=1}^{n}\psi_i\varphi_i(u) \tag{Ⅳ.4-1}$$

并且冲量 ψ_i 满足方程，即

$$\dot{\psi}_i=-\sum_{k=1}^{n}a_{ki}(t)\psi_k \tag{Ⅳ.4-2}$$

不难看出$\frac{\partial^2 H}{\partial x_i\partial x_j}=\frac{\partial^2 H}{\partial\psi_i\partial\psi_j}=0$，而$\frac{\partial^2 H}{\partial x_i\partial\psi_j}=a_{ji}$不依赖 x 与 ψ，由此 $\eta_2=0$。另外，在估计 η_1 之表达式中，$\frac{\partial H}{\partial x_i}=-\sum a_{ki}\psi_k$ 不依赖 u，由此可知

$$\frac{\partial H(y,u+\delta u,t)}{\partial x_i}-\frac{\partial H(y,u,t)}{\partial x_i}=0$$

此外，$\delta\psi_i$ 满足方程，即

$$\delta\dot{\psi}_i=-\sum_{k=1}^{n}a_{ki}(t)\delta\psi_k$$

它与 δx、δu 无关，且由于 $\delta\psi_i(T)=0\Rightarrow$对一切 $t\in[t_0,T]$总有

$$\delta\psi(t)=0$$

因此可知 $\eta_1=0$。

进一步可知

$$\delta J=-\int_{t_0}^{T}((H\mid y,u+\delta u,t)-H(y,u,t))\mathrm{d}t \tag{Ⅳ.4-3}$$

按此式不难导出最大值原理应为最小最优之充要条件。

Ⅳ.5　终端受限制最大值原理(定理 2.11 之证明)

我们来确定一个特殊的变分类 $\boldsymbol{\Gamma}$，在区间$[t_0,T]$选择任意 $j\geqslant 1$ 个时间 t_k 与建立 j 个不重叠的以 τ 为长的区间 $\boldsymbol{I}_k=[t_k-\tau,t_k]$，其中 $\tau>0$ 充分小($k=1,2,\cdots,j$)，在区间$[0,1]$引进 j 个 r 维向量函数 $\varphi^k(t)=(\varphi_1^k(t),\cdots,\varphi_r^k(t))$，它们有$\varphi^k(t)\in\boldsymbol{U}$，($k=1,2,\cdots,j$)。

对控制 $u(t)$，同时考虑变分控制 $v(t_i\tau,t_1,\cdots,t_j,\varphi^1,\cdots,\varphi^j)$，即

$$v(t)=\begin{cases}u(t), & t\overline{\in}\boldsymbol{I}_1\cup\boldsymbol{I}_2\cup\cdots\cup\boldsymbol{I}_j\\ \varphi^k\left(\frac{t_k-t}{\tau}\right), & t\in\boldsymbol{I}_k\end{cases} \tag{Ⅳ.5-1}$$

类 $\boldsymbol{\Gamma}$ 包含全部可能的具有充分小 τ 的上述控制 v。

设 $x[t,(v)]$ 表示对应控制 $v\in\boldsymbol{\Gamma}$ 的轨道，$\delta x(t,[v])=x(t,[v])-x(t,[u])$，其中 $x(t,[u])$ 是最优轨道，对于 $\delta x(t,[v])$，我们有方程组，即

$$\delta\dot{x}_i=f_i(x+\delta x,v)-f_i(x,u),\quad i=1,2,\cdots,n \tag{Ⅳ.5-2}$$

应用泰勒公式，有

$$\begin{aligned}\delta\dot{x}_i &= \sum_{i=1}^{n}\frac{\partial f_i(x,u)}{\partial x_s}\delta x_s+f_i(x,v)-f_i(x,u)\\ &\quad +\alpha_i(t,[v]),\quad i=1,2,\cdots,n\end{aligned} \tag{Ⅳ.5-3}$$

其中

$$\begin{aligned}\alpha_i(t_1[v]) &= \sum_{i=1}^{n}\left(\frac{\partial f_i(x,v)}{\partial x_s}-\frac{\partial f_i(x,u)}{\partial x_s}\right)\delta x_s\\ &\quad +\frac{1}{2}\sum_{s,q=1}^{n}\frac{\partial^2 f_i(x+\theta\delta x,v)}{\partial x_s\partial x_q}\delta x_s\delta x_g\end{aligned} \tag{Ⅳ.5-4}$$

其中，$0<\theta<1$。

对式(Ⅳ.5-3)两边由 $t_0\sim t\in\mathring{I}_m$ 积分，则有

$$\delta x_i(t,[v])=\int_{t_0}^{t}\sum_{i=1}^{n}\frac{\partial f_i(x_1u)}{\partial x_s}\delta x_s\mathrm{d}t+\sum_{k=1}^{m}J_i^k([v])+\beta_i(t,[v]),\quad t\in\mathring{I}_m \tag{Ⅳ.5-5}$$

其中，$\mathring{I}_m$ 是 I_m 对应的开区间。

$$J_i^k([v])=\int_{t_k-\tau}^{t_k}\left(f_i\left(x(t),\varphi^k\left(\frac{t_k-t}{\tau}\right)\right)-f_i(x(t),u(t))\right)\mathrm{d}t$$

$$\begin{aligned}\beta_i(t,[v]) &= \int_{t_0}^{t}\alpha(t,[v])\mathrm{d}t\\ &= \frac{1}{2}\int_{t_0}^{t}\sum_{s,q=1}^{n}\frac{\partial^2 f_i(x+\theta\delta x,v)}{\partial x_s\partial x_q}\delta x_s\delta x_q\mathrm{d}t\\ &\quad +\sum_{k=1}^{m}\int_{t_k-\tau}^{t_k}\sum_{1}^{n}\left(\frac{\partial f_i\left(x,\varphi\left(\frac{t_k-t}{\tau}\right)\right)}{\partial x_s}\right.\\ &\quad \left.-\frac{\partial f_i(x,u)}{\partial x_s}\right)\delta x_s\mathrm{d}t\end{aligned}$$

由于 $\dfrac{\partial f_i}{\partial x_s},\dfrac{\partial^2 f_i}{\partial x_s\partial x_q}$ 在 $[t_0,T]$ 是有界的，当 $t\in[t_0,T]$ 时，有

$$|\delta x_s(t)|\leqslant M\tau$$

其中，M 与 τ 无关。

由此我们就有

$$|\beta_i(t,[v])|\leqslant N\tau^2$$

其中，N 与 τ 无关，且有

$$\lim_{\tau\to 0}\frac{\beta_i(t,[v])}{\tau}=0 \tag{Ⅳ.5-6}$$

研究积分 $J_i^k([v])$，考虑变量替换 $z=\dfrac{t_k-t}{\tau}$，则有

$$J_j^k([v]) = \tau\int_0^1 (f_i(x(t_k-\tau z),\varphi^k(z)) - f_i(x(t_k-\tau z),u(t_k-\tau z)))\mathrm{d}z$$

考虑 $\tau\to 0$，由于 $x(t)$ 连续与 $u(t)$ 左连续，我们有

$$\begin{aligned}R_i(t_k,[\varphi^k]) &\equiv \lim_{\tau\to 0}\frac{J_i^k([v])}{\tau}\\ &= \int_0^1 (f_i(x(t_k),\varphi^k(z)) - f_i(x(t_k),u(t_k)))\mathrm{d}z\end{aligned} \tag{Ⅳ.5-7}$$

不难证明，极限 $y_i(t,[v])=\lim\limits_{\tau\to 0}\dfrac{\delta x_i(t,[v])}{\tau}$ 对一切 $t\in[t_0,T]\cap(t\neq t_k)$ 存在，它被称为 $x(t)$ 在 t 之变分。由此对式(Ⅳ.5-5)除以 τ 且减去式(Ⅳ.5-6)与式(Ⅳ.5-7)，则有

$$y_i(t,[v]) = \int_{t_0}^t \sum_{s=1}^n \frac{\partial f_i(x,u)}{\partial x_s}y_s\mathrm{d}t + \sum_{k=1}^m R_i(t_k,[\varphi^k]),\quad t\in \mathring{I}_m \tag{Ⅳ.5-8}$$

由式(Ⅳ.5-8)推出，在区间 $\mathring{I}_m$ 函数 $y_i(t,[v])$ 满足齐次微分方程组，即

$$\dot{y}_i = \sum_{s=1}^n \frac{\partial f_i(x,u,t)}{\partial x_s}y_s,\quad i=1,2,\cdots,n \tag{Ⅳ.5-9}$$

在点 $t=t_k$ 发生跳跃，即

$$y_i(t_k+o)-y_i(t_k-o)=R_i(t_k,[\varphi^k]),\quad i=1,2,\cdots,n;k=1,2,\cdots,i \tag{Ⅳ.5-10}$$

并且显然 $y_i(t_1-o)=0$，因为当 $t\in[t_0,t_1-\tau]$ 时，$\delta x_i(t,[v])=0$。通过 $y_i^k(t)$ 表示系统(Ⅳ.5-9)在初条件 $y_i^k(t_k)=R_i(t_k[\varphi^k])$ 下之解。由于方程(Ⅳ.5-9)是线性的，考虑条件(Ⅳ.5-10)，则有

$$y_i(t,[v]) = \sum_{k=1}^m y_i^k(t),\quad t\in\mathring{I}_m \tag{Ⅳ.5-11}$$

现在确定 $y_i^k(t)$，若 $\zeta^q(t)=(\zeta_1^q(t),\cdots,\zeta_m^q(t))$ 是系统(Ⅳ.5-9)之基本解系，矩阵 $\|\theta_i^q(t)\|$ 是矩阵 $\|\zeta_i^q(t)\|$ 之逆，则

$$y_i^k(t) = \sum_{s,q=1}^n \zeta_i^q(t)\vartheta_q^s(t_k)y_s^k(t_k)$$

考虑初始条件，则有

$$y_i^k(t) = \sum_{s=1}^n A_{is}(t,t_k)R_S(t_k,[\varphi^k])$$

其中，$A_{is}(t,t_k)=\sum_{q=1}^{n}\zeta_i^q(t)\vartheta_q^s(t)$。

将 $y_i^k(t)$代入式(Ⅳ.5-11)，引进 $B_{is}(t_k)\equiv A_{is}(T,t_k)$，则对于 $t=T$，有

$$y_i[v]\equiv y_i(T,[v])=\sum_{k=1}^{i}\sum_{s=1}^{n}B_{is}(t_k)R_s(t_k,[\varphi^k]),\quad i=1,2,\cdots,n \tag{Ⅳ.5-12}$$

显然，矩阵 $B_{is}(t)$只由方程(Ⅳ.5-9)确定，与 $\varphi^k(t)$无关，而向量 $y_i([v])$是向量 $R_1,\cdots,R_n$ 之线性组合。

考虑相空间之形式 $x^1+y([v])$，$v\in\boldsymbol{\Gamma}$ 的点构成的集合 $\boldsymbol{\Pi}$，现证明 $\boldsymbol{\Pi}$ 是凸的。设 $y[v']$和 $y[v'']$是轨道的两任意变分，其对应的是 t'_α、$\varphi'^{\alpha}(z)$和 t''_β、$\varphi''^{\beta}(z)$($\alpha=1,2,\cdots,j'$，$\beta=1,2,\cdots,j''$)。按定义有

$$\pi'=x'+y([v'])\in\boldsymbol{\Pi},\quad \pi''=x'+y([v''])\in\boldsymbol{\Pi}$$

我们要证对任何 $\mu\in[0,1]$，有

$$\mu\pi'+(1-\mu)\pi''\in\boldsymbol{\Pi}$$

即存在 v，使

$$y([v])=\mu y([v'])+(1-\mu)y([v'']) \tag{Ⅳ.5-13}$$

下面确定 v，为了确定 v 之变分点，考虑点 t'_α和 t''_β之全体，显然确定 v 变分之点应为 $j'+j''-h$，其中 h 是 t'_α和 t''_β中相同之个数，由此确定 v 的点可分为三类。

1° 是确定 v'的，但不是确定 v''的。

2° 是确定 v''的，但不是确定 v'的。

3° 是确定 v''的，也是确定 v'的。

对于 1°，设点是 $t_k=t'_\alpha$，确定

$$\phi^k(s)=\begin{cases}\varphi'^{\alpha_1}\left(\dfrac{s}{\mu}\right), & 0\leqslant s\leqslant\mu\\ u(t'_{\alpha_1}), & \mu<s\leqslant 1\end{cases}$$

对于 2°，设点是 $t_e=t''_{\beta_1}$，确定

$$\varphi^l(s)=\begin{cases}\varphi''^{\beta_1}\left(\dfrac{s}{1-\mu}\right), & 0\leqslant s\leqslant 1-\mu\\ u(t''_{\beta_1}), & 1-\mu<s\leqslant 1\end{cases}$$

对于 3°，$t_m=t'_{\alpha_2}=t''_{\beta_2}$，确定

$$\varphi^m(s)=\begin{cases}\varphi'^{\alpha_2}\left(\dfrac{s}{\mu}\right), & 0\leqslant s\leqslant\mu\\ \varphi''^{\beta_2}\left(\dfrac{s-\mu}{1-\mu}\right), & \mu<s\leqslant 1\end{cases}$$

将此代入式(Ⅳ.5-7)，则有

$$R_i(t_k,[\varphi^k])=\mu R_i(t'_{\alpha_1},[\varphi'^{\alpha_1}])$$
$$R_i(t_e,[\varphi^e])=(1-\mu)R_i(t''_{\beta_1},[\varphi''^{\beta_1}])$$
$$R_i(t_m,[\varphi^m])=\mu R_i(t_m,[\varphi'^{\alpha_1}])+(1-\mu)R_i(t''_{\beta_2},[\varphi''^{\beta_2}])$$

代入式(Ⅳ.5-12),则不难证明式(Ⅳ.5-13)正确。最后指出 $x'\in\boldsymbol{\Pi}$,这是由于若在每个点 $\phi^k(s)=u(t_k)$,则有 $y_i([v])=0$。

由此可知,$\boldsymbol{\Pi}$ 是包含点 x' 之凸集,考虑终点集合 $\boldsymbol{G}$ 与 $\boldsymbol{\Pi}$ 有公共点 x',我们将指出在非退化情形下对任何 $g\in\boldsymbol{G}$ 不可能是 $\boldsymbol{\Pi}$ 之内点。若问题非退化,则 $\boldsymbol{G}$ 总有内点,不妨设 g 是 $\boldsymbol{G}$ 之内点,若 g 是 $\boldsymbol{\Pi}$ 之内点,则 g 之小邻域 $\boldsymbol{E}$ 将有 $\boldsymbol{E}\subseteq\boldsymbol{G},\boldsymbol{E}\subseteq\boldsymbol{\Pi}$。由此可选 $v\in\boldsymbol{\Gamma}$,使 $x'+y([v])=g$。对应轨道 $x(t,[v])$ 的端点是 $\lambda'+\delta x(T,[v])$,其中 $\delta x(T,[v])=\tau(y([v]))+\lambda\varepsilon(\tau)$,$\lambda$ 为常数。由于 $\lim\limits_{\tau\to 0}\varepsilon(\tau)=0$,则可选 τ 充分小,使点 $g\equiv x'+y([v])+\varepsilon[\tau]=g+\varepsilon(\tau)\in\boldsymbol{E}$,但由于点 $(1-\mu)x'+\mu g$ 是 $\boldsymbol{G}^0$ 之内点,选择 $\mu=\tau$,则可以有 $\{x'+\delta x(T,[v])\}\in\boldsymbol{G}^0$。这将与最优控制矛盾。由此 $g\in\boldsymbol{G}$,g 不是 $\boldsymbol{\Pi}$ 之内点。

由此可知,凸集合 $\boldsymbol{\Pi}$ 与 $\boldsymbol{G}$ 只有公共边界点,其中之一就是 x',又 $\boldsymbol{G}$ 在相空间中确有内点,由此过 x' 确可引平面 $\boldsymbol{A}$,即 $\sum\limits_{s=1}^{n}a_s(x_s-x'_s)=0$ 将 $\boldsymbol{\Pi}$ 与 $\boldsymbol{G}$ 分开,a_s 使集合 $\boldsymbol{\Pi}\subseteq\left\{x\mid\sum\limits_{s=1}^{n}a_s(x_s-x'_s)\geqslant 0\right\}$。因此,对任何控制 $u\in\boldsymbol{U}$ 将有不等式 $\sum\limits_{1}^{n}a_sy_s([v])\geqslant 0$。由此就有

$$\lim_{\tau\to 0}\sum_{s=1}^{n}\frac{a_s\delta x_s(T_1[v])}{\tau}\geqslant 0$$

考虑泛函 $\bar{s}=\sum\limits_{s=1}^{n}a_sx_s(T)$,则要求 $\lim\limits_{\tau\to 0}\dfrac{\sum\limits_{s=1}^{n}a_s\delta x_s}{\tau}\geqslant 0$,相当于

$$\lim_{\tau\to 0}\frac{\delta\bar{s}}{\tau}\geqslant 0 \tag{Ⅳ.5-14}$$

不失一般性,考虑变分控制仅有一个变分点 t_1,则 $\delta u(t)=v(t)-u(t)$ 仅在区间 $[t_1-\tau,t_1]$ 上非零,对于控制 $v=u+\delta u$,不等式(Ⅳ.5-14)满足,现引入 $\psi(t)$ 与 $H(x,\psi,u,t)\equiv\sum\limits_{s=1}^{n}\psi_sf_s(x,\cdots,x_n,u_1,\cdots,u_r,t)$ 且满足

$$\dot{x}_i=\frac{\partial H}{\partial\psi_i},\quad \dot{\psi}_i=-\frac{\partial H}{\partial x_i},\quad i=1,2,\cdots,n$$

现设 $\psi_i(T)=-a_i$,则完全重复在自由边界条件下的证明可知,H 沿最优控制取最大值。由此定理 2.11 得证。

Ⅳ.6 线性系统由点至域的最优控制（定理 2.12 的证明）

设 $\boldsymbol{W}_T$ 表示空间 $\boldsymbol{X}$ 中由点 x^0 出发对一切 $u(t)\in\boldsymbol{U}$ 在 $t=T$ 时所能达到的集合，令 $\boldsymbol{Q}=\boldsymbol{W}_T\cap\boldsymbol{G}$，控制 $u(t)$ 及其对应之轨道 $x(t)$ 是最优的，设若每一点 $x\in\boldsymbol{Q}$ 总有 $\sum_{i=1}^{n}c_ix_i(T)\leqslant\sum_{i=1}^{n}c_ix_i$，记 $x_i(T)=x_i'$，则有

$$\sum_{i=1}^{n}c_i(x_i-x_i^1)\geqslant 0 \tag{Ⅳ.6-1}$$

为证明定理 2.12，只要证明若定理条件被满足则对每一个 $x\in\boldsymbol{Q}$ 就总有式(Ⅳ.6-1)成立。

记

$$a_i=\lambda c_i+\mu b_i \tag{Ⅳ.6-2}$$

设 $u(t)$ 满足对向量 $\psi(t)$ 之最大条件，$\psi(T)=-a$，则因为对应自由端点条件最优充分条件已证，所以对任何点 $x\in\boldsymbol{W}_T$ 就有

$$\sum_{i=1}^{n}a_i(x_i-x'_i)\geqslant 0 \tag{Ⅳ.6-3}$$

另一方面，对每个 $x\in\boldsymbol{G}$，按定义应有

$$\sum_{i=1}^{n}b_i(x_i-x'_i)\leqslant 0 \tag{Ⅳ.6-4}$$

由此对每个 $x\in\boldsymbol{Q}=\boldsymbol{G}\cap\boldsymbol{W}_T$，由式(Ⅳ.6-3)与式(Ⅳ.6-4)，对于 $\lambda>0$，有

$$c_i=\frac{1}{\lambda}a_i-\frac{\mu}{\lambda}b_i$$

由此对任何 $x\in\boldsymbol{Q}$ 就有

$$\sum_{1}^{n}c_i(x_i-x'_i)=\frac{1}{\lambda}\sum_{i=1}^{n}a_i(x_i-x'_i)-\frac{\mu}{\lambda}\sum_{i=1}^{n}b_i(x_i-x'_i)\geqslant 0$$

由此定理得证。

后　记

2009年中国科学技术协会受国务院委托启动了一项非常有意义的工作，即"老科学家学术成长采集工程"，并已经分批组织采集了三百多位老科学家的学术成长资料。2017年5月启动了黄琳院士学术成长采集工作，我们在整理黄琳老师办公室资料的过程中发现一本保存完好的手刻蜡纸而后经油印的五十多年前由黄琳老师编写的《控制系统动力学讲义》。黄琳老师还依稀记得北京理工大学孙常胜教授曾用这本讲义在20世纪末作为教材给北京大学力学与工程科学系上过课，于是通过电子邮件与他核实相关情况。孙老师看到邮件后立即打来电话，告知以前黄老师还曾借给他一本同一时期编写的《最优控制理论讲义》。当天下午孙老师来到黄老师家，带来了那本已经发黄的油印讲义。挖掘出这两本带有沉甸甸历史感的、尘封了多年的讲义令我们感到十分欣喜，非常感谢黄琳老师和孙常胜老师多年来的妥善保存，使我们今天有机会见到这些珍贵的文献资料。这两本讲义将一起作为重要资料保存在中国科学家博物馆中。

据黄琳老师回忆，五十多年前，他曾经给北京大学数学力学系1958级的六年级一般力学专门化的学生开设过最优控制的课程。能开设这样的课程在当时的北京，乃至国外应该说都是很罕见的。这门课程涉及的内容涵盖了当时最前沿的研究成果。由于课后反映良好，这门课被确定为一般力学专门化的课程，因此黄琳老师就将上课的讲稿进行补充编成这本讲义。遗憾的是，这本讲义被尘封了半个多世纪。这本讲义当时并未正式发给学生，而且讲义还是散篇的。为了保存，黄琳老师请人装订成册。这本讲义几经辗转仍得以完整地保存了下来，不但成了难得的历史见证，而且在今天仍具有鲜明的特色和重要的参考价值。

翻看着这本已经泛黄的讲义，我们无限感慨。黄琳老师编写此讲义时尚未到而立之年，他踏踏实实、努力钻研业务，认真教书育人的精神是值得年轻教师学习和传承的。而今他已是耄耋老人，仍在一字一句地校对书稿，这些都令我们非常感动，激励鞭策着我们要认真教学、努力做科研。由于历史的原因，这本早该面世的讲义未能及时出版，未能使更多的人受益，不能不说是一件憾事。黄琳老师从1957年大学毕业就一直从事学科建设和教学工作，很快他的教龄将满六十年。我们作为他的学生和同事愿意推动这本讲义的出版，除了作为他早期从教经历的一个历史见证，还希望以此讲义的出版庆祝黄琳老师从教六十周年。更希望这本凝聚了他心血和努力、体现了他深厚理论功底和个人理解的讲义对学习控制科学的学生和从事控制理论与控制工程的年轻学者能有所启发和帮助。

相信这本涵盖了最优控制基本理论和方法的系统的讲义一定能在学术上起到独到的作用!

王金枝 段志生 杨莹 李忠奎
北京大学工学院